上海世茂深坑酒店

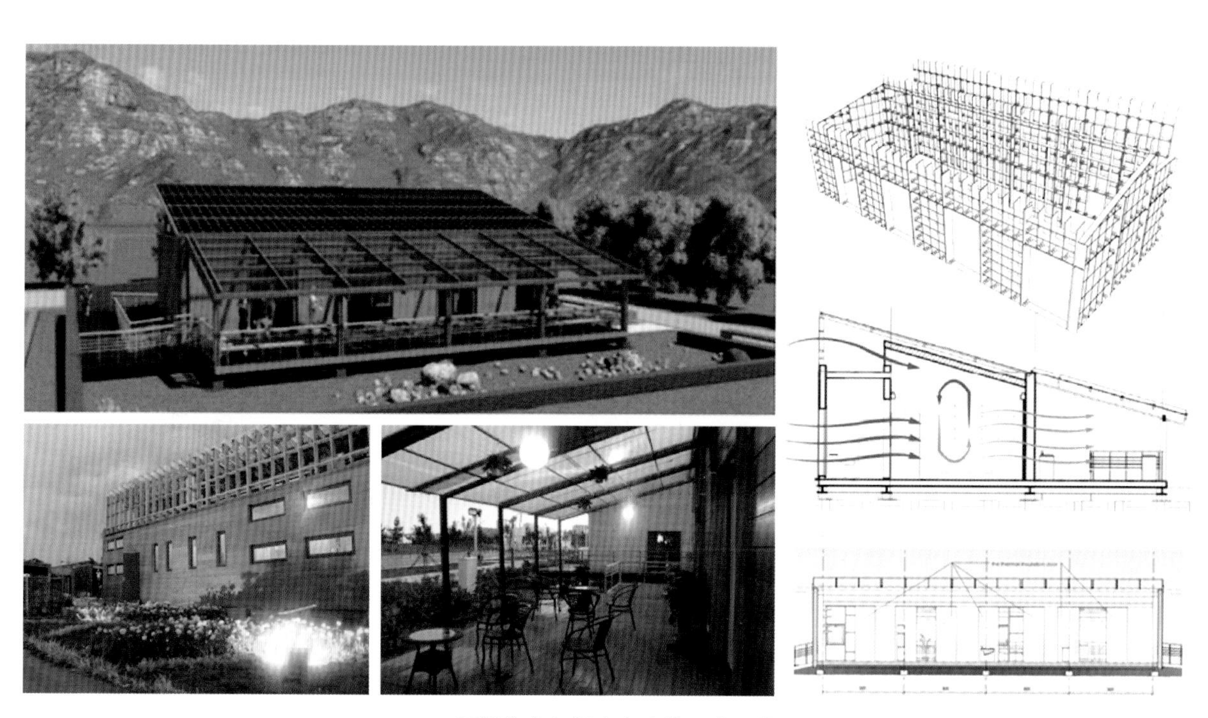

西部寒冷气候生态建筑示范工程

北京中信大厦塔冠安装

港珠澳大桥香港接线工程

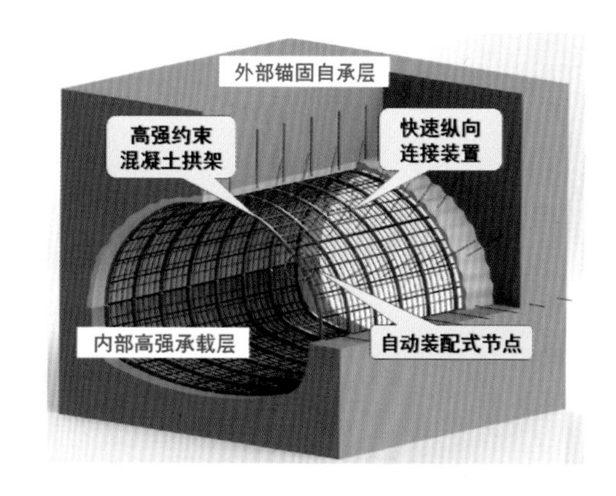

左上：昆明西山万达项目

右上：复杂地质条件超大断面隧道约束混凝土支护体系

中：重庆来福士广场项目

左下：既有隧道洞室原位改扩建四季越野滑雪场

右下：泉州宝洲污水处理厂提标改造工程

上：空铁联建超大航站楼建造关键技术

中：太行山高速公路京蔚段石门特大桥薄壁高墩建造关键技术

左下：天津嘉里中心超大综合体

右下：潼南涪江大桥工程

上：御窑博物馆工程

中：智能立体停车场模块化设计及产业化

下：全钢结构超高层建筑-汉京金融中心

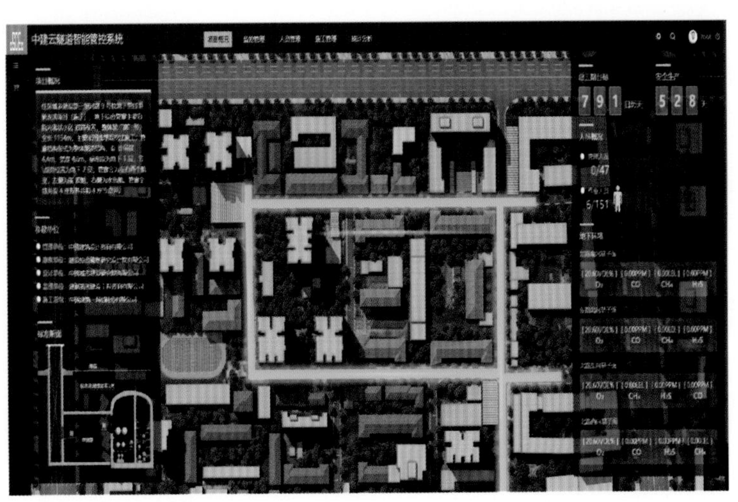

上：武汉三官汉江公路大桥

中：中建云隧道智能管控系统

左下：赤水河谷旅游公路工程

右下：燥热地区重载柔性基层沥青路面关键技术

中建集团科学技术奖获奖成果集锦

2019年度

中国建筑集团有限公司　编

中国建筑工业出版社

图书在版编目（CIP）数据

中建集团科学技术奖获奖成果集锦．2019年度/中国建筑集团有限公司编．—北京：中国建筑工业出版社，2020.1

ISBN 978-7-112-24800-1

Ⅰ．①中…　Ⅱ．①中…　Ⅲ．①建筑工程-科技成果-汇编-中国-2019　Ⅳ．①TU-19

中国版本图书馆CIP数据核字（2020）第017919号

本书为中国建筑集团2019年度科学技术成果的集中展示，是科技最新成果的饕餮盛宴。一个个的科技成果扑面而来，给你的视觉带来科学技术美的极致享受。本书涵盖了上海深坑酒店、中国尊等热点项目。主要内容包括：上海深坑酒店工程关键施工技术研究与应用；北京中国尊大厦工程建造关键技术；城市复杂环境条件下隧道穿越关键施工技术研究与应用；西部低能耗建筑气候设计理论方法与应用；高烈度地震区超高层建筑建造关键技术及应用等。本书供建筑企业借鉴参考，并可供建设工程施工人员、管理人员使用。

责任编辑：郭　栋
责任校对：王　瑞

中建集团科学技术奖获奖成果集锦
2019年度
中国建筑集团有限公司　编
*
中国建筑工业出版社出版、发行（北京海淀三里河路9号）
各地新华书店、建筑书店经销
北京鸿文瀚海文化传媒有限公司制版
北京市密东印刷有限公司印刷
*
开本：880×1230毫米　1/16　印张：20¼　插页：4　字数：653千字
2020年6月第一版　2020年6月第一次印刷
定价：**98.00**元
ISBN 978-7-112-24800-1
(35338)

版权所有　翻印必究
如有印装质量问题，可寄本社退换
（邮政编码　100037）

中建集团科学技术奖获奖成果集锦(2019年度)
编辑委员会名单

主　　编： 毛志兵

副 主 编： 李　琦　蒋立红　张晶波　宋中南

编　　辑： 何　瑞　关　军　孙喜亮　王传博　明　磊
孙　盈　张占斌　刘　星　黄　勇　张起维

目　录

国家奖

高层钢-混凝土混合结构的理论、技术与工程应用 …… 3
绿色公共建筑环境与节能设计关键技术研究及应用 …… 4

一等奖

上海深坑酒店工程关键施工技术研究与应用 …… 7
北京中国尊大厦工程建造关键技术 …… 17
城市复杂环境条件下隧道穿越关键施工技术研究与应用 …… 24
西部低能耗建筑气候设计理论方法与应用 …… 33
高烈度地震区超高层建筑建造关键技术及应用 …… 37

二等奖

高性能混杂纤维混凝土管片结构优化和生产的关键技术研究 …… 51
复杂地质条件超大断面隧道约束混凝土支护体系研究与工程应用 …… 57
基于欧美标准的钢结构节点设计国标化研究及智能化设计开发 …… 64
湘江漫滩富水地质条件下地铁抗裂防渗技术研究与应用 …… 70
宽幅大翼缘板预应力混凝土部分斜拉桥建造核心技术研究 …… 77
岩土工程绿色建造新技术研究与应用 …… 83
御窑博物馆多曲面变曲率组合拱体结构关键技术 …… 87
基于供应链理论的国际建筑企业物资管理平台 …… 98
市政污水处理厂 MagCS 磁介质集约化提标技术 …… 105
薄壁高墩多跨长连续钢-混叠合预制梁特大桥建造关键技术研究 …… 110
复杂地层大直径泥水盾构过江隧道施工关键技术研究与应用 …… 115
清水混凝土曲面复杂结构成套施工技术研究与应用 …… 122
全钢结构超高层装配式建筑建造关键技术创新研究与应用 …… 130
基于现场的钢筋工程工业化建造关键技术开发及应用 …… 140
智能立体停车场模块化设计及产业化研究与应用 …… 144

三等奖

浅层地热能在西南典型气候区建筑中应用关键技术研究 …… 153
花瓶型单塔空间双索面斜拉桥施工关键技术研究 …… 157
低温条件下预制构件早强及绿色高效生产工艺的研究与应用 …… 163
30 万吨/年硫回收装置成套施工技术 …… 171
精细化工装置施工技术研究与应用 …… 177
建筑工程钢筋混凝土结构设计数字化交换关键技术研究与应用 …… 183
中建云隧道智能管控系统 …… 188
全装配式标准化 110kV 变电站工程总承包建造关键技术研发与应用 …… 195
预应力带肋混凝土叠合板高效制作技术 …… 206
超高层建筑绿色多功能爬模施工技术 …… 212
重庆来福士超高层建筑关键施工技术 …… 219
被动式低能耗居住建筑技术集成研究与示范 …… 226
北非地域差异下基于欧标体系的高性能混凝土制备与应用 …… 231
基于 BIM 技术的装配式建筑设计技术及示范工程应用 …… 237
燥热地区重载柔性基层沥青路面关键技术与工程应用研究 …… 243
强冲刷复杂卵石地质条件下新型桥梁快速建造技术 …… 248
无缝对接既有线暨富水卵石层地铁车站安全施工关键技术研究 …… 256
大型城市旧城区盾构法地下综合管廊施工关键技术研究与应用 …… 263
160km 赤水河谷旅游公路绿色生态建造关键技术研究与应用 …… 268
既有隧道洞室原位改扩建四季越野滑雪场关键施工技术 …… 277
四川省预应力高强混凝土管桩基础关键技术研究与应用 …… 284
空铁联建超大航站楼建造关键技术 …… 288
天津嘉里中心超大综合体建造关键技术 …… 294
高震区超大空间清真寺祈祷大厅设计与施工关键技术 …… 303
天津周大福金融中心复杂多变钢结构关键施工技术研究及应用 …… 311

国家奖

高层钢-混凝土混合结构的理论、技术与工程应用

获奖类型及等级： 国家科技进步一等奖

完　成　单　位： 重庆大学、悉地国际设计顾问（深圳）有限公司、中建钢构有限公司、浙江绿筑集成科技有限公司、中冶建筑研究总院有限公司、哈尔滨工业大学、湖南大学、浙江大学、中国地震局工程力学研究所、中南大学

完　　成　　人： 周绪红、刘界鹏、傅学怡、张素梅、杨想兵、徐　坤、徐国军、杨　波、童根树、周期石、林旭川、张小冬、李　江、王宇航、刘晓刚

钢-混凝土混合结构（简称：混合结构）是指由钢构件、混凝土构件、组合构件的两种及以上类型构件组成的整体结构，这种结构可充分发挥钢和混凝土各自的材料优势，性能优越，施工方便，综合效益好，发展混合结构是结构工程领域未来发展的重要趋势。但高层混合结构在发展中存在结构体系单一、关键基础理论滞后、绿色建造技术落后等瓶颈问题，其应用受到很大的限制。

针对上述问题，项目组在国家科技支撑计划、国家自然科学基金等30余个项目资助下，经产学研深度结合，历时20多年，通过大量模型试验、理论研究、数值模拟、设计理论与方法研究、软件开发以及工程实践，取得如下创新成果：

1. 研发系列新型高层混合结构体系，引领了我国高层混合结构的发展

提出超高层建筑的支撑巨型框架-核心筒体系，并创新了交叉网筒-核心筒等复杂超高层混合结构体系，解决了混合结构体系的适用高度不足和建筑外立面单一等问题。创建了钢管约束混凝土体系，解决了传统组合结构节点复杂、施工困难、抗火或抗震性能不足等问题。开发了钢管混凝土异形柱框架体系，解决了钢/钢管混凝土框架结构住宅建筑中墙角露柱及斜撑难以处理等问题。研发了新型交错桁架-框架体系，刚度大、用钢省，适用于大跨度和大空间建筑。

2. 创建高层混合结构的分析理论，形成了高层混合结构的设计技术

建立了钢管约束混凝土柱、钢管混凝土异形柱、多腔型钢混凝土巨柱、厚钢板组合剪力墙等新型构件及其节点的静力、抗震和抗火性能分析理论与方法，提出了构件及节点设计技术。建立了复杂高层混合结构体系的弹塑性有限元高效分析方法，提出了结构体系抗震。抗连续倒塌和楼盖振动舒适度设计技术。

3. 开发高效装配化施工技术，引领了我国高层混合结构建造技术的发展

提出了钢管约束混凝土框架、钢管混凝土异形柱框架、巨型框架-支撑和交叉网筒的节点连接技术，以及节点高效深化设计技术。研发了新型叠合楼板及其连接和安装技术、数字化预制构部件尺寸检测和预拼装技术。开发了重型塔吊布设支承爬升、外挂混凝土墙板装配等系列高效装配化施工技术。

依托研究成果，先后获得省部级科技进步一等奖4项，授权发明专利60余项，获得软件著作权3项，出版学术专著4部，发表论文500余篇（其中SCI论文150余篇），主编行业标准《钢管约束混凝土结构技术标准》、《预制带肋底板混凝土叠合楼板技术规程》和协会标准《交错桁架钢框架结构技术规程》，相关成果被国家标准《钢管混凝土结构技术规范》和《钢结构工程施工规范》等10余部标准采用，为我国高层混合结构的工程应用提供了技术支撑。根据专家鉴定等客观评价，本项目技术成果总体上达到了国际领先水平。

成果应用于深圳平安中心、大连中石油大厦、重庆中科大厦、青岛海天大酒店新楼、科威特NBK国民银行、卡塔尔多哈塔等300余项中外工程中：近3年新增产值152.45亿元，新增利润7.95亿元，取得了显著的经济和社会效益，具有广阔的推广应用前景。

绿色公共建筑环境与节能设计关键技术研究及应用

获奖类型及等级： 国家科技进步二等奖

主要完成单位： 清华大学、北京市建筑设计研究院有限公司、中国科学院理化技术研究所、中建一局集团建设发展有限公司、北京清华同衡规划设计研究院有限公司

主要完成人： 林波荣、徐宏庆、李晓锋、朱颖心、曹　彬、邵双全、肖　伟、李紫微、王者、代宏峰

大力发展绿色建筑是解决我国建筑能耗快速增长和室内外环境严峻挑战的关键途径和重大需求。目前我国建筑能耗约为社会总能耗的22%，建筑能耗增长速度已经超过建筑面积增长速度。其中公共建筑能耗强度和总量的增长速度最快，并普遍存在运行能耗高（为普通住宅能耗强度的5～10倍）、室内环境质量差（冷热失调、空气品质差）和用户满意度低等突出问题。如何用较低的能源消耗提高室内环境质量和用户满意度，是发展绿色公共建筑的关键，涉及室内物理环境参数变化对人员舒适健康的影响机理、建筑空间造型与围护结构性能协同优化、建筑环境控制与能源供给系统能效提升等技术难题。项目在国家自然科学基金重点项目、国家科技支撑重点课题和多项重大工程建设项目的支持下，历时15年，以设计理论创新和关键产品性能提升为主线，开展“基础研究关键技术-工程应用”全链条攻关，形成了“参数科学、性能导向、协同优化”的绿色公共建筑环境和节能设计理论方法和技术体系，取得多项创新和突破：

（1）提出了动态化绿色公共建筑环境营造新方法。揭示了能耗、室内环境参数和用户满意度的影响因素和耦合机理，提出了通过科学组合非均匀的温湿度参数、动态气流、空间流线和时间等多维度要素营建动态建筑热环境的方法，实现空调节能20%～40%，被多部国家标准采纳，并应用于多家空调企业新产品。

（2）创建了以性能提升为导向的绿色公共建筑设计优化关键技术。提出了方案阶段建筑供暖空调和照明能耗快速预测新模型，首创以环境与能耗性能提升为导向的正反向优化设计方法和即绘即模拟新技术，计算时间节约40%、设计效率提升30%以上，建筑本体节能率超过60%；建立了建筑绿色性能模拟计算标准化方法和基于BIM的机电设备系统协同设计新平台，主编行业标准1部。

（3）研发了系列以性能提升为目标的高效节能围护结构新构造、混合通风系统和空调处理设备。首次提出自适应非均匀的太阳辐射得热和风压系数分布，特征的建筑外墙屋顶构造和内嵌式自吸湿型通风竖井构造，建立了地道通风＋自然通风＋主被动除湿相结合的6种混合通风系统形式，研发了热回收型等离子除湿和电渗再生固体除湿等新型高效除湿装备，实现总体设备能效提升30%以上。

主、参编国家或行业标准5部，发表论文100余篇（其中SCI论文52篇，他引1571次），授权发明专利15项、实用新型专利17项，获计算机软件著作权11项。成果在全国12家大型甲级建筑设计院推广，直接应用于办公、大型商业综合体和高铁站房等9种建筑、共80多项国家重点工程，涵盖寒冷、夏热冬冷、夏热冬暖和温和等4种气候区，总计约5800多万m²。完成40余项三星级（最高认证级）绿色公共建筑示范工程，运行实测能耗比当地同类型建筑能耗降低约60%，室内环境品质满意率高于80%，节省工程造价10%～20%。近3年直接经济效益17.6亿元，累计节约运行能耗约30万吨标煤。获2018年北京市科学技术一等奖、2016年华夏建设科技一等奖、住建部全国绿色建筑创新奖一等奖8项（占一等奖总数的20%以上）等奖励。

一等奖

上海深坑酒店工程关键施工技术研究与应用

完成单位：中国建筑第八工程局有限公司、杭萧钢构股份有限公司
完 成 人：陈新喜、危　鼎、王俊佚、葛乃剑、李　赟、李小飞、谢高华、郭志鑫、杨媛鹏、李峁清、陈　靖、施宇冬、李一龙、杨鸿玉、吴光辉

一、立项背景

1. 工程概况

上海世茂深坑酒店（简称“深坑酒店”），位于一座深度达80m的废弃采石矿坑内，被誉为“世界十大建筑奇迹”。工程总建筑面积为6.2万m^2，坑上3层，坑下16层，主体结构为两点支撑式钢框架斜撑体系。

图1　采石坑原始地貌图

图2　建成后的实景照片

2. 工程特点、难点

工程所处环境特殊且造型独特，设计独具匠心，建造具有如下特点、难点：

1）80m深紧邻建筑陡峭崖壁风化严重

废弃采石深坑形成于20世纪末，围岩由安山岩组成，近似椭圆形，上宽下窄，东西长280m，南北宽220m，周长约1000m，面积约3.7万m^2，深度最深达80m，坡脚约80°。建筑距崖壁最近处仅1m，大部分崖面节理发育，靠建筑侧存在深层断裂带，崖壁需进行爆破、加固、修复才能满足安全使用要求。

2）直立陡峭崖壁垂直运输施工难度大

工程主体位于采石深坑内，由于崖壁陡峭，无法实现人员和车辆通行。深坑内混凝土输送需首先在近乎垂直的崖壁上向下输送80m，然后在坑底水平输送200m，再向上输送80m，混凝土易离析、易堵管；深坑崖壁坡度约80°，崖壁凹凸极不规则，常规施工升降机无法直接在崖壁上安装使用；临空崖壁边安装塔吊风险性大，塔吊基础施工困难。

3）狭小崖壁空间内立面双曲主体钢结构施工难度大

主体塔楼竖向大角度倾斜，常规施工方案需加设临时支撑，工序烦琐、资源投入大；坑内建筑使用空间有限，建筑师大量压缩了结构断面尺寸，钢管混凝土柱直径最大750mm，最小550mm，顶升施工难度大，节点施工质量难保证。

4）坑内环境修复与品质改造提升难度大

崖壁经采石与加固施工后，生态环境破坏殆尽，与坑内非建筑区自然环境极不协调，在风吹、雨淋、日晒等自然环境作用下，生态环境极难自我修复；坑内水系补给、风场变化、崖壁热辐射等物理环境复杂，极不利于景观营造。

二、详细科学技术内容

1. 总体思路、技术方案

项目以上海深坑酒店为载体，通过试验研究、工艺创新、技术集成与创新、数字化技术应用等手段，对设计、技术方案进行优化，解决工程建造中面临的技术难题，为工程实施提供质量与安全保障，并进行技术总结、提炼、集成，最终形成关键技术，为后续类似工程建设提供借鉴。

2. 关键技术创新

关键技术一：邻建筑直立弧面陡峭崖壁爆破与加固技术

1）基于 BIM 的崖壁小扰动立体组合爆破施工方法

利用逆向建模技术生成崖壁模型，提取需爆破的范围与深度参数；使用放线机器人精确定位爆破点位置；沿崖壁断面从上到下分区，组合应用预裂爆破、浅孔爆破、中深孔爆破和静态挤压爆破方法，最大程度减小爆破的影响范围。

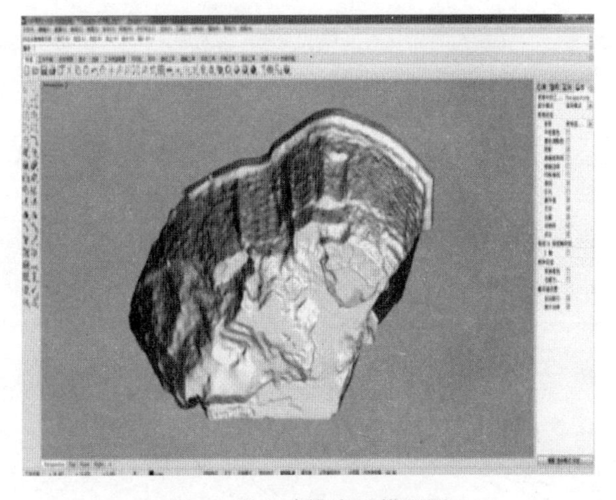

图 3　逆向建模崖壁模型图

图 4　定点埋药

2）易于覆绿的邻建筑弧面陡峭崖壁综合加固施工方法

在崖壁上分段搭设阶梯式加固平台，对表面风化岩体进行加固，采用 BIM 模拟预应力锚索施工位置及角度，利用崖壁爆破碎石就近施工堆抛石混凝土，保护坡脚。

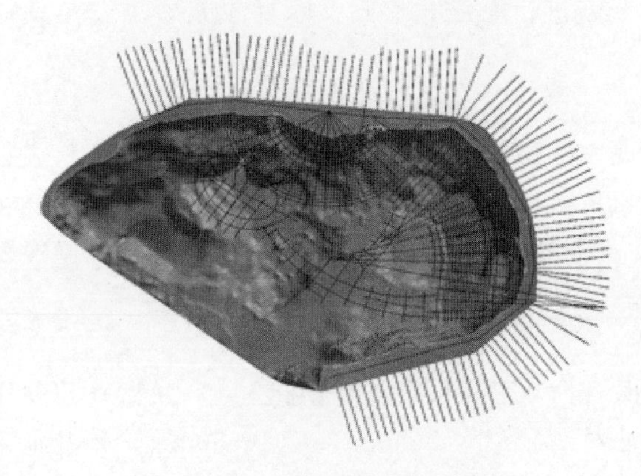

图 5　边坡锚索 BIM 模型剖面图

图 6　施工堆抛石混凝土

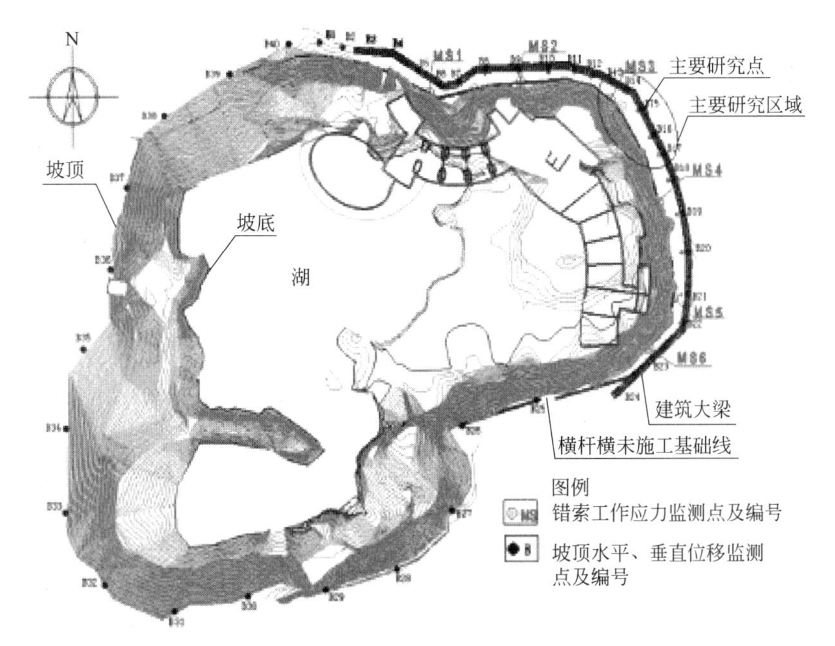

图7 监测点布置图

实施效果：在施工及运营过程中，在坡顶选择40个点进行位移监测，选取6根预应力锚索进行轴力监测，并对崖体进行落石观测，监测结果显示：支护完成后，崖壁稳定，未发生岩体松动，目前监测数据趋于稳定，边坡安全，加固区再无落石。

关键技术二：直立陡峭崖壁深坑（80m）建筑施工垂直运输技术

1）混凝土向下超深（80m）多级接力输送施工技术

（1）提出了使用多种常规方法组合接力向下输送混凝土的方法，组合使用汽车泵、溜槽、固定泵、溜管和串筒输送混凝土，解决深坑内混凝土的运输难题。

图8 三级接力混凝土输送技术

图9 一溜到底混凝土输送技术

（2）设计了溜管缓冲支架、溜管螺旋缓冲装置、管底“缓冲靴”、缓冲料斗等装置，保证混凝土在向下输送过程中不至于因为流速过快而发生离析现象。

（3）通过试验，确定向下超深输送混凝土的性能控制要求。

2）附着于不规则崖壁（80m）施工升降机设计与安装技术

发明了一种施工升降机不规则崖壁附着系统，实现了常规施工升降机在80m陡峭崖壁上的附着，解决了深坑内人员与材料的垂直运输难题。

3）临空崖壁边塔吊基础应用技术

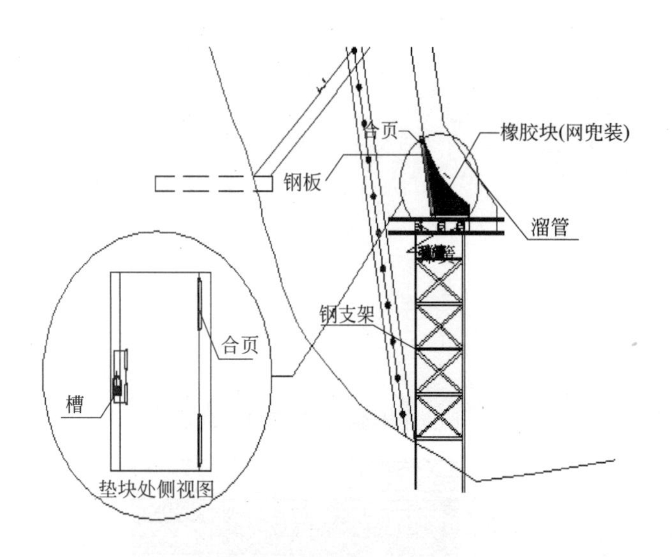

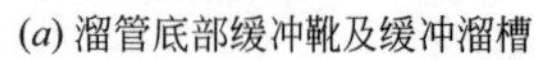
(*a*) 溜管底部缓冲靴及缓冲溜槽

(*b*) 缓冲靴

图 10　超深向下输送混凝土缓冲装置

(*a*) 坑顶坍落度检测

(*b*) 溜管出口坍落度检测

(c) 入模坍落度检测

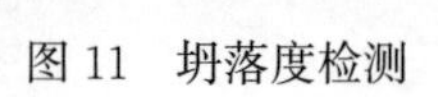
图 11　坍落度检测

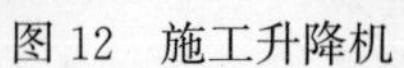
图 12　施工升降机

发明了临空崖壁边塔吊基础设置及桩基入岩的快速判断方法，通过数值模拟分析，确定了垂直崖壁边塔吊基础的合理形式、塔吊基础到崖边的最短距离以及塔吊基础的合理持力层深度，解决了临空崖壁边塔吊应用安全性和经济性相矛盾的难题。

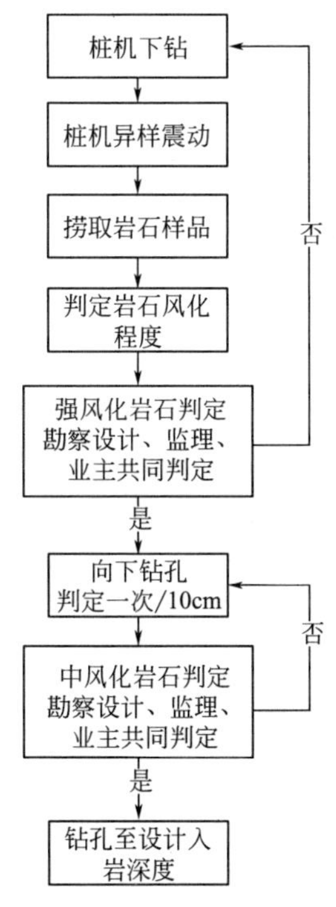

图 13 桩基入岩判定流程

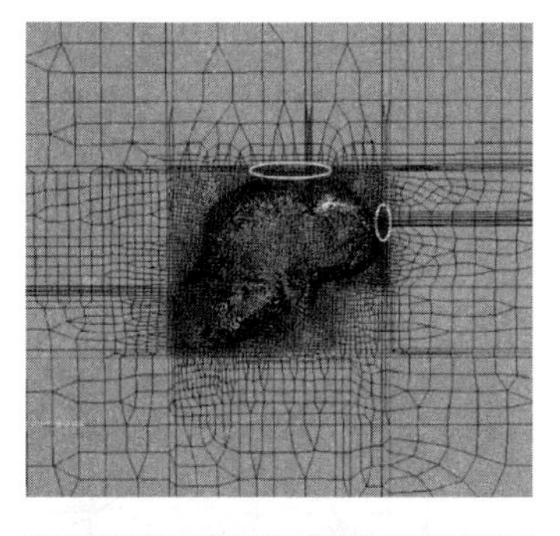

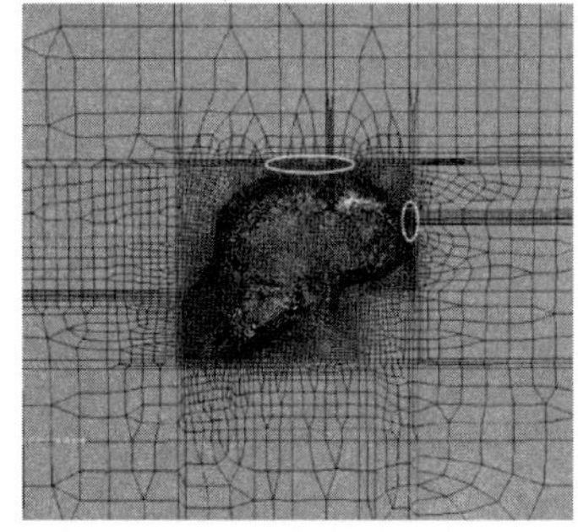

图 14 崖壁塔吊共同作用数值分析

实施效果：工程施工期间，采用三级接力系统成功输送混凝土约 3 万 m^3，采用一溜到底输送系统成功浇筑混凝土约 2 万 m^3，混凝土各项指标均满足要求。附崖壁施工升降机，高效解决了人员、材料的垂直运输问题，施工升降机安全运行 18 个月，保证了工程施工进度。崖壁边塔吊安全运行 28 个月，经崖壁和塔吊监测结果显示，两者均处于稳定工作状态。

关键技术三：两点支撑式双曲复杂钢框架结构施工技术

1）两点支撑式倾斜钢结构“大刚度、小荷载”施工技术

通过对钢结构施工工况进行模拟分析，提出了“框架先行、楼板后筑”的施工方法。使用此方法可保证施工过程中结构体系抗侧移刚度较大而竖向荷载较小，有效减小倾斜结构的 P-△效应，控制结构应力和位移。

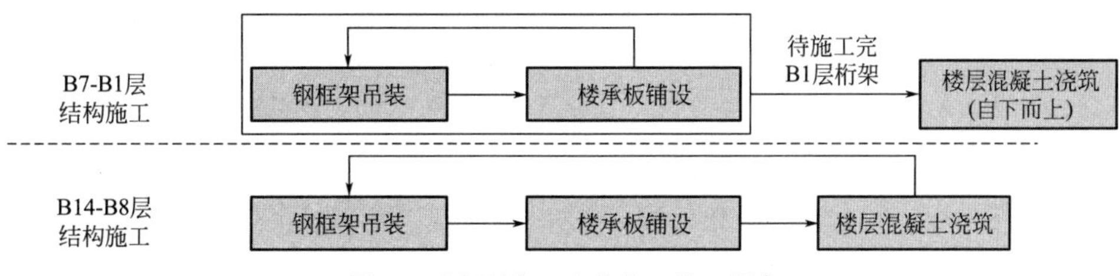

图 15 “大刚度、小荷载”施工顺序

2）小直径大折角多隔板钢管柱混凝土浇筑与密实度检测技术

研发了小直径大折角多隔板钢管柱混凝土对口顺流浇筑方法，钢管柱合理分段，三层一节优化为两层一节，确保三个加劲肋布置处分别位于每节的端部与中间；发明了一种易于下料的折形漏斗，避免混凝土在钢管柱节点部位堆积；通过试验，优化混凝土配合比，保证 4m 落差、穿越两道内隔板后 C60 混凝土的工作性能。

发明了采用红外热成像技术监测钢管柱混凝土施工过程中密实度的方法，编制了《基于温度梯度的现场钢管混凝土密实度检测软件》，对红外线成像照片进行自动分析处理，实现了在浇筑混凝土时，使用红外线成像技术对钢管柱内的混凝土密实度进行监测。

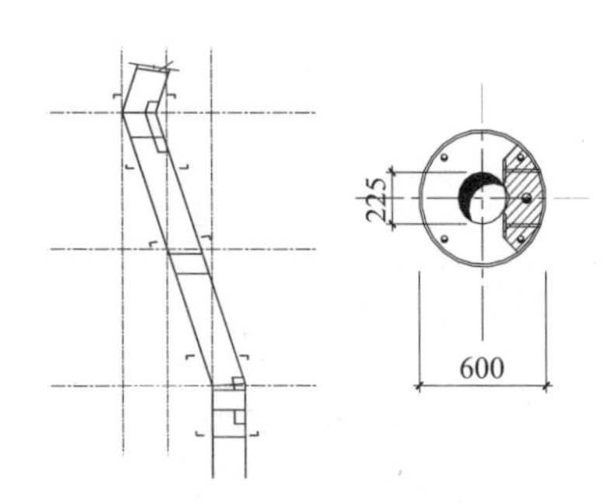

图 16　钢管分节图

图 17　现场工艺柱浇筑

图 18　坑底试验段钻芯取样

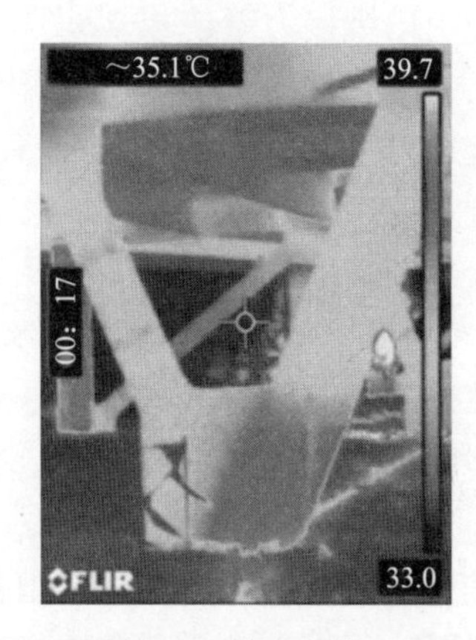

图 19　浇筑时红外热成像

3）渐进式无支撑体系空间钢桁架施工方法

提出了渐进式无支撑体系空间钢桁架施工方法，实现桁架的逐段悬拼，减小起重设备吊装重量，节省临时支撑及机械设备费约 40%。

图 20　根部桁架拼接

图 21　下弦杆拼接

图 22　上弦杆及腹杆拼接

实施效果：经有限元计算与实际监测，主体结构形成整体前，施工中最大位移为1.91cm，符合设计要求，且省去施工过程的临时支撑或拉锚，加快工期1个月。通过红外热成像技术实施，顺利完成小直径大折角多隔板钢管柱灌芯混凝土，经排查，未发现不密实处。渐进式无支撑体系空间钢桁架施工方法，保证了在无支撑胎架和特种大型吊装设备的情况下，成功解决大跨度钢桁架安装难题。

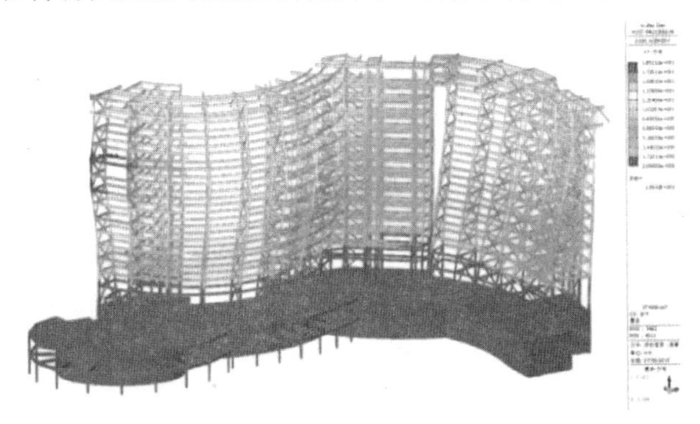

图23　施工模拟最大位移

关键技术四：深坑内环境修复与景观品质提升施工技术

1）采石深坑爆破崖壁布袋式垂直绿化施工技术

（1）综合利用环境质量检测与环境模拟技术，筛选出适应不同区域崖壁生存的绿植，提高绿植存活率；并通过试验，对绿化土壤理化性状进行设计，使其适用于采石坑崖壁环境。

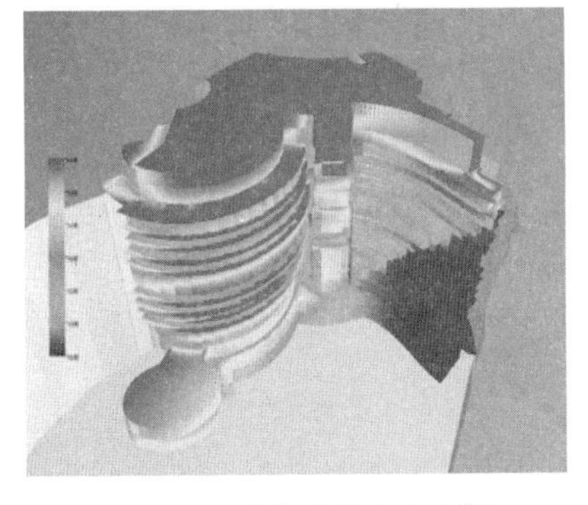

图24　日照数值模拟分析图

图25　坑内风场模型分析图

（2）采用改良后的布袋式垂直绿化种植技术进行崖壁植被修复，克服了传统布袋式垂直绿化技术无法适应于崖壁风速、风向多变的情况。

图26　崖壁垂直绿化效果

2）深坑内水环境改造提升综合施工技术

（1）创造性地提出了内、外双循环水净化系统，通过人工瀑布处理内外水体联系，解决了坑内补水、换水与崖壁景观相协调的难题。

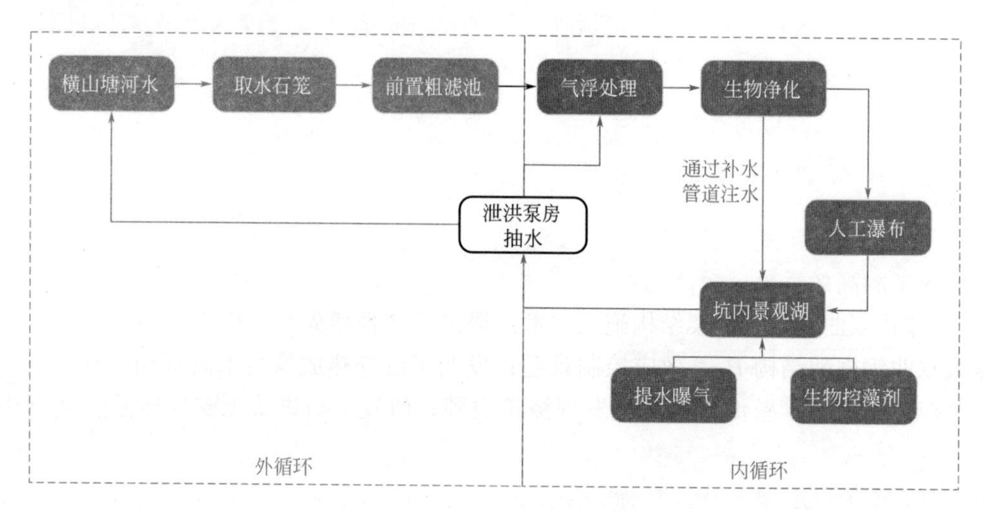

图 27　内、外水双循环系统示意图

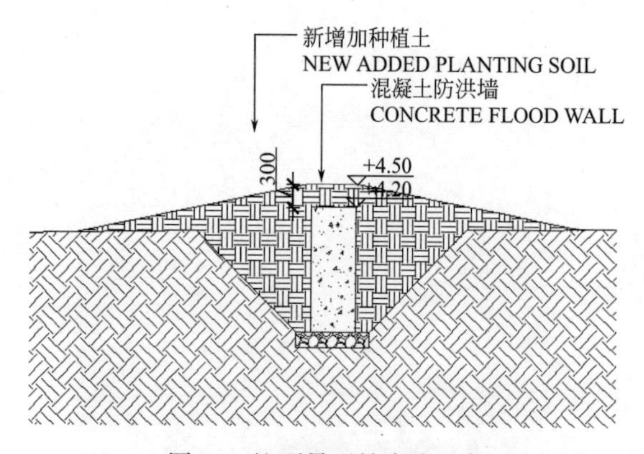

图 28　坑顶景观挡水墙示意

（2）提出了一种深坑内建筑水位监测控制系统。通过天气预报预测未来 7d 降雨量，提前进行水位模拟，并根据模拟结果反馈至控制系统，进行湖水水位控制，以保证坑内水位始终处于合适高度。

（3）水体净化技术集成创新，形成深坑水体标准化净化流程。通过在湖内均匀设置超大流量提水曝气机，促进水体交换，抑制水体表面藻类繁殖及生长。辅助以综合生物控藻剂，使水中藻类原生物质被破坏，避免藻类生长繁殖。

实施效果：深坑经过崖壁绿化和水体改造，崖壁绿化存活率 98%，坑内水体能见度达到Ⅲ类水标准，

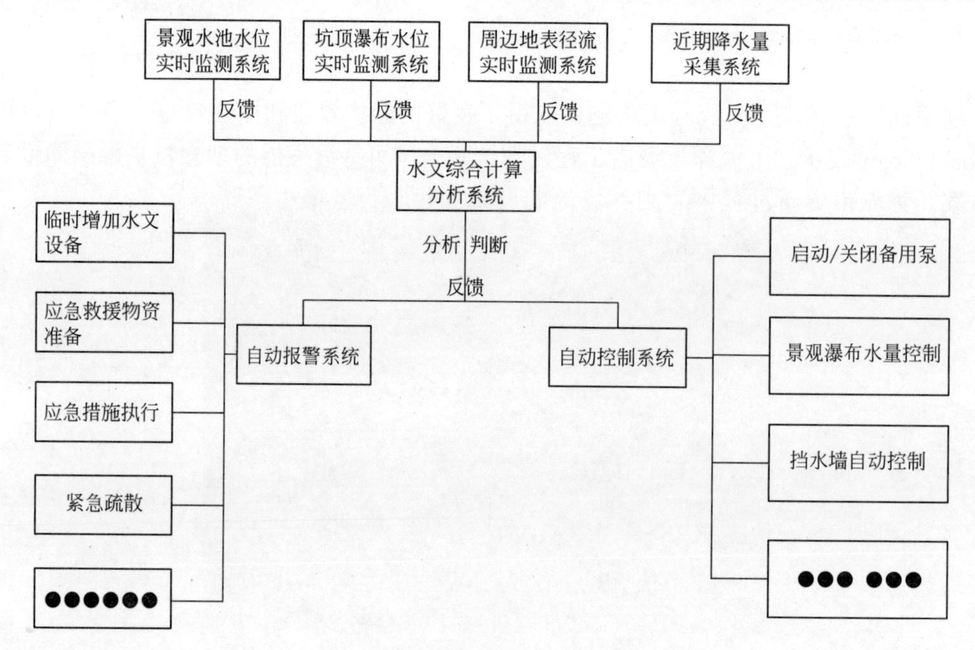

图 29　深坑防排洪系统图

运营至今，已累计接待游客60万余人次，成为上海一张靓丽的城市名片。

三、发现、发明及创新点

1）邻建筑直立弧面陡峭崖壁爆破与加固技术：研发了基于BIM的崖壁小扰动组合爆破施工方法，沿崖壁断面从上到下分区，依次爆破，减小爆破影响范围。研发了易于覆绿的崖壁综合加固施工方法对岩体进行加固；利用爆破碎石施工堆抛石混凝土，保护坡脚。

2）直立陡峭崖壁深坑（80m）建筑施工垂直运输技术：提出了组合接力向下输送混凝土的方法，发明了“三级接力”与“全势能一溜到底”输送技术，首次实现了向下80m的混凝土输送。发明了可附着于崖壁上的施工升降机附墙系统，研究出临空崖壁边塔吊基础设置及桩基入岩的快速判断方法，首次实现了深坑施工的高效垂直运输。

3）两点支撑式双曲复杂钢框架结构施工技术：提出了“框架先行、楼板后筑”的施工方法，解决了两点支撑式双曲钢框架结构 P-△效应控制难题；发明了红外热成像技术监测钢管柱混凝土密实度的方法，通过监控施工期钢管壁温度变化，发现浇筑空隙；研发了渐进式无支撑体系空间钢桁架施工方法，实现大跨度桁架的快速拼装。

4）深坑内环境修复与品质提升施工技术：提出了通过环境质量检测与模拟，辅助植物选型的方法；创造性地提出了通过人工瀑布，实现内、外双循环系统的水体联系，解决水体置换与坑内景观协调难题。发明了深坑内建筑水位监测控制系统，保证坑内水位安全。

四、与当前国内外同类研究、同类技术的综合比较

1. 科技成果评价

2019年4月29日，“上海深坑酒店工程关键施工技术研究与应用”通过了以叶可明院士为组长的专家委员会评价，评价结论为研究成果整体达到国际先进水平，其中基于崖壁稳定的垂直运输综合施工技术、两点支撑式双曲复杂钢框架结构施工技术达到国际领先水平。

2. 国内外同类技术比较

项目《上海深坑酒店工程关键施工技术研究与应用》经国内外查新和比对，结论如下：“本项目研发了包括邻建筑直立弧面陡峭崖壁爆破与加固技术、陡峭崖壁深坑（80m）建筑施工垂直运输技术、两点支撑式双曲复杂钢框架结构施工技术、深坑内环境修复与改造施工技术，具有新颖性和创新性”。

五、第三方评价、应用推广情况

通过本项目研究，解决了工程施工难题，取得了良好的经济效益和社会效益。联合国教科文组织代表Mr. Michael Croft表示“上海深坑酒店工程，契合联合国可持续发展的理念，是中国向世界输出的可持续发展方案。为城市更新过程中对废弃场地的开发利用、为城市生态环境修复提供可推广和复制的借鉴。”

本项目的关键施工技术在普陀山观音圣坛、南京汤山博物馆等项目取得成功应用。本项目成果后续可推广应用于全国范围类似条件下的废弃矿山开发与生态修复，在我国大力提倡发展节能环保型建筑及矿山灾害治理覆绿修复的当前，既有深坑再利用及深度开发逐渐成为各地关注的焦点，该技术具有良好的市场应用前景与社会效益。

六、经济效益

近三年，本项目成果已成功应用于“普陀山观音圣坛、汤山博物馆、日照天台山太阳神殿”等项目中，具有高效施工、管理理念先进、绿色环保等优点，降低了材料损耗、提高了施工效率，保证了工程质量和安全。近三年新增产值34682万元，直接经济效益3783万元，取得了良好的经济效益和社会效益。

七、社会效益

本项目已在上海深坑酒店工程的成功应用，取得了巨大的社会效益，不仅有效解决了施工难题，而且在施工进度、工程质量、技术攻关等方面得到了设计、监理、业主的高度评价；上海深坑酒店工程获《世界伟大工程巡礼》跟踪报道及央视《中国建设者》专题报道，被国家地理频道评为“世界十大建筑奇迹”，累计接待上海院士中心、美国建筑师学会、荷兰代尔夫特理工大学等观摩百余场，国内外宾客、游客参观60万余人次。该成果的研究，填补了我国在该领域的技术空白，为废弃场地的后续开发利用，修复城市被破坏的生态环境提供了成功案例。

北京中国尊大厦工程建造关键技术

完成单位：中国建筑股份有限公司、中建三局集团有限公司、北京市建筑设计研究院有限公司、清华大学、中建安装集团有限公司、中建钢构有限公司

完 成 人：张　琨、汤才坤、杨蔚彪、彭明祥、韩林海、许立山、曾运平、王开强、陈华周、蒋　凯、丁　锐、卢　松、常为华、贺小军、崔　健

一、立项背景

北京中国尊大厦为一栋集甲级写字楼、多功能中心等功能为一体的大型超高层建筑，总建筑面积约43.7万m^2，建筑高度约528m（至塔冠幕墙顶），地上108层，地下7层（局部8层），是目前世界高烈度区（8度及以上）唯一一栋超过500m高的建筑，其在设计、施工上面临多项挑战。

设计方面需在确保整体结构在高烈度区的安全性的前提下，达到建筑美学、功能要求和工程经济性的完美统一。施工方面面临工期紧、技术难点多、施工难度大等问题。此外，项目涉及专业和参与单位多，设计与施工综合协调管理难度高，常规施工方式难以确保项目的顺利实施。为实现施工的高效、低碳、环保，统筹兼顾绿色施工，须针对工程技术、管理重难点，进行深入研究，确保在安全有序的前提下实现设计的各项功能，并满足国家、行业、地方的各项要求。

二、详细科学技术内容

1. 高烈度区“樽”形超高层建筑的设计关键技术

本研究对高烈度区巨型超高层的地震作用及地震作用效应特征、整体稳定性分析进行了研究；对该类结构常用巨型构件的关键技术：内置钢板混凝土组合剪力墙的组合作用及抗裂设计、多腔钢管巨型柱的组合作用等亦进行了设计研究及实际监测，实际数据表明其取得了非常好的效果，组合作用得到了充分的保证。

2. 高烈度区“樽”形超高层建筑的施工关键技术

1）变刚度调平无缝大体积混凝土基础施工关键技术

特大型钢柱脚锚栓群施工中，发明锚栓支撑架。支撑架与锚栓在工厂一体化拼装后，在现场进行安装，并解决超长面筋穿插支撑架施工的困难。该技术大大减少施工吊次，并提高了锚栓安装精度，在地下室柱底板和剪力墙钢板安装的过程中，实现了“零扩孔”的预期目标。

可拆卸的首层横梁
支撑架斜撑
支撑架主体
支撑架立柱

图1　锚栓支撑架

超深超厚大体积底板混凝土施工：与清华大学土木工程系合作，进行配合比试验。结合试验结果及专家意见，确定大掺量粉煤灰配合比的方案。浇筑利用串管＋溜槽组合体系，解决深基坑无法搭设溜槽的问题，并提高浇筑质量及速度。

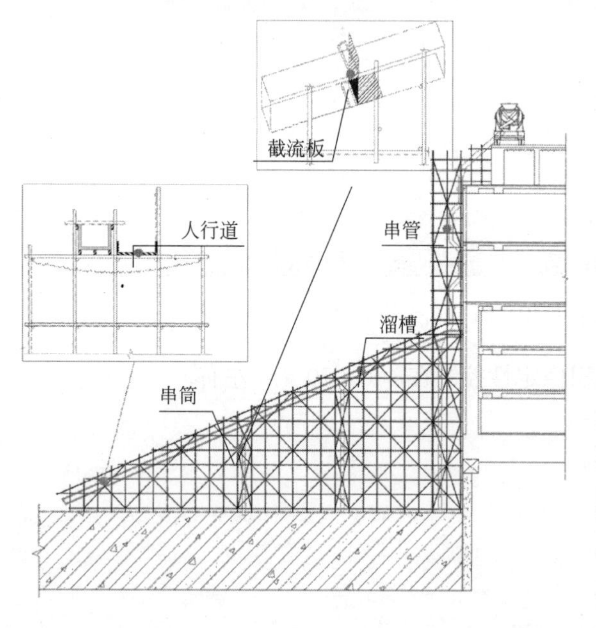

图 2　串管溜槽组合体系

2）多腔钢管混凝土巨型柱施工技术

施工中舍弃常用的人工二次灌浆方式，创新采用多点压力灌浆技术，将柱底板 178m^2 的最大单体灌浆面积一次性浇筑完成。

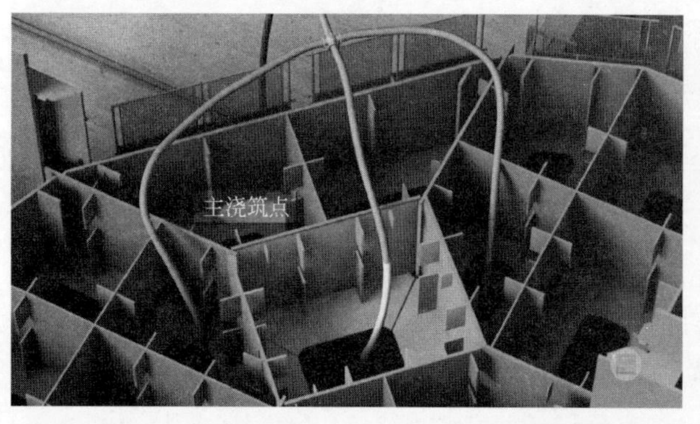

图 3　多点压力灌浆技术

利用软件对复杂构件及节点进行有限元分析，使分段点尽量避开应力较大且集中的位置；将 T 形接头焊缝，由单坡全熔透优化为双坡半熔透，既保证了焊缝与钢板强度等强，又降低了焊缝填充量。通过修改整体模型焊接顺序进行模拟并结合现场实际数据，确定了“内外组合，横立结合”的焊接顺序，降低焊后矫正时间。

发明自适应巨柱单元组合式操作平台，平台具有可伸缩、自爬升等功能。产品全部工厂化预制，现场组装后使用。架体与巨柱附着点设置多点重力传感器，在提升过程中实时监测各点分配反力，保证提升过程的稳定、安全、同步性。

采用“普通硅酸盐水泥＋超细矿物掺合料＋高效减水剂＋优质骨料＋内养护材料”的技术路线进行了各种组合的配合比设计分析。利用正交试验通过粉煤灰对塑性黏度和分层度的影响确定采用微珠含量较高的Ⅰ级粉煤灰。试配过程中，利用高吸水性树脂（SAP）作为内养护材料，在缓解混凝土自干燥，

图 4　自适应巨柱单元组合式操作平台

减小自收缩方面具有较好效果，使得混凝土体积稳定性控制在 400×10^{-6}m 左右。

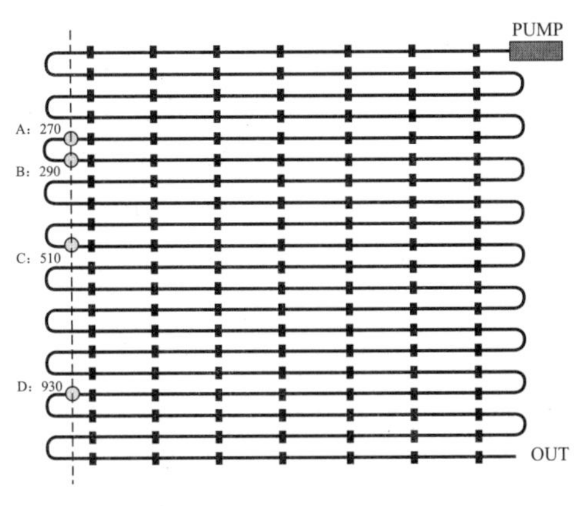

图 5　压力传感器监测布置

图 6　盘管设计布置

与清华大学联合，采用对施工中的实体巨型柱混凝土进行现场测试。核心混凝土的纵向收缩变形略大于横向；收缩变形的发展速率逐渐降低，收缩值在 $500\mu\varepsilon$ 左右基本稳定。结合管壁侧压力等方面的测试结果，混凝土的收缩并未导致核心混凝土和钢管壁之间的脱空；也未在核心混凝土和管壁接触的关键部位处造成裂缝。

3）核心筒组合墙混凝土裂缝控制技术

钢板墙采取“先立焊后横焊”的工序进行钢板墙焊接。竖向焊缝采用“多人、分段”的方式，横向焊缝采用“先长肢、后短肢”的方式。优先焊接厚板焊缝，其次焊接较薄板焊缝，先焊接变形较大焊缝，后焊接变形较小焊缝。

采用“普通硅酸盐水泥＋超细矿物掺合料＋高效减水剂＋优质骨料＋内养护材料”的技术路线进行配合比设计分析。

钢筋设计优化：①构造措施：外围钢筋形成封闭环，且间距控制在 100mm×100mm；保证有一定量的穿孔拉结筋；合理布置栓钉，且栓钉直径、间距和长度不宜大；在栓钉层布置钢筋网。

②钢筋与钢骨连接方式：穿孔、连接钢板、机械连接器、弯折锚固，剪力栓钉布置 $\Phi22/\Phi19$@100，加密区布置：150mm×150mm；非加密区：300mm×300mm。暗柱外围箍筋，可靠封闭措施，全部焊接；外侧水平筋兼箍筋，避免钢筋收头集中在暗柱端部，配箍率 0.45%（不大于总 30%）；箍筋或拉筋采用穿孔、焊接、连接套筒综合交错使用，配箍率 1.35%。

4）大型悬挑曲面结构安装施工技术

塔冠结构位于 F105 层楼面梁上，并向上延伸至屋顶，高度为 30.3m。最大构件分段重量约为 25.3t，主构件为 18 件，补档构件为 25 件，构件最长为 12m，使用最大板厚 50mm。

因为塔冠结构、现场场地、工期等诸多因素，项目通过利用合理的分段分节，合适的现场安装顺序，精准的现场实施步骤，最终达到了“无胎架”施工。

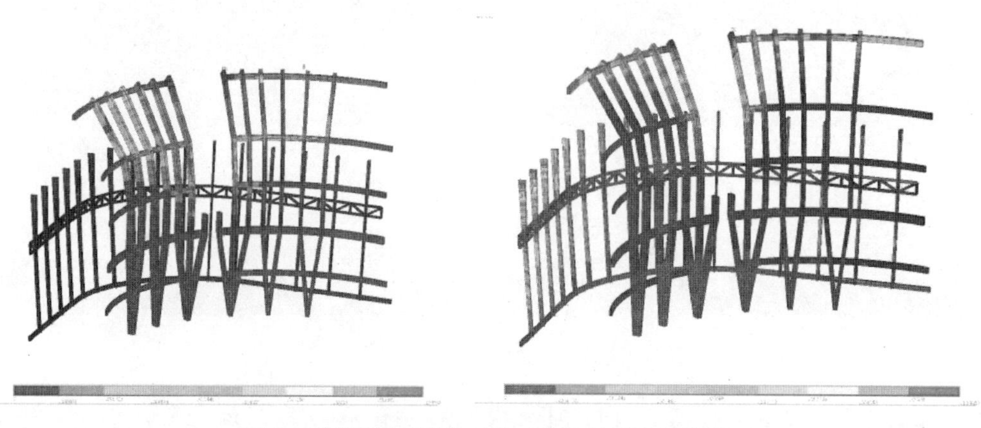

图7　利用有限元软件对施工安装过程进行模拟

3. 超高层建筑的绿色施工关键技术

1）超高层工业化施工技术

（1）超高层建筑智能化施工装备集成平台系统应用技术

平台创造性地将两台 M900D 塔吊与钢平台同步顶升，操作面积超过 1800m^2，覆盖四个半竖向作业层，最大顶推力达 4800t，实现了“在工厂里造摩天大楼”。利用施工装备集成平台封闭的立体空间，项目探索出核心筒三维流水“工厂式”施工流程，在竖向展开不同作业层，同步进行钢结构吊装、焊接、钢筋绑扎、混凝土浇筑、预留预埋等施工工序，将平台空间打造成工厂流水线。

图8　超高层建筑智能化施工装备集成平台

（2）核心内筒预制立管成套施工技术

结构施工至上部后，预制管组通过塔吊及卸料平台倒运至相应楼层，通过楼层能水平转运至管井位置，然后通过行车吊完成预制立管的垂直吊装。

（3）窗边风机盘管一体化装配技术

项目所使用窗边风机盘管达 3000 多台，窗边空间狭窄，架空地板支架错综复杂，原设计窗台系统有效主体厚度 500mm，项目通过优化，由原设计 500mm 优化到国内最薄 288mm，并采用 190mm 超薄形风机盘管机组。根据一体化窗台系统安装节点图进行采购及安装工作，并将风机盘管和窗台板形成整体模块化加工，将机电与装饰界面合二为一。

2）基于装配化及永临结合的高效建造技术

（1）超高层跃层电梯的应用技术及管理

将正式电梯在结构施工阶段提前使用，一体化临时机房及轿厢随着结构楼层每完成四层可自行爬升

图 9　核心内筒预制立管

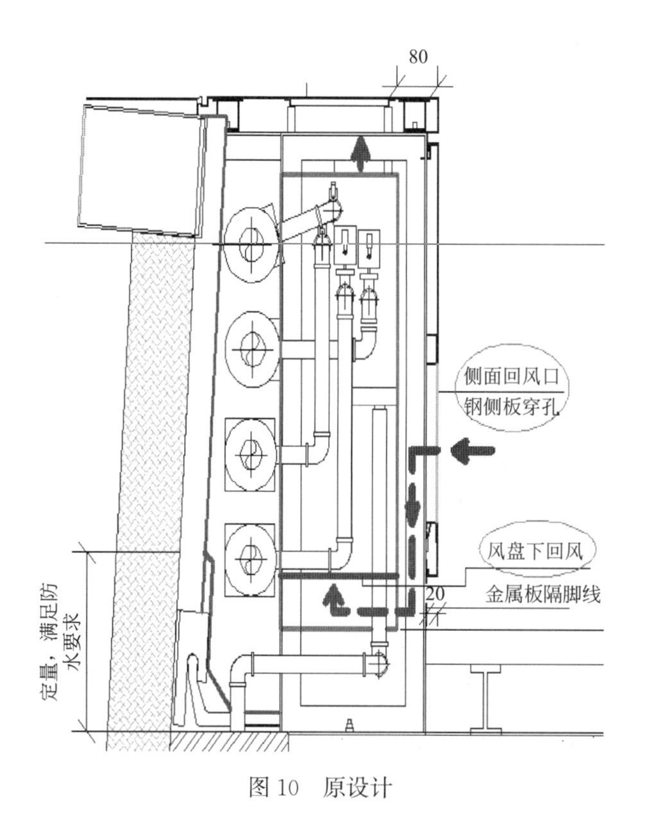

图 10　原设计

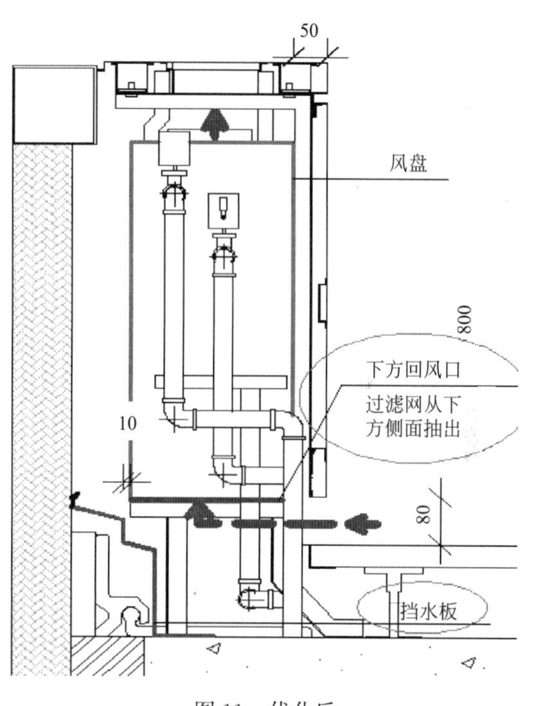

图 11　优化后

一次。随着上部井道的施工，逐步向上跃升，在结构封顶前将最终电梯使用的曳引机和控制柜运输至正式机房内，更换电气部件和损耗部件，电梯重新调试验收后即可投入使用，缩短正式电梯的安装时间。

（2）施工现场“永临结合”排水及排污应用技术及管理方式

该系统是将平层的废水通过 B1-B7 层设置的正式地漏及正式立管将各层排水汇集至 B6/B7 层集水坑，雨水通过环形坡道雨水沟和正式雨水立管汇集至 B6 层雨水集水坑，核心筒内电梯基坑积水通过导流管排至对应集水坑。B6/B7 层集水坑内的废水和雨水通过正式排水管道及正式排水泵在 B1M 层出户排至市政管道。

（3）超高层建筑“临永结合”消防水系统施工技术

该系统是利用大厦位于 B001、F018、F044、F074 有效容积为 60m^3 的正式转输水箱以及大厦正式消火栓系统的管道等，结合少量的临时管道及设备组成施工阶段的消防水系统，实现水箱以下为常高压消防系统，水箱以上为临时高压系统。随着工程进度逐步拆除或更换临时设施，逐步转换为正式消防系统。

4. 超高层建筑全过程智慧建造关键技术

1）数字化高效协同设计技术

（1）参数化设计

中国尊取古代礼器“尊”的造型。设计通过软件，利用几何控制系统生成建筑形体，对建筑设计过程中所有与几何定义相关的信息、数据进行系统的描述和表达，以达到全过程精确控制工程设计、深化、加工、安装的目的。

（2）巨型外框筒建筑结构一体化找形设计

在整个设计过程中大量运用BIM模型对巨型外框筒各构件的尺寸、定位及其相关的位置关系进行精确控制，减少构件转折带来错边而影响到钢结构焊接质量的问题，从根本上解决一些影响工程质量且不易控制的问题。

2）基于BIM的施工管理技术

（1）深化设计及图纸审核

中国尊项目所有专业全面应用BIM进行深化设计，模型与图纸同步。针对主体结构、钢结构、机电、幕墙、室内装饰等专业均采用相应的BIM软件深化、出图；针对机电与幕墙等专业，直接采用BIM模型指导场外加工制作；结构土建、装修、电梯等专业采用BIM技术辅助深化设计，并提供施工所需内容信息的BIM模型。

将点云数据与BIM模型通过“综合-碰撞-优化-实施”这一系列“虚实结合”的过程，提升深化设计的效率和精度，将此过程的管理风险降到最低。

（2）三维扫描点云技术与三维模型放样技术

本项目施工过程中应用三维模型放样技术，精准地进行现场放样，从源头上最大限度地减少施工误差。施工过程中应用三维扫描点云技术，对关键工序和施工过程进行施工误差的校核，及时调整施工误差，避免误差的积累造成管线交叉及返工。

3）基于物联云平台的智能运维技术

（1）超高层建筑一体式动态飞轮UPS系统智慧供电技术

中信大厦在ZB-Z2区采用了动态UPS技术来保障智能化系统重要的大容量服务器和存储设备的运行，替代传统的静态蓄电池UPS系统。无须后备电池，减少维护量，无须装设专用空调，极大降低了维护成本，更加绿色、环保。

（2）智慧物联云平台建筑能源管理系统技术研究

平台通过建筑信息模型和建筑物运营及设施管理，将智能建筑物内智能化各应用系统通过模型有机的联系在一起，集成为一个相互关联、完整和协调的综合监控与管理大系统，使系统信息高度共享和合理分配，克服以往因各应用系统独立操作、各自为政的信息孤岛现象。

（3）超高层建筑低压配电智能监控技术

Smart Panels智能配电监控系统方案通过采集测量、智能互联、高效管理三个步骤来实现数字化管理。

三、发现、发明及创新点

1）应用质量分布法创新理论进行结构设计

2）提出一种锚栓自适应设计方法，确保锚栓的安装精度

3）发明浇筑利用串管＋溜槽组合体系，解决深基坑无法搭设溜槽的问题

4）采用多点压力灌浆技术，将柱底板178m^2的最大单体灌浆面积一次性浇筑完成

5）发明一种可伸缩以适应巨柱多次截面变化的施工操作平台

6）创新采用导管导入法进行多腔体巨型柱的浇筑

7）创新性的对巨柱实体进行试验，直观地检测出混凝土浇筑质量

8）研发出一套高效率的核心筒内智能吊装设备

9）全球首次实现了两台大型动臂塔机与平台集成

10）创新性的将机电与装饰界面合二为一，将窗边风机盘管系统最大限度地减少空间的占用，且将窗台板与风机盘管集成一体化

11）发明一种用于高效解决超高层建筑跃层电梯防水、防坠物的工具，创新性的采用在井道壁上预留支撑孔用于提升工作平台和移动机房

12）国内首次采用超高层临时永久相结合消防系统

13）国内首个全面应用三维扫描的超高层

14）创新地采用了施耐德 Smart Panels 智能配电监控系统，保障了大厦在供电可用性、可靠性、安全性的基础上，实现能效的提升和运营成本的降低

四、与当前国内外同类研究、同类技术的综合比较

北京中国尊大厦在施工中应用多项创新技术，同时是在国内首个进行 BIM 全生命周期应用、首次应用一体式动态飞轮 UPS 供电系统、临永结合消防系统、超高层跃层电梯技术的超高层项目，这些技术解决大部分施工难点、提高施工效率、节约工期，提高绿色施工水平。

五、第三方评价、应用推广情况

经评价，“北京中国尊大厦工程建造关键技术”总体达到国际领先水平。

六、经济效益

经计算，项目合计产生经济效益约 1.39 亿元。此外，通过深化设计为业主增加约 4500m^2 使用面积，按楼面价 10 万/m^2 计算，创造价值 4500m^2×10 万/m^2=4.5 亿元。

七、社会效益

中国尊大厦项目于 2013 年 7 月 29 日正式开工建设，主体结构于 2017 年 8 月 18 日封顶，整个工程于 2018 年 12 月 28 日初步移交，施工总工期为 65 个月，是中国国内 500m 以上的超高层建筑中工期最短的项目，建造速度超出同类型超高层建筑 30%。大厦的建筑、施工秉承绿色建筑的理念，项目推广应用住房城乡建设部《建筑业 10 项新技术（2017 版）》中的 10 大项 39 小项技术，以及 20 余项创新技术，践行四节一环保的理念。大厦在建造过程中受到多方瞩目，央视新闻、人民日报多次报道，其最前沿的施工技术，也吸引了来自世界 40 多个国家的近 3 万参观者，成为超高层建造的典范项目。大厦的施工经验现已应用于其他同类工程，并取得良好的效果。

城市复杂环境条件下隧道穿越关键施工技术研究与应用

完成单位： 中国建筑工程（香港）有限公司

完 成 人： 潘树杰、何　军、虞培忠、霍　毅、王志涛、张　伟、陈劲慧、边　岩、师　达、张建玺

一、立项背景

随着经济飞速发展，城市地下交通及地下空间应用得到高度重视，亦为城市隧道工程建设带来许多技术难题与挑战。主要表现为：

（1）城市隧道的地面沉降控制要求极为苛刻，松软地基不得超过 20mm 的沉降量控制，几乎是不可能完成的任务；

（2）城市交通流量大，不具备完全封闭施工的条件，甚至需要保证隧道施工过程对既有交通零影响；

（3）隧道穿越既有基础设施，需要分析隧道开挖对既有基础设施的影响，以及既有基础设施对隧道稳定性的影响；

（4）水文地质条件差，临时支护设计施工标准要求高，且常常需要采用特殊的施工方案。

国际上，发达国家基础设施建设黄金期已基本结束，城市隧道建造技术尤其在穿越方面偏于案例研究，系统性标准或理论非常少见。

内地高校、科研机构和施工单位着重于地铁隧道设计施工技术的研究，尤其针对软土地区地铁隧道近距离穿越既有地下建筑等专题进行了研究，形成了专项技术方案，北京地区还专门出台了针对隧道《穿越既有交通基础设施工程技术要求》DB11/T 716—2010 的地方标准。但是，这些研究大多基于单个案例，规模小，缺乏系统性成果。到目前为止，尚未从理论机理、技术参数设计原则、施工工艺控制和工程实时测控方面，形成一整套基于城市复杂环境条件下的隧道穿越技术，以更好地给予完整的技术指导。

针对以上重大技术难题，本成果借助隧道穿越施工理论分析与数值模拟，采用成果引进、消化、吸收、再创新的创新模式，结合试验室研究和现场应用，在暗挖法、箱涵顶推法和盾构法进行大截面、超大截面隧道开挖的关键施工技术上进行前瞻性研究，形成了一套较为完整的“城市复杂环境条件下隧道穿越关键施工技术研究与应用”成果，极大地提升了公司在隧道穿越技术领域的核心竞争力。

二、详细科学技术内容

本成果在暗挖法、箱涵顶推法和盾构法进行大截面、超大截面隧道开挖的关键施工技术上进行前瞻性研究，借助隧道穿越施工理论分析与数值模拟进行方案设计，结合试验室研究和现场应用实现优化完善。主要技术研究内容如下。

1. 既有基础设施下地基加固处理技术

为减少隧道穿越工程对既有铁路公路等基础设施运营的影响，施工前需要对基础设施下方土体进行处理以提高土体强度减小沉降，同时采取防渗措施。复合浆液扇形压力注浆地基加固技术，通过在既有交通线路两侧采用倾斜钻孔注浆，在不影响既有基础设施运行条件下对软弱地基进行灌浆加固，有效提升土体承载力、整体性和抗渗性能。

（1）灌浆标准设计：以工程限制条件的要求如沉降量、渗水量的控制等为判定依据，先假设土体灌

浆加固后的性质参数，计算相应的沉降量是否满足工程需求。再结合工程经验，确定最后灌浆的相应参数。

（2）灌浆孔设计：灌浆范围要保证施工期间受影响区域土体稳定，且地下水隔绝于施工区以外。主要灌浆区域包括灌浆幕墙（Grout Wall）以及穿插于幕墙中间的填充灌浆（Grout Plug）。

幕墙分别位于下穿隧道位置的两侧，总厚度为5m，灌浆管底部的位置在基岩面以下1m，或隧道底面以下1m，取较深的位置；灌浆管顶高程为+3.5mPD。幕墙之间位置，进行填充灌浆，灌浆管底部位置在基岩面，或隧道底面以下2m，取较浅的位置；灌浆管顶在隧道顶上方5m处，以保证施工区域土体得到加强。

（3）浆液配比设计：灌浆材料选择和浆液配制主要受地质条件影响，需要根据不同地质构造和土体成分，设计相对应的灌浆材料和浆液配比。

（4）灌浆压力设计：灌浆压力，其实质就是浆液在地层中的扩散动力，灌浆压力对灌浆的加固和防渗效果具有很大的影响，灌浆效果还受地层条件、灌浆材料以及灌浆方法等。为避免过度灌浆，导致资源浪费和土体结构破坏，工序中须遵循以下最大灌浆压力的限制。

最大灌浆压力设计值 **表1**

岩土层	膨润土水泥浆	超细水泥浆B型	化学浆	超细水泥浆A型
填石层(巨/中砾)	积土压力或0.5MPa，以较大为准	积土压力或0.6MPa，以较大为准	积土压力或0.7MPa，以较大为准	不适用
填石层(中/沙砾)	积土压力或0.5MPa，以较大为准	积土压力或0.6MPa，以较大为准	积土压力或0.7MPa，以较大为准	不适用
冲积砂/全风化花岗岩层	1MPa	不适用	2MPa	不适用
花岗岩层	不适用	不适用	不适用	不适用

灌浆量设计：影响灌浆量的因素很多，要精确计算相当困难，一般采用下面计算公式：

$$Q=k_1k_2\pi R^2H$$

其中，Q为每孔灌浆量，m^3；k_1为灌浆系数，一般取0.12～0.2；土体压实度不小于90%时，取0.12；土体压实度在85%～90%时，取0.13～0.15；土体压实度不大于85%时，取0.16～0.20；k_2为浆液损耗综合系数，取1.0～1.1；R为浆液有效扩散半径；H为灌浆孔深。钻孔过程中，应根据钻孔记录和检测报告进行分析，适当调整不同位置的灌浆量。

2. 隧道穿越既有基础设施防护技术

暗挖隧道在既有基础设施下方穿越时，可以从抗浮稳定和振动控制两个方向进行研究。既有基础设施抗浮稳定，要平衡上浮力和抗浮力，减小上浮力主要依靠控制地下水位，而提高抗浮力则可考虑锚固、配重等方式提供额外助力，以便在原有抗浮设施、方式受到影响时保证既有基础设施的抗浮稳定仍处于安全范围。

施工扰动控制，主要选用最为稳妥的施工方案，包括施工顺序、施工手段、超前探测、设计优化等，让隧道施工全过程以安全、可控的方式进行，努力将施工影响既有基础设施稳定性的风险降到

图1 红磡海底隧道边墙及中墙顶部布置的配重砖

最低。

除补打锚杆增加既有基础设施抗浮力之外，对隧道墙身增加配重也可分担现有抗浮系统应力，提升隧道整体抗浮能力。配重砖设计原则，是要求配重砖提供的抗浮力与现有抗浮系统附加应力引起的抗浮力损失达到平衡，以预防隧道结构上浮风险。

3. 复杂地质条件下隧道洞口处理技术

本成果主要介绍超大直径管棚支护技术，它使用螺旋钻进行管棚施工的系统主要包括螺旋钻、前端控制器、中空螺旋管、光学导向系统、辅助导向系统、推进锤和切割钻头等构成部分。螺旋钻通过中空螺旋管为前端控制器提供推力和扭力，中空螺旋管外圈的螺旋片将挖掘产生的泥石运送至后方井内，管内压缩空气提供驱动潜孔锤所需的振动能量。管棚施工过程中最大反力会达到170t。

图2 螺旋钻的导向架

根据导向系统显示的偏差，前端控制器可以手动或自动调整钻打方向，确保管棚施工的方位严格遵照设计要求。钻头同钢管一起钻入，成孔前几米先低速低压，随后再加速加压。掘进过程中，保持导向系统的实时监测。当任何一个方向上的误差超过10mm的时候，将启动自动或者手动的修正程序。

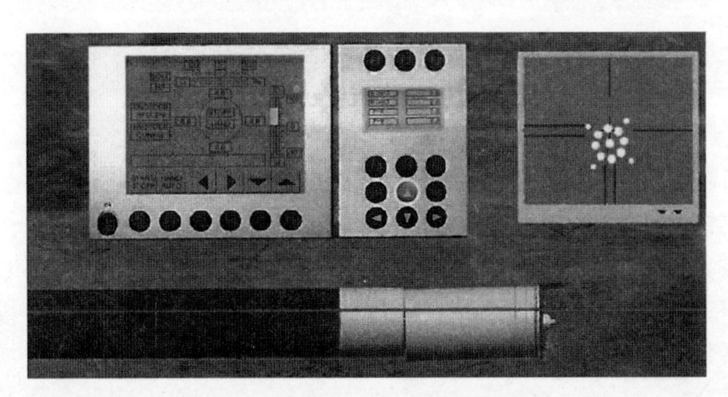

图3 导向系统的LED显示屏

4. 复杂环境及地质条件下隧道穿越成套技术

本成果主要介绍下穿红磡海底隧道的超大截面隧道暗挖法穿越技术和下穿机场快速铁路的中继法箱涵顶推技术。

1）超大截面隧道暗挖法穿越技术

铜锣湾暗挖隧道以一斜交角度下穿红磡海底隧道港岛区入口，且邻近香港游艇会及警官会所等对振动较为敏感的设施及结构物。隧道埋深约26m，在红隧的正下方，隧道拱顶距红隧底板约18m。

隧道3个洞室同时开挖总跨度达50m，截面面积510m²。开挖遵循分部开挖、稳扎稳打原则。具体而言，位于中间隧道，采用正台阶法开挖，而东、西侧隧道采用中隔壁法开挖。

上台阶高度由8.5m减至6m左右，更多采用下台阶开挖，便于隧道尽快贯通，缩短工期约140d。

两侧隧道内侧部分开挖属于关键线路，采取增大外侧部分开挖量，可容纳两部机械同时作业，进尺

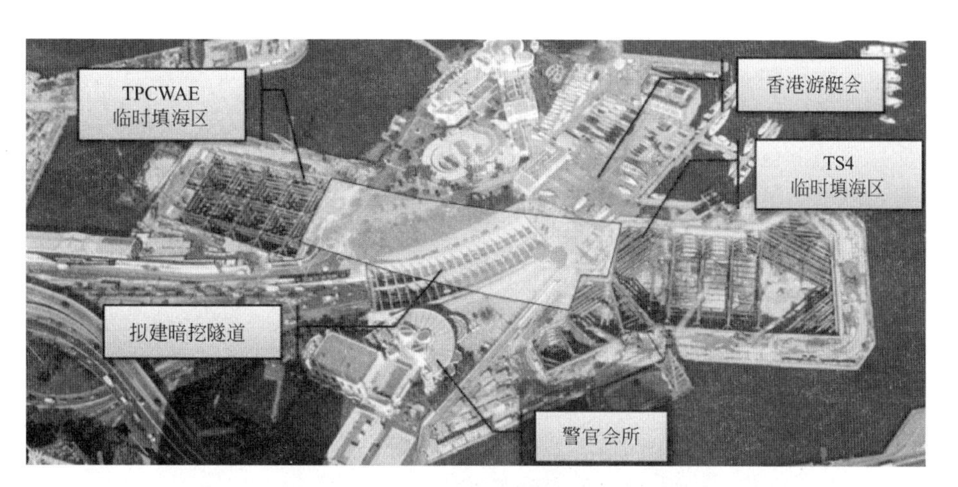

图 4　拟建暗挖隧道所在位置

图 5　三连拱隧道开挖顺序示意图

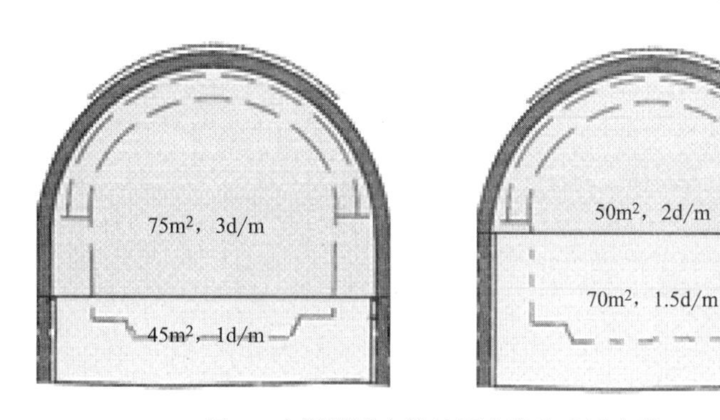

图 6　中间隧道台阶法原方案和改进方案

速度维持不变，但直接缩短了关键线路长度。

采用聚酯纤维喷射混凝土取代部分钢拱架，简化工序，节省安装钢拱架所占用循环时间；确定现场岩石质量参数，减少部分钢拱架接长落底设计，避免边墙脚处理难题，体现了隧道“动态设计、动态施工”特点。

2）超大截面箱涵顶推穿越技术

港珠澳大桥香港连接线工程主隧道总长 1.15km，依次穿越景观山、机场路、机场快线以及新填海区。其中隧道穿越机场快线铁路段长约 70m，对施工扰动和地基沉降控制要求非常严格，采用中继法超大截面箱涵顶推（截面达 335m^2）下穿既有铁路施工。

（1）箱涵设计

顶推施工的每一段箱涵，都在竖井中用现浇钢筋混凝土进行预制。每一段的箱涵长度根据隧道段的实际总长度、顶推场地的大小和顶推设备的推力等因素来确定。箱涵的形状要适应用于顶推的各种组件，包括支撑千斤顶的承台、固定顶推支架的墙板、起保护左右的混凝土层、预留钢索孔以及注入润滑剂的通道等。第一段箱涵最前端，安装钢制防护罩，为挖掘过程提供更多空间，同时更有利于箱涵沿开挖区域推进。在每一段箱涵的尾部设置裙板，以防止掘进过程中泥石跌落箱涵内部。

图7 分段预制箱涵

箱涵设计除了考虑结构承担的永久荷载，也需要考虑顶推过程中，顶推力和摩擦力的共同作用。

本技术采用锚固钢绞线代替传统反力墙，需在顶推场地布置顶推槽、顶推架等设备，箱涵设计需要设置临时混凝土结构用以安装拉力钢绞线千斤顶系统的顶推架、用以负荷拉力千斤顶系统的承台、用以安装推力千斤顶系统的预留槽以及第一段箱涵用于支撑顶棚的可承受偏心荷载的墙等。

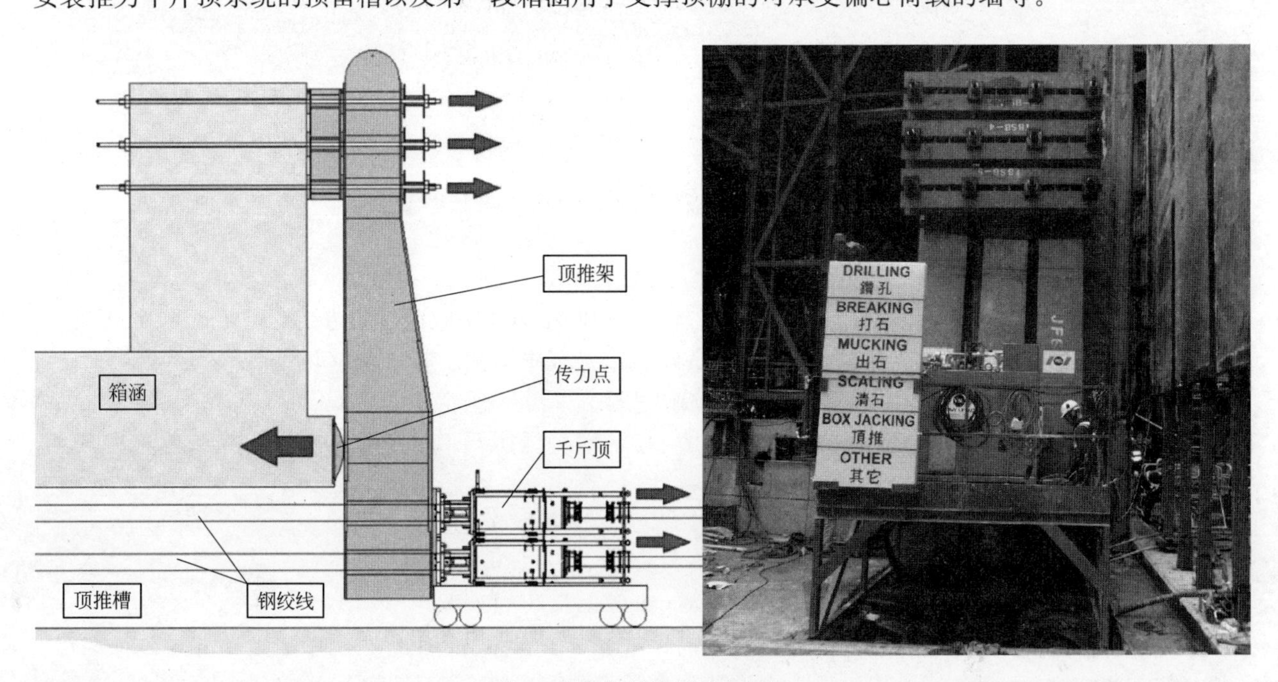

图8 顶推架结构图及实物图

（2）顶推阻力计算

根据最大似然估计原理，考虑有润滑系统的作用，对箱涵节段在正常使用状态下的摩阻力进行估计，安全系数采用1.5进行计算。箱涵的四周被认为由膨润土-砂泥（Bentonite-Sand Sludge）所填充。箱涵四周岩土参数及摩阻系数估计如下。

摩阻系数估计 表 2

界面	润滑介质	摩阻系数	润滑减阻系数	最佳估计 μ
箱涵面-围岩	膨润土-砂泥	0.613	0.60	0.37

（3）顶推设备

拉力钢绞线系统包括动力单元、拉力组件、锚固组件、液压泵组件和控制系统等。拉力组件由 7 条 15mm 的预应力钢绞线构成，通过锚头锚固于固定荷载上。动力系统有上下两个锚固位，通过自握紧的方式“握住”拉力组件的钢绞线。上方锚固位与液压系统的活塞相连接，随活塞的运动而提升。活塞达到冲程最远端后，下方锚固位收紧，上方锚固位放松，活塞回位准备下一个循环。液压系统采用电子技术控制，即使各个油压泵的荷载不同，仍能保持位移的同步，并可以实时记录活塞的行程。这套系统将用于预制箱涵拉至顶推区，以及在顶推架的协助下沿顶推槽将箱涵送入地层直至顶推槽的尽头。从顶推槽尽头继续向地层内推进，则由推力千斤顶完成。

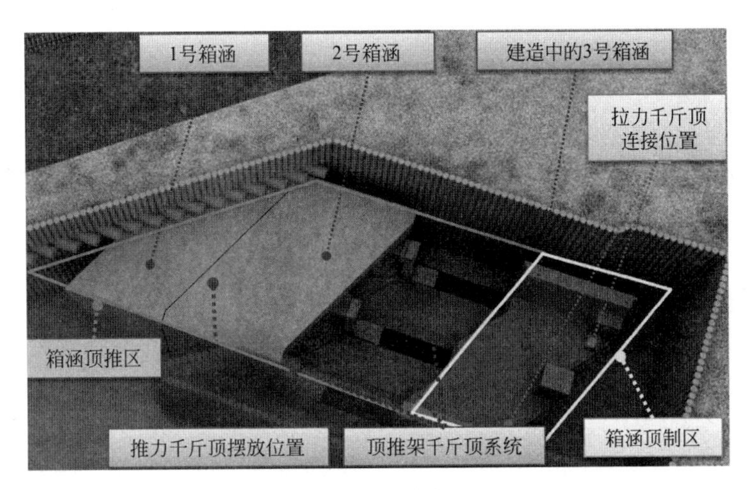

图 9 施工区域布置图

推力系统安装于两段箱涵之间预留的槽位内，将反力作用于后方箱涵上，推动前方箱涵向前移动。推力千斤顶可以布置多个，对单个千斤顶的顶推能力相对较小，可根据安装区位置、总顶推力及操控效果等灵活选择使用。

5. 复杂环境条件下隧道全过程施工信息与监测技术

针对隧道施工所带来的潜在影响，成果将监测对象归纳为净空收敛、周边结构稳定（自动变形监测系统、应变计监测系统、垂直测斜仪）、地层条件稳定（沉降监测、杆式位移计、磁探头式位移计、振弦式测压计、传感式测振仪）和设备运行稳定监测四个方面。通过建立“AAA”（Alert、Action、Alarm）三级预警系统，相关的预警触发数值将在每一监测项目中予以明确。

1）自动变形监测系统（ADMS）

ADMS 是一个连续监测系统，位移值一旦超出“AAA”预警系统设定的触发值，系统会自动发送电子邮件及手机短信给相关人员，以便即时跟进处理。

2）“AAA”三级预警机制

“AAA”的全称为“Alert-Action-Alarm”，每个“A”均设置了监测数据的限值，一旦超过就要采取相应的措施。

三、发现、发明及创新点

成果主要创新点包括：

（1）研发了中继法超大截面箱涵斜交顶推施工技术，研制了顶推槽锚固钢绞线反力系统和新型拉力千斤顶系统，实现了复杂环境下 335m^2 截面箱涵的顶推施工，最大反力达 193000kN，保证了管节顶进

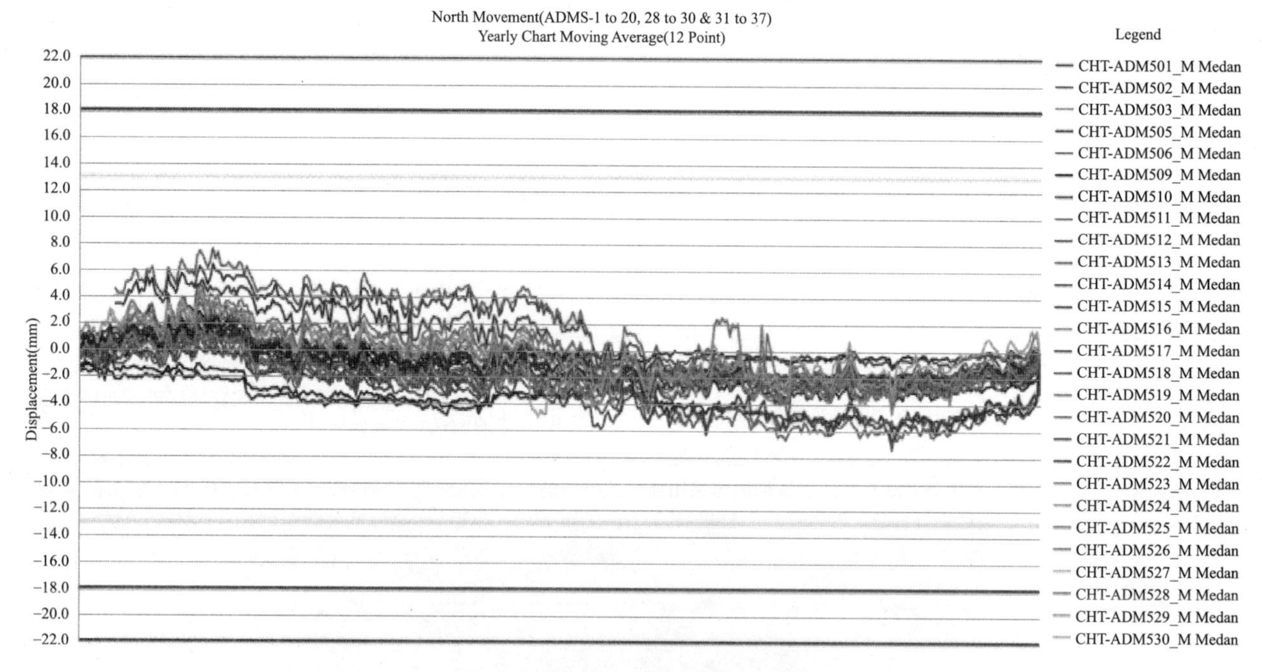

图 10 ADMS 自动监测数据记录表

图 11 ADMS 系统全站仪和监测镜的安置

方向和精度控制。已获批国家及香港专利 11 项，其中发明专利 4 项，获批省部级工法 1 项。

（2）形成了复杂地质环境条件下特大断面隧道非爆破开挖技术，采用机械钻打法，基于岩石质量 Q 系统进行临时支护设计与优化，成功进行 510m^2 的三连拱、特大断面隧道开挖施工，有效缩短暗挖工期达 15%。已发表论文 2 篇，形成企业级工法 1 项。

（3）研发了隧道上浮防控综合施工技术，设计安装抗浮配重砖、采用隧道沉降给水排水系统和原位锚杆加固技术，解决了 510m^2 特大断面隧道 18m 距离内下穿红磡海底隧道的重大施工安全技术难题，对红磡隧道运营零影响。已获批香港发明专利 1 项。

（4）开发了水平螺旋钻潜孔锤结合激光导向纠偏系统组合超大直径管棚施工工艺，综合扇形压力注浆和变形精细控制技术，实现了 Φ813mm 大直径管棚穿越碎石堆填地层，地表沉降小于 20mm，保证既有铁路正常运行。已获批省部级工法 2 项，发表论文 3 篇。

（5）研发了隧道自动变形监测技术，并基于 Alert-Action-Alarm 预警系统，开发了隧道开挖全过程信息自动监测、采集、分析、反馈和快速处理的信息化管理平台，实现了变形安全与环境扰动的精细化控制。

四、与当前国内外同类研究、同类技术的综合比较

本成果在地层预处理精细化控制、隧道穿越施工方案选择及优化、隧道施工扰动监测和反馈等方面均有领先优势，经查新，主要技术与当前国内外综合比较汇总如表 3 所示。

主要技术与当前国内外综合比较汇总表 **表 3**

专项技术名称	同类研究主要指标	本研究主要指标
既有基础设施下复合浆液扇形压力注浆地基加固技术	国内外地基加固多采用超细水泥浆或双液浆等单一浆料；地基加固灌浆多为垂直孔灌浆	在铁路两侧不足 5m 的区域内，对铁路下方 10～30m 深、70m 宽范围的复杂软弱地层进行四种灌浆材料的复合灌浆加固
既有跨海隧道抗浮加固技术	国内外对既有基础设施加固多采用换桩或补桩的方法，未见有通过增加配重或改装锚杆的方法进行加固	采用布置配重砖和改装既有锚杆（索）等技术，实现不影响红磡隧道运行的条件下，下穿红磡隧道
超大直径管棚支护技术	国内外管棚支护多为直径 200mm 以下；另有部分顶管法工程用于 1.5～2m 的管道穿越；未见有使用螺旋钻跟管法施工的 800mm 以上管棚施工技术	采用螺旋钻跟管法施工的直径 813mm 的超大管棚支护，在不影响快速铁路运行的条件下，完成铁路下方隧道洞口的加固，施工期间沉降未超过 20mm
中继法超大截面箱涵顶推隧道下穿既有铁路施工技术	国内外箱涵顶推多应用于 50～150m^2 的小型隧道，据可查文献 2006 年上海 269m^2 的箱涵顶推隧道即为当时最大	应用三套不同形式的千斤顶组合，提供最大 193000kN 的推动力，实现截面面积达 335m^2 的复杂环境地质条件下箱涵顶推隧道施工
基于 AAA 预警系统的自动变形监测技术	国内外有部分隧道工程采用了隧道围岩变形的自动监测系统，未见对隧道影响范围地层沉降的自动监测，且未有基于 AAA 预警系统的自动反馈机制	采用自动变形监测系统结合“AAA”（Alert-Action-Alarm）预警系统，实现隧道全过程施工的沉降自动监测采集分析反馈并快速、有效处理的机制

五、第三方评价、应用推广情况

2015 年 9 月，七位院士和行业知名专家对《城市复杂环境条件下隧道穿越关键施工技术研究与应用》进行鉴定，一致给出“整体国际先进，其中复杂地层地质条件下隧道施工变形精细化控制技术达国际领先水平”的鉴定结论。

2017 年 6 月，七位院士和行业知名专家对《中继法大截面箱涵顶推隧道关键施工技术研究与应用》进行评价，一致给出“整体国际先进，其中中继法超大截面箱涵斜交顶推关键技术达到国际领先水平”的评价结论。

香港路政署署长、AECOM 驻项目首席工程师、奥雅纳工程顾问公司驻项目首席工程师等，先后发来嘉许信，对工程的顺利完成和公司的出色表现表示肯定。成果亦为港珠澳大桥顺利开通奠定了坚实的技术基础。港珠澳大桥开通典礼上，我司承接的港珠澳大桥香港接线工程成为中共中央总书记、国家主席习近平在香港参观的项目。

本成果的推广应用为中建香港近年来新中标将军澳至蓝田隧道（合约额 87.3 亿港元）、机场岛上无人驾驶车及行李输送隧道工程（合约额 23.7 亿港元）等多项隧道工程，累计合约额超过 170 亿港元，提升了公司在城市隧道工程领域的技术竞争能力和市场占有率。

六、经济效益

本成果成功解决了城市复杂环境条件下隧道穿越工程面临的地下水控制、沉降控制等技术难题，也为后续中标隧道工程项目提供了良好的技术借鉴，避免了相应的工程安全风险，节约管理成本 0.92 亿港元，技术创新增加利润 3.24 亿港元，且避免了高达 1000 万港元/d 的安全或然损失。

七、社会效益

本成果成功解决了城市复杂环境条件下隧道穿越施工安全要求严苛、既有基础设施运营零影响的技术难题，为港珠澳大桥顺利开通奠定了坚实的技术基础，也为国家大湾区发展战略做出了应有贡献。

成果为中国建筑企业采取国际化技术标准管理复杂环境条件下大型、特大型隧道穿越工程项目培养了大批技术与管理人才，极大地提升了公司的技术核心竞争能力。

西部低能耗建筑气候设计理论方法与应用

完成单位：西安建筑科技大学、中国建筑西南设计研究院有限公司
完 成 人：杨 柳、高庆龙、宋 冰、刘 衍、朱新荣、蔡君伟、罗智星、白鲁建、邱雁玲、武艳文

一、立项背景

建筑节能是我国社会可持续发展的长期战略目标。多年来国内外的建筑节能研究主要集中在单项节能技术的提升和研发上，而在结合地域气候、经济技术水平和建筑文化特点，综合研究地域性低能耗建筑设计理论与方法方面鲜有创新性成果。本项目以室外气候条件的高效利用为导向，在充分利用西部地区丰富的自然气候资源的基础上进行建筑的综合优化设计研究，解决了以下几个关键问题：

1. 系统考虑室外气候特征对室内热舒适影响的建筑气候设计方法

建筑方案设计中充分考虑气候对设计各个环节的影响是实现建筑节能的前提。然而，行业缺乏为建筑师提供准确分析室外气候条件与人体热感觉、室内微气候关系的气候分析和设计方法。

2. 系统考虑室内外气候动态耦合的建筑热工设计方法

充分利用西部地区"高辐射、大温差"的气候资源优势，注重建筑物热工性能的提升，是降低西部地区建筑能耗最具生态性的技术途径。然而，地域建筑材料存在性能缺陷、建筑热工设计目标单一，未能最大化利用自然气候资源。

3. 系统建立易于推广的低能耗建筑设计原型与应用模式

西部地区常规能源短缺，经济技术发展相对滞后，照搬既有现代建筑设计模式，不能有效解决建筑环境质量、建筑节能减排和建筑文化传承的综合需求问题，亟须研发易于推广的低能耗建筑设计原型。

二、详细科学技术内容

自 2003 年起，项目组从建筑节能设计的基本原理出发，提炼了实现低能耗建筑设计的关键技术问题，系统地开展了西部低能耗建筑设计的基础理论、设计方法、技术措施、应用模式的研究，形成了西部低能耗建筑设计基础理论体系和热工性能优化关键技术，并得到了广泛的应用，创新成果如下：

1. 创建了西部地区适宜的低能耗建筑气候设计方法

（1）建立了西部地区人群室内热舒适的预测模型。阐明了西部地区人群在自然气候波动条件下的热舒适规律，率先提出了西部地区双变量热舒适预测模型，确定了西部地区建筑室内热环境舒适温度范围。

针对我国西部地区大温差、高辐射的气候特征，仅仅采用温度指标并不能准确反映该地区人体的舒适需求。通过现场实测、问卷调查、统计分析西部人群的服装热阻分布规律、人体主观热感觉、室内热环境参数等，发现温度和水汽压是影响西部人群热舒适感觉的关键参数，进而建立了西部地区不同气候区的双变量热舒适模型，并在此基础上得到了不同气候区的热舒适温度上下限范围。

（2）创建了西部地区低能耗建筑气候分析方法。巧妙运用空气焓湿图的气候表征方式将室外气候、人体热舒适需求与建筑设计三个系统有机结合，界定了各类低能耗建筑设计措施的气候设计边界，为优化建筑节能设计提供简单、直接的分析方法和实用工具。

国际上常用的建筑气候分析方法都是从人体热舒适的角度分析当地气候特征，然后给出具体的被动

式技术的选择原则。由于各国气候背景的差异，以及中国显著的地区气候差异，有必要针对我国气候特点研究建立我国的建筑气候分析方法。基于此目的，建立了以人体热中性温度为基准，以逐时气象年为计算条件，以焓湿图为分析工具，适于方案设计阶段的建筑气候分析工具。

(3) 构建了西部地区建筑节能设计气候分区。以“建筑·气候·人”三者的耦合关系为基础，系统创建了我国低能耗建筑设计气候分区理论和方法，形成了低能耗建筑设计气候区划，为建筑师在设计初期选择合适的建筑设计技术提供清晰明了的指导依据。

基于室外空气干球温度和风速等气象要素，统计获得了我国主要城镇通风降温技术的降温潜力值，构建了我国通风降温设计气候分区；分析并提炼出综合辐射百分比指标，结合最冷月平均温度，构建了我国太阳能采暖设计气候分区；综合考虑冬季太阳能采暖和夏季降温措施的有效性，以太阳能采暖的利用潜力为一级指标，不舒适热、湿指标为二级指标，建立了综合气候分区。

(4) 提出了西部地区适宜的低能耗建筑设计策略。阐明了被动式太阳能采暖和通风降温是西部地区建筑利用自然资源降低建筑能耗的最佳途径，系统地从建筑形态、空间组织等方面提出西部地区通风降温设计与太阳能采暖设计原则。

在总体规划、单体设计和构造处理方面，建筑物必须满足冬季的日照和防御寒风的要求，设计以冬季争取太阳能和加强建筑保温为主，形体设计应选择同样容积下，外表面积最小的形体，加强冬季建筑的密闭性，夏季通风降温应结合建筑蓄热，设计时注重蓄热材料和构造的应用，可有效提高夏季室内热环境的舒适度。

2. 研发了西部地区低能耗建筑系列适宜技术

(1) 面向西部地区低能耗建筑应用需求，分别在以生土材料和变物性蓄热材料为代表的乡村及城市建筑材料方面取得了突破，获得了适宜西部不同气候条件和城乡经济发展水平的低能耗建筑材料。

在西部乡村地区，针对传统生土材料存在力学与抗冻性能缺陷的难题，研究获得了石灰等不同改性剂掺量和不同密度的改性生土材料，提出适宜西部乡村建筑的生土材料最优改性配比；在西部城市地区，针对“大温差、高辐射”地区缺少适宜性蓄热材料的现状，研发了适宜地域气候的石蜡基蓄热材料。

(2) 在系统总结西部地区冬季被动式太阳能利用和夏季通风降温等低能耗建筑热工设计经验的基础上，创建了“保温-蓄热-散热”一体化热工设计方法，提出了西部地区低能耗建筑热工一体化设计指标和原则。

提炼出最冷月太阳辐射与采暖度日数之比作为计算太阳能建筑采暖耗热量指标的关键参数，得到太阳能建筑采暖辅助耗热量指标；建立了以相变温度为基准，度时数衰减百分比与度时数偏差值为指标的相变蓄热通风技术适宜性评价方法，提出以内表面蓄热系数和剧烈波动层厚度为相变蓄热墙体热工设计指标；提出“采用相变温度适宜的相变蓄热材料复合在墙体内侧，并尽可能增大布置面积以提高围护结构蓄热等级”的相变蓄热墙体热工设计原则。

(3) 研发了围护结构动态热工计算工具，并已集成到我国自主研发的建筑能耗模拟软件中，首次实现变物性围护结构动态热工计算，构建了低能耗建筑热工一体化设计的性能化评价方法。

首次在国内建筑负荷计算软件及围护结构传热计算软件中实现变物性围护结构热工计算，并成功集成到我国自主研发的建筑能耗模拟软件中；针对标准规范中建筑节能率计算存在基准能耗不科学等问题，提出以适应性热舒适模型作为室内设计基准，以室外气候与室内设计基准之间的全年总度时数为评价指标，建立了客观准确衡量低能耗建筑热工设计优劣的权衡判断方法。

3. 开展了一系列西部低能耗建筑工程示范

(1) 重构了西部湿热地区竹木轻质通风围护结构体系。沿用传统的穿斗式木框架结构，结合现代建筑构造技术，研发了新型竹木轻质通风围护结构体系。

针对西南地区气候潮湿炎热的特点，为改善当地建筑围护结构热工性能差，室内湿度大、结露严重等问题，重构了新型木-轻钢结构填充双层竹板夹心保温材料的轻质通风围护结构体系，建立了适宜于该地区通风良好、健康舒适的低能耗建筑设计原型。

（2）研发了西部干热干冷地区生土蓄热建筑设计技术原型。挖掘生土材料蓄热特性，研制新型生土改性材料，研建了生土蓄热通风建筑空间模式。

汲取西部干热干冷气候条件下传统建筑优点，巧妙运用院落、景观、过渡空间和地下空间，重构了生土建筑空间模式；研发了新型生土砖作为围护结构材料，利用生土制砖生产机器设备，激发村民自建改善型住所的热情，建立了建筑室内热稳定性好的低能耗生土建筑。

（3）研建了西部寒冷地区被动式采暖和草砖保温生态建筑技术原型。开发草砖高保温材料，提升被动式太阳能采暖利用效率，构建了生态高保温建筑设计模式。

针对西部寒冷气候需要保温性能良好的建筑，研发了草砖新型围护结构构造。利用秸秆压制草砖不仅能变废为宝，而且造价低廉，热工性能良好，生态环保。生态高保温围护结构结合直接受益窗、附加阳光间和温度缓冲区，形成了生态高保温建筑设计模式。

三、发现、发明及创新点

1. 系统建立了我国建筑节能设计气候分区理论和方法

针对我国地域辽阔、气候多样的特点，对气候的共性与差异性进行科学区划研究，系统创建了我国低能耗建筑节能设计气候分区理论和方法，建立了我国低能耗建筑设计的气候区划图谱，直观反映了建筑设计策略与气候的关系，清晰明了地告诉建筑师如何在建筑设计初期选择合适的设计措施获得舒适的室内环境。

2. 系统建立了西部各气候分区低能耗建筑降温与采暖设计关键技术

针对西部地区虽缺乏常规能源，但太阳能、风能等可再生能源极其丰富的现状，系统地从建筑形态、空间组织等方面提出该地区不同气候区适用的通风降温设计与太阳能采暖设计关键技术，降低建筑对常规能源的依赖，提高可再生能源的利用效率，实现节能减排，完善了西部低能耗建筑围护结构热工设计方法。

3. 系统建立了低能耗建筑节能效果评价方法

针对现行标准中建筑节能率计算存在基准能耗不科学、建筑设计和设备系统两部分指标各自贡献不明确等问题，从建筑能耗的基本原理出发，提出了低能耗建筑设计节能贡献率计算方法，旨在帮助建筑师判断建筑设计本身对建筑节能率的贡献，鼓励其在建筑方案阶段进行节能设计。

4. 系统建立了低能耗建筑设计技术应用模式

针对西部地区经济相对滞后，建筑新技术推广较困难等问题，研究建立了一整套的适用于西部各种气候条件下的低能耗建筑设计技术应用模式，提供技术原型和设计示范，为西部地区推广低能耗建筑奠定了基础。

四、与当前国内外同类研究、同类技术的综合比较

项目实现了适宜的低能耗建筑气候设计方法、热工设计方法及创作示范模式的创新。部分创新成果填补了国内外同类技术空白，达到国际先进，国内领先水平。

项目组创立的低能耗建筑被动式降温技术热工设计方法，攻克了以往设计方法缺乏简便计算方法（工程设计必备）的难题，解决了建筑被动式降温技术在我国西部地区的适宜性问题；提出了以基于辐射度日比的辅助耗热量指标作为被动式太阳能建筑节能性能评价指标，系统建立了被动式太阳能建筑热工设计方法，弥补了现行标准在被动式太阳能建筑节能设计方面的不足，主编的《西藏自治区民用建筑节能设计标准》是全球首个采用太阳能区域供暖的节能标准，解决了传统节能设计方法不适用于被动式太阳能建筑的问题。

五、第三方评价、应用推广及社会效益情况

项目研究成果得到了行业内的广泛认可和高度评价。本项目依托的“十二五”国家科技支撑计划课

题等国家级项目/课题已顺利结题，结题报告被评为优秀；研究成果支撑了一批国家、行业及地方标准修订和编制，标准批准单位、标准主编单位等对于项目组为标准的顺利完成所做出的贡献给予了高度评价；支撑了我国西部20余项低能耗建筑工程建设，其中18项获批绿色建筑标识认证，1项作为农村建筑节能最佳实践案例入选《中国建筑节能年度发展研究报告2016》，1项被列为建设部2007年可再生能源利用示范工程，1项获十项全能太阳能竞赛节能组一等奖；研究成果在建筑科学领域国内外权威期刊发表，并收到包括美国加州大学伯克利分校可再生能源清洁能源试验室主任 *Daniel M. Kammen* 教授、国际热舒适标准技术委员会执行委员 *Richard D. Dear* 教授在内的多位同行专家的积极评价，4篇论文入选ESI高被引/热点论文。形成了一整套西部低能耗建筑设计研发模式，这些项目综合考虑当地的自然气候条件、社会文化背景、经济发展可行性以及建筑地域文化属性，为推广低能耗建筑提供了技术原型；支持完成的国家、行业及地方建筑节能设计标准，不断引导新建筑节能设计，影响了每年数以亿计新建建筑能耗，推动了行业技术进步与推广。

社会效益方面，项目组培养了一批领域内高层次专门人才，其中博士后2人，硕博士63人，并于2012年被陕西省科技厅授予首批重点科技创新团队。项目主要完成人获准国家“万人计划”科技创新领军人才，为西部培养输送了一大批建筑节能专业人才；项目成果为西部地域建筑节能设计提供了理论和技术支撑，为丰富完善相关设计规范提供了重要科学依据，对提升我国建筑节能设计水平和国际竞争力具有重要意义。

高烈度地震区超高层建筑建造关键技术及应用

完成单位： 中国建筑第二工程局有限公司、中国建筑股份有限公司技术中心、中建二局安装工程有限公司

完 成 人： 张志明、石立国、林　冰、熊炳富、李增玉、张　茅、翁邦正、庞　拓、翟天增、殷凤祥、乔稳超、蒲　伟、李　洪、张田庆、曹占祥

一、立项背景

近年来，地质活动频繁，地震等地质活动时有发生，建筑施工处于地震多发区的情况屡见不鲜。而超高层施工周期长，一般 3～5 年，施工中遭遇地震可能性大。昆明西山万达项目超高层建筑高度 316m，地处欧亚地震带的东段侧缘，破坏性地震多、受灾特别频繁，仅在 2014 年发生 6 级以上地震达到 3 次；项目施工过程中，结构体系不完整十分突出，投入动臂塔吊、爬模、施工电梯等大型设备多，施工人员密集，地震发生时的人员避险逃生快速疏散难度大。单栋塔楼使用大型外挂式动臂塔吊 3 台；施工电梯附着长度最长达到 12m，施工电梯标准附墙架长度为 3.6m。

国内外无成熟可供借鉴的科研资料或经验，需进行课题研究。中国建筑集团公司和中国建筑第二工程局有限公司对“高烈度地震区超高层结构关键施工技术”进行课题研究立项。

图 1　昆明西山万达广场全景图

二、详细科学技术内容

1. 超高层施工期的时变结构分析

1）施工阶段的设防目标

考虑以“小震不影响、中震停工观察、大震检测加固”作为施工阶段的设防目标，在施工方案阶段探索并解决这个问题。

考虑地震影响，包括远距离、长周期地震波等的时变因素影响。

考虑阶段加载、混凝土收缩徐变等其他时变因素的影响。

2）考虑地震作用的时变结构分析

核心筒超前施工在顶部形成了不完整的局部结构，顶部工作面处于半成品状态，达到一定高度后其地震反应较大，存在破坏的可能性。因此，应当针对具体情况在主体结构设计、施工方案设计时将地震影响作为核心筒与外框之间结构层差的确定因素之一。

核心筒与外框结构在施工阶段的最优层差为 6～8 层。

核心筒水平结构同步施工，核心筒与外框施工层差可以增加约 45%（8～12 层）。

可依据时变分析结果，明确施工过程中结构在中震或大震作用下的最不利状态及部位的判别方法，便于中震观察及震后修复。

通过时变分析及相应的配套施工方案，实现了施工阶段的抗震设防目标，确保了施工结构的主体安全。

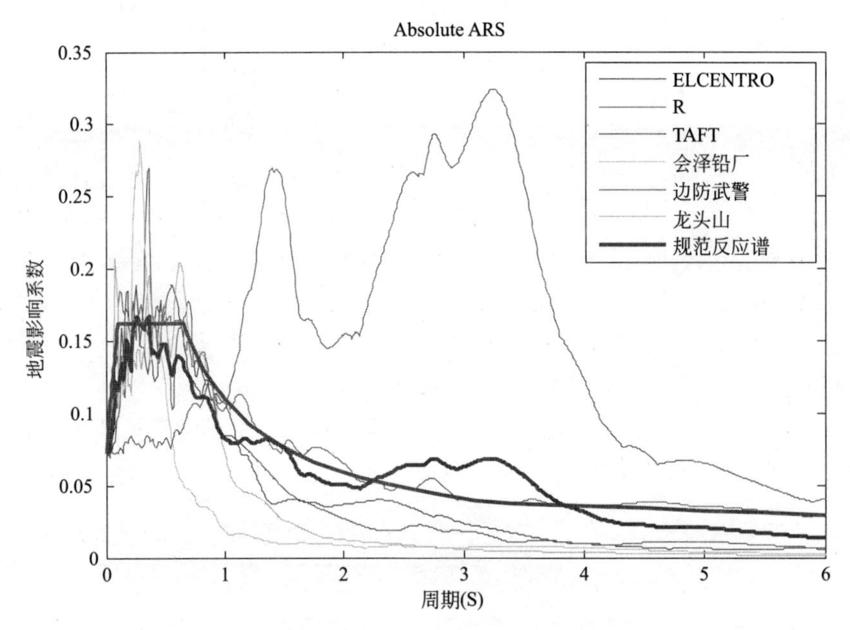

图 2　输入地震波时程曲线

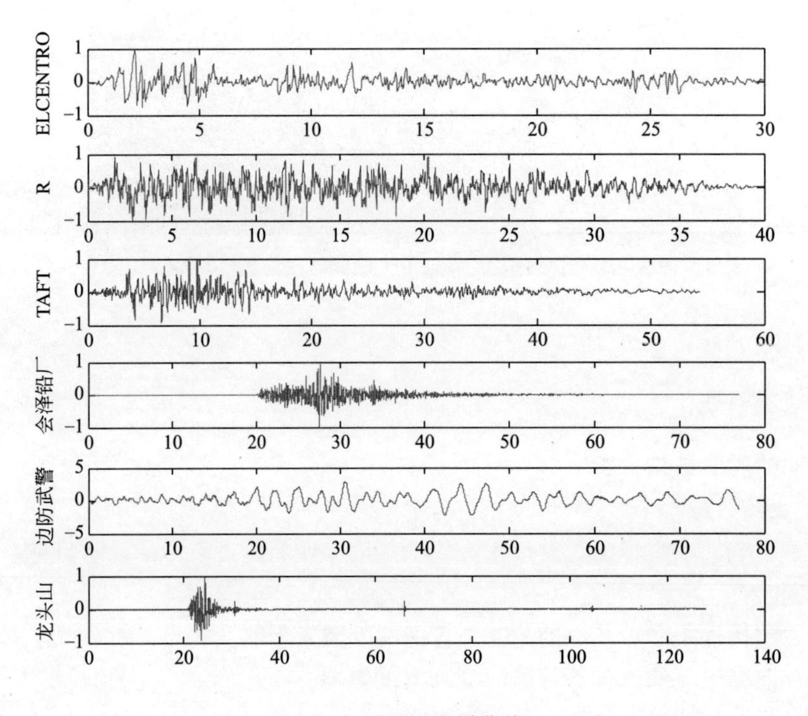

图 3　时程反应谱曲线

2. 核心筒外挂大型动臂塔吊支撑体系抗震技术

1）外挂大型动臂塔吊附墙节点性能研究与应用

（1）在重庆大学结构试验室，对不同参数（锚板长度、锚板宽度、端板面积和增强锚固）的11组缩尺试件进行静力试验，探究附墙节点的受力性能、锚固承载力的影响因素、破坏机理和各参数的影响程度。预埋件的破坏模式有剪力墙折断和预埋件拔出两种。

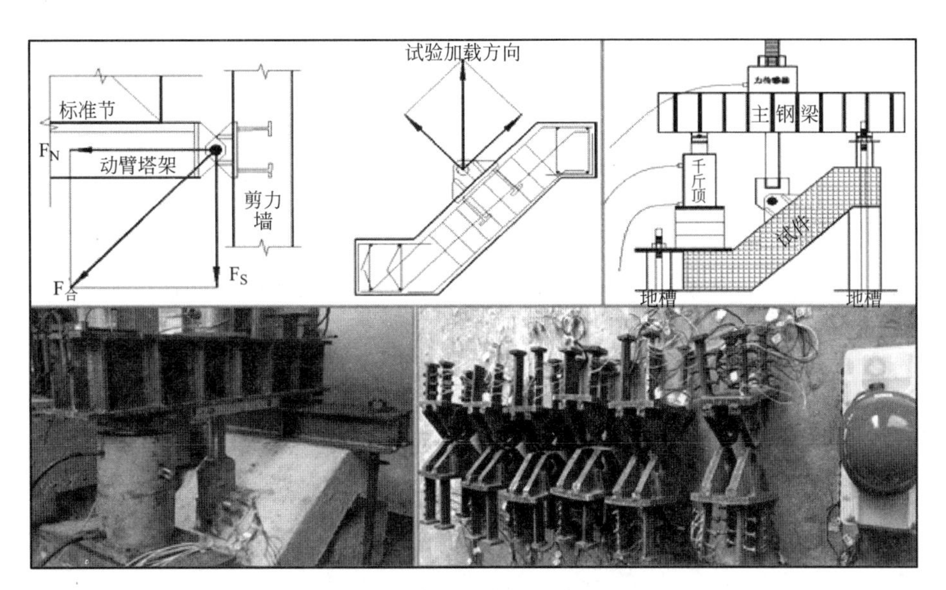

图4　正交试验

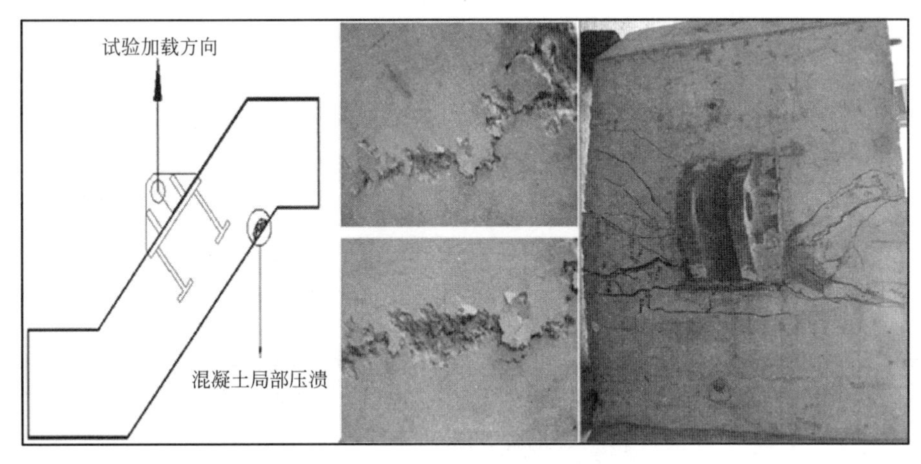

图5　混凝土、试件破坏

（2）对比荷载-位移曲线，分析不同参数（锚板深度、锚板宽度、端板面积）对附墙节点承载能力的影响。

①锚板深度对锚固刚度有较大影响，同级荷载下锚深为160mm埋件的位移约为锚深为200mm埋件的两倍；

②端板面积对锚固刚度影响较大，同级荷载下，端板面积大一倍，位移能够减小至1/5；

③有无端板对埋件的锚固刚度影响较大，有端板埋件时拔出滑移明显小于无端板埋件，极限承载力差异高达30.4%。

（3）同时，采用有限元分析方法对构件试验进行全过程数值模拟，相互验证试验数据的可信度和数值模拟的合理性；然后，基于验证后的有限元模型，采取控制变量方法（选取不同的拉拔力角度、锚板长度、端板面积），进一步扩展研究成果。

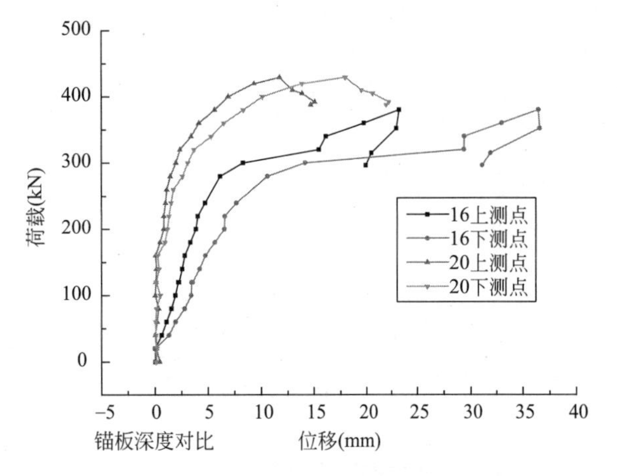

图 6　不同锚板深度的荷载-位移曲线对比图

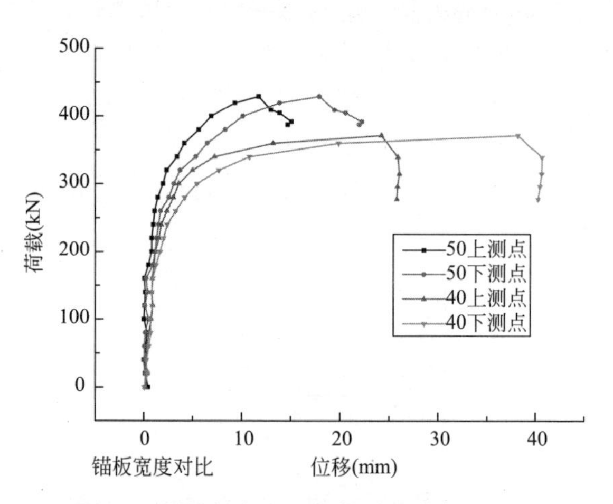

图 7　不同锚板宽度的荷载-位移曲线对比图

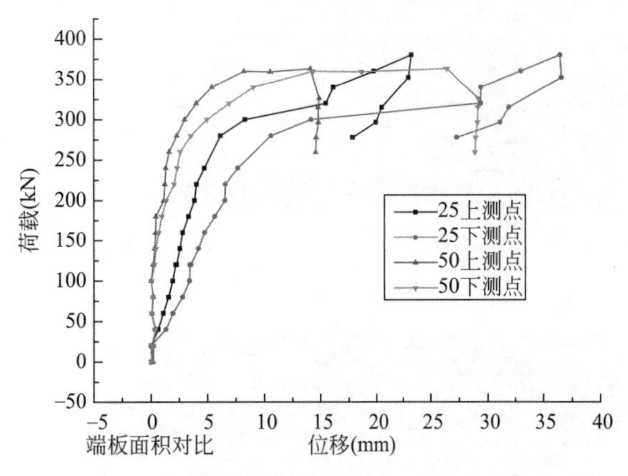

图 8　不同端板面积的荷载-位移曲线对比图

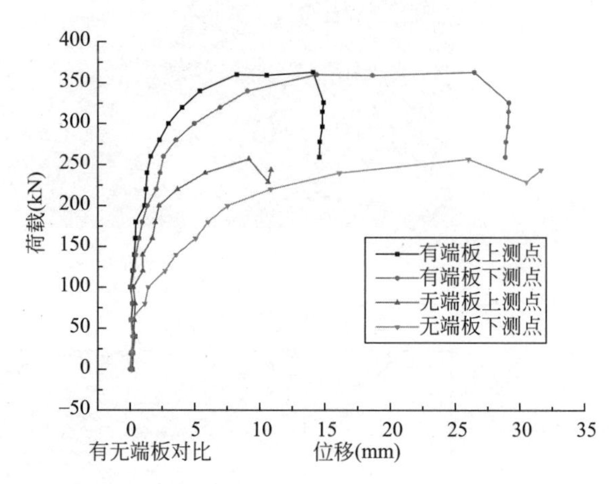

图 9　有无端板埋件的荷载-位移曲线对比图

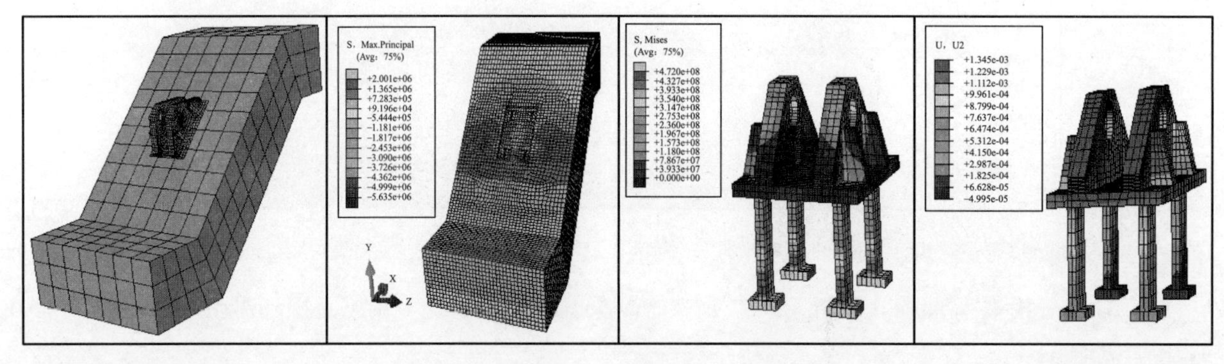

图 10　数值模拟

试验实测破坏形态与数值模拟结果基本吻合，两者的承载力值接近，规律相同，破坏模式一致。研究结果为动臂塔吊附墙节点的有效锚固（达到抗震性能）提供理论依据：

① 试件的开裂荷载约为极限荷载的 30%～40%，承载力大，即相应的开裂荷载大；

② 锚板的深度和锚固增强对试件的承载力有明显影响（根据研究成果：昆明西山万达项目塔吊埋件采用与内置型钢连接和钢板抱墙对拉的增强锚固方式，成功解决了高烈度地震区动臂塔吊强锚固附墙节点做法难题）。

试件破坏情况统计　　表 1

试件编号		破坏模式	模拟值(kN)	试验值(kN)	误差率(%)
1	SJ165025N	剪力墙破坏	331.7	381.2	12.99
2	SJ205025N	剪力墙破坏	381.6	429.6	11.17
3	SJ165025Y	剪力墙破坏	347.1	405.5	14.40
4	SJ165050N	剪力墙破坏	301.8	362.9	16.84
5	SJ204025N	剪力墙破坏	421.3	463.3	9.07
6	SJ165000N	埋件拔出	271.6	256.6	-5.85
7	SJ165000Y	剪力墙破坏	324.5	358.1	9.38

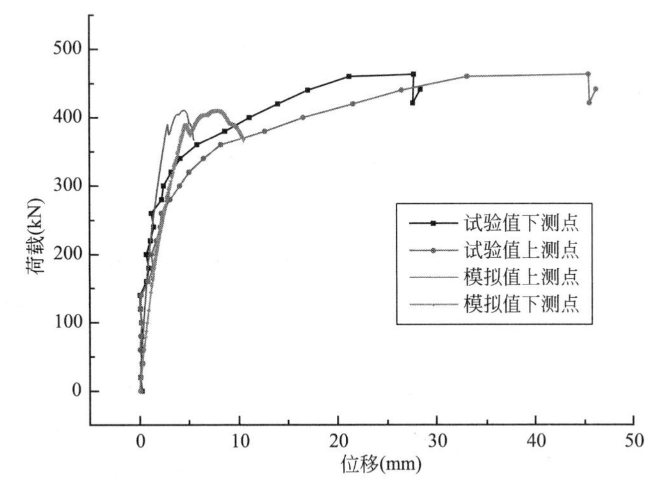

图 11　试件 SJ204025N 荷载-位移曲线对比图

图 12　施工现场强锚固做法

2014 年 8 月 3 日，云南省昭通市鲁甸县发生 6.5 级地震，地震发生时昆明西山万达项目超高层施工作业层（南北塔 41 层，标高 180.850m）震感明显，爬模、塔吊、施工电梯晃动明显，塔吊预埋件处混凝土开裂，经检测，最大裂缝深度 57mm，裂缝宽度 0.3mm。经两次专家论证结论，并依据试验结果（开裂荷载约为极限荷载的 30%～40%）判断：预埋件处混凝土属于表层开裂，通过试吊后恢复作业。研究成果有力指导现场施工生产，动臂塔吊强锚固附墙节点做法为保证施工安全、抵御本次地震的不利影响起到了重要的保障作用。

2）动臂塔吊爬升支撑体系优化

针对动臂塔吊支撑体系受核心筒结构形式的影响，支撑主梁间距大于标准 C 型梁长度，标准 C 型梁无法安装，将“支撑主梁＋转换梁＋标准 C 型梁”的常规做法创新改进为“支撑主梁＋改进 C 型梁”，形成了施工期动臂塔吊高抗震性能和强稳定性的外爬式支撑体系。改进后连接可靠，构造简单；稳定性和抗震性能好。

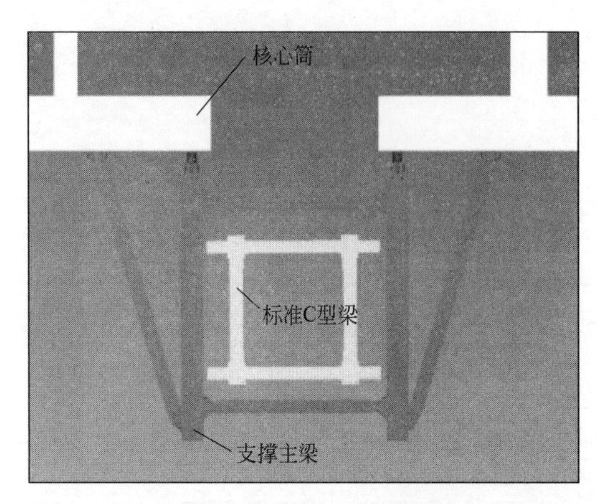

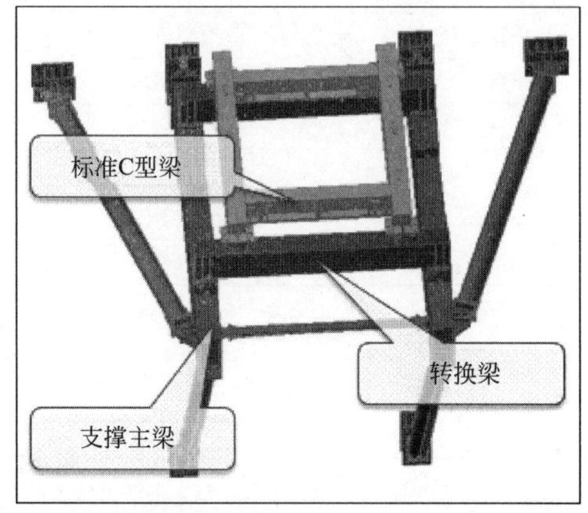

图 13　常规做法“支撑主梁＋转换梁＋标准 C 型梁”

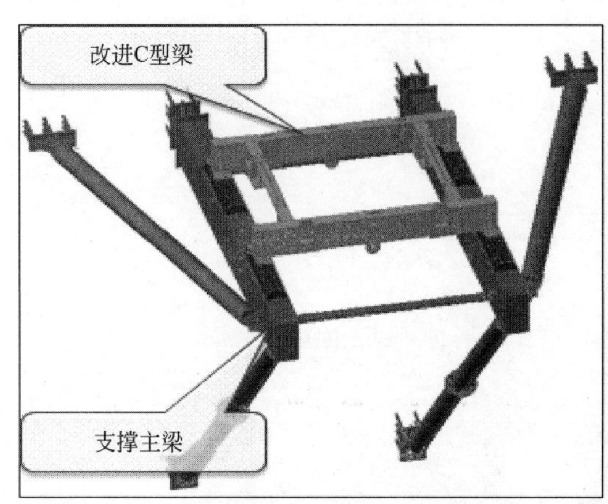

图 14　改进做法“支撑主梁＋改进 C 型梁”

3）动臂塔吊抗震安全技术措施

动臂塔吊固有频率随吊臂仰角变化而变化，继而影响整机的动态特性。故建立三种不同吊臂仰角的塔吊模型，对三种工况下的动臂塔吊进行静力分析、稳定性分析及动力特性分析（表 2）。

不同工况下的塔机参数　　表 2

工况编号	吊臂幅度	吊臂仰角	吊重荷载
一	19.4m	68°	64t
二	33m	51°	32t
三	50m	20°	18.1t

并分别选取一维地震波和三维地震波对动臂塔吊的三种工况模型进行地震响应时程分析，研究动臂塔吊在地震作用下的地震反应特点及抗震特性，揭示动臂塔吊在地震作用下的破坏机理，提出地震作用下动臂塔吊抗震安全技术措施：吊臂较容易发生仰角平面内的弯折破坏；安全裕度随着吊臂仰角的减小而明显降低；吊臂仰角小易发生断裂破坏，吊臂仰角大易出现塔机前后倾覆破坏。

3. 液压爬模抗震性能及抗倾覆性能研究

1）液压爬模抗震性能研究

选取 3 条不同的地震波，分别作用在 4 种爬模模型上（施工状态、爬升状态与考虑核心筒影响、不考虑核心筒影响），共计 12 种工况，研究爬模在不同工况下的地震响应。

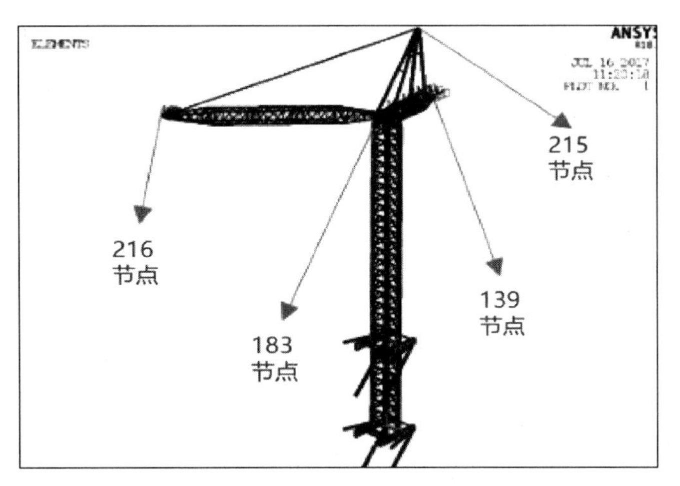

图 15　节点布置

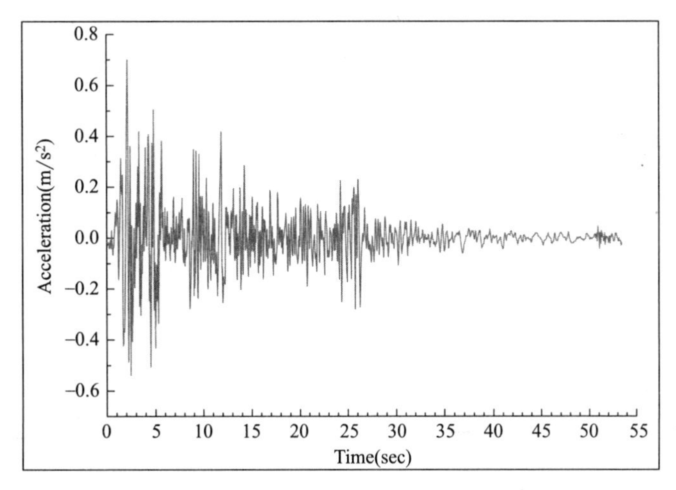

图 16　单向地震输入 EI Centro 地震波

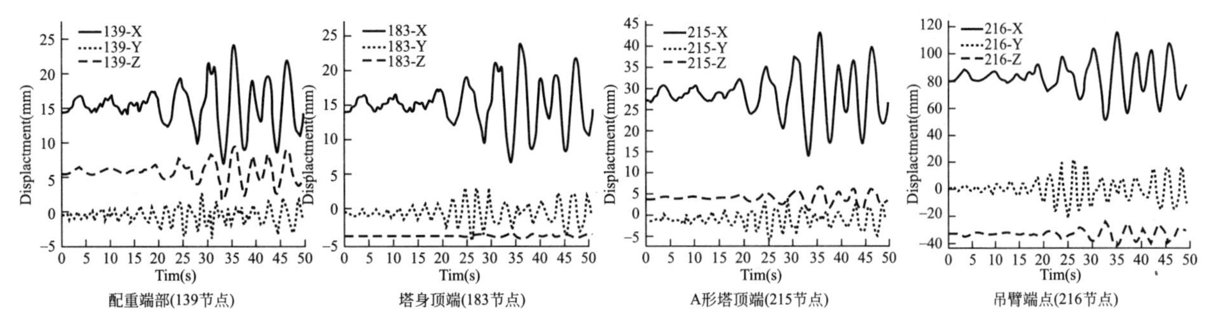

图 17　*XYZ* 向地震输入下位移时程曲线

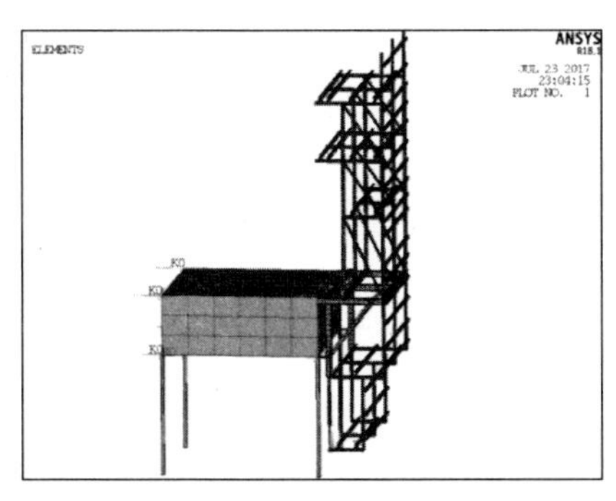

图 18　(a) 模型 1

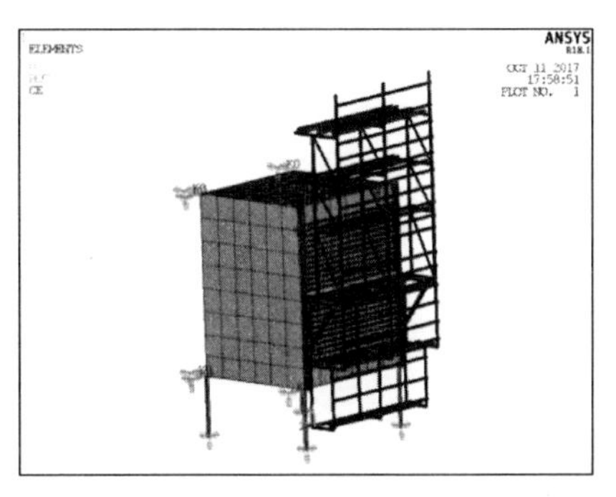

图 19　(b) 模型 2

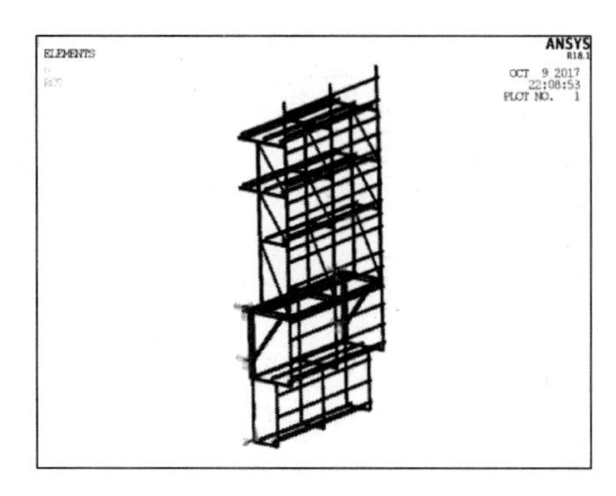

图 20 (c) 模型 3

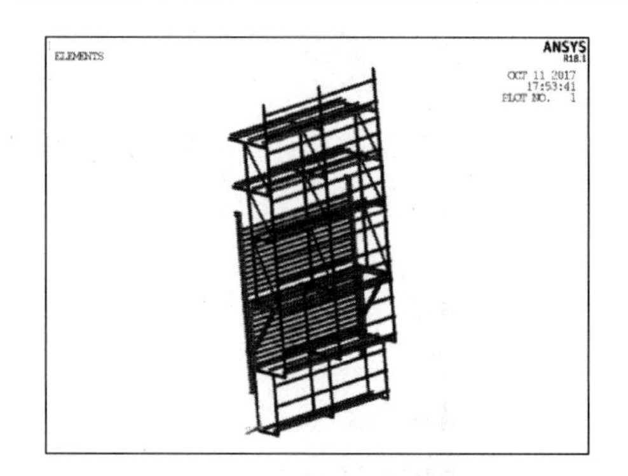

图 21 (d) 模型 4

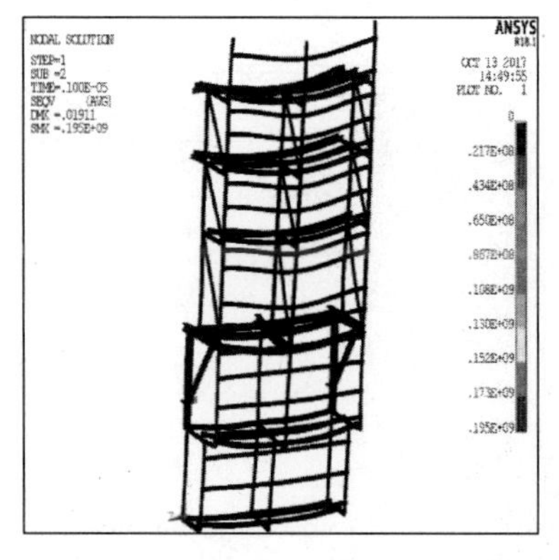

图 22 工况 1 最大等效应力云图

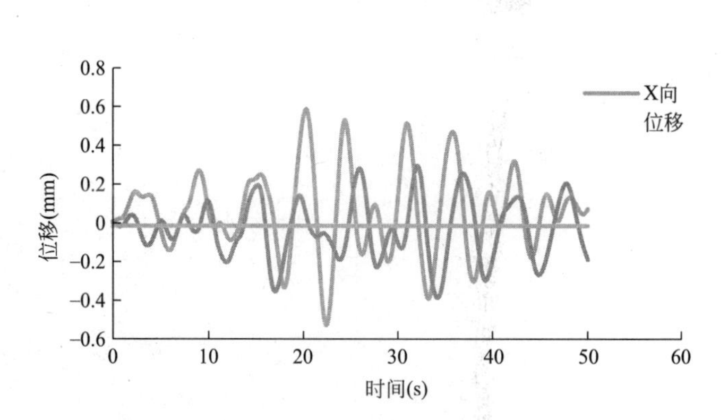

图 23 工况 1 位移时程曲线

小结：

(1) 施工状态下，核心筒在地震作用下的响应对爬模有较大影响。

(2) 爬升状态下，爬模附着于核心筒上并随着核心筒一起运动，造成爬模的位移值很大，但是爬模的变形并不大。

2) 液压爬模抗倾覆性能研究

同时采用特征值屈曲分析方法，在 12 种工况下对爬模进行稳定性分析。

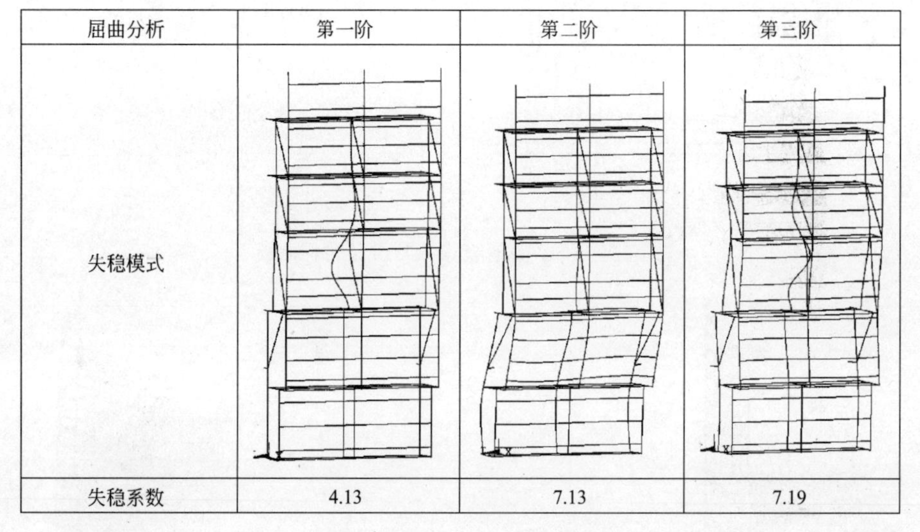

屈曲分析	第一阶	第二阶	第三阶
失稳模式			
失稳系数	4.13	7.13	7.19

图 24 第 1 组工况失稳模式

根据失稳模式可知，在此工况下，一阶失稳模式为主平台上的中间立杆发生失稳，失稳系数为 4.13；二阶失稳模式为爬模下架体发生失稳，失稳系数为 7.13；三阶失稳模式为主平台上立杆和模板平台上立杆发生屈曲，其失稳系数为 7.19。

3）液压爬模抗震技术措施

根据上述分析，提出爬模抗震技术措施并进行了应用：

（1）地震作用下，爬模处于施工状态时，爬模上平台的位移和应力均较大，增强上架体与结构或核心筒的连接，以减小上架体的侧向位移；

（2）爬模架体所受施工荷载较小时，稳定性强，减少爬模架体堆载，有利于爬模架体稳定。

（3）主平台上立杆、模板平台上立杆容易发生失稳，对上架体立杆进行加强。

4. 采用超长附墙架的施工电梯抗震技术

1）不同附墙架对施工电梯抗震性能的影响

建立施工电梯附墙架和导轨架的整体结构模型，研究三种 9m 附墙架的地震响应和整体结构抗震性能影响，得出支撑杆和斜支撑杆增加小桁架对抗震更有利，施工现场采用增加小桁架方案保证安全生产。

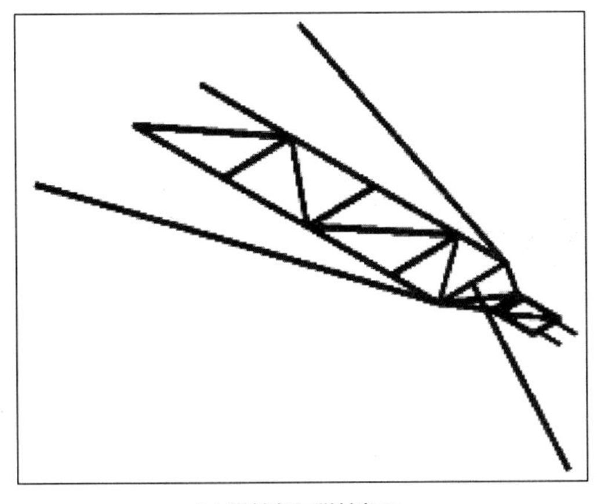

(*a*) 附墙架1(附墙架3)

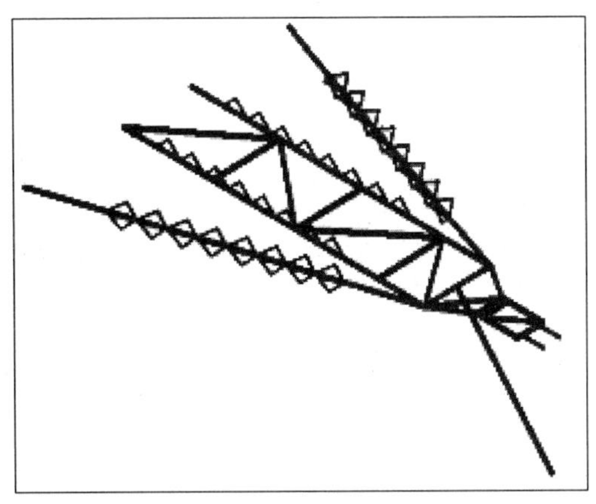

(*b*) 附墙架2

图 25　超长附墙架

图 26　现场采用第二种附墙架（增加小桁架）

2）附墙架加密对施工电梯抗震性能的影响

对比施工电梯导轨顶部附墙架加密与非加密对抵抗地震的作用，得出导轨架自由段附近附墙架加密有利于提高施工电梯抗震性能。

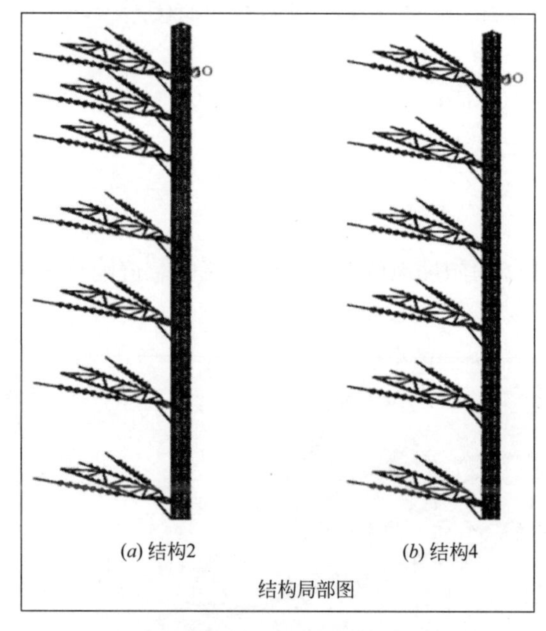

图 27　附墙架加密与非加密模型

MX
0
.435E-03
.871E-03
.001306
.001742
.002177
.002612
.003048
.003483
.003918
STEP-109
SUB-1
TIME-2.18
USUM (AVG)
RSYS-0

MX
0
.499E-03
.998E-03
.00198
.001997
.002496
.002995
.003495
.003994
.004493
STEP-109
SUB-1
TIME-2.18
USUM (AVG)
RSYS-0

(a) 结构2　(b) 结构4

位移响应云图

图 28　附墙架位移响应云图

5. 基于防震减灾的超高层施工及应急避险管理

首次建立了基于超高层施工防震减灾的施工管理体系和办法。建立突发地震中施工现场作业人员的紧急疏散模型，优化疏散路线，疏散时间减少了 26s，比常规疏散减少 32.5%。

将管理抵消因子（M）的引入危险源评价，弥补了 LEC 法依赖于评估人员经验的局限性，使得危险源的评价更为科学规范。

对塔吊、爬模、施工电梯、临时生活设施、生产设施进行在施工过程中的地震灾害系统分析；提出了超高层建筑施工中地震预警技术。

利用 SAP2000 弹性及弹塑性时程分析，考虑在不同地震作用下，得出顶部处于悬臂状态的型钢根部是较为薄弱的环节，也是震后应当重点关注的部位。

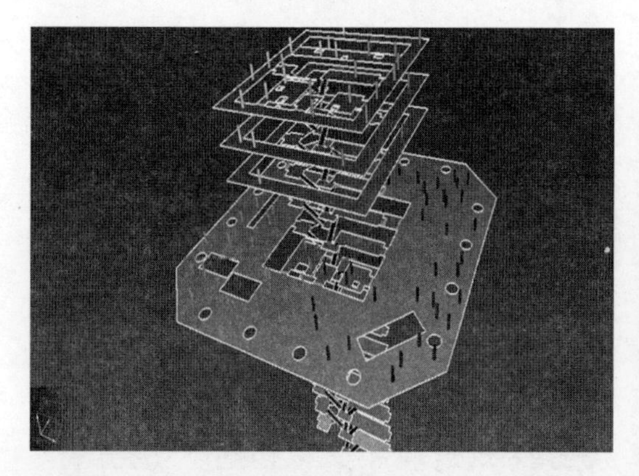

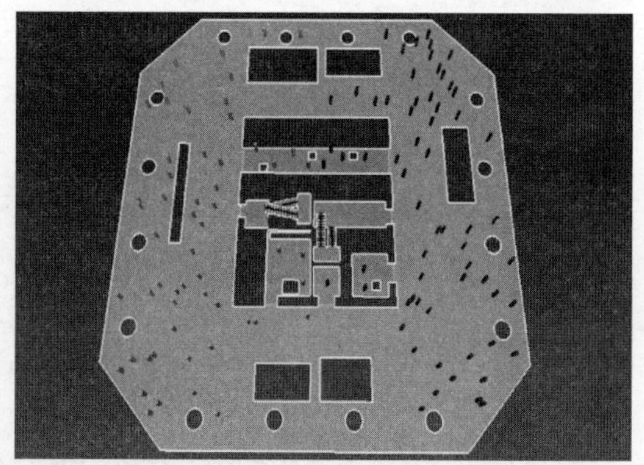

图 29　疏散模型

三、发现、发明及创新点

1. 超高层施工期的时变结构分析

首次提出了以“小震不影响、中震停工观察、大震检测加固”作为施工阶段的设防目标；研究形成时变结构的分析方法，并结合检测状况进行分析研究，形成了最不利状态和部位的判别方法，确保施工结构的主体安全。

2. 核心筒外挂大型动臂塔吊支撑体系抗震技术

针对高烈度地震区不同工况下的动臂式塔机结构响应情况进行了系统研究，形成了施工期动臂式塔机高抗震性能和强稳定性的外爬式支撑体系。

3. 液压爬模抗震性能及抗倾覆性能研究和采用超长附墙架的施工电梯抗震技术

对高烈度地震区超高层施工爬模系统和施工电梯进行了创新改进，提出了爬模系统和超长附着施工电梯的抗震措施，保障了施工的安全。

4. 基于防震减灾的超高层施工及应急避险管理

建立高烈度地震区超高层施工人员安全疏散模型，提出了高烈度地震区超高层建筑应急避险管理的体系和办法。

四、与当前国内外同类研究、同类技术的综合比较

首次提出施工期主体结构、塔吊、爬模、施工电梯等的抗震性能研究，填补了国内外空白。

<table>
<tr><th>关键技术</th><th>国内外先进性对比</th></tr>
<tr><td>超高层施工期的时变结构分析</td><td rowspan="4">对于防震减灾问题，绝大多数的研究与理论都集中在设计与使用阶段，特别是在建工程中的临时结构和设施设备抗震性能的研究极少，首次提出施工期主体结构、塔吊、爬模、施工电梯等的抗震性能研究，填补了国内外空白</td></tr>
<tr><td>核心筒外挂大型动臂塔吊支撑体系抗震技术</td></tr>
<tr><td>液压爬模抗震性能及抗倾覆性能研究</td></tr>
<tr><td>采用超长附墙架的施工电梯抗震技术</td></tr>
<tr><td>基于防震减灾的超高层施工及应急避险管理</td><td>国内首次对基于超高层施工的防震减灾过程管理和应急管理进行研究，形成了相关管理体系和方法</td></tr>
</table>

五、第三方评价、应用推广情况

1. 第三方评价

该成果于 2019 年 4 月 22 日通过专家鉴定。评审专家一致认为：该研究成果填补了国内外空白；该成果总体达到国际先进水平，其中高烈度地震区超高层建筑施工关键技术达到国际领先水平；成果在多项工程中成功应用，取得了显著的经济效益和社会效益。

2. 应用推广情况

该成果已经在昆明西山万达广场项目、大连中心·裕景项目（公建部分）二标段、长沙国金中心项目、重庆俊豪 ICFC 项目得到成功的应用。通过借鉴该技术研究成果，该技术成果可直接运用在云南省在建的超高层（如正在进行的 407m 的春之眼、200m 的昆明市综合交通国际枢纽、400 多米的绿地东南亚中心等），运用前景十分广阔，该施工技术成果为今后类似工程的施工提供了借鉴，具有指导意义。

六、经济效益

在施工期间，昆明西山万达项目经受了 2014 年鲁甸 6.5 级地震等多次地震的考验，该成果也成功保障了昆明西山万达项目两栋 316m 超高层顺利实施，实现完美履约。昆明西山万达项目通过该技术的研究与应用取得经济效益 1663.63 万元。

七、社会效益

高烈度地震区超高层建造关键技术及应用在昆明西山万达广场项目应用过程取得圆满结果，为国内

外类似情况下的工程提供施工技术，具备借鉴意义。项目获得住房城乡建设部绿色施工科技示范工程、国家优质工程奖、钢结构金奖、云南省优质结构特等奖、全国 AAA 级安全文明标准化工地等重要奖项，公开发表 12 篇核心期刊论文、获得省部级工法 7 项、发明及实用新型专利 11 项。

此工程的顺利完工，不仅推进着云南城市发展进程，也增强了云南金融业的区域辐射力和影响力，成为云南建设面向东南亚、南亚区域性国际金融中心的重要载体，取得了显著的社会效益。

二等奖

高性能混杂纤维混凝土管片结构优化和生产的关键技术研究

完成单位：中国建筑股份有限公司技术中心、大连理工大学、山东海龙建筑科技有限公司

完 成 人：石云兴、倪　坤、张燕刚、丁一宁、油新华、姜绍杰、张发盛、刘新伟、王庆轩、石敬斌

一、立项背景

近10年来我国的地铁工程始终处于高速建设时期，目前已有30多个城市正在修建地铁，包括北京、上海、南京、杭州、成都、西安等，未来十年我国的地铁建设还将继续高速发展。同时，近年来我国开始了大规模的城市综合管廊建设。盾构法由于诸多优点，已成为我国城市地铁隧道工程、老城区综合管廊隧道最主要的施工方法之一。

盾构管片是盾构法施工隧道的承重结构主体，隧道很难返修，其设计基准期为100年。因此对管片的质量要求极高，管片的承载力及耐久性决定了整个隧道的安全性和使用寿命。目前，钢筋混凝土管片因具有造价低、加工制作简便、耐腐蚀等特点，在盾构隧道中被普遍采用。

但是钢筋混凝土管片的混凝土脆性大，在生产、运输、吊装，特别是盾构推进和使用过程经常出现不可避免的结构裂缝或破损，导致混凝土管片更容易受到环境的影响（如地下水或山水以及氯离子等有害物质的渗入），严重影响隧道工程的安全性与耐久性。此外，在发生的火灾时钢筋混凝土管片容易发生爆裂，管片剩余承载力的急剧损失，直接关系到地下结构的可靠性与人民的生命财产安全。

纤维混凝土具有良好的物理、力学性能，可以明显地提高混凝土构件静载作用下的力学性能以及地震荷载，冲击荷载作用下的延性与能量吸收能力以及火灾时的爆裂性能。因此，国外从1995年左右开始了钢纤维混凝土管片的相关研究。近10余年，包括我国在内的越来越多的国家先后加入了钢纤维混凝土管片研究和应用的行列。但是相对于形势发展和业内设计、生产和施工的需求，目前钢纤维混凝土盾构管片的研究和应用仍显滞后：

（1）钢纤维混凝土管片力学性能缺乏系统性研究；

（2）钢筋、纤维、混凝土三者的协同作用关系不明确，钢筋-纤维混凝土本构关系有待阐明；

（3）管片配筋结构优化不足；

（4）缺乏相应的纤维混凝土管片设计方法和标准。

针对上述问题，中国建筑技术中心牵头开展高性能混杂纤维混凝土管片结构优化和生产的关键技术研究。

二、详细科学技术内容

1. 总体思路

本项目将从混凝土材料性能到管片构件的性能、配筋优化、本构关系、设计计算方法、工程应用以及标准编制等进行系统的研究工作。

采用RILEM提出的小切口梁的方法研究混杂纤维混凝土的抗弯性能，阐明钢纤维、合成纤维的力学和物理性能与混凝土性能的相关性；针对钢纤维混凝土管片力学性能缺乏系统研究的现状，采取模型管片的大量试验研究为主，研究钢纤维应变强化机理对配筋构件的裂缝荷载和工作极限荷载的

提高效应等，进而实现对管片配筋的优化和构件结构性能的提高，再以足尺寸大型管片验证后应用于实际工程的途径实现大纵深的研究。采用倾角梁方式存在轴力的条件下的纤维混凝土管片相关性能的试验方法，主要研究混杂纤维混凝土管片在荷载和轴力共同作用下的抗剪切性能和火灾后承载性能以及抗暴裂性能。

深入研究钢筋、纤维和混凝土三者的关系和钢筋-纤维混凝土本构关系，形成纤维混凝土管片的设计方法和标准。

2. 技术方案

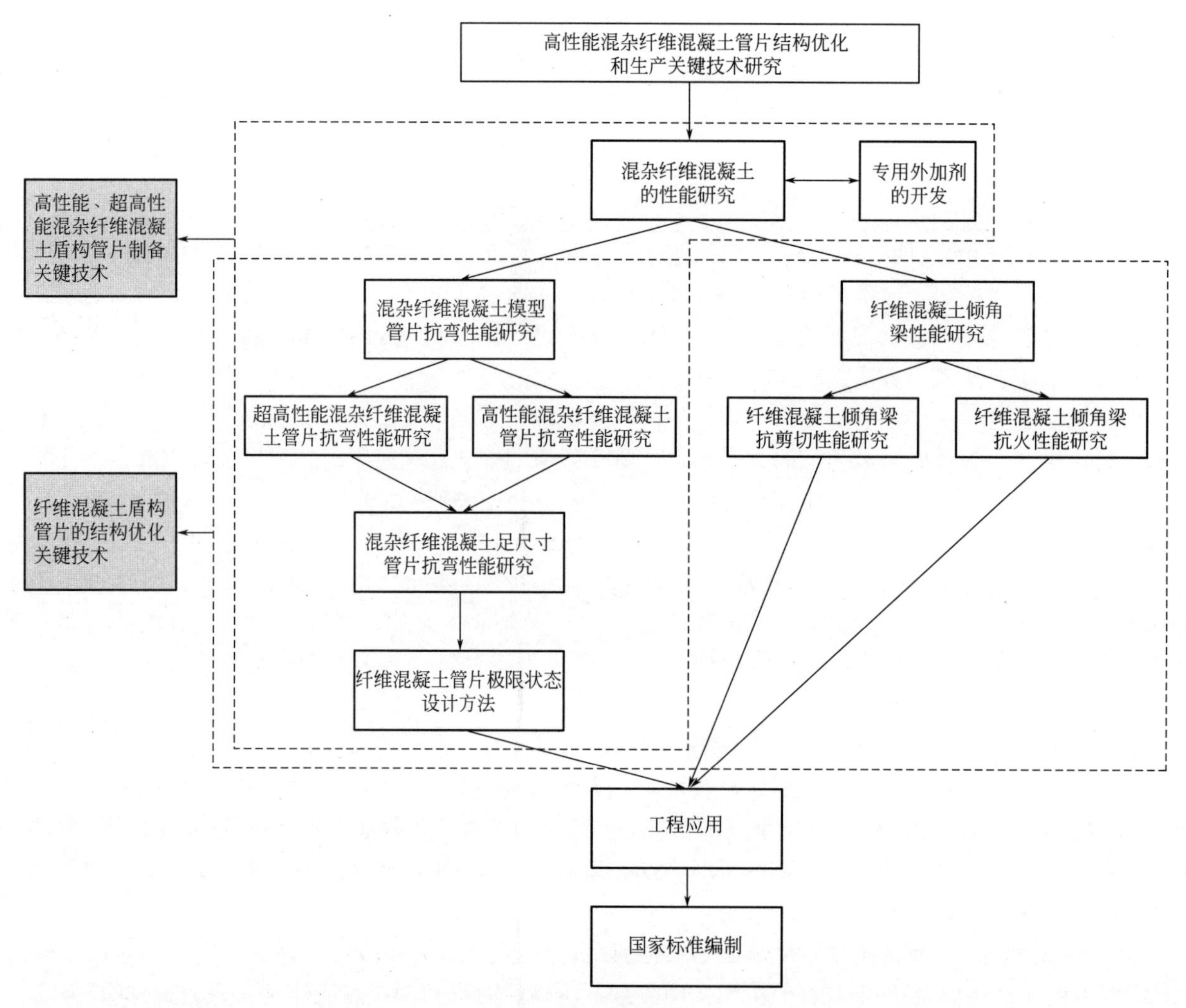

图 1　技术路线图

3. 关键技术

高性能混杂纤维混凝土管片结构优化和生产关键技术研究形成了以下两项关键技术。

1）高性能混杂纤维混凝土盾构管片结构优化和制备关键技术

该关键技术包括高性能混杂纤维混凝土盾构管片的配筋优化方法、纤维混凝土的纤维选型和专用外加剂、高性能混杂纤维混凝土管片的制备工艺三个方面。

2）纤维混凝土盾构管片的极限状态设计方法

该极限状态设计方法包括基于 fib model code 2010 的纤维混凝土管片的极限状态设计方法、基于本项目提出的修正压力场理论的无箍筋梁受剪承载力计算模型和粘结滑移理论的正常使用阶段最大裂缝宽度的计算模型三个方面。

4. 实施效果

本项目研发的高性能混杂纤维混凝土管片于 2015 年 10 月至 2016 年 2 月成功应用于北京城建集团

负责施工的广州市轨道交通二十一号线工程（施工5标）黄村站～世界大观站区间。

管片为通用环，外径6000mm；内径5400mm；管片宽度1500mm；管片厚度300mm。衬砌环由1块封顶块、2块邻接块、3块标准块组成。

经实际生产证明，高性能纤维混凝土管片生产与常规钢混管片基本相同。高性能纤维混凝土流动性、均匀性良好，满足预制管片生产工艺需求；受力主筋减少17%，箍筋减少70%，手孔、注浆孔等局部加强筋减少100%，焊点减少50%以上，明显提高了管片钢筋骨架的生产效率。经过第三方检测，新型高性能纤维混凝土管片外观质量、尺寸偏差合格，管片力学性能优异，开裂荷载和0.2mm裂缝宽度荷载显著提升。

工程实践证明，高性能纤维混凝土管片性能优异，特别是管片的抗冲击性能和抗裂性能明显优于普通钢筋混凝土管片。部分普通钢筋混凝土管片出现明显的崩边掉角现象，而高性能纤维混凝土管片破损率为零。

图2 传统钢筋混凝土管片和纤维混凝土管片对比

三、发现、发明及创新点

高性能混杂纤维混凝土管片结构优化和生产的关键技术研究从混凝土性能到足尺寸管片性能，研究纵深非常大，在理论、技术、装备和产品等单方面均有重要创新。公开发表论文36篇，其中SCI收录7篇，EI和ISTP收录7篇，建筑结构学报等国内知名期刊论文8篇，授权专利4项，其中2项发明专利。

1. 自主设计和建设了模型管片和足尺寸大型管片加载设备，研发了试验方法

具有测试精确度高，适应荷载范围大和试验构件就位方便的优点。

2. 高性能混杂纤维混凝土管片

合成纤维增强的纤维混凝土在火灾中具有较好的抗爆裂性能，将钢纤维和合成纤维混杂使用，制作混杂纤维混凝土盾构管片可以明显改善火灾下的混凝土抗爆裂性能。本项目研究的高性能混杂纤维混凝土制备管片，优化了混杂纤维混凝土的配合比，使构件的抗弯性能产生更为突出的应变强化效应，从而优化管片配筋，纵筋减少20%，箍筋减少70%，裂缝荷载提高22%，屈服荷载提高19%，管片极限承载力不降低。进一步优化混杂纤维混凝土的性能，可使管片厚度比常规钢筋混凝土管片减少15%以上，管片力学性能依然可满足设计要求。

3. 基于fib2010和修正压力场理论的纤维混凝土管片极限状态设计方法

钢纤维混凝土在隧道管片中的应用虽已有比较多的学术研究和工程应用，但仍缺少全面系统阐述纤维混凝土管片承载力极限状态和正常使用极限状态设计方法的研究。为推广纤维混凝土在隧道管片中的应用，对纤维混凝土管片设计方法展开系统、全面的研究十分必要。钢筋混凝土管片的配筋非常复杂，管片除受力主筋外，有大量的箍筋，箍筋的主要作用是抗剪。如前文所述，钢纤维混凝土具有良好的物理力学性能，可对管片的箍筋进行优化。本项目提出的钢纤维混凝土无腹筋梁受剪承载力计算模型基于修正压力场理论（MCFT），考虑钢纤维在钢筋混凝土裂缝处的应力传递作用。该模型可以合理解释钢纤维混凝土无箍筋梁受剪破坏机理，并反映钢纤维对受剪承载力的贡献。采用该计算模型可以从理论上

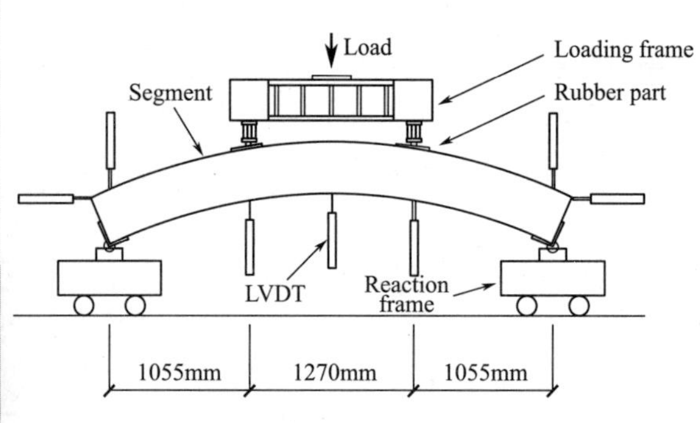

图 3　足尺寸纤维混凝土管片抗弯试验

对纤维混凝土管片的箍筋进行优化。本项目结合《混凝土结构设计规范》GB 50010—2010 中偏心受压构件设计方法及欧洲《fib model code for concrete structures 2010》规范中纤维混凝土结构设计方法，提出了纤维混凝土盾构隧道管片正截面配筋的计算方法、斜截面受剪承载力计算方法及正常使用极限状态的计算方法。

4. 基于 fib2010 的纤维混凝土管片极限状态设计方法

5. 缓冲水灰比轻微波动对纤维混凝土工作性影响的外加剂

由于骨料含水率有一定的波动，混凝土搅拌站配制的混凝土的水灰比也有一定的波动。生产实践表明这些波动对于普通混凝土的生产不会造成显著的影响，但是由于纤维混凝土工作性的相比普通混凝土明显降低，同时水灰比的波动对纤维混凝土、特别是超高性能纤维混凝土的流动性的影响增大，极易造成纤维混凝土的均匀性出现问题，严重影响纤维混凝土管片的制作。缓冲水灰比轻微波动对纤维混凝土工作性影响的外加剂可以明显增强纤维混凝土的粘聚性，缓冲水灰比轻微波动的影响，有效提高纤维混凝土的工作性，使纤维的分散更为均匀。

6. 纤维混凝土盾构管片国家标准

本项目编制了国内首个纤维混凝土管片方面的标准，填补了该领域产品标准的空白，也是国际上第一本较为全面的纤维混凝土管片标准，包含了管片的设计、生产、质量控制、试验方法、存储、运输等。该标准首次明确了三类纤维混凝土管片的概念和纤维混凝土管片的制作工艺要点、多项纤维混凝土管片检测方法为国内首次提出。审查专家一致认为标准总体达到国际先进水平。

四、与当前国内外同类研究、同类技术的综合比较

高性能混杂纤维混凝土管片与传统钢筋混凝土管片相比具有以下特点：

（1）具有良好的韧性和抗冲击性，减少了管片的破损率。

（2）极大地简化了管片配筋。

（3）显著提高了管片的正常使用状态的极限荷载，抗开裂性能大幅提升，提高隧道的耐久性。

高性能混杂纤维混凝土管片与钢纤维混凝土管片相比具有以下特点：

（1）超高性能混杂纤维混凝土管片厚度减少 15%以上。

（2）极大改善了管片在火灾时的抗爆裂性能。

纤维混凝土盾构管片标准与国外标准相比具有以下特点：

（1）国际上第一本较为全面的纤维混凝土管片标准，包含了管片的设计、生产、质量控制、试验方法、存储、运输等。

（2）是国内首个纤维混凝土管片方面的标准，填补了该领域产品标准的空白。

（3）是国内第一个引入国际上最先进纤维混凝土抗弯性能分级方法的国内标准。

五、第三方评价、应用推广情况

1. 第三方评价

中国建筑集团有限公司于 2019 年 6 月 24 日在北京组织项目科技成果评价会，国内本领域著名专家评价为：该成果总体达到国际先进水平，其中标准的编制、纤维混凝土受剪承载力计算模型和纤维混凝土管片极限状态设计方法达到国际领先水平。

全国混凝土标准化技术委员会于 2019 年 1 月 4 日在北京组织了《纤维混凝土盾构管片》国家标准审查会。审查专家组一致认为：本标准填补了相关领域标准的空白，提出了适筋、减筋、无筋纤维混凝土管片的概念，并在国内首次提出纤维混凝土的抗弯性能分级。标准总体达到国际先进水平。

2. 应用推广情况

本项目研发的高性能混杂纤维混凝土管片成功应用于 2015 年 10 月至 2016 年 2 月成功应用于北京城建集团负责施工的广州市轨道交通二十一号线工程（施工 5 标）黄村站～世界大观站区间。

目前，纤维混凝土管片在沈阳地铁、青岛地铁等项目进行推广。

工程实践证明，高性能纤维混凝土管片破损率为零，显著减少了因管片耽误的工期，有效提高了盾构隧道的防水性能和耐久性。

图 4　高性能混杂纤维混凝土管片的生产和安装

六、经济效益

高性能混杂纤维混凝土管片生产成本与传统钢筋混凝土管片相近。尽管高性能混杂纤维混凝土管片材料成本有一些增加，但是管片的生产效率大大提高。同时高性能混杂纤维混凝土管片在施工过程中的破损率显著降低。综合考虑，采用高性能混杂纤维混凝土管片的隧道建设成本有所降低。超高性能混杂纤维混凝土管片的管片厚度降低 15％以上，材料成本进一步降低，管片生产成本将降低 10％。

同时，高性能纤维混凝土管片的使用有效地降低管片的破损率，减少隧道修补工作量，加快工期，并且提高隧道结构防水性能和耐久性，将明显减少隧道在使用阶段的维护成本。

七、社会效益

高性能混杂纤维混凝土管片可以降低管片的用钢量和混凝土用量，减少了资源的消耗。同时管片自重降低，也减少了运输和施工过程中的能耗；提高了隧道的结构防水性能，增加了隧道的使用寿命；极大地改善了管片在火灾时的抗爆裂性能，提高了隧道在灾后承载力，减少了火灾时的损失，保障了隧道的灾后修复的安全；并且降低了地铁隧道的杂散电流腐蚀风险。

纤维混凝土盾构管片标准的编制填补了行业的空白，有利于我国纤维混凝土管片的推广和应用。

复杂地质条件超大断面隧道约束混凝土支护体系研究与工程应用

完成单位：中建山东投资有限公司、中建八局第一建设有限公司、中国建设基础设施有限公司、中国建筑股份有限公司技术中心、山东大学、中国矿业大学（北京）

完 成 人：孙 智、董文祥、王春河、哈小平、于 科、李延佩、樊祥喜、油新华、张传奎、鲁 凯

一、立项背景

随着我国基础设施建设规模的高速发展，越来越多的交通隧道工程修建在断层破碎带、极软岩和富水等复杂地质条件区域。在复杂地质条件下，隧道围岩变形量大、持续时间长，传统支护体系破断失效，复修率高，大体积塌方、大面积冒顶等突发性工程灾害和重大恶性事故频发，严重影响隧道正常施工与交通运营安全。据统计，2008 年至今共发生隧道塌方事故 256 起，伤亡 1864 人，占总事故的 36%。

图 1 隧道施工安全事故频发

上述灾害事故难以遏制的重要原因在于复杂条件围岩控制机理不明确，支护设计过多依赖经验类比，型钢拱架等传统手段支护强度低，人力施工效率及安全性差。同时，以京沪高速济南连接线龙鼎隧道、港沟隧道为代表的双向八车道典型隧道，最大开挖跨度 20.01m，最大开挖断面达 219.8m^2。在面对灰岩发育、岩体结构破碎、裂隙发育、地下水丰富、洞口段浅埋和偏压等复杂地质条件的同时，国内目前关于超大跨度双向八车道隧道支护没有相关规范，施工和设计中缺乏参考标准。系统研究复杂地质条件隧道围岩高强控制理论、技术与工法，对解决上述工程难题具有重要意义。

本项目通过科研攻关和工程实践，研发了系列创新性试验系统，揭示了软弱围岩-高强支护耦合作用机理，建立了约束混凝土支护理论与设计方法，形成了成套关键技术、机械化施工装备及工法，实现了复杂地质条件超大断面隧道的稳定控制与高效施工。

二、详细科学技术内容

1. 超大断面隧道施工过程变形破坏及控制机制模型试验研究

依托山东省首条双向八车道超大断面隧道-京沪高速济南连接线龙鼎隧道工程实际，基于自主研发的三维组合式大型地质力学模型试验系统，采用高精度应变测试系统、光栅多点位移计采集系统以及支护构件受力监测等手段，开展超大断面隧道 CRD 开挖方法下施工过程地质力学模型对比试验，分析有

图 2　龙鼎、港沟隧道地理位置

无高强支护条件下围岩位移、应力演化规律、支护构件受力特性，揭示超大断面隧道施工过程中围岩变形破坏机制与高强支护控制机制，为超大断面隧道高强初期支护设计和施工安全提供依据。

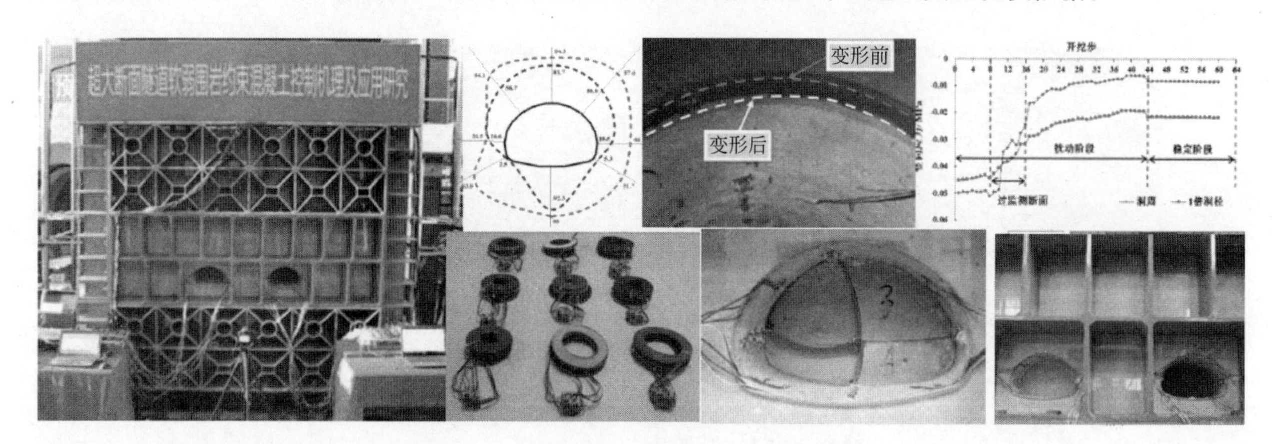

图 3　复杂条件围岩高强支护大型模拟试验

2. 超大断面隧道约束混凝土高强控制机制研究

系统开展全断面、CRD、双侧壁导洞三种开挖方法下超大断面隧道软弱围岩控制机制数值对比试验，分析无支护、锚杆支护、H 型钢拱架支护、方钢约束混凝土（SQCC）拱架支护、H 型钢拱架＋锚杆支护、方钢约束混凝土拱架＋锚杆支护六种支护方案下隧道围岩变形、塑性区和支护构件受力变化规律，研究超大断面软弱围岩隧道约束混凝土高强控制机制。

3. 约束混凝土拱架承载特性计算理论

基于任意节数、非等刚度约束混凝土拱架力学计算模型，推导非等刚度多心拱架内力计算公式，建立了不同类型构件的承载力判据，得到不同条件下约束混凝土拱架承载机制；依据地下工程拱架失稳特征，推导两铰和固接多心拱架的稳定承载力计算公式，建立多心拱架稳定性加权模型，分析不同因素对稳定临界荷载的影响规律。

4. 约束混凝土基本构建力学性能对比研究

对工字钢、H 型钢、U 型钢、劲性混凝土、方钢约束混凝土五类基本构件进行轴压、纯弯、偏压力学性能试验，得到理论分析参数，确定数值试验方法，反演数值计算参数，明确各类构件基本力学性能与关键部位补强机制，建立基本构件压弯强度判别准则。

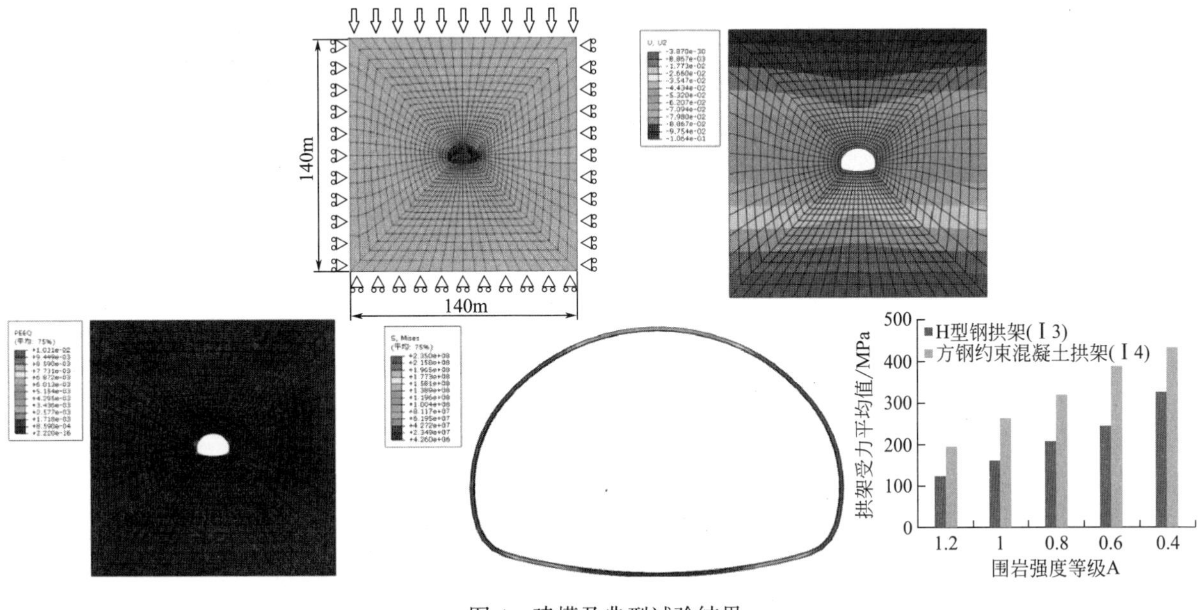

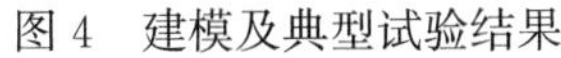
图 4　建模及典型试验结果

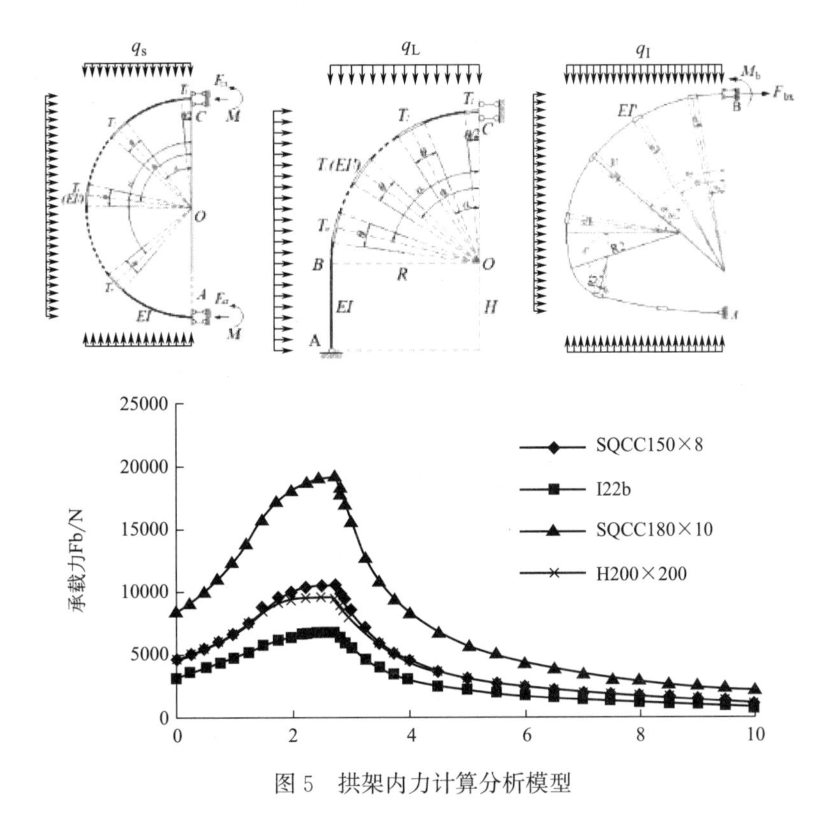

图 5　拱架内力计算分析模型

针对现场施工的拱架连接问题，采用大型液压伺服系统纯弯试验系统，对拱架连接采用套管连接，研究混凝土等级、套管壁厚、套管间隙、套管长度等参数对节点力学性能的影响规律，深入研究套管节点在实际工程中的选择和设计的原则，提出对于采用套管连接时方钢约束混凝土的设计参数和原则。

5. 约束混凝土拱架力学性能对比试验研究

改造自主研发的地下工程约束混凝土拱架大型力学试验系统，进行方钢约束混凝土、圆钢约束混凝土、工字钢、H 型钢、U 型钢等不同截面形式的三心和圆形拱架的大比尺室内力学试验，结合数值对比试验，对拱架在不同荷载作用模式（均压和偏压）下的变形破坏形态，内力、应力分布特征，关键破坏部位，极限承载能力进行深入研究，并与理论计算进行对比验证。

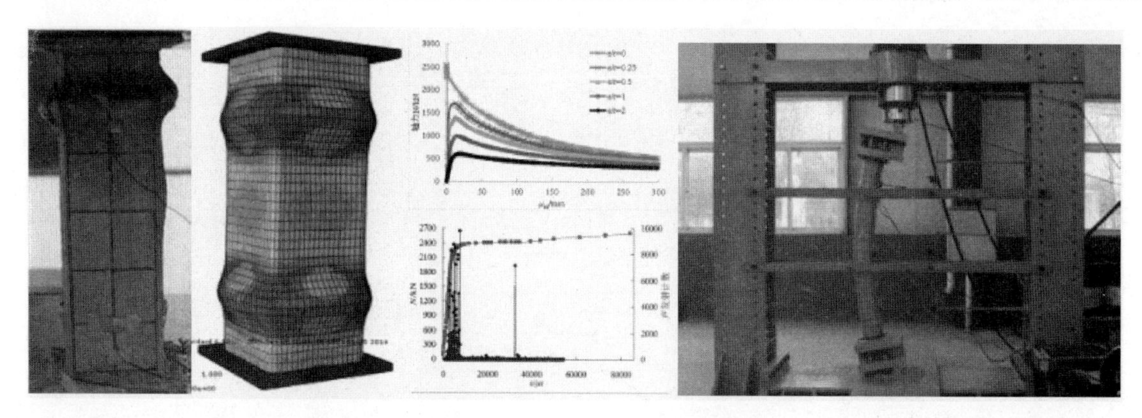

图 6　约束混凝土关键部件力学试验与强度承载判据

图 7　隧道大比尺拱架力学试验系统与拱架力学试验

6. 约束混凝土拱架设计方法及应用

通过对复杂地质条件超大断面隧道围岩变形及控制机理研究，结合约束混凝土构件、拱架力学性能分析，提出复杂地质条件超大断面隧道 SQCC 拱架支护设计方法。针对龙鼎超大断面隧道断层破碎带围

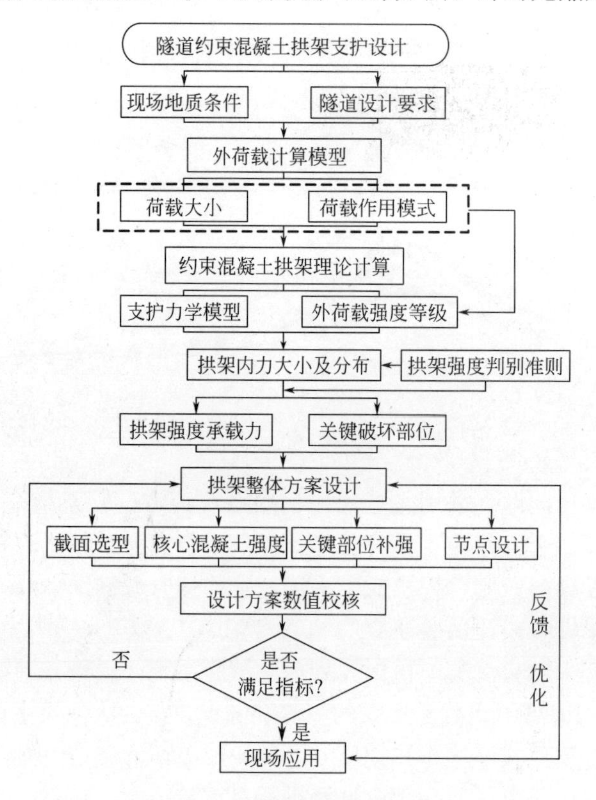

图 8　约束混凝土拱架设计方法

岩控制难题，利用约束混凝土支护设计方法，通过理论计算，确定拱架截面、节点参数及补强方式，提出约束混凝土初期支护设计方案。通过数值计算对采用设计方案的隧道围岩变形、支护构件力学性能指标进行分析，验证约束混凝土支护方案的围岩控制效果。

7. 约束混凝土拱架设计方法及应用

针对隧道约束混凝土拱架机械化快速施工问题，在机械化快速施工技术、机械化施工配套装置及施工过程力学机制等方面进行研究，配备高自由度拱架智能安装机等设备和适用于装配式拱架机械化安装的施工配套装置，利用智能安装设备对拱架进行机械化安装，机械安装后进行拱架复测调整、锚杆打设及混凝土喷射等附属工序，支护完成后进行后期跟踪监测，形成了安全、高效、经济的装配式高强支护体系。

建立隧道约束混凝土拱架机械化施工工法，方案经过王梦恕、杨秀敏、任辉启三位院士论证优化后，在京沪高速济南连接线工程龙鼎隧道、滨莱高速改扩建工程马公祠隧道等项目进行现场应用，实测效果良好。

图 9　隧道装配式拱架机械化施工装备体系及现场施工工艺

三、发现、发明及创新点

本项目获得国家专利 15 项，省部级工法 1 项，发表论文 10 篇，项目整体取得以下主要创新点：

（1）明确了复杂条件围岩破坏及承载结构失效机制，提出了“高强、完整、让压”支护理念，研发了复杂条件围岩高强支护大型模拟试验系统，揭示了软弱围岩-高强支护耦合作用机理，创建了复杂地质条件隧道约束混凝土支护体系，研发了系列配套关键技术。

（2）研发了空间组合拱架大比尺力学试验系统，开展了约束混凝土支护体系关键承载部件与大比尺拱架强度-稳定力学性能试验，得到了约束混凝土拱架压弯强度承载判据、钢混耦合性能评价方法、关键部位强化设计准则及组合节点选型标准，揭示了约束混凝土拱架强度-稳定承载机制。

（3）建立了约束混凝土拱架承载能力计算方法与支护体系设计方法，研发了装配式拱架机械化智能施工装备及成套关键技术，创建了约束混凝土隧道装配式机械化施工工法，实现了复杂条件围岩的稳定控制与高效施工。

四、与当前国内外同类研究、同类技术的综合比较

名称	国内外同类技术研究现状	该项目创新之处
创新点 1	◆传统地下工程模拟试验系统尺寸小，三向加载相互影响大、边界效应明显，模拟真实性较差； ◆U 型钢、工字钢等传统型钢支护强度、刚度不足，复杂条件围岩难以有效控制，安全风险高	◆研发的大型模拟试验系统突破了等比例渐进无扰加载、真三维边界均压减摩、多参量数据实时融合的技术瓶颈，可实现复杂条件围岩开挖支护的精准模拟； ◆创建了复杂地质条件隧道约束混凝土支护体系，约束混凝土拱架承载力是传统型钢拱架的 2～4 倍，有利于复杂条件围岩的安全、稳定控制

续表

名称	国内外同类技术研究现状	该项目创新之处
创新点 2	◆传统隧道力学试验系统仅能进行基本构件或缩尺拱架试验，难以得到大尺寸拱架的真实力学性能； ◆没有超大跨度隧道（跨度 20m）大比尺组合拱架力学试验系统，无法开展隧道拱架强度-稳定承载机制的试验研究	◆研发了隧道大比尺拱架力学试验系统，实现了不同荷载作用模式的精确模拟与不同断面形状、截面形式与围岩压力作用下的拱架全比尺或大比尺力学性能测试； ◆系统开展了超大跨度隧道（跨度 20m）大比尺拱架强度-稳定承载机制的室内对比试验研究
创新点 3	◆以往拱架承载能力计算方法主要基于圆形断面进行轴压等刚度简化分析，与实际条件有很大差异； ◆传统支护体系大都采用人力施工； ◆机械化施工研究大多局限于设备研发本身，没有形成配套技术及高效施工工法	◆建立了任意节数、非等刚度拱架承载能力计算方法，明确了支护体系压弯强度承载判据、关键部位强化准则与组合节点选型标准，形成了完善的设计方法与程序； ◆研发了装配式拱架机械化施工系列装备及配套技术； ◆创建了隧道约束混凝土支护体系装配式机械化施工工法
总体	◆缺少对复杂地质条件隧道新型高强支护技术与相应试验设备、方法及控制理论的系统研究，缺乏机械化施工装备的研制与配套施工工法的研发	◆研发了系列创新性试验系统，建立了约束混凝土支护理论与设计方法，研制了成套关键技术与核心装备，形成了超大断面隧道成套施工工法，实现了复杂地质条件隧道的稳定控制与高效施工

五、第三方评价、应用推广情况

1. 项目成果评价

2019 年 3 月，《复杂地质条件隧道约束混凝土支护关键技术及应用》项目通过了由院士、勘察设计大师为主任的专家组科技成果评价，评价意见为：

（1）揭示了软弱围岩-高强支护耦合作用机理，创建了复杂地质条件隧道新型约束混凝土支护体系，研发了系列关键技术。

（2）研发了约束混凝土拱架全比尺力学试验系统，通过系列试验揭示了约束混凝土拱架承载耦合机制，建立了约束混凝土支护体系设计计算方法。

（3）自主研发了拱架机械化智能安装系列装备，创建了隧（巷）道约束混凝土支护体系机械化施工工法，显著改善了施工条件，提高了施工效率。项目整体成果在数十个复杂地质条件隧道工程中成功应用，促进了行业技术进步，在交通、矿山、水利等领域具有广阔的应用前景。

评价委员会一致认为，项目研究成果在约束混凝土支护体系设计方法、机械化智能安装系列装备及配套关键技术方面达到国际领先水平。

2. 项目技术论证

2016 年 11 月，《复杂地质条件超大断面隧道约束混凝土支护体系研究与工程应用》项目通过了由三位院士为主任的专家组现场考察和论证，论证意见为：

（1）研发了装配式约束混凝土支护技术体系，具备高强、高刚、等强度、等刚度、等稳定性、精确装配、能更好地控制围岩变形的性能，是一种安全、高效、经济的支护形式。

（2）研制了约束混凝土拱架大型力学试验系统，可针对约束混凝土拱架进行试验，为约束混凝土支护工程应用提供了精确的计算方法。

（3）研发了多功能拱架安装设备以及配套装备，实现了约束混凝土拱架快速机械化作业。

六、经济效益

京沪高速港沟隧道、龙鼎隧道工程，属于偏压、小净距、大跨又穿越不良地质地段的全国罕见超大断面双向八车道暗挖隧道群，围岩控制难度大。采用项目整体成果，在 2016～2017 年隧道建设期间，降低了混凝土、锚杆等材料用量，减少了施工工人数量，缩短了施工工期，有效控制了围岩变形，保证了工程施工安全。

2016 年港沟隧道工程应用项目整体成果节约成本共计为 1360 万元；2017 年节约成本共计为 1530

万元。全部转化为税前利润，共计 2890 万元。

2016 年龙鼎隧道工程应用项目整体成果节约成本共计为 1280 万元；2017 年节约成本共计为 1640 万元。全部转化为税前利润，共计 2920 万元。

七、社会效益

本项目创建了新型高强、完整支护体系，研发了成套关键技术与核心装备，实现了复杂地质条件隧道的稳定控制与高效施工，取得如下社会效益：

（1）项目创建了约束混凝土高强支护体系，建立了约束混凝土支护理论与设计方法，完善了复杂条件围岩稳定控制理论，推动了地下工程支护领域的理论创新。

（2）项目研发了机械化智能施工装备，突破了装配式支护体系施工关键技术，形成了隧道约束混凝土支护体系成套施工工法，推动了地下工程支护领域的技术创新。

（3）通过本项目的实施，有效地控制了复杂地质条件隧道围岩的变形破坏，避免了人员伤亡，降低了工程风险。

（4）通过本项目的研究，为中建股份、科研院所等培养了大批理论水平高、实践能力强的科研和专业技术人员，储备了大量人才。

基于欧美标准的钢结构节点设计国标化研究及智能化设计开发

完成单位： 中建安装集团有限公司

完 成 人： 张甫平、徐艳红、吴聚龙、卓 旬、马千里、杨国峰、吴莹莹、刘 凯、汪 茜、邓云芳

一、立项背景

在国家"一带一路"大战略的推动下，中建安装成立了非洲、美洲、中东、东南亚四大海外区域营销责任主体，负责海外建筑市场的开拓。公司先后承接了大量海外钢结构项目，这些项目大多采用欧美标准进行设计，其设计方法、设计思路、连接节点的构造设计及其连接计算与国标存在差异，参考的相关设计资料均为外文，中文版的资料较少，熟悉和掌握欧美标准体系的钢结构设计，保障海外项目顺利推进迫在眉睫。

在海外项目的实施过程中，对工期要求非常严格，而材料的供货周期是制约项目工期的关键因素，为了解决这个矛盾通常考虑代换和使用国产建筑结构用钢。从成本控制上来说，以国标型材代替国外钢材，大大降低了材料成本。然而目前对于不同标准体系型材替换多从化学成分和力学性能方面出发进行材质的替代研究，对型钢的截面替代仅针对具体的项目需求进行，没有系统的研究成果。因此有必要进行不同标准体系下型材截面的替代研究，推动国标钢材"走出去"。

对钢结构工程而言，节点深化设计的好坏直接影响到整个工程的进度和质量。Tekla Structures 作为国际通用的钢结构深化设计软件，具有强大的软件节点库供设计者选用，但缺少国内项目的特色节点。另外，软件不具备智能化节点设计功能，因此有必要进行钢结构节点设计二次开发，补充完善节点库的同时，实现智能化节点设计和详图一体化功能。

基于上述因素，申报并获批了 2015 年中建股份科技研发课题，得到了中建股份公司的资金和政策上的大力支持，课题于 2018 年 12 月顺利通过结题验收。

二、详细科学技术内容

1. 总体思路

本课题研究的内容包括两个方面。

1）欧美标准体系的钢结构节点设计国标化研究

对欧洲和美国的钢结构节点设计规范进行研究，与国标体系进行对比，对欧美材料进行国产化替代，最终形成简单实用的国外钢结构节点设计手册和常用建筑结构钢材替代手册，对节点设计过程进行指导。

2）开发节点智能化设计程序

目前的钢结构节点设计软件在设计和详图绘制两方面并不能做到完美统一，各个软件有其侧重点。在国际通用的详图设计软件 TEKLA Structures 的基础上，进行二次开发，针对不同的标准体系，完善 TEKLA 的设计功能，提高节点设计效率。

2. 技术方案

本成果共包括六个关键技术，整个研究过程可分解成三条基本主线，如图 1 所示。首先，通过对国标与欧美标准体系下钢结构规范的研究建立理论框架，得到各标准下的钢结构节点设计方法，同时对材

质替代及型材替代进行研究形成欧标/美标与国标之间的材料替代手册 2 项。在此基础上，结合 TEKLA 软件开放的 API 编程接口及节点设计技术文件，进行节点智能化设计程序的开发得到国标、欧标、美标的钢结构节点智能化设计软件 3 项。与此同时，通过基于 TEKLA 软件节点库的钢节点标准图库研究，形成节点标准构造图集。在软件和图集的基础上，编制适用于海外市场的欧标/美标钢结构节点设计手册 2 项。

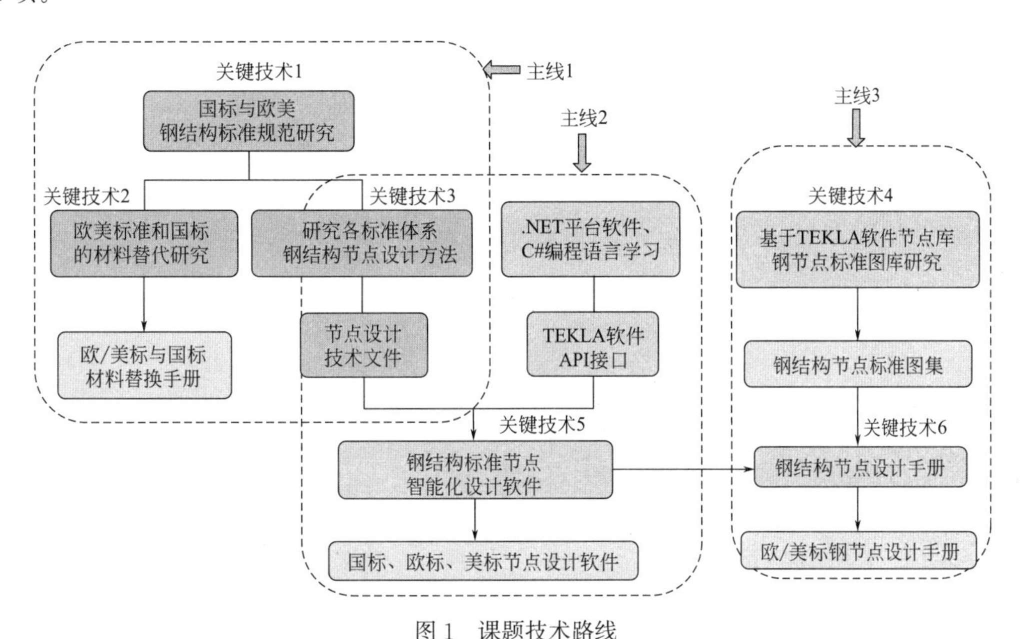

图 1　课题技术路线

3. 关键技术

1）国标、欧标、美标钢结构标准规范体系研究

对节点设计相关的欧美技术标准、规范等资料进行搜集整理，同时对重要的设计规范和设计手册进行中文版的资料搜集和翻译工作。通过对欧标、美标与国标的钢结构节点设计标准规范的对比，分析不同标准体系的钢结构节点设计方法、连接形式、构造措施和节点形式，建立了完善的各类标准体系，解决了本课题的技术支撑问题。

2）欧美标准体系与国标体系的材料替代研究

材料替代的研究主要包含两方面的内容：一是欧美标准中的常用钢材与国标中常用钢材材质的替换研究；二是欧美标准的常用型材库和国标型材库的替换研究。

钢材材质替代研究主要从钢材的化学成分、力学性能两方面出发，分析国标、美标、欧标钢材之间的差异。通过对不同体系下材质化学成分、力学性能之间的对比研究，给出美标与国标、欧标与国标常用钢材材质之间的替换建议。

对于常用型材的替代研究，国内已有的研究仅给出了等强替换的指导原则，并没有针对具体的型材规格给出相应的国内钢材替代型号。从研究的实用性出发，针对钢结构工程中常用的 H 型钢，建立欧美标准与国标型材一一对应的截面替换表。研究形成的截面替换表不仅包含了不同标准体系下型钢的规格、具体尺寸信息、截面特性参数惯性矩、塑性模量等信息，还提供了指标性能对比供替换参考。

3）国标、欧标和美标的钢结构节点设计方法研究

该部分是形成智能化设计软件、钢结构节点标准图集、节点设计手册的前提技术条件。按照节点连接方式的不同，以螺栓连接节点作为研究的重点，从连接件、铰接节点、刚接节点和柱脚节点等方面对国标、欧标和美标的节点设计过程进行系统深入研究，提出不同标准体系的设计要点，编写节点技术文件，为智能化节点设计计算软件的开发提供了有效的技术支撑。

4）钢结构节点的标准图库研究

以 TEKLA Structures 钢结构深化设计软件中的节点库为基础，结合实际工程应用所需，建立和完

善了钢结构常用节点构造图集、钢结构节点连接实用通图、常用钢结构节点设计用表。

钢结构常用节点构造图集中包含了 TEKLA 软件系统节点库的节点以及团队二次开发的钢结构节点（主要为实际工程中常用的国标节点，如图 2 所示），根据节点形式的不同分为梁柱、梁梁、支撑、柱脚、拼接、细部六大类节点。每个节点图由图形部分和节点参数表组成，图形部分由 CAD 绘制的节点视图和 TEKLA 软件中节点界面图组成，节点参数表与智能化节点设计软件中的参数设置相一致，使得每个节点能配合钢结构节点智能化设计软件使用。

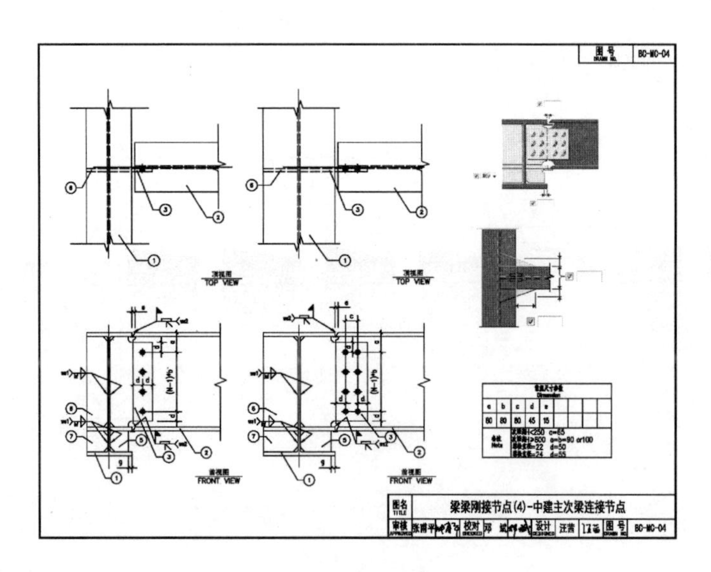

图 2　二次开发节点构造图

结合 Tekla Structures 软件自身的特点，绘制了钢结构节点中一些常用焊缝、构件加工切割尺寸和安装措施（如梁柱吊耳、梁定位板和临时措施）通图，编制了钢结构节点常用螺栓规格参数、型钢截面螺栓规矩表，形成了钢结构节点实用通图。

结合智能化节点设计软件，研发了钢结构节点设计用表（图 3），表格包含了梁梁铰接节点、梁柱

本章附表

附表1：Tekla节点T141-1(螺栓焊接连接)节点设计表

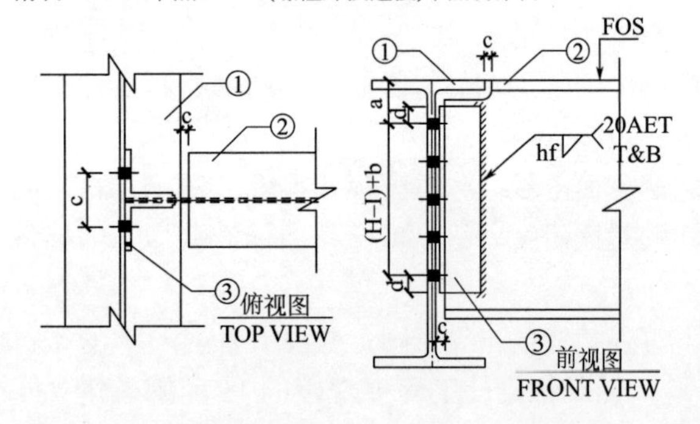

② 次梁截面规格	螺栓型号	螺栓行数 N	③ 连接角钢规格	螺栓列距 c(mm)	节点抗剪承载力 (kN)
HN200×100×5.5×8	M16	2	L100×63×7	120	80
HN250×125×6×9	M16	3	L100×63×7	120	104
	M20	2	L100×63×7	120	98
HN300×150×6.5×9	M20	2	L100×63×7	120	167
	M22	2	L100×63×7	120	167
HN350×175×7×11	M20	3	L100×63×8	120	222
	M22	3	L100×63×8	120	222
	M24	3	L110×70×8	130	222
HN400×200×8×13	M20	4	L100×63×10	120	312
	M22	3	L100×63×10	120	312
	M24	3	L110×70×10	130	312
HN450×200×9×14	M20	4	L100×63×10	120	395
	M22	4	L100×63×10	120	395
	M24	4	L110×70×10	130	395
HN500×200×10×16	M20	5	L100×63×10	120	511
	M22	5	L100×63×10	120	511
	M24	4	L110×70×10	130	499
HN550×200×10×16	M20	5	L100×63×10	120	572
	M22	5	L100×63×10	120	572
	M24	5	L110×70×10	130	572
HN600×200×11×17	M20	6	L100×12	125	699
	M22	6	L100×12	125	699
	M24	6	L110×12	135	699

图 3　常用节点设计用表

铰接节点、支撑节点、构件拼接节点的设计参数表。

5）基于国标、欧标、美标的智能化钢结构节点设计软件开发

基于.NET Framework平台的C#编程语言进行智能化节点设计软件的开发，利用TEKLA软件中API接口，编写了节点智能化设计技术文件，在完成单个节点程序开发的基础上，进行软件界面开发及节点整合，形成一整套独立的软件，通过不断调试和参数修订，最终完成了基于国标、美标、欧标三种不同标准体系下的智能化节点设计软件的开发。

软件的操作分为以下四步：首先，在主界面上（图4）选择需要设计的节点；随后，点选节点进入单节点设计界面（图5）；然后，在TEKLA模型中选择构件加载节点（图6）；最后，验算已有节点的承载力。

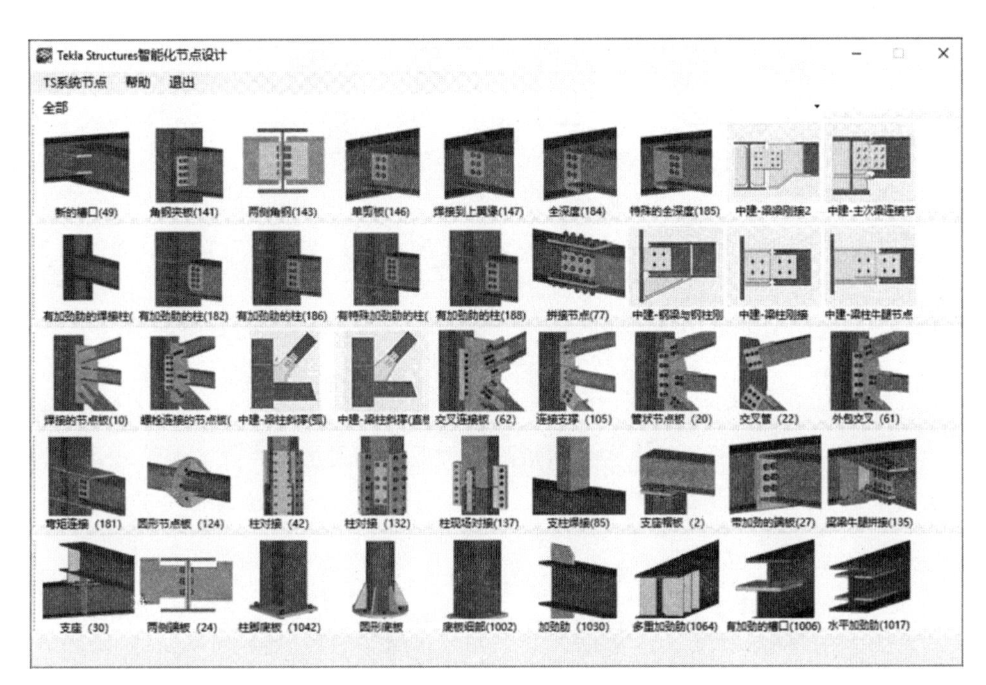

图4 软件主界面

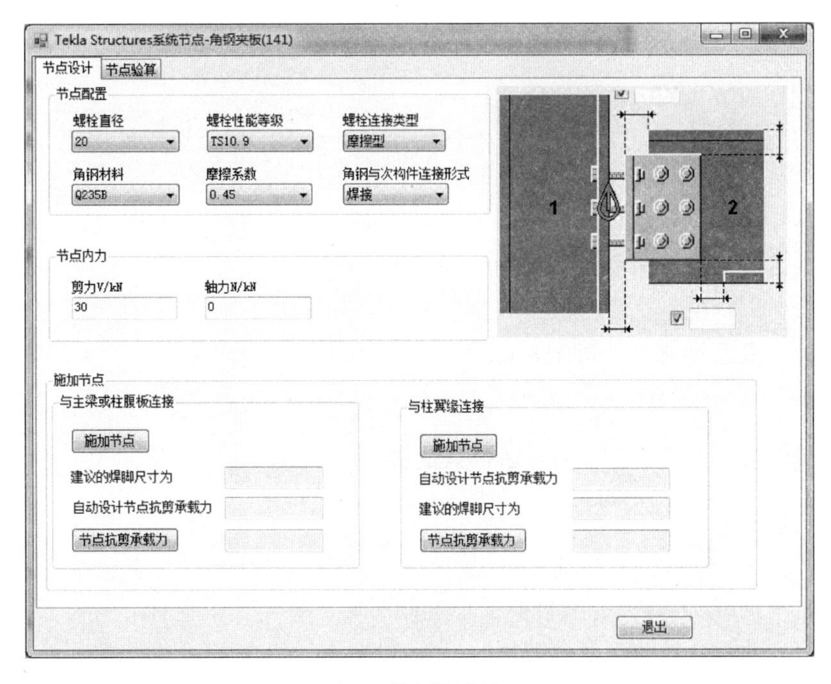

图5 节点设计界面

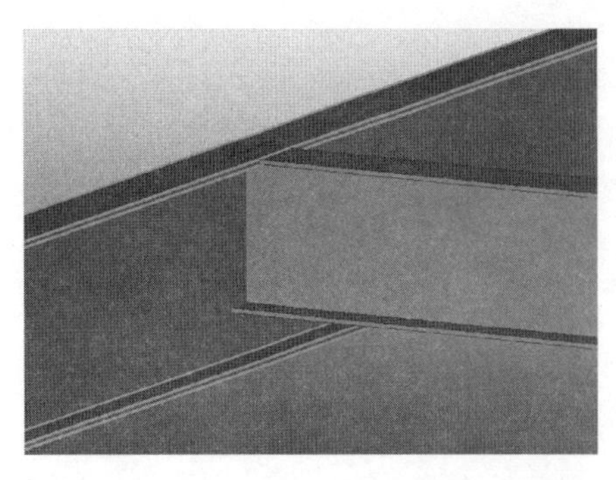

图 6　模型中选择构件加载节点

6）基于欧美标准的钢结构节点设计手册研究

在上述研究的基础上，结合工程实践，吸收近年来科研、设计、施工上可借鉴的成果，总结归纳形成了基于欧美标准的钢结构节点设计手册。手册涵盖了连接件、铰接节点、刚接节点、柱脚节点的设计方法、设计步骤，为了提高手册的使用效能，还辅以相应设计案例。同时采用节点设计用表的形式，将工程中常用的节点形式及螺栓参数等设计信息汇集于设计用表中，使工程设计人员能够方便快捷地进行节点设计。手册与型材替代表和节点图集配合使用，可以方便地从材料替代、设计方法、节点形式选择到详图绘制要点等各个方面对节点设计过程进行指导，使节点设计更加快速便捷。

4. 实施效果

课题立项至今，研究成果先后应用于多个海外项目的钢结构深化设计中，节点设计工作效率提高了20%，缩短了深化设计时间，保证了节点深化图纸的绘制效率和质量，降低了人工费，通过国标与欧美标准的型材替换，节约了大量材料费和加工费。

三、发现、发明及创新点

1. 创新点——基于国标、欧标和美标的智能化钢结构节点设计软件开发

开发了国标、欧标、美标的智能化钢结构节点设计软件，软件采用C#语言编写，计算能力强、智能化程度高。所开发的软件具有独立的操作界面，操作简单，施加节点高效，不仅可以自动设计节点，还可以对节点进行复核验算，实现了节点计算与TEKLA节点建模一体化，适合结构设计人员、深化设计人员和审图人员使用。

2. 创新点——钢结构节点的标准图库研究

形成了钢结构节点标准图集，图集中包含由软件计算得到的常用节点设计用表，深化设计人员直接查表进行深化设计，节省查阅相关规范和资料的时间；通过对节点库的二次开发，将工程常用节点补充到节点库，为工程中模型节点的建立和添加提供便利。

3. 创新点——欧美标准体系与国标体系的材料替代研究

形成了欧美标准与国标的型材替换手册，包含了材质和型材的替换。材质替换采用表格的形式进行各参数的横向对比，涵盖的钢材品种较全，还包含高强度钢材；型钢替换给出了热轧H型钢截面和焊接H型钢两种截面替代方案供选择，还给出了替换前后截面的各项参数指标对比。

四、与当前国内外同类研究、同类技术的综合比较

1. 智能化节点设计软件

Tekla软件提供了节点建模窗口外挂EXCEL程序进行节点设计，但设计效率不高、计算能力弱；钢结构连接设计软件Ram Connection虽具备节点设计功能，但仅限于美标，与TEKLA软件没有接口转换，无法实现设计、建模一体化。节点智能化设计软件弥补了TEKLA软件在节点设计这一方面的缺失，实现了国标、欧标、美标钢结构节点设计、验算、深化设计建模一体化，为全球从事钢结构设计、

深化设计工程师提供了智能化、一体化、快捷的节点设计工具。

2. 钢结构节点标准图集

钢结构节点标准图集对工程常用节点进一步补充与完善，其中还包含了二次开发的节点计算设计程序形成的节点设计参数用表。实现了海外钢结构工程深化设计标准化，同时提高了深化设计效率。

3. 欧美标准与国标型材替代手册

在钢结构材料替代的方面研究，通常从化学成分、力学性能出发进行不同标准体系下材质的替代研究，而对于截面的替代研究较为鲜有。成果中不仅涵盖了材质的替代，还给出了钢材截面一一对应的替换关系，为海外工程国产化提供解决方案。

五、第三方评价、应用推广情况

江苏省科技查新咨询中心对本项目进行了国内外科技查新，查新结果表明未见钢结构节点设计、验算和深化设计建模一体化功能的智能化节点设计软件的相关报道，未见钢结构节点标准图集中还包含结合二次开发的节点计算设计程序形成的常用节点设计参数表的相关报道。中建集团组织召开了科技成果评价会，评委一致认为成果达到国际先进水平。

研究成果在多个海外项目中进行成功应用，在海外项目中推广国标材料，通过合理分析与设计选择适当的国标材料予以替换，既为工程节省了费用又加快了工期，极大地提高了钢材的出口率，改变了我国钢铁原材料出口现状，提高国标钢材的国际认可度。采用智能化设计软件进行节点参数化计算分析及节点施加，在一定程度上减少了建模者的工作量，提升了三维设计的优势，降低了出错率，提高了加工设计的绘制效率和质量。

六、经济效益

课题立项至今，研究成果先后应用于多个项目的钢结构深化设计中，共产生经济效益 617.4 万元。其中“一带一路”国家涉及项目有沙特阿拉伯乌母沃尔磷矿料仓装置项目、印度 630m^2 高炉 135m^2 烧结工程、乌兹别克斯坦纳沃伊 UNF 化肥项目、BV 印尼中爪哇电厂项目、文莱恒逸 PMB 石油化工项目，海外项目有刚果（布）布拉柴维尔体育场、美国 JUMBO Project-PTA 化工厂项目、毛里求斯伊甸园文化娱乐广场婚礼殿堂钢结构工程，国内项目有上海迪士尼乐园项目宝藏湾及飞跃、腾讯北京总部大楼钢结构工程、杭州国际博览中心钢结构改造工程、厦门国际会议中心改造工程、上海 JW 万豪侯爵酒店项目、杭州下沙盈都广场、江苏大剧院、苏河洲际中心项目、国电宁夏方家庄发电厂项目。

七、社会效益

企业科技成果的转化是产生社会效益提升企业技术实力的源泉，在“一带一路”和中国建筑企业“走出去”的战略推动下，本成果具有较大的推广应用前景，为实现中国制造、推行中国标准奠定基础。

湘江漫滩富水地质条件下地铁抗裂防渗技术研究与应用

完成单位： 中国建筑第五工程局有限公司、中建隧道建设有限公司、中建工程研究院有限公司
完 成 人： 谭立新、陈　俊、王承科、刘晓丽、蒋立红、郑邦友、钟志全、胡亮亮、宋建荣、柳　伟

一、立项背景

地铁车站开裂渗漏问题突出，目前大量已建成的地铁站出现了不同程度的渗漏水问题。广州地铁某线总体防水失败，堵漏工作持续1年以上；长沙已建成和在建的地铁车站混凝土开裂及渗漏情况多发，修复投入大；上海地铁多处变形缝滴漏，结构缝出现涌水，多处衬砌裂损漏水。由于地铁车站渗漏水，损坏了大量设备，影响了正常运营，造成了不良社会影响。

地铁渗漏会危及地铁的运营及设备安全，缩短混凝土结构的使用寿命。地铁车站渗漏，主要是因为外包防水层失效和结构混凝土开裂。

我国在防水材料和施工方面还较落后，目前地铁车站全包式防水中，新型的高分子合成弹性防水材料的应用所占的比例很小，且防水施工技术严重滞后，基本停留在手工作业上，因此防水工程质量难以保证。国外车站主要采用防排结合的方式，德国专家提出，在必须使用全包防水的工程中，防水材料的柔韧性、与基层是否满粘和防水层的完整性是影响外包防水质量的主要因素。

结构混凝土开裂是配合比、施工工艺、养护工艺等多方面原因共同导致的。国内外有大量对抗裂混凝土的研究，但由于规范修订需要一定量的工程实践，在具体工程中新型混凝土材料的应用受到限制。在混凝土施工工艺方面，浇筑段长度、厚度和顺序均会影响到结构应力的释放，一旦应力集中过大，则会导致开裂。除了混凝土配合比和施工工艺对其开裂有影响外，养护质量也影响到混凝土结构的开裂，如养护不到位，则会引起开裂，导致渗漏发生。但目前混凝土养护主要是研发喷淋设备，以保证混凝土表面保有水分，对混凝土温度的控制研究较少。

造成地铁车站结构渗漏是多方面原因共同导致的。因此，通过系统分析防水材料的性能和施工工艺、地铁结构混凝土的施工和养护工艺对混凝土防水性能的影响，揭示导致地铁车站结构渗漏开裂的原因，并研发新型防水技术、混凝土抗裂技术、混凝土养护技术，优化施工工艺，对于解决地铁车站渗漏问题，提升地铁车站工程质量，保障运营安全具有重要意义。

二、详细科学技术内容

1. 总体思路

地铁车站工程渗漏问题频发。据中国建筑防水协会统计，我国地下工程渗漏率高达80%，渗漏修补费用占到维修费用的80%以上。平均单个车站渗漏修补费用约500万元，单线累计可达上亿元。地下工程车站抗裂防渗是我国地铁建设的难题。

依托工程长沙地铁4号线一标汉王陵公园站距湘江200m，地层以粉细砂、圆砾为主，地下水丰富，渗透性大，具有腐蚀性。长沙已建成的1、2号线渗漏严重。湘江漫滩地质条件下地铁车站抗裂防渗是依托工程亟须攻克的难题。

难题1：传统防水系统可靠性差，亟须建立地铁防水方案可靠性评价指标体系。

难题2：传统外包防水效果难保证，亟须解决外包防水可靠性难控制技术难题。

难题3：混凝土受原材料、工艺影响开裂难控制，亟须解决混凝土易开裂的技术难题。

针对以上三大难题，本项目从防水评价指标新体系、零接缝防水新结构、混凝土结构全过程管控三个方面系统开展了湘江漫滩富水地质条件下地铁车站抗裂防渗技术研究。

2. 关键技术

1）建立了地铁车站防水方案可靠性评价指标体系

通过提炼评价指标、建立判断矩阵，建立了评价指标体系，为防水方案选择和防水体系可靠性评价提供理论支撑。

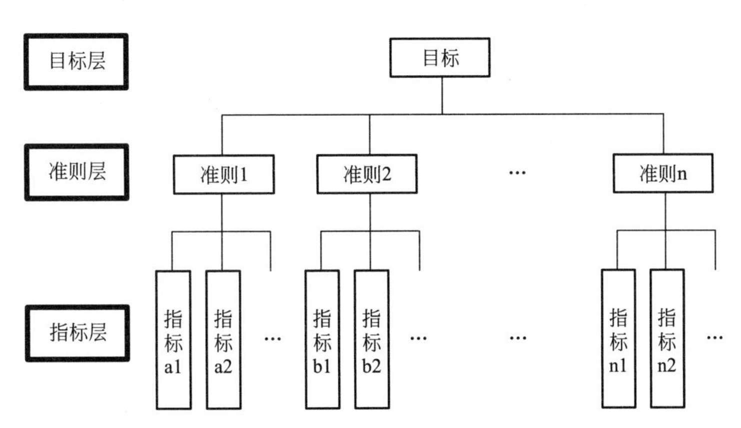

图 1　基于层次分析法建立层次指标评价体系

影响富水地区地铁车站渗漏水因素影响富水地区地铁车站渗漏水因素　　**表 1**

一级因素	二级因素	影响权重	影响排序
地下水	地下水与车站底板的高差	0.0586	6
	地下水腐蚀性	0.0262	8
围护结构	围护结构渗漏程度	0.0764	4
	围护结构表面平整度	0.0764	4
防水措施	防水材料零档伸长率	0.0547	7
	防水材料与主体结构结合程度	0.1894	1
	防水材料施工可靠性	0.1482	3
	是否设置分区防水	0.0699	5
主体结构	主体结构裂缝比例	0.1502	2
	主体结构工作缝处理情况	0.1502	2

2）研发了地铁车站新型零接缝皮肤式防水技术

一是提出了以 HDPE＋喷涂速凝橡胶沥青层为核心的地铁车站零接缝皮肤式防水结构，丰富了地铁车站刚柔并济的防水结构设计思路。

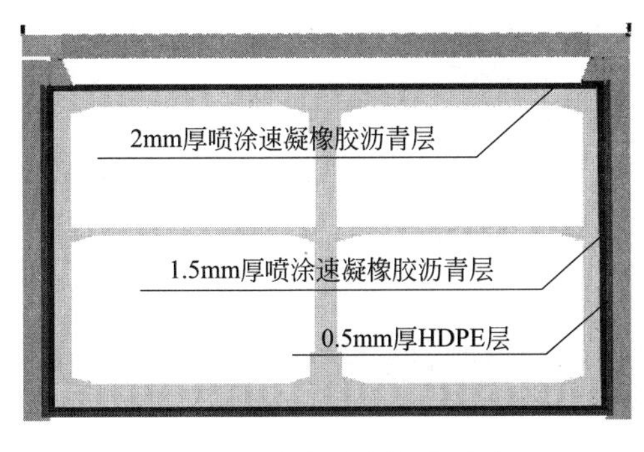

图 2　皮肤式防水构造设计

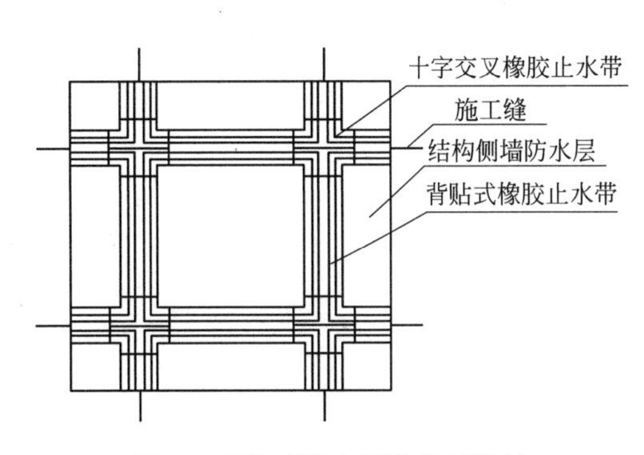

图 3　皮肤式防水隔舱分区设计

二是优选了新型零接缝皮肤式高性能防水材料，引导了喷涂式防水新材料在地铁车站的应用。

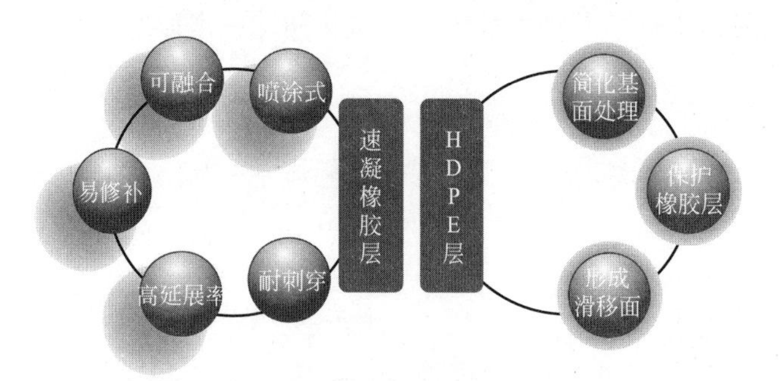

图4 零接缝皮肤式防水材料特性

传统防水材料与零接缝皮肤式防水材料性能对比 表2

防水层类型	"雨衣式"	"自粘式"	零接缝"皮肤式"
性能	SBS卷材	普通自粘型防水卷材	喷涂速凝橡胶沥青防水涂料
断裂伸长率	≥450%	≥400%	≥1000%
耐久性	15～20年	15～30年	>70年
耐腐蚀性	168h拉伸强度≥80% 拉断伸长率≥80%	—	168h涂层无变化
与混凝土的粘结力	无	弱	≥3.5N/mm
施工工艺性	工艺较复杂 施工精度要求较高	工艺复杂，效率较低， 可在潮湿基面施工	喷涂施工效率高， 一次成型，可在潮湿基面施工

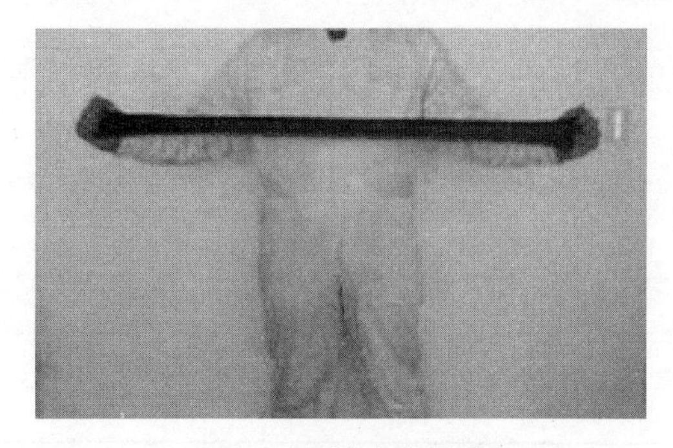

图5 断裂伸长率测试

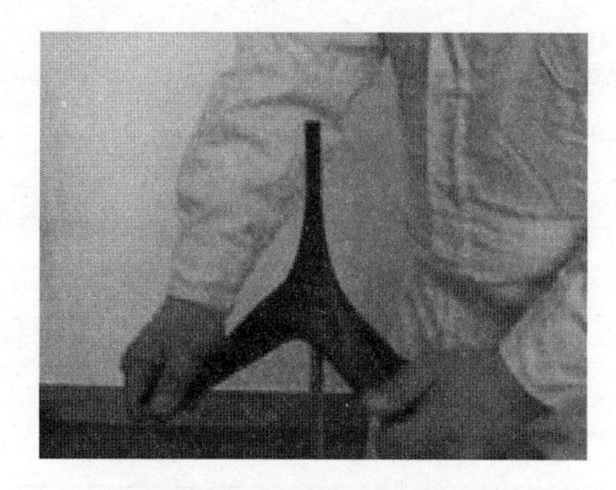

图6 抗刺穿测试

三是发明了一种地铁车站防水施工方法，解决了传统防水层接缝多、空鼓多、易失效难题。

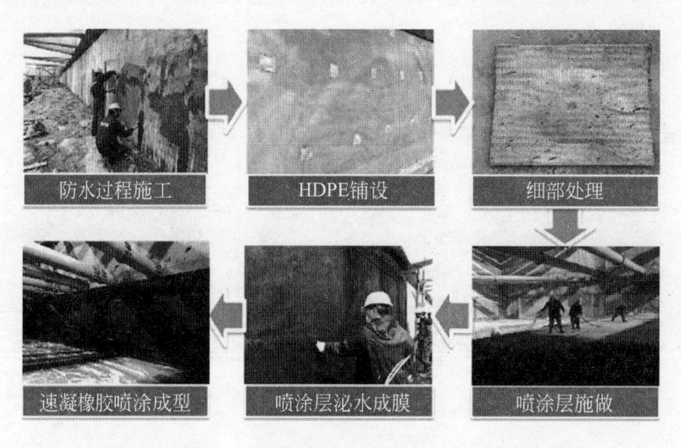

图7 地铁车站防水施工方法

其中，喷涂速凝橡胶沥青防水涂料为双组分（液体橡胶与固化剂），分别通过两个喷嘴雾化扇形喷出，高速碰撞、混合、破乳，喷射到基面后瞬间凝聚成膜，其原理如图8所示。

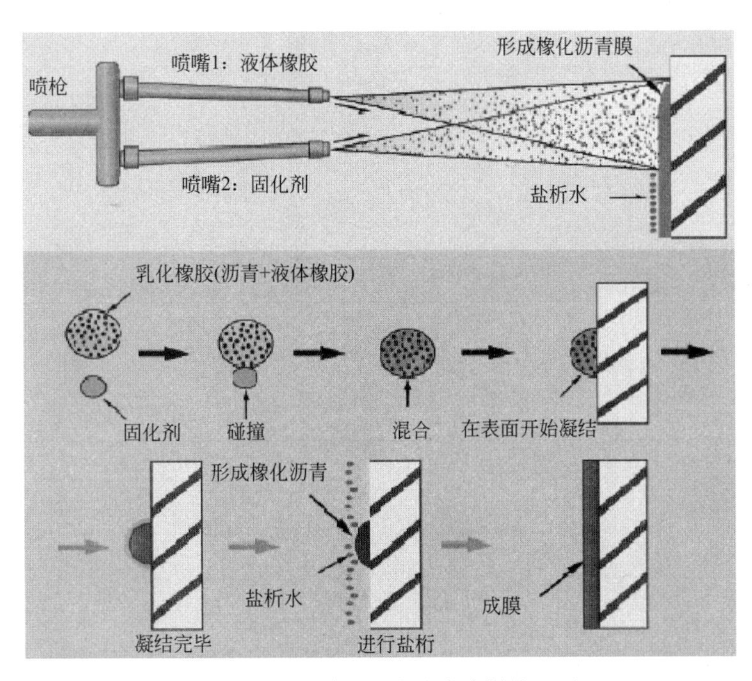

图8　喷涂速凝橡胶沥青防水涂料施工原理

3）开发了混凝土新配比、新工艺及新型智能养护技术

一是创新了圆环法试验仪器和软件系统，发明了基于新型圆环法的混凝土早龄期温度应力试验设备及方法，指导了抗裂混凝土配合比的开发。

首次提出采用低线性膨胀系数的铟钢进行圆环法试验，发明了基于新型圆环法的混凝土早龄期温度应力试验设备。

普通钢环与铟钢环在－20～50℃范围内平均线性膨胀系数对比　　**表3**

圆环材料	－20～50℃范围内平均线性膨胀系数
普通钢环	1×10^{-5}mm
铟钢环	2.4×10^{-8}mm

图9　铟钢环

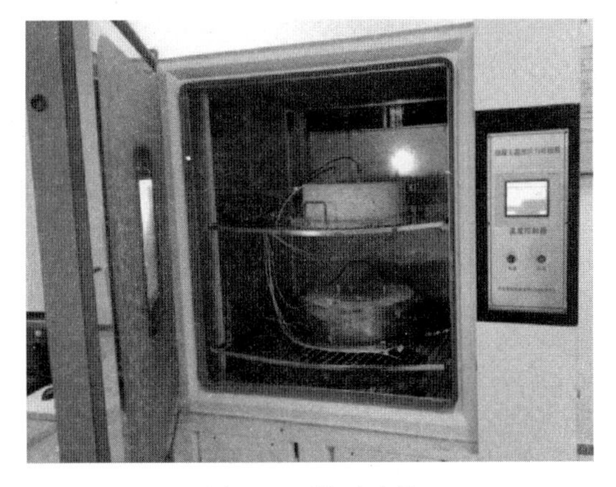

图10　环境试验箱

图 11　测控装置

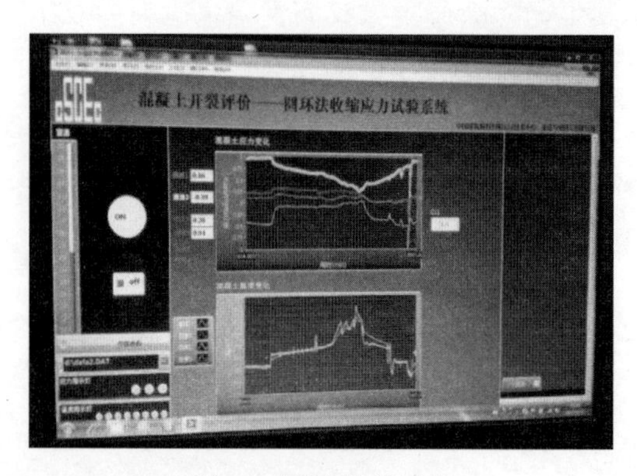

图 12　测试软件平台

二是研制了低水化热抗裂混凝土配合比，解决了混凝土水化热大、易开裂的技术难题。

编号	胶凝量	砂率	水泥	水	砂	石	粉煤灰	矿粉	减水剂	膨胀剂	初始坍落度	7d抗压	7d劈裂	28d抗压	28d劈裂	56d抗压
试1	420	0.45	225	147	820	1003	82	83	6.7	30	200	35.8	3.03	49.5	4.9	53.7
试2	380	0.43	255	144	789	1047	55	70	6.08	/	205	29.3	2.28	44.3	3.7	50.2
试3	410	0.45	235	147	825	1009	75	70	6.56	30	200	24.7	1.54	45.8	4.8	49.8
试4	370	0.43	260	141	795	1054	50	60	5.6	/	210	29.2	2.38	45.3	4.7	47
试5	400	0.44	245	143	813	1034	60	65	6.4	30	215	38.6	3.17	49.2	5	56.4
试6	388	0.43	255	145	797	1057	50	55	6.2	28	190	41.1	3.4	53.2	5.5	51.6

图 13　低水化热抗裂混凝土试验配合比

C35P8 标准规范与新配合比水泥用量对比　　表 4

C35P8 配合比	水泥用量
标准规范	260kg/m^3
新配合比	245kg/m^3

该配合比在水泥用量及龄期评定上突破了 2008 版地下工程防水标准，并获标准编制组认可，推动了标准修订。

三是提出了合理的车站结构混凝土分段长度和浇筑工艺，大幅降低了混凝土结构约束应力，减少裂缝的产生。

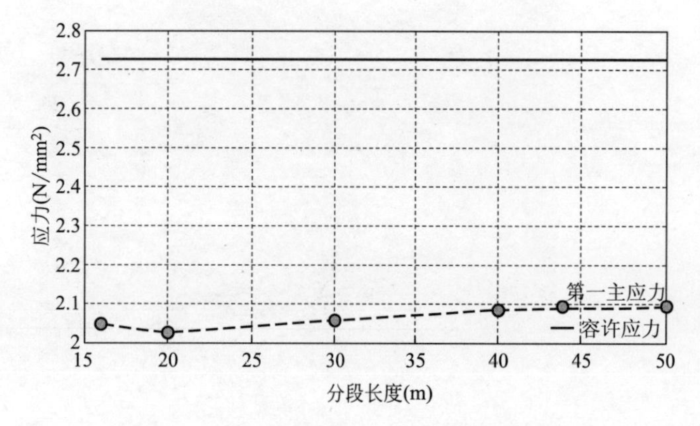

图 14　侧墙不同分段长度对应的温度应力

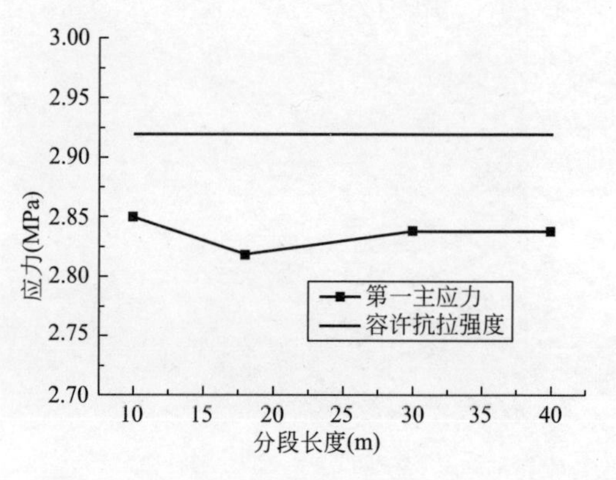

图 15　底板不同分段长度对应的温度应力

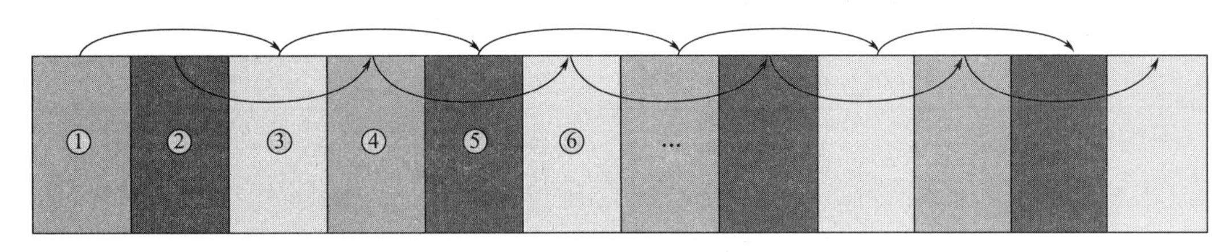

图 16　跳仓法施工顺序

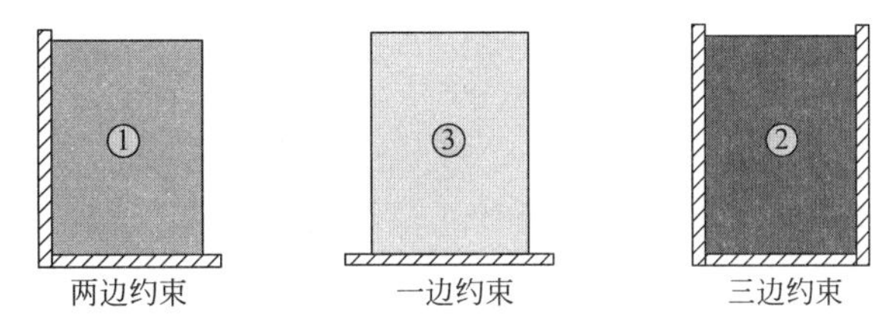

图 17　跳仓法浇筑板块类型

四是形成带模养护+智能养护的混凝土全方位全周期养护技术，大幅降低了混凝土结构收缩应力，减少裂缝产生。

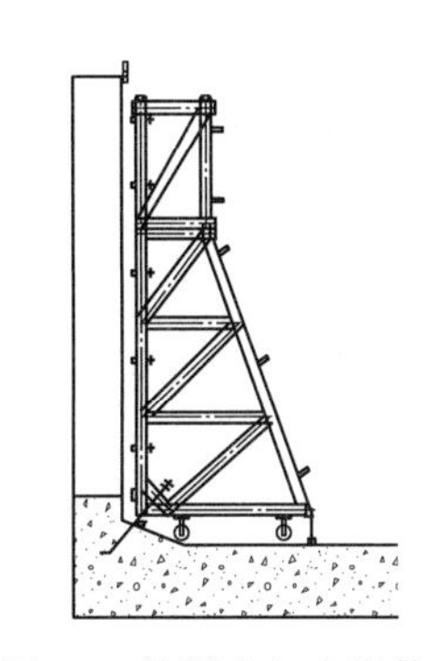

图 18　单侧支架支模体系

图 19　双层模板带模养护

图 20　智能养护主机

图 21　智能养护现场

3. 实施效果

项目成果总体达到国际先进水平，累计获得专利 8 项，其中发明专利 2 项；发表学术论文 16 篇；撰写专著及成果汇编 3 部；获得省级工法 2 项；软件著作权 2 项；国家级 QC 成果 1 项；中建五局科学技术特等奖 1 项。成果直接应用在长沙地铁 4 号线一标汉王陵公园站，其中，新型抗裂混凝土和智能养护技术推广应用在长沙地铁 4 号线一标 13 个车站中，应用效果好。汉王陵公园站成功经受 2017 年 7 月湘江历史最高水位的考验，长沙公证处对车站未发生任何渗水、漏水的情形进行了公证。中国土木工程学会授予本项目成果为“城市轨道交通技术创新推广项目”在全国轨道交通建设中予以推广。产生经济效益约 2455 万元。国内外超 100 家行业单位前来观摩 160 余次，累计超过一万人次。CCTV 央视网、湖南卫视等媒体 10 余次专题报道皮肤式防水，引起了良好的社会反响。

三、发现发明及创新点

（1）基于层次分析法，建立了地铁车站防水体系的可靠性分析方法及评价体系，研发了地铁车站新型零接缝“皮肤式”防水技术。

（2）基于地铁车站结构渗漏开裂原因的深入分析，针对地铁车站，提出了相应的抗裂混凝土配合比，并对早期强度、收缩及水化热变化进行了测试，给出了相应的养护参数。

（3）研制了一套地铁车站结构混凝土智能养护设备，提出了防止地铁车站结构开裂的施工工艺。

四、与当前国内外同类研究、同类技术的综合比较

对比点	国内外现有同类技术	本项目成果
地铁车站工程防水评价指标体系	国内无地铁车站有效防水评价指标体系	基于层次分析法建立了地铁车站防水方案可靠性评价指标体系
地铁车站外包防水	1. 普遍采用自粘式防水卷材，宽幅≤2m，标准站接缝达到2万延米，接缝处防水失效率高； 2. 传统防水卷材延长倍率有限、可能会因为空鼓被拉断； 3. 传统防水卷材暴露时间过长时易与主体结构粘结力不够，导致窜水	1. 喷涂速凝橡胶沥青防水材料预喷反粘施工技术，使防水层整体无缝； 2. 延伸性能非常好，不易拉断； 3. 长时间暴露后与新浇筑的混凝土仍具有良好的粘结力
混凝土结构全过程管控	抗裂混凝土	1. 大多地铁车站混凝土重点在于控制早期强度； 2. 因为标准限值，在控制绝热温升时不能达到最佳效果； 3. 混凝土配合比未考虑使用地的气候条件； 4. 一般的圆环开裂试验设备采用普通钢制作圆环
	混凝土浇筑工艺	1. 未系统考虑计算受力与混凝土浇筑工艺的影响； 2. 未对模型计算进行现场监测并反演
	养护	一般地铁车站仅使用传统的覆膜洒水养护方法

五、第三方评价、应用推广情况

1. 第三方评价

湖南省长沙市长沙公证处对汉王陵公园站防渗抗裂质量进行了公证。(2017) 湘长市证民字12846号:“该项目施工在2017年6、7月长沙所经历的暴雨中未发生任何渗水、漏水的情形”。

2. 应用推广情况

成果直接应用在汉王陵公园站，新型抗裂混凝土和智能养护技术推广应用在长沙地铁4号线一标13个车站中。

中国土木工程学会轨道交通分会：经评审，授予“富水地区车站喷涂自粘式防窜流防水系统”为“城市轨道交通技术创新推广项目”在全国轨道交通建设中予以推广。

六、社会效益

国内外超100家行业单位前来观摩160余次，累计超过一万人次。CCTV央视网、湖南卫视等媒体10余次专题报道皮肤式防水，引起了良好的社会反响。

项目研究培养了一批高水平的设计、科研、施工、管理等人才，填补了企业空白，为未来诸多高地铁车站等近接工程建设项目提供了支撑及示范，产生了巨大的社会效益。

宽幅大翼缘板预应力混凝土部分斜拉桥建造核心技术研究

完成单位：中建三局第三建设工程有限责任公司、湖北省交通规划设计院股份有限公司、柳州欧维姆机械股份有限公司

完 成 人：何小村、李　劲、王　勇、兰晴朋、董传洲、陈祖军、刘爱莲、张艳红、牛随心、赵研华

一、立项背景

部分斜拉桥是介于梁桥与传统斜拉桥之间的一种新型桥梁结构。普遍认为，1980 年，瑞士的 Christian Menn 设计的建于 1981 年的甘特（Ganter）大桥是部分斜拉桥的雏形，其混凝土箱形梁由预应力混凝土斜拉板“悬挂”在非常矮的塔上，这种板可以看成是一种刚性的斜拉索。

从国内已建和在建的部分斜拉桥来看，多数部分斜拉桥拉索采用中央双索面，主梁为斜腹板变截面预应力混凝土箱梁，桥面宽度 4～6 车道，近年来该桥型有逐步向大跨径、宽幅桥面发展的趋势。本课题依托工程——武汉三官汉江公路大桥（图 1）主桥采用中央索面，主梁宽度为 33.5m，翼缘板宽度达 8.0m，这在国内大跨度混凝土部分斜拉桥中比较少见。对于大跨度预应力混凝土宽幅主梁部分斜拉桥而言，需要从设计上保证结构的安全、耐久、经济、美观；因此如何进行主梁截面形式的合理设计尤为重要，有必要通过细致深入的分析来完全掌握悬臂浇筑的宽幅混凝土主梁受力机理及其横向受力性能、摸清其剪力滞效应分布规律及影响，并有针对性地提出主梁的构造设计及耐久性综合防裂措施。

图 1　全桥实景图

在索塔锚固方式上，国内的部分斜拉桥传统上采用内外管形式，后逐步优化为分丝管式。分丝管索塔锚固方式的出现，大大改善了索塔锚固区的局部应力分布情况。由于大多数部分斜拉桥采用了不同于一般斜拉桥由索鞍、抗滑锚等组成的贯穿式锚固系统，均是在塔端锚固装置中灌注环氧砂浆实现体系的抗滑，因此运营期斜拉索的更换是部分斜拉桥面临的一个难题，也是目前新建项目在若干年后必须面对

的问题。目前部分斜拉桥还未有换索的工程实例，斜拉索的更换只存在理论上的可能——只能通过整束换索的方式，在索塔抗滑锚附近切断斜拉索从而进行更换，斜拉索的更换效率低下，换索期间还需进行交通管制。如果设计之初能为将来斜拉索单根钢绞线更换预留可能，斜拉索的更换将十分简洁方便，并不影响大桥的正常运营，大桥的耐久性及可维护性将大大提高。项目组结合依托工程研发了新型单侧双向抗滑锚固系统，需要进行进一步的技术验证。

二、详细科学技术内容

本桥主梁采用单箱三室箱大悬臂变截面，梁根部高度6.5m，跨中高度3.0m，双薄壁墩起57m范围内箱梁高度按1.6次抛物线变化。由于采用大悬臂翼缘板减小了主梁的箱室宽度，同时主梁断面高度较低为了中间索面斜拉索横向受力分布，箱梁中间箱室比较狭小，中间斜拉索锚固箱室操作空间仅1.7m，斜拉索只能采用单根钢绞线张拉。对于武汉三官汉江公路大桥这种大跨度宽主梁斜拉桥与刚构梁桥之间的组合体系桥，在设计、施工及施工控制方面需要结合实际工程做深入研究。本项目从设计和施工方面，不影响大桥的正常运营，尝试单根钢绞线可更换拉索体系研究，为部分斜拉桥后期维护起到引领作用。

斜拉索索力测量方法主要有：油压表读数法、压力传感器法、频谱法和电磁法4种。本桥箱室较小，采用单根钢绞线张拉方法张拉斜拉索，油压表读数法测量索力不适用；压力传感器法和电磁法需在每根索的锚固端安装传感器测量，测量成本高，且安装精度影响测量精度。武汉三官汉江公路大桥斜拉索的钢绞线外套HDFE套管，桥面端加装不锈钢套管进行防割，在施工过程中研究具有实用、稳定和快速的特点的频率法测量拉索索力的方法。

本项目以武汉三官汉江公路大桥（主跨190m混凝土部分斜拉桥）为依托工程，重点就大跨度预应力混凝土宽幅主梁部分斜拉桥的主梁合理截面设计、宽幅混凝土主梁的受力性能、宽幅混凝土主梁施工期及运营期的耐久性综合防裂措施、部分斜拉桥新型可单根换索型索塔锚固系统、研究制定单根钢绞线更换技术并进行斜拉索换索试验等方面展开科学研究。

其具体内容如下：

（1）通过对国内外大跨度预应力混凝土部分斜拉桥的设计调研、宽幅主梁部分斜拉桥总体受力性能研究、宽幅主梁横向有限元分析、宽幅主梁塔-墩-梁固结0号节段有限元分析等系统研究，提出大跨度预应力混凝土部分斜拉桥宽幅主梁合理截面设计的技术建议。

（2）结合研究分析计算成果、依托工程的施工实践经验，有针对性地提出混凝土宽幅主梁施工期及运营期的耐久性综合防裂措施。

（3）研发预应力混凝土部分斜拉桥新型可单根换索型索塔锚固系统。

（4）研究带HDFE套管钢绞线斜拉索方便且适合长期观测的振动法测定索力可靠方法。振动法测定斜拉索索力具有精度高、方便、适合长期观测的特点。但是，对于钢绞线斜拉索，HDFE套管与斜拉索之间存在间隙，导致采集频谱不一定能够反应斜拉索的频谱或者根本采集不到频率信号。钢绞线斜拉索索力一般施工过程中，采用振动法测量索力将拾振器安装在成束的钢绞线上采集频谱，或者采用压力环、千斤顶等直接测量斜拉索索力。成桥后，振动法测定斜拉索索力需要预知频谱，再到筛选测量数据，基本上不能满足工程应用要求。

（5）通过试验验证单侧双向可换式抗滑装置的结构性能及抗滑性能，研究制定单根钢绞线更换技术及实际操作工艺、模拟大桥运营阶段斜拉索的更换，保证部分斜拉桥拉索体系单根换索的可实施性，提高了桥梁的耐久性。

三、发现、发明及创新点

大悬臂预应力混凝土部分斜拉桥核心技术研究共分四大部分：大跨度预应力混凝土宽幅主梁部分斜拉桥设计研究、主梁施工关键技术、施工过程中斜拉索索力频率法测试、部分斜拉桥可更换型索塔锚固体系及换索工艺模型试验研究。

1. 大跨度预应力混凝土宽幅主梁部分斜拉桥设计研究

（1）本项目主梁采用宽幅大悬臂加劲隔板单箱三室直腹板截面形式，有效降低了上部结构自重、进一步增强了大桥的结构跨越能力，主梁结构刚度及横向受力性能满足设计要求。该主梁截面选型合理，对大跨度预应力混凝土宽幅主梁部分斜拉桥是适宜的也是最优的。

（2）根据全施工过程及成桥阶段主梁剪力滞效应影响分析，对宽幅大悬臂加劲隔板主梁的剪力滞分布规律进行总结，得到了多项可以借鉴的结论。结合计算分析成果，并有针对性地提出了大悬臂宽幅主梁施工期及运营期的耐久性防裂措施，在依托工程中成功实施。

（3）宽幅大悬臂加劲隔板主梁的横向受力三维有限元计算表明：主梁的承载能力极限状态及正常使用极限状态验算均可满足规范要求，并留有一定富裕。宽幅大悬臂加劲隔板主梁的横向受力性能完全可以满足设计要求。

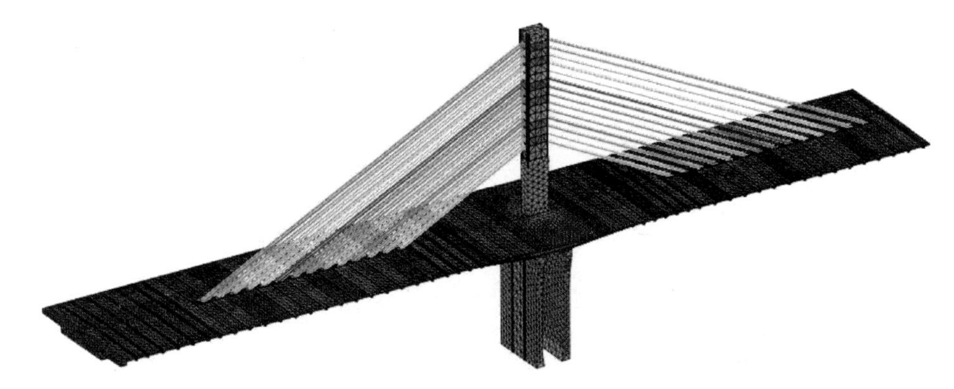

图 2　结构分析模型图

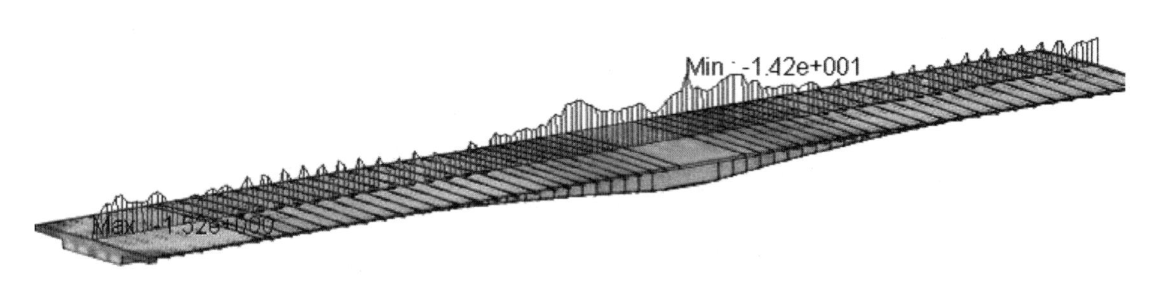

图 3　箱梁中部顺桥向纵向应力云图（MPa）

2. 大悬臂翼缘主梁施工关键技术

1）超宽翼缘主梁承载能力及构造措施研究

2）优化混凝土材料配合比、优化桥梁结构措施，从结构和材料上防裂和提高桥梁耐久性

3）超宽翼缘板主梁悬浇挂篮的设计和操作

大桥主梁翼缘宽 8.0m，课题组详细地分析了主梁剪力滞后效应、应力状态，提出了混凝土宽幅主梁施工期及运营期的耐久性防裂措施，合理地设计了挂篮（图 4），实施了全断面浇筑，避免了裂缝产生，满足了主梁的景观性和耐久性的要求。同时，创新设计了一种主梁 0 号块施工托架。

3. 钢绞线斜拉索施工过程中索力测试研究

1）带有 HDFE 套管钢绞线斜拉索索力频率法测试中频率测点位置计算方法

2）HDFE 套管和桥面防护不锈钢套管在钢绞线斜拉索索力频率法测试中的修正方法

4. 可单根钢绞线更换斜拉索锚固体系研究

1）单侧双向抗滑锚固装置试验研究

2）单根换索技术试验研究

图 4　挂篮施工

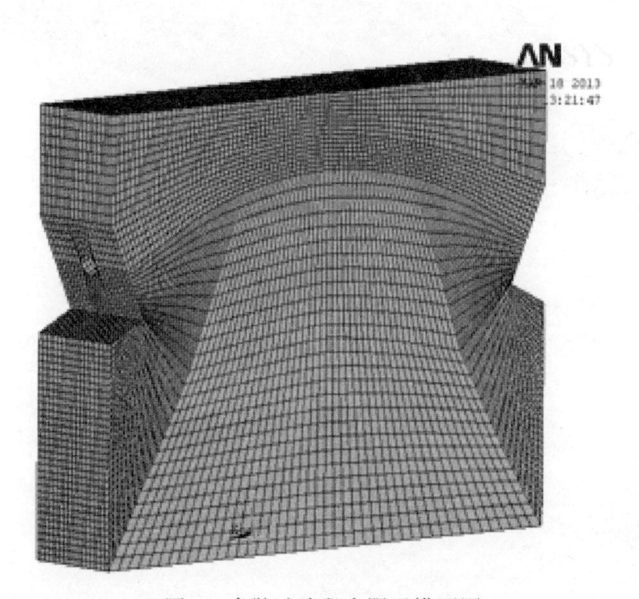

图 5　索鞍试验段有限元模型图

图 6　节段试验模型

四、与当前国内外同类研究、同类技术的综合比较

对于大跨度预应力混凝土宽幅主梁部分斜拉桥，本项目研究设计的宽幅大悬臂加劲隔板单箱三室主梁截面形式合理，纵向传力效率高、受力性能好。相比常规的单箱多室主梁截面形式，该主梁形式可有效降低上部结构自重、经济性优，同时主梁悬臂施工更加便利，大桥景观效果较佳。该主梁结构形式非常适用于大跨度预应力混凝土宽幅主梁部分斜拉桥，也可以在同等规模的连续梁桥及连续刚构桥中推广使用。

同类桥梁一览表　　表1

桥梁名称	桥跨组合(m)	桥宽(m)	主梁形式	梁高/主跨	翼缘宽度(m)	建成时间
荷麻溪大桥	125+230+125	28.3	单箱三室	1/76.7～1/35.4	4.5	2006
嘉悦大桥	145+250+145	28.0	单箱单室	1/50.0～1/35.7	8.35	2010
嘉陵江南屏大桥	112+190+92	27.5	单箱单室	1/42.2～1/27.1	7.32	2011
沙湾大桥	137.5+248+137.5	34.0	单箱三室	1/64.4～1/29.7	6.63	2011
茜草大桥	128+248+128	34.0	单箱四室	1/65.3～1/27.6	3	2012
西江大桥	128+3×210+128	38.3	单箱三室	1/60.0～1/32.3	8.15	2013
南澳大桥	126+238+126	14.4	单箱单室	1/59.5～1/29.8	1.2	2014
郧十汉江大桥	128+238+128	26.5	单箱三室	1/70.0～1/33.0	5.75	2014
武汉三官大桥	120+190+120	33.5	单箱三室	1/60.3～1/28.6	8.0	2015
闫营子特大桥	115+200+115	28.5	单向三室	1/57.1～1/28.6	4.25	2015

常规斜拉桥的斜拉索采用分离式锚固方式，即斜拉索分别锚固在主梁和索塔的锚固构造上。在桥梁的运营期，不论是平行钢丝斜拉索进行整束换索还是钢绞线斜拉索进行单股换索均没有太大的技术难度，国内已有不少换索的工程实例。与常规斜拉桥不同，绝大多数部分斜拉桥（矮塔斜拉桥）的斜拉索采用了由索鞍、抗滑锚等组成的贯穿式锚固方式，斜拉索两端均锚固在主梁之上，斜拉索利用预埋在索塔内的鞍座构造实现转向，连续通过塔柱顶部。为了防止斜拉索在鞍座内滑移，需要在索塔两端设置环氧砂浆锚固装置实现体系的抗滑，由于钢绞线斜拉索握裹在环氧砂浆之中，这也带来了运营期斜拉索无法更换的弊端。

本项目研发并采用了新型单侧双向抗滑锚固系统，制定了单根钢绞线更换技术及实际操作工艺，在实桥中需要更换的斜拉索能在梁面即可完成更换步骤，解决了部分斜拉桥运营期更换斜拉索的技术难题，具有很强的可操作性和便利性。在国内部分斜拉桥的后期维护中，均未尝试过实桥斜拉索的单根钢绞线更换，早期部分斜拉桥的斜拉索基本没有更换的可能。新型单侧双向抗滑锚固装置以及所进行的实桥换索试验具有重大技术突破，单根钢绞线更换技术及实际操作工艺对今后部分斜拉桥的斜拉索后期维护具有很高的指导和借鉴意义。该产品获得国内发明专利一项，并取得国际专利授权及哥伦比亚发明专利。

五、第三方评价、应用推广情况

经国内外查新未见有相同的文献报道，无类似工程应用。课题成果经湖北省建筑业协会组织的专家鉴定结论为：成果整体达到国际先进水平。

课题的各项成果均已在依托工程上成功应用，桥梁已通过全桥荷载试验、通车运营的验证：设计方案值得推荐，新型可单根换索型索塔锚固系统在随后几座同类桥梁设计中被采用，钢绞线斜拉索索力测试方法已经被多项目采用。

六、经济效益

1）主梁采用宽幅大悬臂加劲隔板截面形式，可大幅节省上部结构材料用量

较之常规的单箱多室主梁截面形式，其主梁混凝土用量指标节省约 11%，主梁预应力钢束用量指标节省约 27%，斜拉索用量指标节省约 31%。

2）主梁挂篮施工

（1）竖向预应力精轧螺纹钢与挂篮轨道压梁兼用，节约精轧螺纹钢筋约 20t，材料费 6080 元/t×20t=121600 元；螺纹、垫板等配件单套为 40 套/元，共计 1720 套，配件材料费 40 元/套×1720 套=68800；人工费单价 1800 元/t，节省人工费 1800 元/t×20t=36000 元

共计节省人工、材料费用 226400 元。

（2）挂篮优化设计对内滑梁设计进行变更，节省内滑梁 8 根，单根 1.81t，钢材租赁价格为 7 元/(t·d)，施工周期一年半，按照 550d 计，节省费用为 1.8×8×7×550=55440 元

（3）挂篮侧模板改制人工费 200 元/（人·d），改制需人数 10 人，需时 5d，初算结算人工费 5×10×200=10000 元。

综上：采用技术创新后，实际创效 291840 元。

七、社会效益

课题的研究成果有效解决了中法友谊大桥乃至大跨度预应力混凝土宽幅主梁部分斜拉桥建设中的重、难点技术问题，节省了工程投资，保障工程安全性和可靠性，从而提高行业的科技水平和生产力，具有较大的推广价值及应用前景，具有十分重要的社会意义。

岩土工程绿色建造新技术研究与应用

完成单位： 中国建筑股份有限公司技术中心、中国建筑西南勘察设计研究院有限公司
完 成 人： 油新华、宋福渊、张清林、康景文、胡贺祥、陈　云、秦会来、郑立宁、马庆松、郭　恒

一、立项背景

我国尚处于经济快速发展阶段，作为大量消耗资源、影响环境的建筑业，应全面实施绿色施工，承担起可持续发展的社会责任。然而问题的现状却让人担忧。据不完全统计，建筑业消耗的电能占全社会的70％，一次能源的50％，污染了50％的空气和水资源；排放了将近42％的温室气体，木材和其他各种材料资源使用占全社会的40％。除此之外，还贡献了48％的城市固体垃圾，消耗了全国50％的饮用水资源，每年施工的项目减少了80％的农田等等。

绿色建造是可持续发展思想在工程施工中的重要体现，它是以环保优先为原则、以资源的高效利用为核心，追求低耗、高效、环保，统筹兼顾实现经济、社会、环保、生态综合效益最大化的先进施工理念。2006年，中华人民共和国建设部主编了《绿色建筑评价标准》GB/T 50378—2006，主要就资源节约和环境保护分别对住宅建筑和公共建筑做了详细阐述。2014年，由中国建筑科学研究院和上海市建筑科学研究院（集团）有限公司会同有关单位对其进行了修订。新标准《绿色建筑评价标准》GB/T 50378—2014对其适用范围扩展至各类民用建筑，增加了施工管理和创新等内容，内容更加丰富。

岩土工程建设作为建筑业的一部分，在绿色方面存在的问题更为严重。相对于地上工程，岩土工程周边环境由于不确定性大，设计一般都较为保守，由此造成了材料的极大浪费。有的设计及施工考虑欠妥，在节水、节能、节材、节地及环境保护等绿色建造方面也产生了一系列的问题。最典型的有大量锚杆埋入土层中侵占红线外土地及浪费问题，施工工艺不当引发对周边环境的破坏变形问题，由于设计保守造成的材料浪费问题，等等。然而目前国内绿色建造的关注点主要还是集中在房屋建筑工程，特别是地上主体建筑工程，对岩土工程如何实现绿色很少关注，人们对岩土工程的关注度还主要集中在安全和质量上。殊不知，做好岩土工程绿色建造，其经济效益、社会效益、环境效益也是相当可观的。同时，对于绿色建造，岩土工程绿色建造的内容与地上工程相比，既有相同之处，也有其独特之处。本课题将从前密后疏双排桩-竖锚组合支护结构技术、基坑斜桩支护技术、非圆形截面支护桩技术、可回收预应力锚索技术、玄武岩锚杆支护技术等多个方面对岩土工程的绿色建造技术进行研究。

二、详细科学技术内容

1. 前密后疏双排桩-竖锚组合支护技术

采用适用于敏感环境下基坑数值分析的硬化类弹塑性本构模型，针对锚杆对双排桩变形和受力的影响进行数值模拟，着重分析了锚杆角度和锚杆力对结构受力和变形的影响。以弹性支点杆系有限元计算方法为框架，考虑桩端竖向基床系数、桩侧正、负摩阻刚度系数、锚杆的弹性支点系数和双排桩冠梁刚度，建立反映其受力特点的力学模型；使用SAP2000软件，以此力学模型为基础，使用杆系有限元法等进行计算和配筋。针对该支护体系的特点，提出适用的计算方法，并进行编程计算。稳定性验算包括

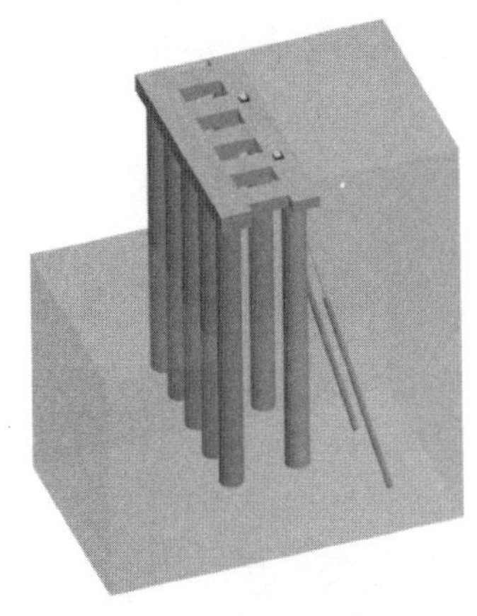

图1　前密后疏双排桩-竖锚支护结构示意图

圆弧滑动整体稳定性验算、抗倾覆稳定性验算、坑底稳定性验算。以厦门大溪花园基坑项目为例，进行了详细设计。

双排桩锚杆技术，可以使后排支护桩数量减半，具有较好的经济效益。

2. 深基坑斜桩支护技术

本研究选择6m、10m和16m三个研究深度，每种基坑深度选择了三个护坡桩倾斜角度（0°、11°、17°）分别对斜桩支护结构受力规律进行了分析研究，提出了斜桩支护的设计方法，对斜桩支护施工也进行了详细论述。

本技术采用免共振全套管长螺旋施工，无须降水，套管护壁不塌孔，施工速度快。

斜桩支护可以减少锚杆长度，提高基坑边坡安全系数，特别是对控制坡顶水平变形具有较明显的效果。

图2　斜桩钻机及斜桩

3. 可回收预应力锚索技术研究

1）结构合理的可回收锚索的锚头形式

收集相关资料，研究了目前存在的可回收预应力锚索的结构形式，设计出了压力分散型的可回收预应力锚索，做出单级、两级、三级承载体的可回收预应力锚索的图纸。

2）一种热熔材料

通过对热熔自卸式可回收预应力锚索进行热塑性材料的室内试验和锚具结构合理性试验，研发了能满足低温强度大、变形小，而在通电加热情况下能软化的材料。

3）室内试验

在以上两部分内容研究的基础上，对其中的热熔式可回收预应力锚索进行加工、室内试验，验证了其可回收性。对锚具的形式进行加工，改为了传统的夹片方式，试验了合理的可回收锚索结构形式，验证了锚索的回收性与回收力情况。

4. 非圆形截面灌注桩围护体系应用研究

非圆形截面支护灌注桩是基坑工程中的一项绿色支护技术，与传统的圆形截面支护桩相比，非圆形截面支护桩具有刚度大、抗弯承载力高的优点。一方面，非圆形截面支护桩的应用可起到节材效果；另一方面，非圆形截面支护桩的应用可增加围护结构刚度，有利于变形控制，并为减少支护体系撑锚的设置创造了条件，从而可以降低材料用量，方便施工，缩短工期，降低工程造价。但是，受施工设备和施工工艺所限，当前深基坑工程中所用排桩通常为圆形截面灌注桩。本课题组为实现非圆形截面灌注桩的施工与推广应用，通过国内外多方调研，发现上海振冲的双套管振沉法可以施工非圆形截面灌注桩，经课题组与上海振冲协商共同推进非圆形截面灌注支护桩的推广应用问题，从而解决了非圆形截面灌注桩的施工问题，为非圆形截面灌注桩的推广应用奠定了基础。

图 3　矩形桩施工

5. 玄武岩锚杆支护技术

主要包括：锚具的工艺试验，胶粘剂的适用性试验，BFRP 筋材基本物理力学性能试验，BFRP 筋材锚索（杆）现场拉拔试验，BFRP 筋材在土质边坡加固工程中的应用试验。

6. 新型绿色土钉（锚杆）支护技术

1）竹土钉结构及力学性能的试验室研究

主要包括：竹土钉断面尺寸及力学性能研究，竹土钉锚头结构设计及力学性能研究，竹土钉锚筋连接方式及力学性能研究，竹土钉锚筋与水泥结石体握裹力分析及力学性能研究。

2）竹土钉加工制作工艺与设计研究

发明竹土钉锚头和连接件楔形体的油压扩张锁紧设备，设计竹土钉绑扎工艺，提升竹土钉质量，降低竹土钉制作成本，进而降低工程成本。

3）具体工程背景下的竹土钉结构支护体系的数值力学仿真分析研究

常规土钉墙设计步骤是先根据地勘报告和基坑设计深度、坡度等依靠经验确定土钉的孔径、密度及长度等参数，再通过单个土钉的抗拉承载力验算和土钉墙整体稳定性验算优化设计参数。

三、发现、发明及创新点

前密后疏双排桩锚支护体系，是在传统双排桩基础上，将后排桩数量减掉一半，在桩顶处地面实施大角度斜向锚杆，充分利用深部好土所提供的较高锚固力。此技术较适合于紧邻既有建筑的基坑支护。

钻孔灌注建筑基坑斜桩支护，采用钻机自带套管护壁、钻机斜向成孔，下放钢筋笼后由特制的混凝土导管自下向上浇筑混凝土。此支护技术可以不加锚杆或可以减少锚杆长度。

新型可回收预应力锚索核心组成部分为外锚环（经过改造的锚具：将常用锚具进行切割，将中间部分挖除，用一定形状的树脂替代，达到锁定钢绞线的功能）、内锚柱（热固性树脂材料）、经过加工的夹片。常温时，树脂材料强度较大，能承受锚索传来的锚固力；在通过加热带加热后，树脂发生软化，树脂对钢绞线的锚固力减小甚至丧失，通过在钢绞线另一端施加拉力可以回收锚索。

玄武岩锚杆所采用的玄武岩纤维复合筋是以玄武岩纤维为增强材料，以合成树脂为基体材料，并掺入适量辅助剂，经拉挤工艺和特殊的表面处理形成的一种新型非金属复合材料。玄武岩纤维复合筋筋材抗拉强度高，耐酸碱，与混凝土的粘结性能好，将筋材应用于边坡加固可替代钢筋锚杆。

四、与当前国内外同类研究、同类技术的综合比较

本课题所涉及的六项绿色建造技术与国内外同类技术特点不同。

前密后疏双排桩锚支护体系与查新报告内涉及的文献所述的双排桩锚支护体系特点不同。

斜桩支护技术与国内专利“一种斜桩基坑支护方法”相比，本技术属于非桩芯浇筑混凝土，与后者不同。

关于玄武岩纤维复合材料岩土锚固性能的研究刚刚起步，尚未系统及深入。

五、第三方评价、应用推广情况

2019 年 5 月 30 日，中国建筑集团有限公司在中建紫竹宾馆组织召开了本项目科技成果评价会。

评价委员一致认为，该成果总体达到国际先进水平。

岩土工程绿色建造从规划、设计到施工，涉及内容非常广泛，绿色建造无处不在、无时不在。与地上工程绿色建造相比，岩土工程绿色建造既与其在诸多方面有相同之处，但因为岩土工程的独特特点，又有众多不同之处。故在进行岩土工程建造时，必须结合自身的特点，进行科学的绿色规划、绿色设计及绿色施工。同时，随着国家的富强、社会的进步，人们对岩土工程绿色建造的标准必然会有新的认识和要求。本课题所研究的六项技术具有广阔的应用前景，均取得了显著的经济效益、社会效益和环境效益。

六、经济效益

通过对岩土工程绿色建造深入和广泛的分析、研究、实践，取得了一系列研究成果，其中斜桩支护技术和非圆形截面桩支护技术在上海某基坑支护工程中得到应用，双排桩锚杆支护技术在厦门某基坑支护工程中得到应用，等等。所有这些新技术均取得了显著的经济效益。

七、社会效益

岩土工程绿色建造这些新技术均取得了显著的社会效益、环境效益，为岩土工程绿色规划、设计及施工提供了思路和切实可行的操作方法，具有良好的应用前景。

御窑博物馆多曲面变曲率组合拱体结构关键技术

完成单位： 中国建筑一局（集团）有限公司、中建一局华江建设有限公司、朱锫建筑设计咨询（北京）有限公司、景德镇陶瓷文化旅游发展有限责任公司、深圳大地幕墙科技有限公司、北京中建建筑科学研究院有限公司

完 成 人： 陈　娣、薛　刚、韩　阳、朱　锫、齐玉顺、杜鑫丹、刘子力、曹　光、孟祥永、吕小龙

一、立项背景

景德镇御窑博物馆工程，位于瓷都景德镇御窑厂与徐家窑之间，毗邻明清窑作群遗址，与始建于唐朝的龙珠阁隔街相望，又与丝绸之路起点中渡口码头相距不足一公里。因此对于重要的历史文化标志性建筑，采用合理方法和先进建筑技术手段对其建造，使其焕发青春，再续辉煌，不仅具有很强的现实意义，而且也具有深远的历史意义。

为了保证博物馆的整体性，将七座遗址中的六座进行异地保护，这也是目前全世界最大规模的一次窑址整体迁移。博物馆由 8 个多曲面拱形结构组成，采用传统和现代相结合的方式，钢筋混凝土结构完成拱形的“骨头”，外部采用景德镇特有的窑砖形成瓷窑外装饰效果，内部采用干挂窑砖形成瓷窑内装饰效果。每个拱体都存在三维弧度的变化，相邻剖面，哪怕只错开 10mm 弧度变化率都不相同，而且每个拱体建筑的弧度变化都唯一的，即沿长向、横向和高度每一个方向的弧度也不相同。不断变化的曲率和弧度给钢筋混凝土结构、砌筑、装饰施工均提出了极高的技术要求，同时窑砖数量多、荷载大，如何保证窑砖干挂的安全性、稳固性和可操作性至关重要。

图 1　博物馆及周边规划效果图

图 2　景德镇镇窑老照片

二、详细科学技术内容

1. 超大体量窑址群体迁移及原址保护关键技术

整体区域按照窑址单体切割为 7 部分，每部分根据轮廓线进行分层开挖，每层开挖深度约 500mm，随着开挖进行，采用槽钢与钢板将每块窑体四周进行焊接包封，包封完毕后进行下一层的土体开挖，挖至窑址底标高后，在基底围绕窑址四周向外扩大 3m 开挖出操作面，同时在窑址底部利用千斤顶并排插入无缝钢管，钢管与侧部的钢板焊接连接，形成花盆式底座。最后采用土体固化剂对窑址土体进行临时加固并且在钢箱受力薄弱点处加焊固定槽钢。由于场地有限，必须采用窑体逐一吊装后回填碾压平整后，不断移动汽车吊的位置。最后的四号及六号窑体，需采用双吊协同配合吊装。

图 3　切割保护过程

2. 多曲面变曲率钢筋混凝土拱体结构关键技术

1）多曲面可调弧度模架体系关键技术

以钛铝合金架体作为支撑体系，强度高、构件轻、组装快；以轻钢构件做主龙骨，通过丝杆调节相邻主龙骨角度，以满足横断面的弧度变化；以木龙骨刨弧控制纵向弧度；采用覆膜绿色塑面模板作为面板，架体底部采用钢管架进行加固；同时底部增设定向轮和槽钢导轨，使其实现周转、移动的能力。模架的龙骨及支撑大量采用可调螺杆及可调支撑，在拱体弧度变化时可以通过调整螺杆及支撑，从而使模板产生形变，以贴合拱体弧度造型，适应多种建筑造型。

2）多曲面钢筋加工与绑扎关键技术

通过建立 BIM 模型，以 500mm 间距剖面图为依据，比较竖向受力筋间距 500mm 的相邻两根钢筋

钢梁及吊点焊接

500t汽车吊进场

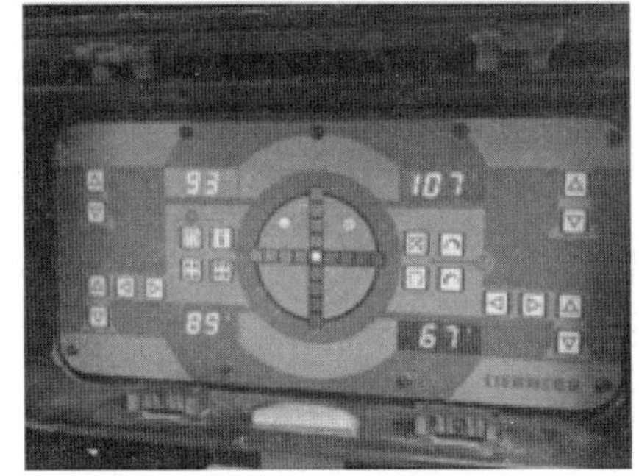

汽车吊支撑力实时数据表

500t+350t双台汽车吊协同作业

图 4　窑址迁移施工照片

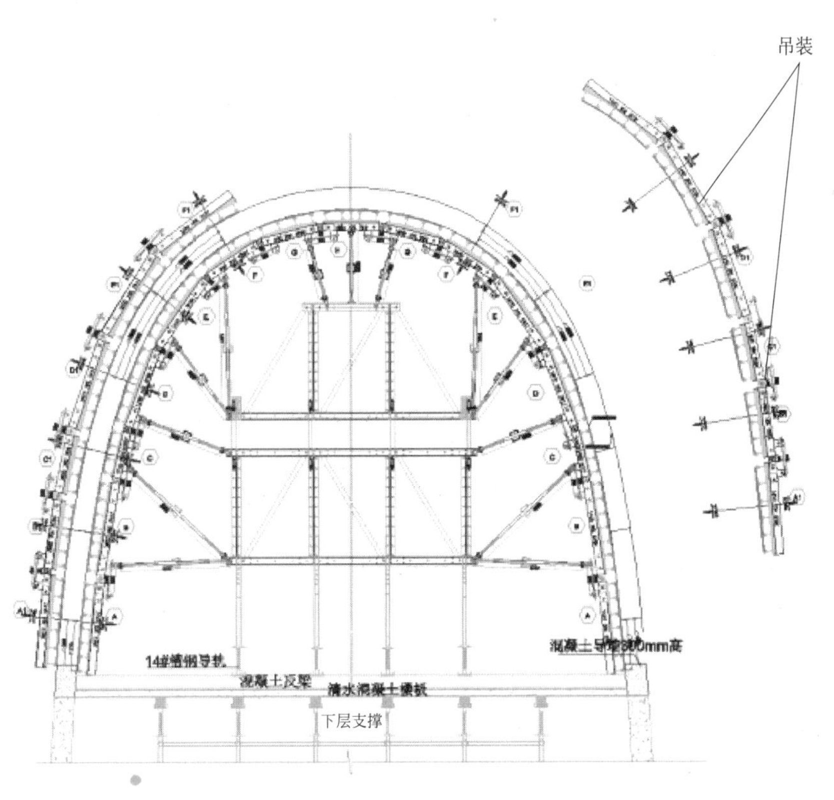

图 5　可调弧度模架体系图

长度差为 110～150mm，间距 100mm 的相邻两根竖向受力筋长度差为 20～25mm。拱体纵筋需在钢筋后台预弯加工，采用钢筋弯弧机进行预弯弧。根据拱体高度尺寸不同，采用机械连接与搭接相结合的连接方式。考虑到可操作性及施工便易性，将机械连接设置在拱体左右两侧的下方，搭接区域设置在拱顶两侧区域。

3）多曲面拱体混凝土浇筑关键技术

在拱体混凝土施工过程中，为保证架体稳定，需要抛弃汽车泵和地泵的泵送浇筑方式，采用塔吊运输吊斗的浇筑方式，这种浇筑方式可随时控制浇筑方量和速度，不至于对模板产生过大的冲击影响稳定性。与此同时我们采用对称浇筑，因为拱体左右两侧的架体为一整体，一旦其中一侧混凝土过多，会造成整个体系的不平衡。根据拱体浇筑受力分析，控制拱体左右两侧浇筑高度差。

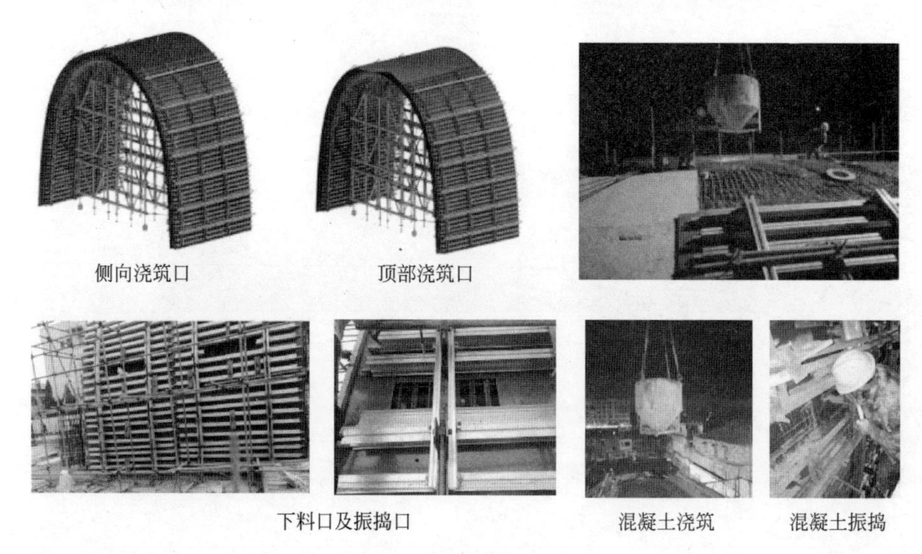

图 6　拱体结构浇筑

3. 特殊清水混凝土构件关键技术

超高、超长墙体钢木龙骨清水混凝土模板体系关键技术

（1）深化模板设计图

清水混凝土施工前需进行模板设计图深化，根据模板起步标高以及吊顶装饰线以及转交部位对模板拼缝位置、对拉螺栓孔位置进行排板优化布置，如图 7 所示。

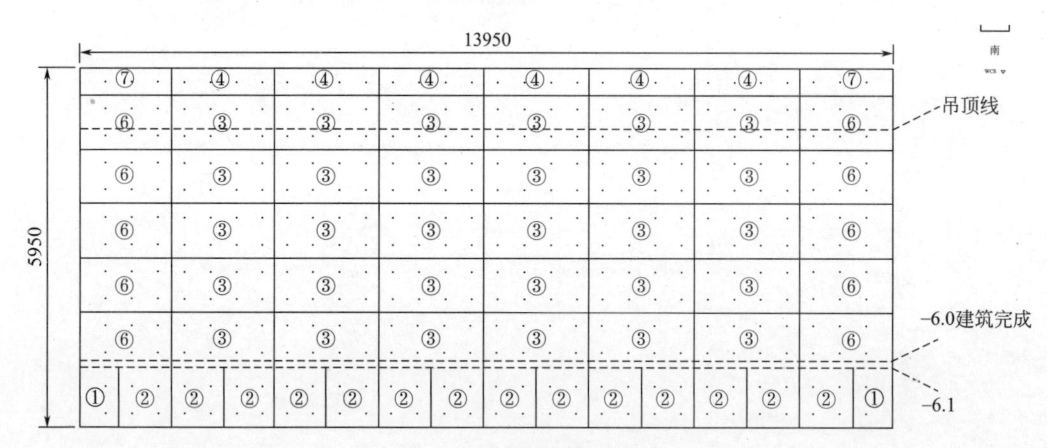

图 7　深化模板设计图

清水模板安装体系如图 9 所示。

为保证清水外观效果，因此在底部预先铺装一层普通模板，铺装完毕后进行整体标高符合，基层模板平整度偏差不大于 2mm。上层铺设清水模板。如图 10 所示。

（2）大跨度清水悬挑结构施工关键技术研究

本工程涉及多处大跨度清水悬挑板、清水悬挑楼梯，设计师坚持建筑效果，要求结构上不设支撑柱，这给结构设计和施工都带来了极大难度，经与结构设计师的研究讨论，创新采用增加抗剪键的方式

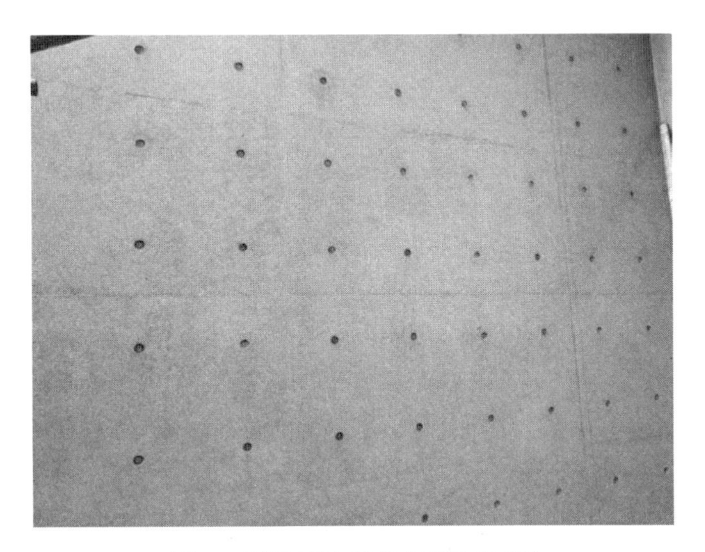

图 8　直墙蝉缝与螺栓孔留设示意图

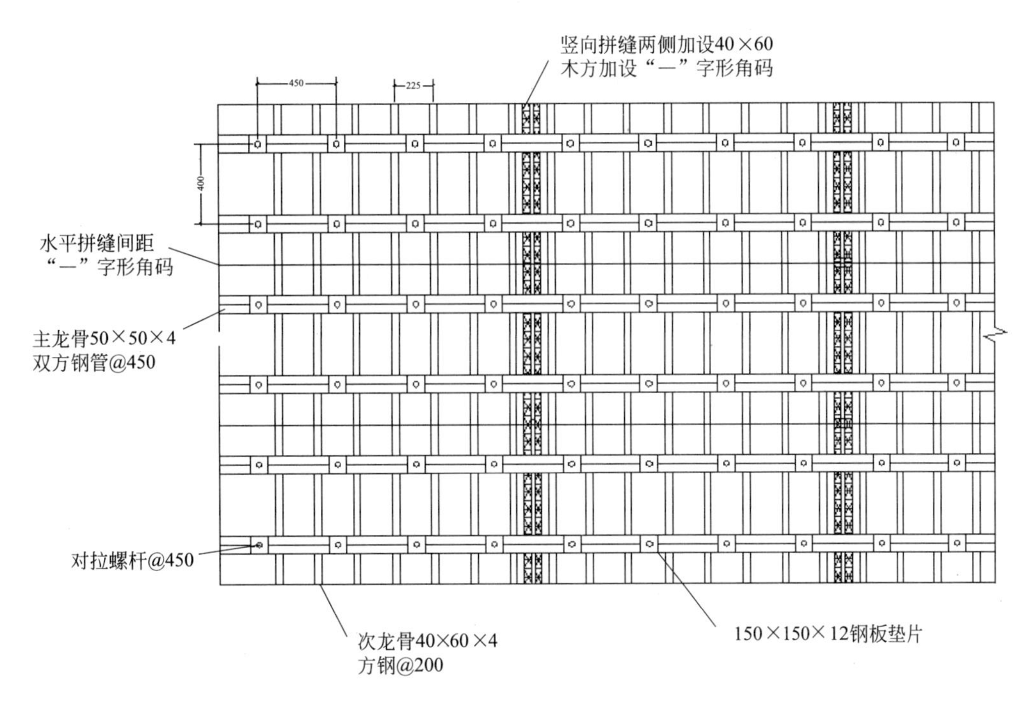

图 9　模板体系立面图

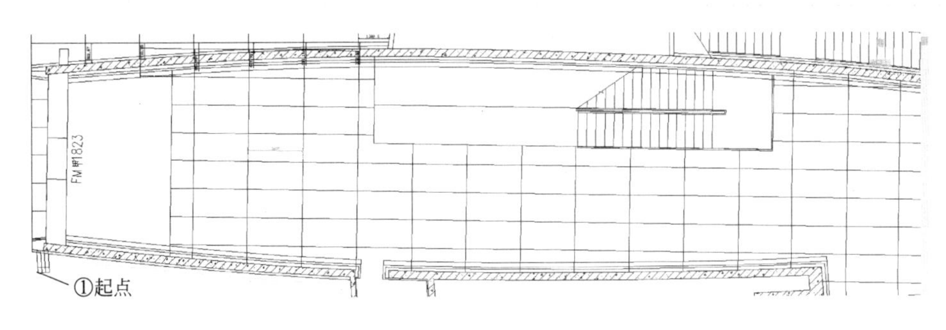

图 10　顶板拼缝布置图

将悬挑构件与竖向结构进行可靠连接，此项技术已经申报江西省工法。

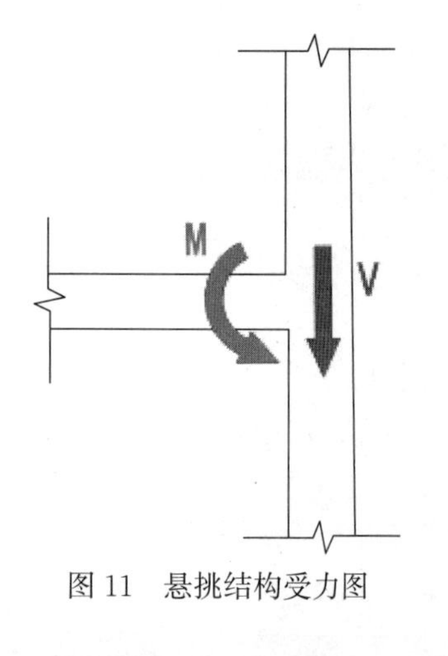

图 11　悬挑结构受力图

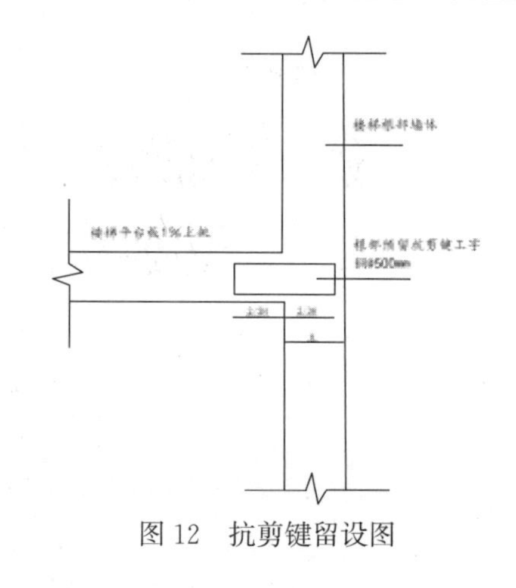

图 12　抗剪键留设图

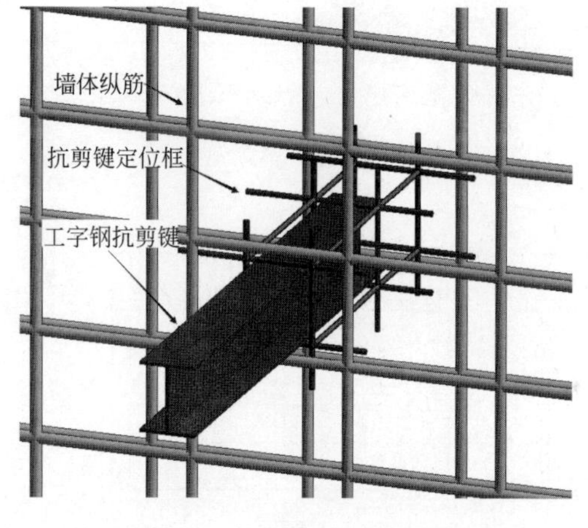

图 13　抗剪键设置模型图

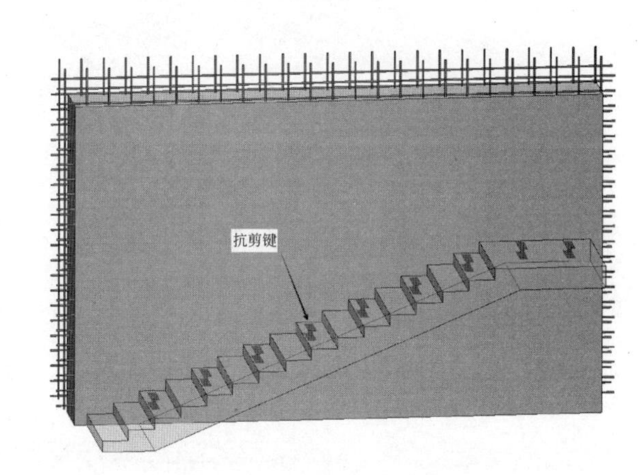

图 14　抗剪键布置三维效果图

4. 多曲面拱体结构窑砖干挂体系及窑砖砌筑关键技术

1）多曲面拱体结构室内窑砖干挂体系关键技术

为适应异形建筑的曲面变化，需在干挂体系一侧的结构面上预埋槽式埋件，用以固定主龙骨，次龙骨采用自攻钉与主龙骨进行固定，窑砖干挂前安装铝合金角码，再利用自攻钉将角码固定于次龙骨之上，形成新型的窑砖干挂体系，如图 15 所示。

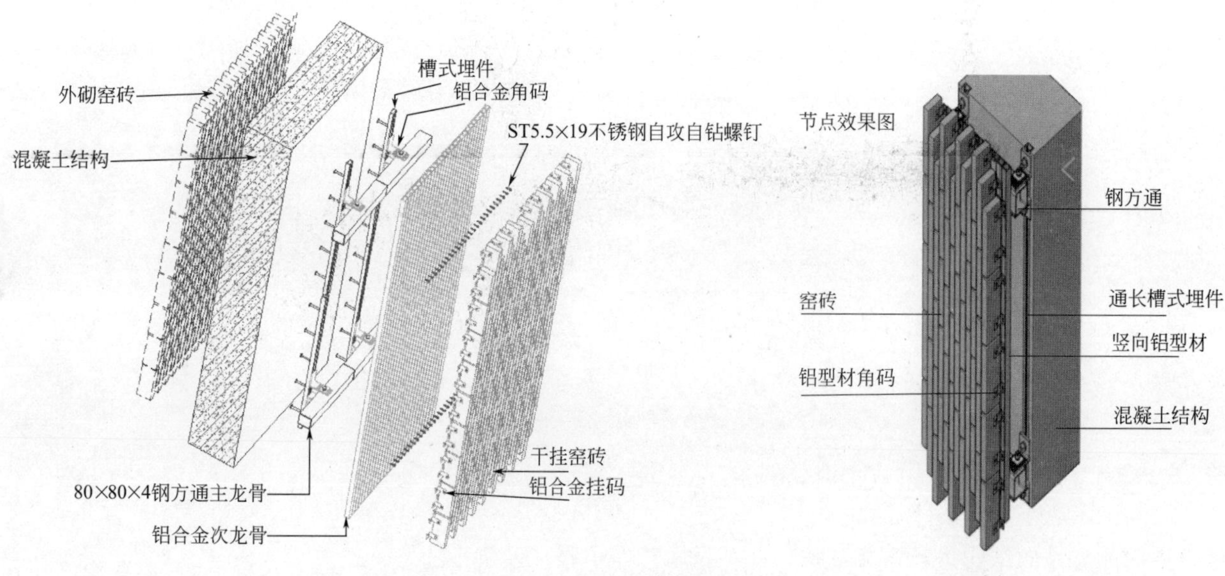

图 15　窑砖干挂体系图

主龙骨及主龙骨与哈芬槽连接角钢的设置为窑砖干挂体系内部机电专业管线布置及保温板布置创造了空间。窑砖生产前，需在厂家制作模具，窑砖上的栓孔提前留置，烧制后运至现场。现场利用钻机将角码的一端与栓孔连接固定窑砖，通过角码的另一端与次龙骨通过自攻螺钉固定，将铝合金挂件与砖体两种不同材料连接固定。

图 16 主龙骨与混凝土之间预留机电管线空间

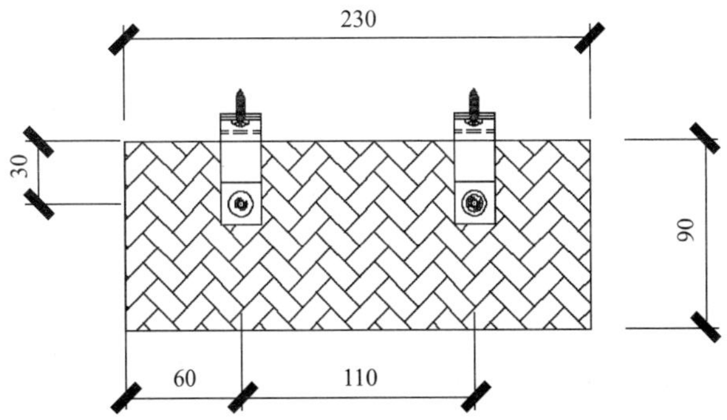

图 17 窑砖开孔定位图

2）窑砖砌筑关键技术

本工程采用竖向砌筑的方式，窑砖砂浆与基层粘结面较小，上部荷载过大时，会对下部窑砖产生水平外力，影响安全性。因此我们在结构外侧加设卸荷肋以及卸荷角码来分担窑砖的上部荷载。此项技术形成了国家实用新型专利《一种砖体砌筑卸荷构造》。并且，每个拱体进行窑砖粘结力的拉拔试验，试验结果满足设计要求。

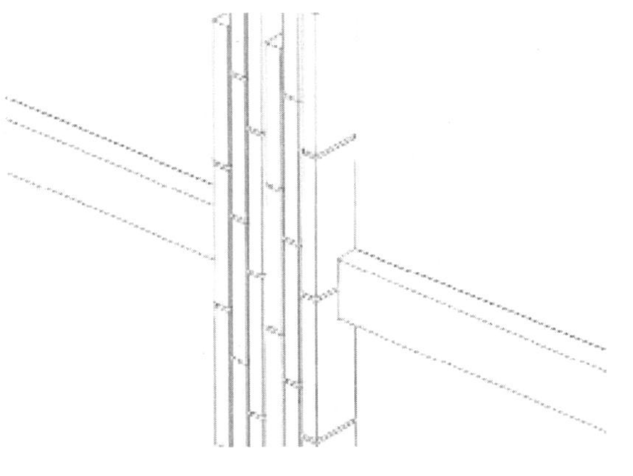

图 18 卸荷肋节点图

5. 特殊的机电安装关键技术

1）轨道灯灯槽预埋关键技术

本工程地下室部分含有大量清水混凝土楼板，设计师对清水混凝土的成品效果要求极高，拆模后不能进行任何剔凿修补，以混凝土成型后的自然质感作为饰面效果。本工程展厅照明设计的轨道灯照明，灯轨长宽高为3000mm×34mm×34mm，需将灯轨嵌入式安装在清水楼板内，如何在清水混凝土楼板上做预留槽成了难题，误差需精确到0.5mm以内，通过各种尝试比较，预埋木方、钢制U形槽、硬质塑料胶条均达不到设计的效果，最终选择了将厂家定制的铝合金U形槽预埋在混凝土中，来保证3m长的预留槽成一条直线，同时用钢制U形槽和木块固定铝合金U形槽，既保证了铝合金U形槽内填充物方便取出，同时不会破坏预留槽两侧的混凝土阴阳角，还不会污染清水模板的其他区域（铝合金U形槽覆盖外的其他区域）。

2）消防广播嵌入式安装关键技术

嵌入式消防广播安装重点在预埋套管的制作，先在$DN150$的焊接钢管上开一个$DN25$的孔，将电气预埋管两端套丝，一端用锁母与圆孔固定，套管内部焊接一段扁钢，再用钢板将套管一端封堵，钢板与套管点焊即可，用胶带把套管两端均密封。待楼板下层钢筋绑扎好后，将套管固定在模板上，拆模后，用燕尾钉将广播固定在扁钢上（图19），这样即完成了消防广播在清水楼板上的嵌入式安装。

3）消防设备的隐形安装关键技术

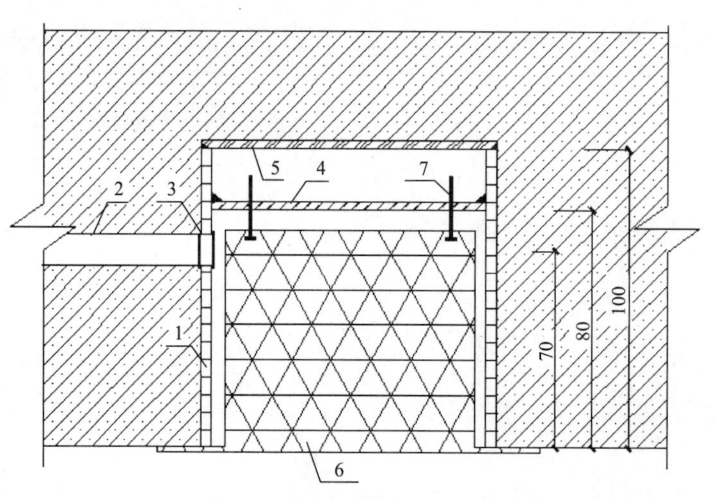

图 19　消防广播安装示意图

1—*DN*150 焊接钢管；2—预埋线管；3—锁母；4—镀锌扁钢；5—钢板；6—消防广播；7—燕尾钉

6. BIM＋技术的应用与拓展

由于本工程结构的特殊性，各专业节点设计的复杂性，本项目 BIM 技术的应用，旨在解决多曲面拱体结构、窑砖干挂、机电及展陈工程等深化设计和施工过程中可能遇到的一系列问题，先拟后建，起到引领方案、指导施工的作用，并借助放线机器人、三维扫描仪等设备辅助施工，完成异形结构的测放、实测实量等工作。关键技术聚焦于异型结构的施工质量控制，将 BIM 工作组与 QC 小组深度融合，BIM 各项应用点也紧扣结构的过程施工质量控制，遵循 PDCA 原则不断探索和改进应用方法。但目前行业内的 BIM 软件没有能直接应对双曲面结构的解决方法。

BIM 模型可以进行土建结构部分的深化设计，包括双曲拱性预留洞口、预埋件位置等施工图纸深化。可以协助完成机电安装部分的深化设计，包括综合布管图、综合布线图的深化。使用 BIM 模型技术改变传统的 CAD 叠图方式进行机电专业深化设计，应用软件功能解决水、暖、电、通风与空调系统等各专业间管线、设备的碰撞，优化设计方案，为设备及管线预留合理的安装及操作空间，减少占用使用空间。

利用 BIM 进行机电安装部分的深化设计，解决水、暖、电、通风与空调系统等各专业间管线、设备的碰撞，为设备及管线预留合理的安装及操作空间，确保综合管线布局线的合理性与美观性，减少管线占用空间，优化净空，为业主获得更大的使用空间。

图 20　机电管线深化设计

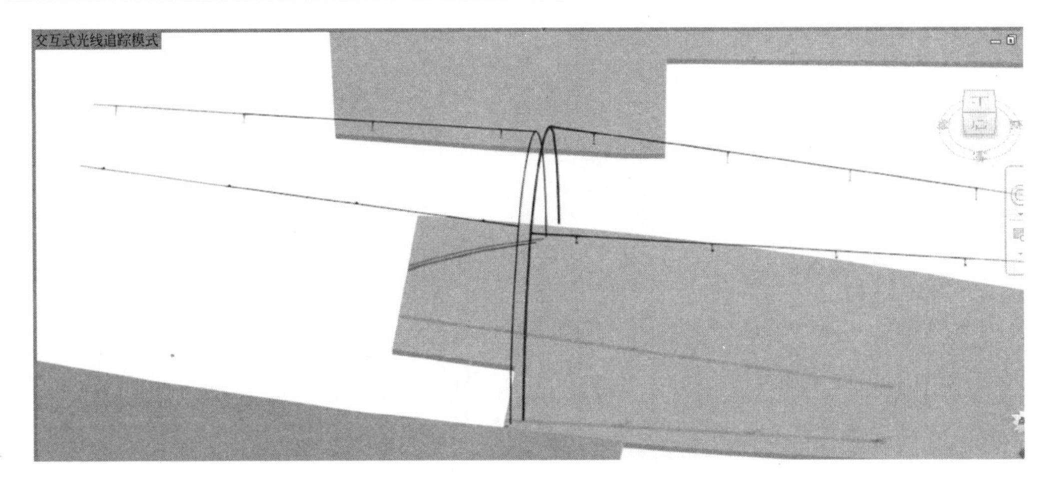

图 21　双曲面拱体内部弧形喷淋管道

图 22　机电管线含支吊架深化模型

三、创新点

“御窑博物馆多曲面变曲率组合拱体结构关键技术”与国内外最先进技术相比，其总体技术水平、主要技术、经济等方面均能领先与国内外同类技术先进水平。

创新点 1：研发采用了钢管顶推的方法对 200T 以上重量级别的遗存进行切割保护；创新采用注射固化剂对地下建筑遗存进行预加固，解决了大体量地下建筑遗存切割保护吊装迁移的难题。

创新点 2：研发采用了多曲面钢筋混凝土拱体结构可周转模架体系，发明了弧形建筑的凸模板组件、凹模版组件及其组成的模板体系，解决了因多曲面变曲率结构形式的难题，实现了多曲面拱体设计效果。

创新点 3：创新提出了采用抗剪键实现悬挑清水混凝土楼梯的结构体系，解决了在满足悬挑楼梯受力的前提下达到混凝土楼梯清水效果。

创新点 4：研发了多曲面拱体内窑砖干挂体系设计与施工技术，实现了干挂体系的多曲面效果。

创新点 5：研发了多曲面拱体结构外窑砖竖向砌筑的方法实现了砌筑窑砖与多曲面拱体的曲面一致的效果。

创新点 6：研发了多曲面拱体结构的机电各专业设计与施工安装技术，实现了机电各专业安装效果与多曲面拱体和清水结构完美结合的设计效果。

创新点 7：利用放线机器人、三维扫描仪、BIM5D 工作台等工具解决了多曲面拱体结构曲面尺寸控制以及曲面结构实测实量等难题。

四、与当前国内外同类研究、同类技术的综合比较

“御窑博物馆多曲面变曲率组合拱体结构关键技术”通过 3 个国际查新、5 个国内查新，取得了如下重要突破：

（1）通过国内查新、国际查新《200 吨以上级别地下建筑遗存切割保护施工技术》，国内外未见相同技术，具有新颖性，已申请了发明专利。

（2）通过国际查新、国内查新《多曲面拱体结构模板施工技术》，针对可调弧度移动模架施工技术，已申请了发明专利。

（3）通过国际查新、国内查新《多曲面拱体内外装饰施工技术》，综合了多曲面变曲率拱体内部窑砖干挂、外部窑砖砌筑施工技术，国内外相关文献未见有相同内容的研究，已申请了发明专利。

（4）通过国内查新《超高、超长清水混凝土墙体钢木模板施工技术》，新型组合模板体系，已获实用新型专利。

（5）通过国内查新《清水悬挑楼梯施工工艺查新报告》，大跨度清水悬挑楼梯在满足结构受力安全的前提下达到清水效果，国内相关文献不曾出现，已申请了发明专利。

（6）通过国内查新《应用三维扫描技术对重点文物保护单位建筑测量及逆向建模的方法》，针对重点文物建筑运用三维激光扫描，经查新未见相同特点文献报道。

（7）通过国内查新《窑砖干挂施工工艺》，国内其他项目未见相关技术，已申请了发明专利。

以上技术内容成功应用于景德镇御窑博物馆项目，保证了工程质量，提高了工效，经济与社会效益显著，具有良好的推广应用前景。在鉴定评审中评价委员一致认为，该成果总体达到国际先进水平。

五、第三方评价及应用推广情况

本课题研发了多曲面钢筋混凝土拱体结构可调弧度模架体系，发明了弧形建筑的凹凸模板组件及其组成的模板体系，解决了多曲面变曲率结构形式的难题。

通过技术攻关和创新，不仅完美呈现了设计效果，而且取得了良好的经济效益。景德镇御窑博物馆设计方案 2017 年分别在戛纳获得“未来建筑”奖、英国 Architectural Record 杂志评选的“最佳文化建筑”奖；项目在实施过程中不断创新施工工艺和方法，取得多项科技成果和质量奖项，形成发明及实用新型专利 22 项，省部级工法 4 项，发表论文 8 篇，获北京市 BIM 单项应用成果 I 类，全国龙图杯大赛一等奖；2017 年通过了江西省建筑结构示范工程验收，获得江西省安全生产标准化建设工地；2019 年度江西省 QC 成果一等奖；江西省竣工“杜鹃花杯”正在申报中。由于对研发团队的充分肯定以及履约的信任，公司又陆续承接了该业主和设计大师的后续项目，包括“紫晶国际会议中心”、“景德镇陶阳里历史街区保护利用项目”、“景德镇御窑博物馆及御窑厂遗址保护设施建设项目与周边道路街面改造工程”、“景德镇城区老瓷厂改造项目”等后续工程。

项目施工期间，国资委官网、新华社、人民网、中央电视台、江西卫视等 60 家主流媒体对项目进行采访和报道。该项目受到各级领导的关注和关怀，先后接待同行业和各级领导观摩、交流、调研近 4000 余人次，特别是 2018 年 6 月举办了第三届“首都国企开放日”活动并参与了活动直播；2018 年 12 月，由住建部组织的“全国生态修复城市修补会议”在御窑博物馆项目召开，接待了各省、直辖市、住建部和规划主管部门领导 200 余人，创造了良好的社会效益，具有良好的推广应用前景，对弘扬中国瓷窑文化具有重要意义。

六、经济效益

项目总投资额	352.43		回收期(年)	
年份	新增销售额	新增利润	新增税收	
2017	39	2.73	0.68	
2018	121275.8	16063.7	4015.93	
2019	33587.4	20824.2	5026	
累计	154902.2	36890.63	9042.61	

有关说明及各栏目的计算依据：
该工程项目总造价为34000万元，项目科研经费总投入为352.43万元。
新增销售收入(154902.2万元)为2017～2019年三年应用部分成果所签订的合同总额。
新增利润(36890.63万元)为合同额减去各项成本总和之后所产生的利润。
新增税收=利润×25%=9042.61万元

七、社会效益

(1) 景德镇御窑博物馆作为景德镇向世界展示中国的名片，工程建设期间，受到社会各界关注。各级领导视察、媒体相继报道，社会影响深远。

(2) 多曲面变曲率组合拱体结构关键技术的研究和应用，解决了窑址的切割迁移保护、多曲面拱体结构形式等多项技术难题。该成果形成了22项发明和实用新型专利，在施工过程中总结出了多项拱体结构施工方法，获全国BIM大赛一等奖，在国家核心期刊发表多篇论文，为今后同类工程的施工提供较完整的可借鉴性的技术文件。

(3) 项目设计方案先后在戛纳获得“未来建筑”奖、英国Architectural Record杂志评选的“最佳文化建筑”奖，江西省建筑结构示范工程，江西省安全生产标准化建设工地，江西省QC成果一等奖等，取得了较好的社会效益。

(4) 利用科技创新手段实现工程设计和施工、节约建筑资源、减少建筑垃圾，对御窑建筑风貌的保留和发展，使标志性瓷窑建筑的建筑历史文化得到了更好的传承和发展，具有显著的经济、社会、人文和环境效益。

基于供应链理论的国际建筑企业物资管理平台

完成单位：中国建筑工程（香港）有限公司

完 成 人：秦崇瑞、周宇光、王　琪、周金星、连　钰、许自成、贾　超、桑兆彤、李　彬、肖　君

一、立项背景

在国家大力推动一带一路建设的背景下，借助先进的建造与管理能力，优质、高效地完成工程建设，不仅关乎我国与沿线国家的合作伙伴关系，也关乎企业自身在全球化竞争中的市场地位。海外市场具有其独特性，企业所面对的法例体系、标准规范、合约形式、经商习惯及信用体系都有别于内地市场。因此，企业不能简单地套用内地的管理系统，需因地制宜地做好管理平台的本地化工作。

在建筑工程成本中，材料费所占比例大，在部分工程中占比超过50%，因此，物资管理直接影响工程项目的成败，甚至决定国际建筑企业能否在海外地区持续性经营。面对国际化的供应商和客户，合约体系、合约形式、法律、标准、经商习惯和信用体系都有别于内地，国内常见的管理体系和平台难以适应。面对激烈的市场，也需改变传统粗放的管理模式，建筑企业可借鉴制造业供应链精益管理理念，建立因地制宜的精益化物资管理体系及平台。

二、关键技术

1. 供应链管理模式下建筑企业的物资采购及管理

建筑业供应链管理是把供应链上的各个单位作为不可分割的整体，使各个单位分担材料、设备、人员的安排、施工管理等职能，并使之成为一个协调的有机体。

建筑企业是建筑产业供应链的核心企业，建筑企业为完成业主要求的产品，发布需求信息，由生产商、供应商、运输商、服务商、建筑企业项目部分工合作，以资金流、信息流、物流、服务流为媒介，建立起工程项目的供应链，实现建筑企业的业务增值。在供应链管理模式下，建筑企业的物资采购区别于传统采购模式，建筑企业的物资管理工作则与物资采购相辅相成，扮演着极为重要的作用。

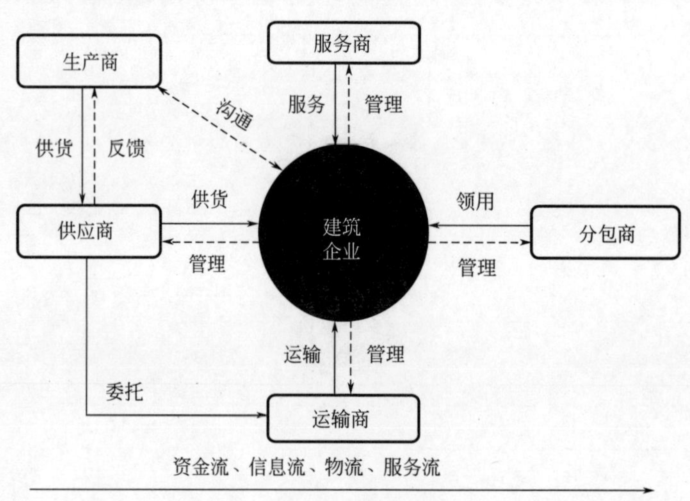

图1　建筑企业供应链

1）订单采购模式

工程建造过程不确定因素多，设计变更、施工方案调整、进度拖延均可能造成物资需求变化，过早采购风险较大。建筑企业的物资采购宜采用订单采购模式，以在建工程订单为驱动，配合项目的进度和实际需求进行采购，减少库存环节，降低风险。

2）中央集中采购

大型建筑企业往往同一时间负责多项工程的建造，采用中央集中采购模式，能够发挥采购的规模优势，加强不同项目间的协同效应，降低采购成本，减少寻租空间。

3）项目全周期、全过程管理

面向工程项目全生命周期的采购管理是由项目投标开始，到工程完工交付后保养期满为止，工程项目运作全过程的管理。不同于单一的订单采购模式，项目全周期、全过程管理更强调采购部门的管理职能，要求采购人员深入参与采购计划、成本监察、现有物资管理工作，从而提升采购的准确性、及时性及经济性。

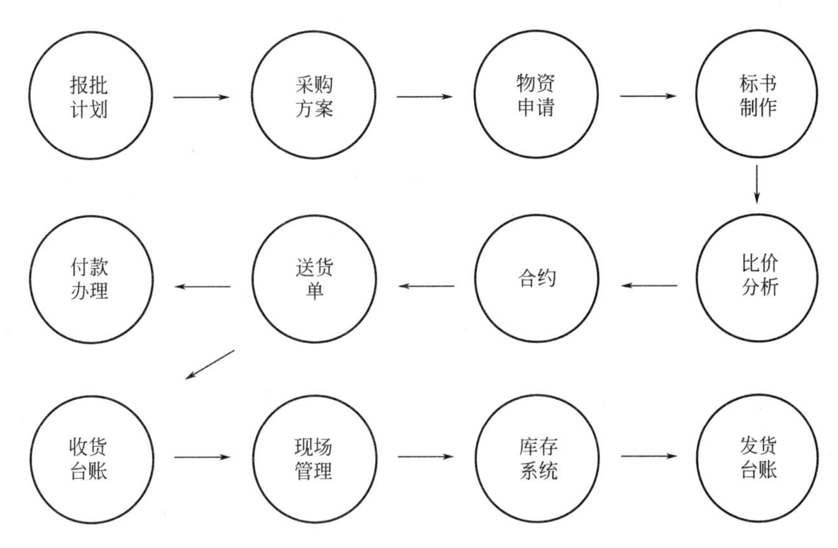

图 2　工程中标后的采购管理环节

4）合作共赢的伙伴关系

基于供应链理论，建筑企业和生产商、供应商、运输商、服务商同为供应链的重要组成，建筑企业可以自身企业为中心，建立供应链动态联盟，即以增强企业整体竞争能力为目的，将供应链成员企业组成一个互利互惠的合作组织。建筑企业可仅保留企业中关键的、价值高的经营功能，将价值低的、非关键的功能转移给供应链上的专门企业，降低行政成本，实现各经营功能的专业化、高效化；同时，建立需求计划、市场信息的共享机制，促进各企业的风险共担、利益共享，避免陷入合作双方零和博弈的僵局，实现供应链企业共同增值。

基于供应链的合作关系　　**表 1**

合作模式	一般供应关系	基于供应链的合作关系
利益关系	零和博奕	共同增值
合作关系	市场竞争	战略信息共享
竞争力	业务和组织能力	优势互补,资源共享
合作期望	不断改进自身	高水平协调
合作期限	交易完成即合作结束	共同目标,长期合作

2. 构建建筑企业智慧物资管理平台

在供应链管理模式下，建筑企业建立智慧化的物资管理平台是实现采购和物资管理业务增值的重要工具。

1）基础架构

建筑企业的物资管理平台往往需要沿用多年，数据量大，用户惯性强，全面更新换代难度极大，但企业要发展、社会在进步，一成不变的系统无法满足用户的需要。因此，在开发物资管理平台时，充分考虑日后升级改造的难度，采用功能模块化的设计，实现系统的可拓展性。

系统涵盖计划管理、采购及销售管理、收付款办理、仓储管理、损耗管理、资产管理、客商管理、现场管理、成本管理九大类业务模块，可实现 32 项管理功能，全面满足各类业务场景。

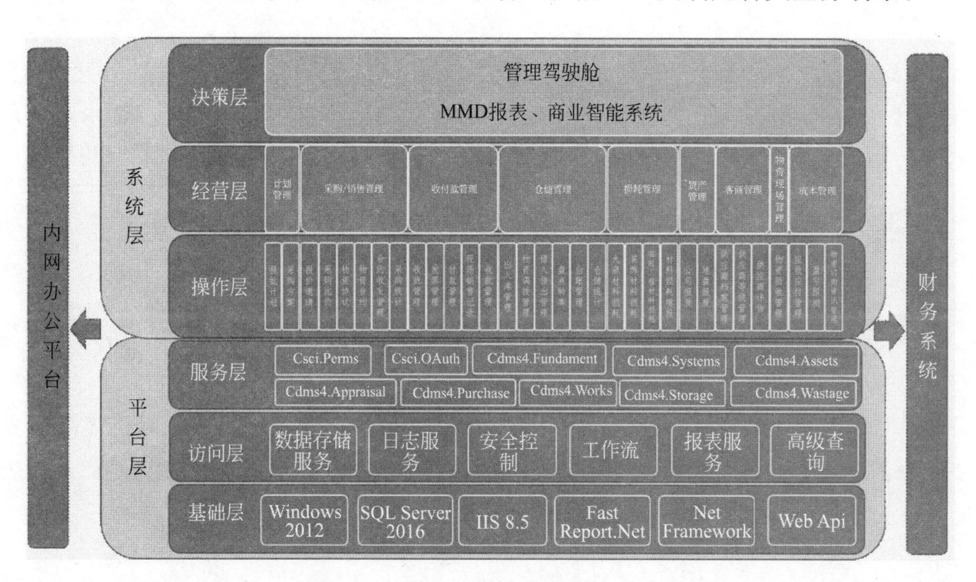

图 3　系统架构图

在信息技术方面，利用云计算、云存储、高内聚低耦合可拓展模块构建平台，应用 BPM 业务流程管理、移动客户端、无线射频、二维码、OAuth2.0 等技术提升平台的友好性、安全性和高效性。

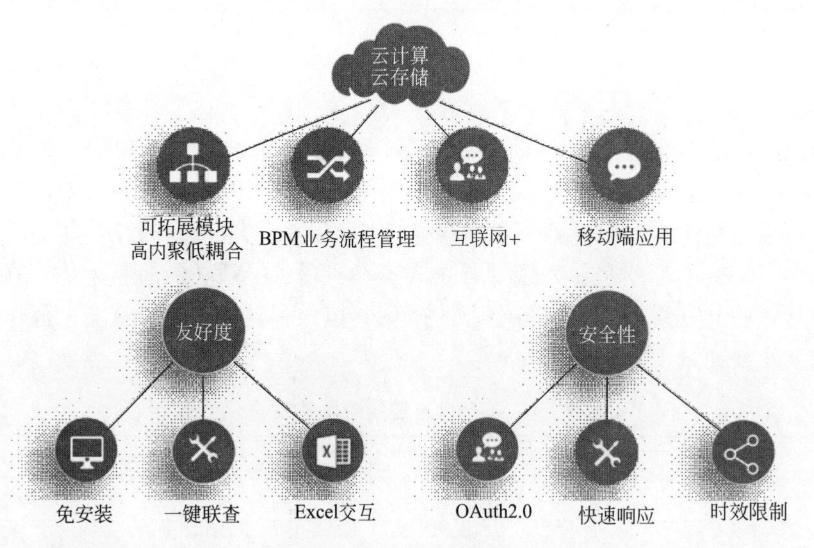

图 4　信息技术应用

2）基于物资类别的管理模式

基于物资类别的管理模式，是在建立规范的物资分类基础上，将不同项目、不同合约中的同种材料数据合并计算、统一管理，特别适用于物资品种多、合约数量多的大型工程项目和需跨项目管理的建筑企业。

通过创建四级编码体系，辅以属性和补充说明，既规范又灵活，解决了常规物资编码臃肿冗余的问题，实现重点材料和非重点材料双轨制管理，成功构建了项目群横向信息共享、业务流程纵向信息共享的信息网络。

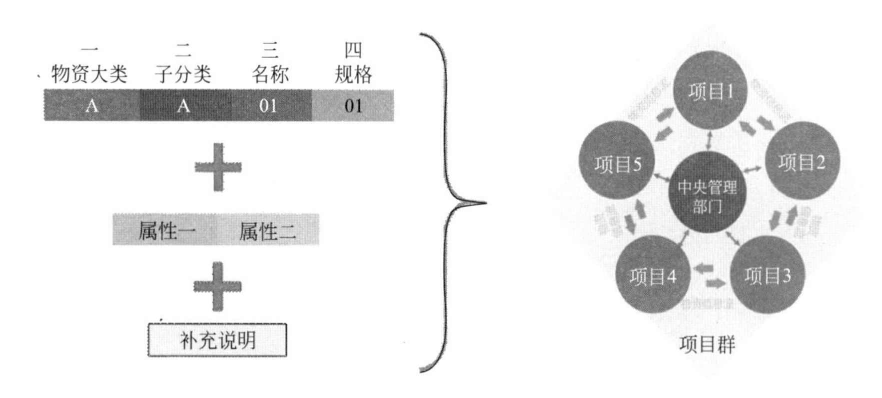

图5　面向项目群管理的物资信息共享网络

3）两层五类合约分类

基于供应链管理模式下物资采购的特点，可按照建筑企业的管理要求科学合理的对合约进行分类管理，全面覆盖全过程各类采购场景，使标准化、规范化、精益化合约管理成为可能。

按照合约的用途，将物资合约分为协议（Agreement）和合同（Contract）两类。协议（Agreement）是买卖双方达成的采购约定，约定了采购或销售的品种和价格、双方的责任、货品和服务的品质，但对交付的时间、地点、每批数量没有明确规定，不能直接用作送货。合同（Contract）除包含采购或销售的品种和价格、双方的责任、货品和服务的品质外，已明确具体的交付时间、工程项目和准确数量，可以直接以此安排送货。

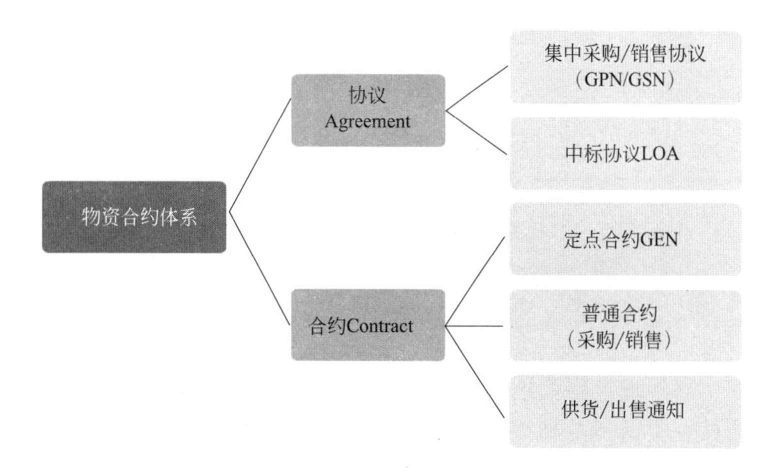

图6　两层五类合约

3. 智慧业务办理

1）全业务流程数据共享

开发面向项目全生命周期和物资管理全流程的动态管理平台，将计划、招投标、合约、付款、现场管理、库存台账等业务全部纳入并实现全流程数据共享，解决信息孤岛、重复录入的问题，也使数据价值深度挖掘成为可能。

2）在线审批

相比于传统纸质审批流程，在线审批具有审批速度快、资料传递准确、可以随时查看进度等优点，十分适用于时效性要求高、审批环节多的物资采购业务。开发及使用移动端应用，则能够做到实时、随地进行审批，进一步提升工作效率。

3）智慧化台账与库存管理系统

在系统规范化、全业务流程数据共享的前提下，物资管理平台可有效利用既有的合约数据、到货付款等资料自动对上述资料进行二次加工，生成智慧化的物资台账。此外，物资管理平台可通过自动运算生成项目的当前库存情况，方便使用人员实时查询和管理。

4）智慧物资管理

物资管理平台的核心在于管理，利用信息化工具，能够实现常规管理难以实现的诸多物资管理功能。通过与移动端、二维码、无线射频技术融合，系统还实现了智慧办公、现场智慧管理等功能。

5）智慧报表及数据查询

数据服务于管理，而智能化平台的意义，在于提供智慧化的查询工具，以及按照管理要求，自动提取、分析数据，生成各类物资管理报表，作为项目乃至公司管理和决策的依据。

6）材料价格预测

基于施工企业数据挖掘模型及数据特点，应用广义动态模糊神经网络算法，进行大宗材料价格预测，辅助采购决策。

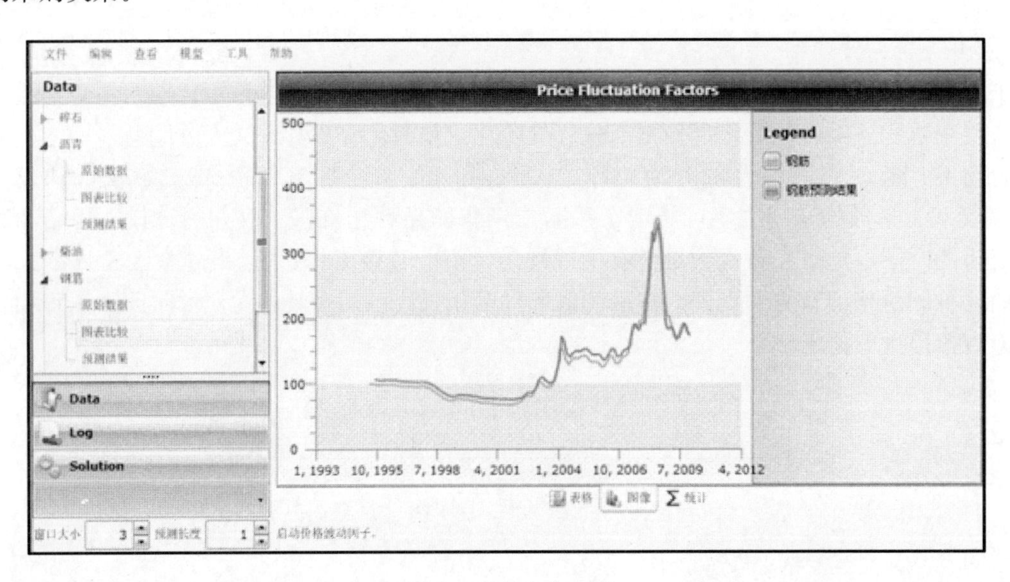

图 7　材料价格预测

三、主要创新点

1. 应用供应链理论于建筑业，构建供应商信息数据库及全过程动态管理体系

区别于制造业供应链，本项目开创性的将供应链理论应用于建筑业，创新构建供应商信息档案数据库及定量和定性评价指标，构建供应商全过程动态管理体系。管理体系由准入管理、合同管理、评价管理和争议管理构成。通过供应商信息档案数据库的动态更新和定期评价，相关数据的关联处理，实现供应商由签订合约到合约结束的全过程动态管理，促进了建筑企业与供应商的深化合作，提高了项目的运作水平与管理水平。

2. 基于两层五类可调控物资合约模型的采购管理模式

结合建筑企业供应链特点，针对不同物资类别和应用场景，构建两层五类合约模型。将物资合约分为协议层与合约层，再细分为包括采购/销售协议、中标协议、定点合约、普通合约、供货/出售通知在内的五类合约，各类协议与合约都可以建立补货协议或者合约，对价格和数量进行调节，覆盖了物资的采购与销售。两层五类合约模型的构建，全面覆盖工程项目全过程中各类采购场景，实现了中央采购部门与项目部间的信息沟通标准化，规范化。

3. 创新物资定义体系，构建项目群横向信息共享和业务全流程纵向信息共享的物资信息网络

区别于基于合约的物资管理模式，本项目创新采用四级编码，构建面向项目群管理的物资信息共享网络。通过对3200种材料按照大类、小类、材料名称和规格型号进行四级编码，实现管理的规范性；通过设置两个材料属性，兼顾管理的灵活性；通过对物资的补充说明，加强合约的严密性。本项目创建的物资编码体系，解决了物资编码数量庞大的管理难题，使得物资数据标准化，实现了项目间的数据集成和共享，打破横向信息传递壁垒，避免信息孤岛的形成。通过将物资信息与业务流程进行关联，开发单据联查功能，构建项目物资管理信息的纵向连接，实现项目信息的及时更新。物资管理信息纵横网络的构建，增强了项目之间资源与信息共享，提高了信息整合的效率，加强了项目之间的信息流通，为物资集中采购、项目群内部物资调拨提供了便利，并有效控制成本。

4. 创建双轨制物资管理体系，实现物资管理精益化

区别于只关注大宗物资的粗放式管理方式，结合建筑施工企业供应链管理特点，创建了双轨制管理体系，对大宗材料及一般零星物资的管理业务流程及数据进行分别处理，实现了对全部物资采购信息和成本信息的系统化和动态化管理。有效避免了管理的真空和风险，为关键性决策提供完整可靠的基础信息和资料。

5. 基于施工企业数据挖掘模型及数据特点的广义动态模糊神经网络算法及应用

根据数据挖掘算法的最新研究成果，结合施工企业数据挖掘模型和施工企业工程项目数据的特点，设计了适用于物资供应链管理的广义动态模糊神经网络的算法，解决按照历史数据预测未来情况的问题，为公司进行物资价格走势预测并对公司物资采购策略提出参考建议，节约成本。试验证明，广义模糊神经网络在效率和效果上，与同类算法比较为优。

四、与当前国内外同类研究、同类技术的综合比较

国际知名供应链管理系统开发商如SAP、JD Edwards等在制造业、电子商务和财务管理等领域有较成熟的产品，但其平台多基于通用性设计，考虑建筑业特殊需求少，且代价高昂。以香港某大型建设企业为例，花费近1亿港币导入了美国JD Edwards公司的系统；福建某设备安装公司投入近2000万元导入SAP的系统，而导入后每年系统维护费达40万元。相比之下，本系统为建造业量身定做，功能更全面、适用性更好，且开发与导入费用极大降低。本平台从客户业务需求为出发，按照建筑业特点量身打造，因此，与国内外常见的同类物资管理平台比较，本平台在架构科学性、功能全面性、易用性和可扩展性方面优势明显，具体详见表2。

与同类平台软件对比情况 **表2**

项目	本平台	用友/金蝶/SAP/JD Edwards	优势分析
供应商管理	建立供应商管理数据库，介入上下游管理	业务信息统计	与供应商高水平协调、资源共享，实现双赢
合同管理	两层五类可调控合约模型，涵盖所有场景	集中采购/普通采购两类，部分场景未涵盖	涵盖场景更全面，适应灵活多样的合约形式
物资编码	规范灵活的物资定义体系	通用编码，数量臃肿	既规范又灵活，重点物资、非重点物资双轨制管理
物资管理体系	全生命周期、全流程管理	以采购和付款业务为核心	数据共享、自动验证，减少重复录入和错误
大数据应用	依据历史数据预测价格走势，辅助决策	仅提供一般统计报表	深度挖掘数据价值

五、第三方评价及应用情况

经第三方专家科技成果鉴定会鉴定，各专家一致认为本项目成果达到国际先进水平，建议进一步加

快推广应用。

本系统自 2017 年 11 月 1 日全面上线，截至 2019 年 4 月 30 日，已在香港、澳门等地区的 358 个项目使用，累计制定物资合约总金额 49.84 亿港元，累计完成物资款项支付 43.60 亿港元。自应用以来，企业业务处理效率和处理能力显著提升。以中建香港为例，年度营业额从 144 亿提高到 206 亿，采购人员未增加，业务处理能力提高了 43%。

六、经济效益

本项目自 2017 年 11 月正式上线以来，持续贡献经济效益，按照全国工程建设企业成果经济效益计算方法（综合性成果因素合成计算法 MFC：$E=\sum_{a=1}^{n}S_a-F-(C+I)-H$），截至 2019 年 4 月，一年半时间已产生经济效益 14324 万港元。其中，经济效益因素各项参数如下：S_1：节约采购成本 1.386 亿港元；S_2：节约人员成本 1815 万港元；S_3：废旧材料二次利用 559 万港元。并已扣除非本成果因素效益 1480 万港元和实施费用 430 万港元。

七、社会效益

基于供应链理论的国际建筑企业物资管理平台是国际化、精益化、数字化、智能化的物资管理系统，对行业进步、社会可持续发展有着重要的促进作用。

在一带一路背景下，国内建筑企业在国际市场上面临着激烈竞争，而本系统的应用可以有效强化企业中央管治，提升企业的精益化管理与信息化水平，实现供应链上下游企业的交流与合作，互利共赢，降低工程成本，增强企业的核心竞争力，帮助我国建筑企业在国际建筑市场竞争中取得优势地位，促进建筑行业健康、快速发展。在社会可持续发展方面，系统实现项目群规模化管理、周转材料复用、废料回收、无纸化办公，有效降低了建筑材料的浪费，节约工程成本，提升运转效率，使企业更好地践行环保、绿色和可持续发展理念。

综上所述，本平台在中央集采、项目群管理上优势明显，实现了重点物资和一般物资的差别化管理，管理效益显著；降低了采购成本和损耗，工作效率和水准同步提升，为决策提供了可靠依据，经济效益显著；平台适用于海外市场、新型合约模式、特大型工程，有利于可持续发展，社会效益显著。降本增效，提升企业管制水平与核心竞争力，为中国建筑企业开拓国际市场提供借鉴和帮助，具有良好的推广价值。

市政污水处理厂 MagCS 磁介质集约化提标技术

完成单位：中建环能科技股份有限公司

完 成 人：陈 立、唐珍建、王哲晓、肖 波、周文彬、张 科、杨治清、唐 宇、张 波、佟斯翰

一、立项背景

环境保护事关人民群众切身利益，事关全面建成小康社会，事关实现中华民族伟大复兴中国梦。当前，我国一些地区水环境质量差、水生态受损重、环境隐患多等问题十分突出，影响和损害群众健康，不利于经济社会持续发展。为切实加大水污染防治力度，保障国家水安全，国务院发布“水十条”，要求到2030年，全国七大重点流域水质优良比例总体达到75%以上，城市建成区黑臭水体总体得到消除。现有城镇污水处理设施，要因地制宜进行改造，2020年底前达到相应排放标准或再生利用要求。敏感区域（重点湖泊、重点水库、近岸海域汇水区域）城镇污水处理设施应于2017年底前全面达到一级A排放标准。

截至2015年6月底住房城乡建设部公布全国设市城市、县（以下简称城镇，不含其他建制镇）累计建成污水处理厂3802座，污水处理能力达1.61亿m^3/d。仅浙江省尚未达到一级A排放标准的城镇污水处理厂共有144座。截至2017年2月，环保部黑臭河总认定数就达到2014个，其中方案制定中1010个，尚未启动83个。因此在未来10～15年内在黑臭河以及现有污水处理厂的提标改造项目，仍将是环保行业的关注和治理的重点。根据MagCS磁介质集约化提标技术的特点和优势，该技术还可应用于工业废水的深度除磷、重金属废水的处理、工业和市政废水的预处理、景观水体的富营养化治理等领域。

二、详细科学技术内容

（1）引入絮团分形维数的概念：在传统絮凝理论中，仅用沉降速度来评判混絮凝效果，但沉降速度只能宏观的辨别混絮凝效果的好坏。引入絮团分形维数概念，从絮凝体的大小、密度等信息，可以用来体现混絮凝效果，反映出混絮凝的形成过程及其规律。

（2）根据混凝剂、助凝剂、磁介质的不同作用原理、不同混合时间与混合强度需求，对其在MagCS磁介质混凝沉淀工艺流程中对应的作用阶段与时间进行了探索，通过理论研究、试验分析、中试验证与改进优化，最终确定了各级搅拌的最佳搅拌条件（GT值）。在此条件下，相对于常规高密沉淀工艺，水力停留时间可缩短45%以上，既保证了絮体形成的搅拌强度，又大幅度提高系统的处理效率。

（3）MagCS磁介质混凝沉淀技术通过采用沉淀磁泥回流工艺，明确药剂、回流污泥和循环（补加）磁介质最佳投加点，将混絮凝系统中的污泥浓度精确控制在最佳范围内，保证了优质絮团形成的良好环境。在此条件下，可提高药剂的利用率，降低药剂成本30%以上。

（4）明确磁介质的特性，在该特性下既能保证磁介质在混絮凝阶段具有较好的悬浮性，可被絮团充分包裹；又保证包裹磁介质的絮团进入沉淀池后具有较好的沉降性能，实现了污泥絮团的快速沉降；同时，也可确保磁介质回收率高于99.5%，极大地体现了MagCS磁介质混凝沉淀技术的效率优势与经济优势。

（5）磁分离器采用法兰内接的形式，将设备最小作用间隙由 25mm 降低到 5mm；采用特殊的磁系布置方式，使得磁回收器具有阶梯式磁场，能确保磁介质回收率大于 99.5%，设备构造简单，作用区域广、程度深，处理量大，捕获能力强，卸渣完全，可将沉淀污泥中的磁介质进行高效回收，实现了磁介质的重复利用，节约了运行成本。

三、发现、发明及创新点

MagCS 磁介质混凝沉淀技术（图 1）与高密沉淀技术的基本原理相似，相对高密沉淀的优势在于"利用相对密度大的磁介质作为载体，极大加强絮团重力沉降性"，絮团的好坏直接决定了两种工艺的处理效果与差异。由于 MagCS 磁介质混凝沉淀技术形成的絮团密度较大，此情况下以间接途径获得混絮凝效果信息的传统混絮凝理论就存在一定的局限性，通过引入絮凝体的密度、强度、空隙率、粒径分布和分形维等定量化概念，并结合具体工程案例，研究确定了影响絮团形成的各项关键因素与核心技术，主要包括搅拌强度、磁介质特性、系统含固量和加药点位等。

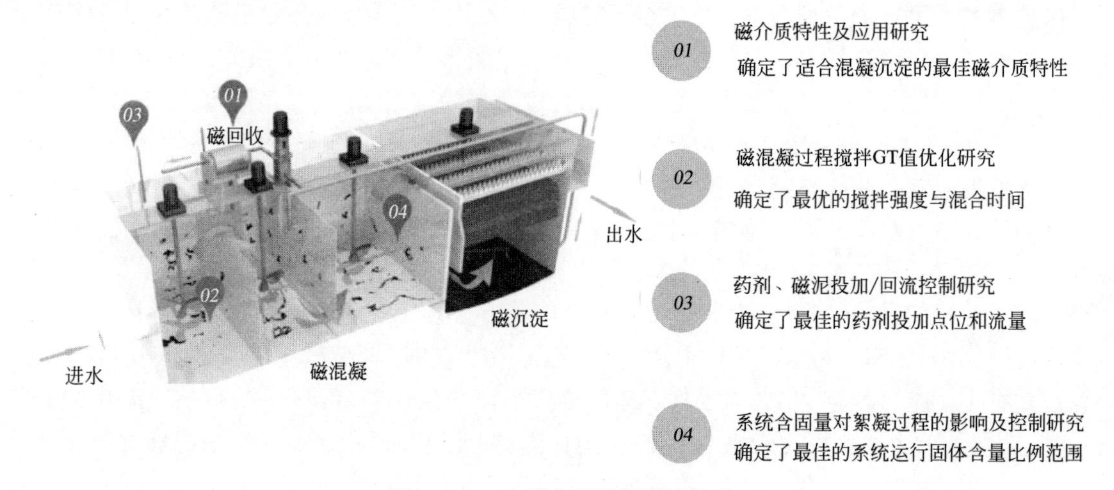

图 1　MagCS 磁介质混凝沉淀技术

1. 磁介质专性筛选，技术优势明显

磁介质作为 MagCS 磁介质混凝沉淀技术实施的重要载体，其特性就直接决定了该工艺的技术经济可行性。磁介质特性主要是指磁介质的磁性物含量、粒径以及水分。很显然，磁介质的磁性物含量越高越好，水分越低越好，因此磁介质的粒径特性则成为决定性因素：若仅根据混絮凝原理分析，磁介质的粒径越小越好，磁介质具有足够大的比表面积，以便与药剂充分反应。但作为 MagCS 磁介质混凝沉淀技术一个标志性技术优势就是作为载体的磁介质具有很高的回收率，可反复循环使用。而根据"磁畴理论"，当磁性材料的粒径缩小到一定程度时将无法被磁化，因此在回收磁介质时，磁介质粒径越小，回收率则会越低。同时，若磁介质粒径过粗，则容易沉积甚至板结于反应池池底中，影响磁介质的使用效率。

中建环能基于在磁絮凝、磁分离领域多年的研究与应用成果，通过大量混凝试验与工程验证优化，筛选明确了适用于 MagCS 磁介质混凝沉淀技术的专性磁介质。在该特性下既能保证磁介质在混絮凝阶段具有较好的悬浮性，可被絮团充分包裹，又保证包裹磁介质的絮团进入沉淀池后具有较好的沉降性能，实现了污泥絮团的快速沉降，同时也可确保磁介质回收率高于 99.5%，极大地体现了 MagCS 磁介质混凝沉淀技术的效率优势与经济优势。

2. 搅拌特性优化，混合效率大幅提升

由于在混絮凝反应阶段中加入了磁介质，混合介质密度大幅度增加，传统常规的搅拌设计无法提供足够的搅拌强度，无法使混合介质充分混合，达到良好的絮凝效果。通过分析混合介质密度变化情况，研究不同阶段对混合强度的需求变化，通过理论计算、机械结构设计、动力选型设计、CFD 仿真模拟

与样机工程验证，建立起了专用于磁介质混絮凝的搅拌机（图 2）设计模型。

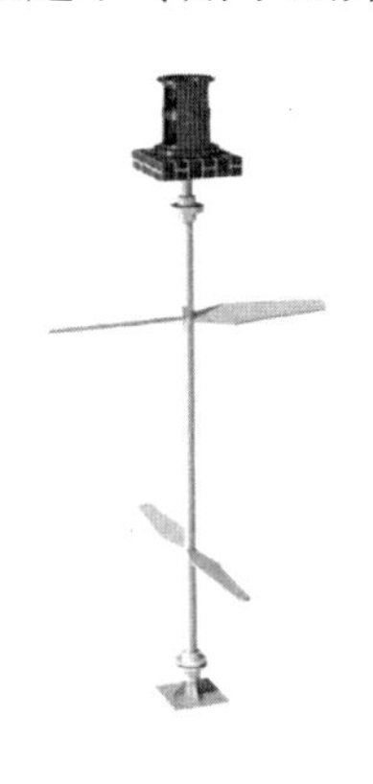

产品特点

- 根据具体项目，结构参数采用针对性设计，保证了最佳的混合搅拌强度；
- 搅拌叶片采用曲面折页形式，设备运行更加稳定；
- 独特的倒插式支撑底座，使用寿命极大延长；
- 设备运行噪声低，振动小。

图 2　搅拌机

磁介质混絮凝搅拌机采用轴向流式水翼桨叶，单位功率产生的流量大，且在桨叶大范围内分布均匀，具有特低的剪切力和较强的最大防脱流能力，不存在分区循环，混合效率高，最终加入的药剂能够在比较短的停留时间内混合均匀并产生反应。絮凝反应池搅拌机借助高效桨叶产生高流量结合低剪切力的功能，能使 PAM 与污水均匀分散，分段慢速紊动，达到多次触变，絮体密实的效果，大幅度提升混合效率。

3. 药剂点位明确，作用效率最大化

传统混凝沉淀过程中，混凝剂、助凝剂的反应过程与作用区间界线模糊，导致药剂有效利用率低，药剂投加量高，浪费严重，造成药剂成本较高。中建环能根据混凝剂、助凝剂、磁介质的不同作用原理、不同混合时间与混合强度需求，对其在 MagCS 磁介质混凝沉淀工艺流程中对应的作用阶段与时间进行了探索，通过理论研究、试验分析、中试验证与改进优化，最终确定了混凝剂、磁介质、助凝剂的依次投加顺序，在此基础上，对药剂投加位置进行了精确定位，避免了药剂短流现象的产生，合理分配了药剂与磁介质的作用时间与作用阶段，既保证了药剂反应所需足够的停留时间，使投加的混凝剂、磁介质、助凝剂都能得到充分反应，又避免了因时间过长药剂产生过度反应，影响混絮凝效果，大幅度提高了药剂与磁介质的利用率，降低了药剂的投加量，降低了运行成本。

4. 磁泥精确回流，絮凝效果更佳

在常规混凝沉淀技术工艺中，出水中多含细小絮团，究其原因是因为混凝过程中颗粒碰撞概率较低，不利于颗粒间的凝聚和颗粒的成长，这些细小絮团则容易被沉淀池溢流出水带出，影响出水水质。因此混絮凝系统中污泥浓度高低对工艺系统出水的好坏与稳定起着关键性作用。

采用磁泥回流工艺的 MagCS 磁介质混凝沉淀技术具有良好的处理能力与抗负荷冲击能力，絮凝效果更优，药剂投加量更省。

5. 磁回收创新设计，回收效率更高

磁回收机是 MagCS 磁介质混凝沉淀技术中磁回收工艺段的核心设备，专有于磁介质的回收作业，主要结构包括机架、水槽、电机和磁滚筒等部分。

通过搭配高效的磁泥解絮设备（HSM 解絮机，图 3），分散后磁介质与非磁性污泥进入磁回收机水槽，当经过磁滚筒磁场时，磁介质受到磁力作用，吸附在滚筒表面，并随滚筒旋转带到卸料区，被冲洗水冲进磁介质快速混合反应池，而非磁性污泥则从底部排泥口排出。

中建环能自主研发的磁回收机（图 4）采用了特殊的磁体材质、磁系布置方式以及独特的机械结构创新设计，使得磁回收机具有阶梯式磁场，作用区域广、程度深，处理量大，捕获能力强，卸渣完全，可将沉淀磁泥中的磁介质进行高效回收，实现了磁介质的重复利用，节约了运行成本。

四、与当前国内外同类研究、同类技术的综合比较

以磁性粉末作为絮团加载物的混凝沉淀技术在国内外均已有研究和工程应用，但基本上都是套用技

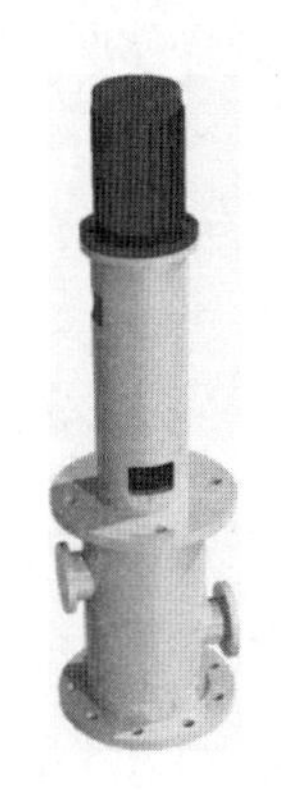

HSM解絮机产品特点

- 采用独特分散形式和结构设计

  保证磁介质絮团的高度分散；
  增加了后期磁介质的回收效率。

- 分散刀盘采用特殊材料制成

  耐磨性高，更换频率低；
  轴承维护保养方便快捷；
  设备运行稳定。

图 3　解絮机

HCGB磁回收机—产品特点

- 磁介质回收率>99.5%

将磁场分为作用区、梯减区、卸料区，保证了磁介质的高效率回收。

- 运行稳定、维护方便

采用硬齿面减速传动结构，运行稳定可靠，磁筒为通轴结构设计，轴承外置，检修维护方便。

- 处理量可调

磁筒与水槽间的磁回收间隙，可根据现场实际需要进行调节，满足多种工况下使用。

图 4　磁回收机

术成熟的高密沉淀工艺，而没有注意到磁加载混凝沉淀工艺相对高密沉淀的差异之处。

（1）国内外同类研究、同类技术中有涉及各级反应池搅拌速度、停留时间等内容，均采用高密沉淀的研究结果，不适应磁加载混凝沉淀技术；

（2）国内外同类研究、同类技术中仅提到过在第一级加入混凝剂混凝，第二级中加入磁粉进行磁混凝，第三级中加入助凝剂进行絮凝反应的三级磁混絮凝工艺，但没有明确在各反应池中药剂加入的具体位置；

（3）国内外同类研究、同类技术有涉及磁粉投加量的研究报道，而磁粉与污泥比例的研究仅在磁活性污泥法处理水工艺有所涉及，在磁混凝水处理工艺中未见有涉及系统含固量（即：第三级絮凝反应池中固体，磁介质与污泥浓度）和磁介质与污泥比例的控制的内容；

（4）国内外同类研究、同类技术中涉及磁介质粒径等参数选择的研究，但没有具体明确磁介质特性；

（5）国内外同类研究、同类技术有磁粉回收装置及其结构特点的报道，但均未涉及本技术研究回收器滚筒端盖采用法兰内接的形式，将滚筒与水槽的最小作用间隙由 25mm 低到 5mm，同时采用阶梯式磁场，能确保磁介质回收率大于 99.5％。

五、第三方评价、应用推广情况

1. 第三方评价

2018 年 12 月 13 日，四川联合环保装备产业技术研究院在成都组织专家对中建环能科技股份有限公司完成的“市政污水处理厂 MagCS 磁介质集约化提标技术”进了成果评价。评价委员会听取了项目组成果汇报，审查了有关资料，经质询和认真讨论，专家组一致认为，该成果总体达到“国际先进水平”，建议加大力度推广应用。

2. 应用推广情况

MagCS 磁介质集约化提标技术作为一种深度净水技术，其具有工艺简单、设备占地少、处理量大，耐冲击负荷能力强，运行成本低，设备使用寿命长，出水稳定达到《城镇污水处理厂污染物排放标准》GB 18918—2002 的一级 A 标等特点，正日益受到行业内的广泛关注，被越来越多的应用到污水处理厂提标改造、废水深度除磷、重金属废水治理、黑臭河治理等领域。尤其是在污水处理厂提标改造方面的工程实践效果极佳，运行稳定，出水效果优良，解决了提标改造中的各项需求。随着污水处理要求的不断严格，必将推动磁沉淀技术在市场中大规模应用。

MagCS 磁介质集约化提标技术，已在市政污水处理厂提标改造工程上得到广泛应用推广，建立的部分工程有：

（1）温州西片污水处理厂提标扩建工程（25 万吨/d）；

（2）淮安第二污水处理厂提标改造工程（10 万吨/d）；

（3）江门江海污水处理厂升级改造工程（10 万吨/d）；

（4）泉州宝洲污水处理厂提标改造工程（15 万吨/d）；

（5）北京采育污水处理厂提标改造工程（3 万吨/d）；

（6）聊城国环污水处理厂提标改造工程（6 万吨/d）；

（7）临颍县城市污水处理厂提标扩建工程（6 万吨/d）；

（8）观澜水质净化厂提标扩容工程（20 万吨/d）；

（9）天津宁河区玖龙纸业污水综合利用系统工程项目（3 万吨/d）；

（10）深圳市龙华水质净化厂（一期）提标改造工程（15 万吨/d）；

（11）北排合肥王建沟水环境治理工程（2 万吨/d，一体化设备）。

六、经济效益

通过对 MagCS 磁介质集约化提标技术的创新性研究，使得公司将该技术更加成熟、稳定地推向市场。截至 2019 年，已实现销售收入超亿元。

七、社会效益

1. 提高了排放水质

在日益严格的环境监管下，引进 MagCS 磁介质集约化提标技术作为提标改造工艺的污水处理厂最终出水均稳定达到了一级 A 标准，甚至更高标准，对污染减排和水环境保护起到了积极作用。

2. 节能减排

MagCS 磁介质集约化提标技术采用先进的技术创新与技术优化，提高了药剂、磁介质的利用效率，减少了不必要的资源浪费。

3. 随着我公司产能的进一步扩大，将新增上百名从业人员，同时也为国家税收做出了较大贡献

薄壁高墩多跨长连续钢-混叠合预制梁特大桥建造关键技术研究

完成单位：中建三局第二建设工程有限责任公司
完 成 人：赵大胜、刘　波、饶　淇、胡筱慷、胡志华、刘昌平、林　木、潘俊龙、郭　磊、巩运菊

一、立项背景

随着我国交通运输道路网的不断发展，越来越多的桥梁跨越高山深谷，且墩柱高、跨径大。为此，薄壁高墩因其结构形式简单、建设成本低等特点日趋受到在这些地区建设桥梁的青睐，相应长悬挑大截面预应力盖梁也得到了广泛应用。如何确保薄壁高墩及盖梁安全、快速施工成为桥梁施工的重难点。

钢-混组合梁因其可以充分发挥两者材料性能，整体受力性能及经济性良好，便于施工等优点，成为国内桥梁发展的一个趋势。该结构形式相关科研国外开展较早，国内在此的研究与实践方面存在明显差距，有关该类桥梁的研究严重滞后于市场需求，设计可以依据的国内规范缺乏，建造可以参照的桥例极少。

太行山高速京蔚段石门特大桥项目位于张家口涿鹿县石门村，桥长1839m，设计为高速公路Ⅰ级，双向四车道，共8联37跨。墩柱多为突变截面空心薄壁高墩（单墩），其中超过40m高墩30个，超过90m高墩13个，最高98.805m；盖梁为长悬挑大截面预应力盖梁，全长24.1m，单端悬挑8.05m，最大截面尺寸3m×3.6m，共计36个；上部结构为宽幅多箱先简支后连续钢-混凝土组合箱梁，该结构形式在国内尚属首例，组合梁跨径50m，每跨6片梁，最重达272t，共计222片。石门特大桥整体具有设计要求高、安全风险高、施工难度大、建设周期短的特点，是整个太行山高速的关键性、控制性工程。

二、详细科学技术内容

以太行山高速公路京蔚段石门特大桥项目为依托，针对高墩、盖梁、钢混梁施工中存在的问题，主要研究了3个方面的技术，即薄壁高墩建造关键技术、大截面长悬挑预应力盖梁建造技术、宽幅多箱先简支后连续钢-混凝土组合箱梁建造关键技术。

1. 薄壁高墩建造关键技术

（1）薄壁高墩考虑不均衡日照因素的线形自适应控制技术

该技术将应变片提前埋设于墩柱相应部位并采集数据，收集整理最后利用数值模拟分析、有限元计算分析等多方面技术分析，获得不均匀日照对墩柱垂直度的影响程度，从而为墩柱垂直度控制提供切实有利的依据。

（2）多突变截面薄壁高墩垫盒爬轨技术

该技术在原有爬模体系中预埋爬锥与附墙挂座之间加设一个垫盒，从而减小导轨倾角，使导轨以1°斜爬但整体受力基本不变，从而避免传统方法里烦琐的改造程序，大大加快施工效率，保证施工进度。变截面处首次加装40cm宽垫盒，后续依次加装30cm、20cm、10cm垫盒，通过五次爬升将液压爬模修正至垂直，随后将垫盒周转至用于下一变截面液压爬模爬升。

（3）薄壁高墩快速施工技术

该技术是在日常不断施工中总结改进出来的一系列高效、安全的施工方法，可有效保证突变截面薄壁空心墩的施工效率与施工安全。例如，采用先绑扎钢筋后提升模板的方式，节约混凝土等强度的时

间，从而节约工期。采用预制混凝土构件作为内变截面底模、采用预制木模作为内变截面侧模，从而节约支模时间，省去底模拆除时间，从而缩短工期。此外，对墩柱节点进行优化，例如改变箍筋样式与劲性骨架样式，从而更有利于现场施工，改造液压爬模体系，保证钢筋绑扎安全等措施，进一步缩短墩柱施工周期。

2. 大截面长悬挑预应力盖梁建造技术

从材料设计、结构设计、施工方法、安全保证等多方面，对大截面长悬挑预应力盖梁托架体系进行全面、深入的研究，总结出一套切实可行的托架体系和托架拆除装置，具体关键技术包括：

（1）大截面长悬挑盖梁托架体系

该技术基于传统盖梁托架体系，通过将传统预应力埋设在墩柱内侧改为外侧，加设预埋牛腿盒子等，优化结构体系，并采用分析软件对盖梁托架整体受力性能、单根杆件承载力、墩柱受力等各方面进行受力分析，从而得出一种最优的大截面长悬挑盖梁托架体系。使该托架安装便捷性更强，且具有安装效率高、安全风险低、承载能力强的特点。

（2）大截面长悬挑高墩盖梁托架整体拆除技术

该技术通过在盖梁两端各安装一台卷扬机，顶面安装一个滑轮组，钢丝绳通过滑轮组改变传力方向，绕过盖梁悬臂端与钢横梁连接，盖梁托架上安装两道钢横梁，钢横梁伸过盖梁。最后两台卷扬机同步施工，将盖梁托架整体下放后在地面拆解。通过安装两台卷扬机作为其中设备，有效地解决了塔吊吊重不足、歪拉斜拽，施工作业人员高处作业量大、安全风险性高等问题，且拆除速度快、托架完整性和周转效率高。

3. 宽幅多箱先简支后连续钢-混凝土组合箱梁建造关键技术

从材料设计、施工方法、构造处理、长期性能预测全方位对宽幅多箱先简支后连续钢-混凝土组合箱梁建造关键技术进行总结，其中的关键技术问题包括：

（1）钢混梁预拱度设置技术

该技术基于发明了一种可调节高度钢结构台座，通过调节固定板与调节板的相对高度，从而实现钢结构台座高度的便利调节，从而可以利用有限场地保证不同跨不同预拱值的钢混梁连续预制及架设。

（2）高质量定型预制板施工技术

该技术通过在混凝土台座上安装 8mm 厚钢板作为底模，钢筋在钢筋绑扎胎架上整体绑扎后直接安装在底模上，预留钢筋及预留槽位置安装定型化梳子板，最后进行浇筑。全部 2664 块板共计 72 种类型，均在预制板场进行施工，根据预制板不同类型设置相应的钢筋绑扎胎架、地胎模、定型化梳子板，从而实现预制板施工的高质量、定型化、标准化。

（3）预制板与钢梁无缝拼接技术

该技术通过在钢-混结合处摊铺环氧砂浆、预制板设置预留槽与钢箱梁预留栓钉整体浇筑从而实现预制板与钢箱梁无缝拼接，有效保证钢-混组合梁整体受力性能。

三、发现、发明及创新点

1. 发明专利

《一种盖梁托架整体拆除的装置》实用新型专利；《一种可调节高度钢结构台座》实用新型专利；《一种长悬挑大截面盖梁托架体系》实用新型专利；《一种长悬挑大截面盖梁托架体系》发明专利。

2. 创新点

1）薄壁高墩考虑大温差条件下的线形自适应控制技术

通过埋设应力及温度传感器，持续采集相应数据后通过有限软软件、数值模拟分析等，得出不均匀日照对高墩垂直度影响程度，后期测量放样根据影响值进行相应修正，有效提高了墩柱垂直度合格率。

2）多突变截面渐进垫盒爬轨技术

通过加装不同宽度垫盒，实现变截面液压爬模爬升。避免高空改造液压爬模体系，可有效解决变截面液压爬模爬升难题，加快施工进度，降低安全风险。

3）高空大悬臂盖梁托架体系及托架整体高空拆除技术

通过有限元软件分析，结合图纸及设计要求，自行研制了一种符合现场施工实际的大截面长悬挑盖梁托架体系，通过在墩柱外侧施加预应力，在不影响墩柱施工的前提下，减轻托架体系自重，增加托架承载力，且便于安装，安全可靠。托架体系便于安装，承受荷载大，对墩柱影响小。

为解决受盖梁悬臂端空间限制，塔吊无法发挥作用的问题，自行研制了一种可实现托架整体拆除的装置。通过两台卷扬机、滑轮组、扁担等实现高墩盖梁托架整体拆除，解决了传统盖梁托架高空零散拆除的多种问题，减少高空作业量，降低安全风险，提高施工效率整体拆除装置具有容易安装、操作简便的特点，施工周期短，安全风险小，施工成本低，对塔吊要求低。

4）可调节钢结构台座

采用可调式台座灵活调节预拱度，实现了在同一台座上拼装不同跨、不同预拱值钢箱梁，可有效节约施工场地，提高施工效率。

四、与当前国内外同类研究、同类技术的综合比较

主要科技创新	创新内容	与国内外同类研究、同类技术综合比较
1. 薄壁高墩建造关键技术	1)大型薄壁墩的日照温度场及温度应力分析技术	明确日照、温度、水化热等因素对墩柱垂直度的影响，有效提高墩柱垂直度合格率
	2)多突变截面液压爬模爬升技术	仅需安装垫盒即可完成突变截面爬模爬升，施工效率提高 60%且安全、稳定、可靠
	3)薄壁高墩快速施工技术	优化施工工艺，有效提高施工效率，6m 标准节施工最快仅 3.5d，施工效率提高 30%
2. 大截面长悬挑预应力盖梁建造关键技术	1)大截面长悬挑盖梁托架体系	优化盖梁托架体系，提高盖梁托架安装效率，平均安装周期仅 3d，比同类型盖梁托架安装效率快 57%。且有效节约钢材、提高安全性能
	2)盖梁托架整体拆除技术	发明盖梁托架整体拆除装置，托架拆除仅 2d，相比同类盖梁托架拆除施工效率提高 80%。并且，具有高空作业量小、安全风险低、施工效率高、周转效率高的特点
3. 宽幅多箱先简支后连续钢-混凝土组合箱梁建造关键技术	1)钢混梁预拱度设置技术	发明可调节高度的钢结构台座，实现钢结构台座高度的便利调节。利用有限的场地在同一台座上拼装不同跨、不同预拱值钢箱梁，有效地保证了制梁、架梁的连续性，提高施工效率
	2)高质量定型预制板施工技术	在预制板场内标准化、工厂化、集中化加工，有效提高施工质量
	3)预制板与钢梁无缝拼接技术	优化施工工艺，保证钢-混有效结合，提高施工质量

五、第三方评价、应用推广情况

1. 第三方评价

2018 年 10 月 30 日，湖北省建筑业协会对《薄壁高墩多跨连续钢-混叠合预制梁特大桥建造关键技术研究》进行鉴定："该成果总体达到了国内领先水平，其中钢-混凝土组合连续梁结构施工技术达到国际先进水平"。

2. 应用推广情况

本科研成果成功运用正在太行山高速京蔚段石门特大桥项目，该技术在空心薄壁高墩建造、长悬挑大截面盖梁建造、宽幅多箱先简支后连续钢-混组合梁建造中有着巨大优势，可以创造很好的经济效益和社会效益，节约工期，降低安全风险，减少建设成本同时对施工过程中的质量控制也有着极大的作用，具有很高的推广价值。

图 1　太行山高速京蔚段石门特大桥项目（全长 1839m）

图 2　太行山高速京蔚段石门特大桥项目钢-混组合预制梁

六、经济效益

薄壁高墩多跨长连续钢-混叠合预制梁特大桥建造关键技术研究共产生经济效益 1344160 元，其中薄壁高墩施工产生经济效益 893200 元，大截面长悬挑盖梁施工产生经济效益 102870 元，简支变连续大跨钢-混叠合梁施工产生经济效益 348090 元。

七、社会效益

本课题研究取得多项技术成果，目前已获得中建三局科学技术奖一等奖 1 项、河北省建筑行业科学技术进步奖二等奖 1 项，省部级工法 5，实用新型专利 3 项，受理实用新型专利 1 项，论文已发表 1 篇。各子项技术在石门特大桥建设过程中得到成功应用，保证了施工质量及施工工期，以其先进的技术收到广泛关注，为今后同类工程提供借鉴，政府单位、业主单位、质检站多次莅临项目考察，相关院校纷纷参观学习，社会效益显著。

以上技术的成功应用得到业主及监理的一致认可。本研究可以验证设计、指导施工，为同类桥梁的设计、建造和持续发展提供理论支持和方法借鉴。关键施工技术提升了建筑企业施工技术水平，推动了整个企业乃至全行业的发展和进步。后续将会有更多科研成果发表，开展本研究可以验证设计、指导施工，为同类桥梁的设计、建造和持续发展提供理论支持和方法借鉴。

图 3　赴湖北宜昌参加中建三局技术交流会

图 4　赴湖北武汉参加中建三局二公司技术交流会

图 5　举办太行山高速京蔚段现场观摩会

图 6　举办太行山高速京蔚段安全月启动会

复杂地层大直径泥水盾构过江隧道施工关键技术研究与应用

完成单位：中建市政工程有限公司、中国建筑一局（集团）有限公司、中南大学

完 成 人：于艺林、薛 刚、李小利、傅鹤林、姜 涌、陈俐光、曹 光、田 辉、陈 玮、陈 峰

一、立项背景

随着我国城市化进程加快，城市水下隧道和桥梁建设迅速发展。城市水下隧道与桥梁相比有着明显的优越性：运营期间不影响水路航运；不受恶劣气候的影响，保证交通全天候正常通行；占地少，拆迁量小；能保护原有水域自然风光；可有效安排各种市政管道穿越水域；具有较强的抵御自然灾害和战争破坏能力。隧道盾构法施工可实现掘进、出土、衬砌等环节的自动化、智能化和施工远程控制信息化，掘进速度较快，施工劳动强度较低，施工安全性较高。国内市政隧道大多数采用大直径盾构法施工。泥水平衡式盾构适用于含水率较高的软弱土质和江海、湖底隧道施工，施工过程中沉降小、较安全、效率高。

衡阳合江套湘江隧道是中建股份施工的第一条大断面过江公路泥水平衡盾构隧道，该隧道位于衡阳市城区北部，主隧道采用双向四车道设计，盾构段北线长 935m，南线长 932m，采用直径 11.65m 的泥水平衡盾构机自东往西进行掘进施工。隧道最大纵坡为 5.0%，隧道最低点位于江心位置，隧道上覆盖层厚度变化很大，最薄处 9.74m，江水深度 13～16m 不等，而且水位随洪水而变化，覆土层厚度和水位高度变化给泥水压力设定带来很大困难和施工风险，如何确保大坡度盾构始发、接收安全是控制的重点。盾构穿越强、中风化粉质泥岩，钻渣多为粉质泥岩，易与刀具粘结产生糊钻，严重降低钻进效率。该隧道工程区局部存在发育形态与规模不尽相同的岩溶洞。在掘进过程中遇到岩溶洞，若处理不当，则会造成溶洞揭穿，继而造成突水、突泥及盾构陷落，致使工程施工无法进行，施工风险较高。当前大直径隧道工程建设中的一些技术难点还未解决，有很大的程度上还凭借经验，因此，不断探索、研究和总结江底大直径泥水平衡式盾构隧道工程在各个施工阶段的关键技术，不仅有助于本工程建设，也为今后类似工程提供指导和借鉴，同时有助于中建股份在江底大直径公路泥水平衡盾构隧道施工方面核心竞争力的提升。

二、详细科学技术内容

研究依托于实际工程，以解决工程实际问题为目标。研究紧密联系工程实践，采取理论研究、室内试验与工程应用相结合的方式，从工程实际中发现问题并有效解决问题，作为一个实用性、创新性较强的课题，本课题的研发技术路线主要为：资料收集→理论研究与试验研究→成果分析→工程应用→成果总结。具体研究内容如下：

1. 地下连续墙与内衬墙叠合面构造技术

地下结构内衬墙外侧施做有地下连续墙作为其围护结构，其叠合面企口构造形式构造方式为地下连续墙靠结构内衬墙一侧上水平方向设有若干波纹钢板，波纹钢板与地连墙钢筋笼焊接固定，确保钢筋笼吊装过程中波纹钢板不会脱落，浇筑混凝土后成为地连墙的一部分。基坑开挖后，波纹钢板露出，将波纹钢板钢板外侧的土体被清除，原地连墙钢筋笼朝向基坑一侧将形成凹凸波纹面，在此波纹面基础上施做内衬墙，将增强叠合面的抗剪和抗裂性能以及叠合墙结构的止水性能。

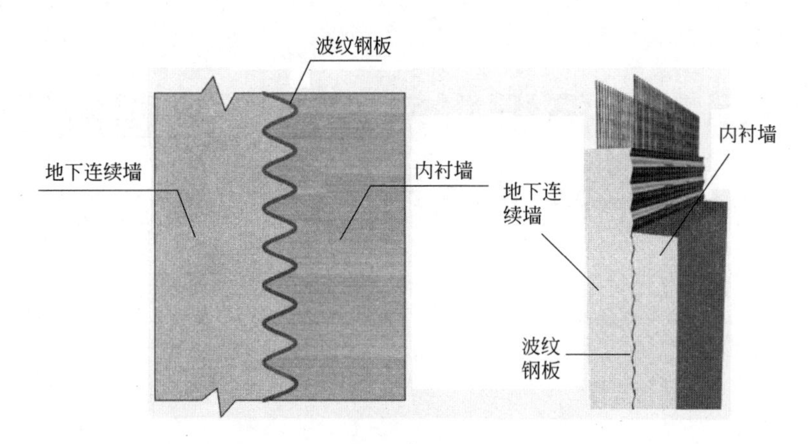

图 1 波纹钢板叠合面构造示意图

2. 管片硅烷浸渍防腐处理技术

硅烷系液态憎水剂，它浸渍管片混凝土表面，利用其特殊的小分子结构，穿透混凝土表层，渗透到管片混凝土内部 3～4mm 深，在水和混凝土碱催化作用下，硅烷首先发生水解反应，然后进一步发生缩合反应，形成一层致密的防水保护层，使水分和水分所携带的氯化物都难以渗入管片混凝土，从而达到管片防腐目的。

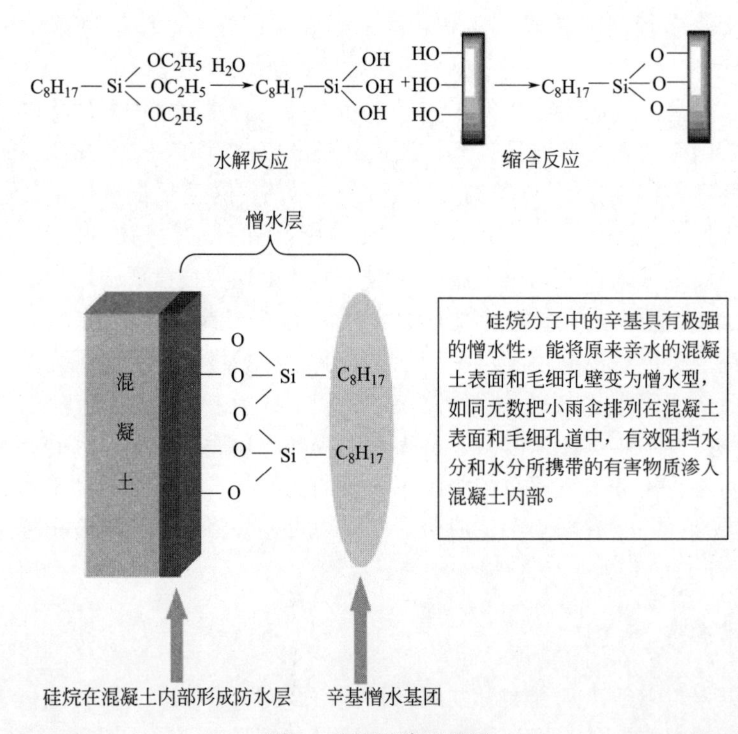

图 2 硅烷浸渍原理图

3. 盾构穿越岩溶区风险评估与溶洞处理技术

进行风险因素识别，将盾构穿越岩溶区施工风险分解为三个部分，每个部分再进行详细分解。最后形成风险评价矩阵，进而通过综合模糊评价确定风险等级水平达到四级风险。需要进行溶洞处理。

实际工程中采用两根注浆管＋1 根封孔管组成浆液置换循环系统，先用双液浆封孔，形成密闭环境后，再稳固溶洞边界，最后进行灌注挤压法置换低密度充填物施工。水泥浆从 $\phi 25$ 的注浆管进入，通过 $\phi 50$ 的注浆管底部小孔流入溶洞空腔，将其填充，再从两管空隙流出，形成浆液循环，在注浆管处放置压力表进行注浆和排浆压力控制，流量之差即为溶洞内填充的水泥浆方量。

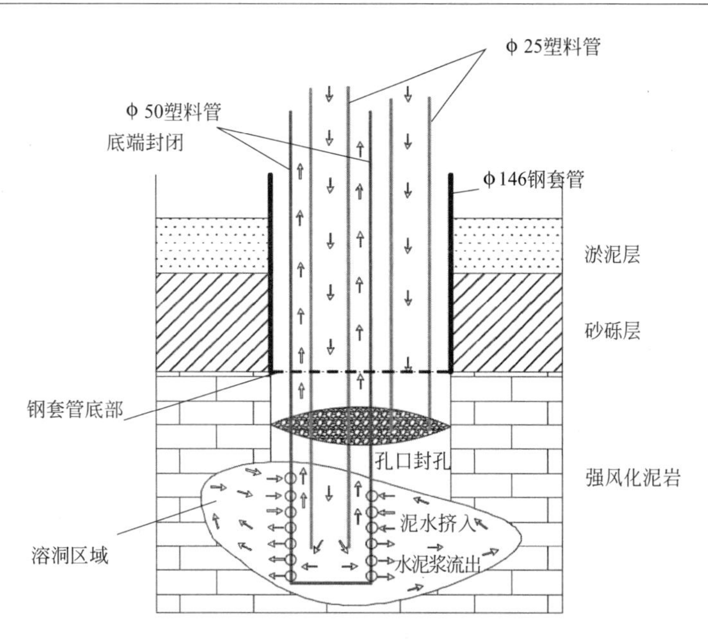

图 3　溶洞注浆工艺原理图

4. 强透水层大直径盾构始发技术

泥水平衡盾构在始发施工前要对端头土体进行注浆加固，采取垂直向（高压旋喷桩＋袖阀管）与水平向（倾斜式后退注浆）组合式加固帷幕方式，有效防止掘进后土体发生塌方。始发洞门密封采用一种新型装置，采用双道折叶式翻板＋2 道帘布橡胶板组成。两道密封间隔 500mm，其中每道密封由帘布橡胶板、折叶压板、垫片和螺栓等组成。在场地清理完毕后，立即推进盾构机使两道帘布橡胶板全都作用在盾壳上，以起到密封作用。同时需在盾构机后方设置反力架，洞门破除后，盾构机掘进过程安装负环管片，洞门内管片为正环管片，每掘进 2m，便进行管片拼装和壁后注浆，拼装完成进行下一循环，同时进行台车轨道延长和泥浆管道延长。

图 4　组合式端头加固

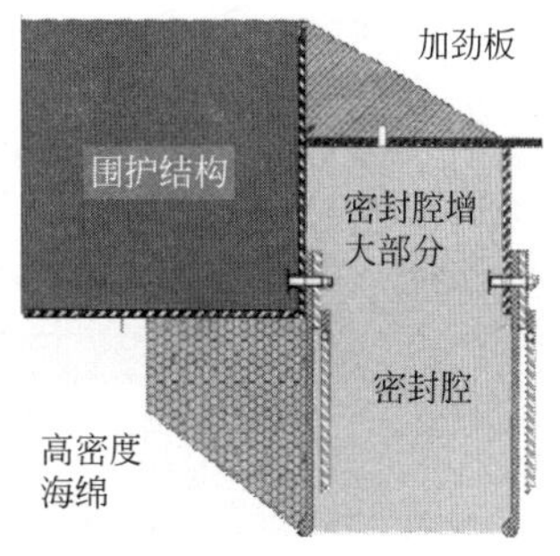

图 5　新型洞门密封装置

5. 浅覆土水下盾构隧道管片上浮控制技术

盾构掘进过程中，管片在脱离盾尾后，会发生局部上浮或整体上浮的现象，管片受力太大将会产生破损裂缝，或受力不均产生错台，甚至造成轴线偏离设计轴线。通过对壁后注浆工艺进行改进和优化，提高注浆密实度能够有效防止管片上浮现象发生。

盾构掘进过程中壁后注浆分为分三步进行。

第一步：通过盾尾注浆孔在盾构推进的同时对盾尾中部进行压注砂浆，保证管片中部以下填充密实，以防止管片脱出盾尾后下沉，造成管片破损和渗漏水；

第二步：每掘进 10 环构成封闭环，在每个封闭环的起止环顶部预留注浆孔开孔注双液浆，形成封闭环，以防止补充注浆浆液进入循环泥浆，造成浆液流失。

第三步：封闭环形成后，在第五环管片的顶部预留注浆孔进行开孔注砂浆，及时对管片顶部间隙进行填充。以上注浆步骤能保证壁后注浆密实度，有效地控制盾构掘进过程中引起地面沉降、管片上浮和减少渗漏水。

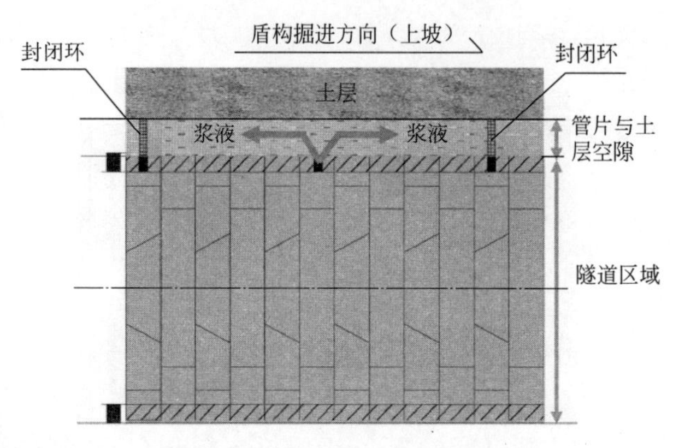

图6 封闭环开孔注浆示意图

6. 泥水平衡盾构掘进过程中泥饼防治技术

1）形成机理

在隧道开挖面采集强风化粉砂质泥岩岩样，利用中南大学的 VEGA II LMU 型扫描电子显微镜和 D/MAX-2500 型 X 衍射仪进行试验。在四种放大倍数（×500、×2000、×3000、×4000）下，观察砂岩表面微观结构。从 X 衍射试验报告结果，可看出黏土矿物含量较高，达到 64.3%，主要为高岭石、伊利石及伊利石蒙脱石混层等亲水性泥质矿物。在微观分析试验中，可以发现强风化粉砂质泥岩内部结构松散、胶结性差、孔洞明显，使其具有一定的压缩性。孔隙水可以很快进入粒间对泥粒进行软化，使其强度较低，在盾构掘进的过程中容易在刀盘形成泥饼。

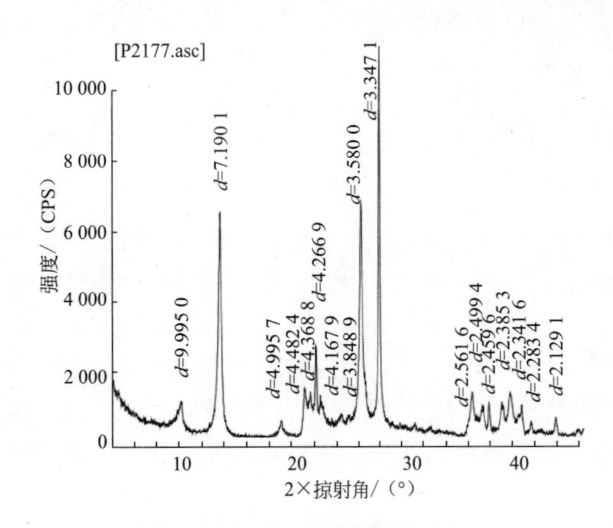

图7 X射线衍射峰

2）防治技术

（1）增大开口率及改变刀具配置；

（2）加强泥水环流系统冲刷与排渣能力；

（3）扩大泥水密封舱容积；

（4）加大刀盘内侧搅拌棒尺寸。

7. 强透水破碎地层带压进仓换刀技术

根据地层条件确定开仓位置后，预先对开仓位置附近区域地层进行注浆加固，在盾构机刀盘前方地层自稳性较好且空气散失率满足要求的条件下，清理出泥水仓内泥浆以提供工作空间，原有的泥水平衡状态被打破，用高黏度泥浆进行置换来制作泥膜，以维持掌子面稳定。随后进行保压试验和降低液位，液位稳定后进行开仓，作业人员在气压条件下进入泥水仓，进行检查、维修保养和刀具更换等作业过程。

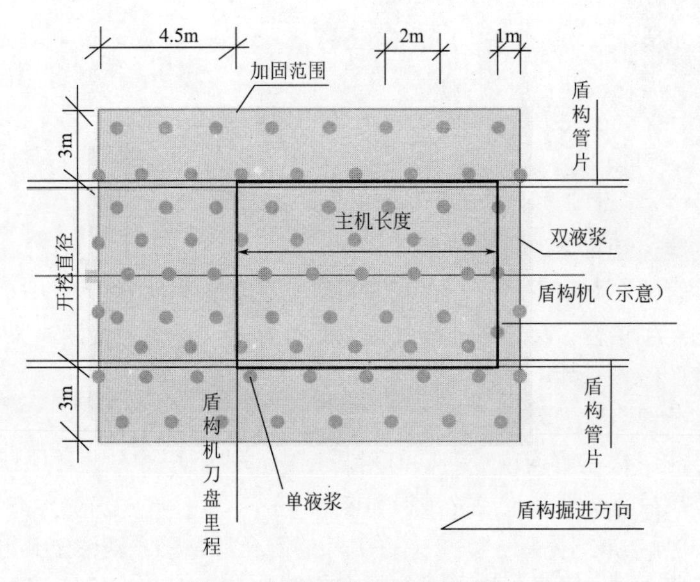

图8 开仓位置加固范围示意图

8. BIM+物联网信息化建造技术

建立了隧道主体BIM模型，导入信息管理平台供实时查看，辅助进工程量计算、工序模拟等。在隧道主体结构模型基础上，进行施工模拟。另一方面，将BIM与3D打印、3D扫描及VR技术等多种技术结合，开发BIM特色应用。

将物联网+管理平台结合BIM技术、网络信息技术、数字视频技术、短程无线通信技术、信号采集技术、RFID信号识别技术，实现隧道施工监控数据及物联网信息的归集，实现提高效率，节约成本，减少人力投入，达到精细化管理等目标。同时，可在平台查看沉降数据等信息，设置了自动预警提醒，一旦出现险情，立即启动警报。此外，在施工作业区入口处设立闸机，通过安全帽上的芯片，记录考勤，便于进行劳务管理。

图9　信息管理平台界面及手持机

三、发现、发明及创新点

(1) 首次将波纹钢板应用于地下连续墙与内衬墙叠合面构造，避免了传统凿毛方式对地连墙结构的破坏，解决了结合面结构受力和防水问题。

(2) 创新了大直径泥水盾构始发和二次穿越大堤的控制技术，研发出始发洞门密封装置和强透水层加固帷幕结构的施工方法，解决了盾构始发端头加固、洞门密封及大堤防护等技术难题。

(3) 探究了管片上浮机理，并开发管片上浮控制技术，创新了管片壁后注浆施工方法，有效控制了盾构掘进过程中管片上浮的现象。

(4) 构建了水下盾构隧道风险评估模型，评估了水下隧道建造风险等级；提出了江底岩溶处置原则，优化了岩溶处置范围，研发了“灌注挤压法置换江底溶洞低密度充填物技术”，降低了施工安全风险及对环境的污染，保证了施工安全和工程质量。

(5) 首次将硅烷浸渍技术应用于盾构隧道管片防腐，研发了相应的设备和配套工艺，形成了整套管片防腐技术。

(6) 从宏观和微观角度研究了盾构刀盘结泥饼原理，并针对实际情况提出了本工程的泥饼防治措施，提高了盾构施工效率。

(7) 探索了BIM技术在盾构隧道施工中的特色应用，建立了BIM+物联网信息化综合管理平台，优化了施工管理过程，提高了施工信息化管理效率和水平。

四、与当前国内外同类研究、同类技术的综合比较

（1）内衬墙与地下连续墙叠合面构造，在国内外多采用人工凿毛方式施做凹凸面，而本技术采用波纹钢板构造则避免了机械凿毛对地连墙结构的破坏，增强了叠合面的抗剪和止水性能。

（2）端头加固常规技术采用高压旋喷桩和水泥搅拌桩，但缺乏对砂卵石地层的适应性，而本技术采用地连墙帷幕进行内部袖阀管注浆，范围可控，工序少，安全环保，效果良好。

（3）隧道管片防腐在国内外多采用环氧防水涂料，为成膜型，存在涂装厚度，会影响管片拼装精度，涂层也会受盾尾刷破坏而影响防腐效果。硅烷浸渍技术为渗透型，是通过渗入混凝土表面 3～4mm 在混凝土表面发生化学反应，形成致密的防水保护层，起到防腐效果。

（4）管片壁后注浆传统方式是采用两阶段注浆，一是进行同步注浆，然后再对不密实部位进行二次注浆。而本技术创新了注浆方法，采用三阶段注浆，提高了密实度，减少了环缝渗漏水、管片上浮等问题发生。

（5）在溶洞处理方面，国内外常用的技术是采用钢套管护孔，孔内插注浆管，压力不均衡容易造成边界漏浆现象。而本技术提出采用灌注挤压法置换江底溶洞低密度充填物，形成注浆循环系统，既保证了溶洞加固填充质量，又保护了环境。

（6）盾构隧道的传统管理方法效率低下，人员投入多，而将信息化管理平台引入后，实现了施工现场可视化、智慧化，统一对各施工环节和部位进行调度，提升了施工质量、进度、安全和劳务管理水平。

五、第三方评价、应用推广情况

1. 第三方评价

2018 年 4 月 25 日，中国建筑集团有限公司在北京组织召开了该项目的成果评价会议，评委一致认为，该成果总体达到国际先进水平，其中盾构管片硅烷浸渍防腐技术、灌注挤压法置换江底溶洞低密度填充物技术达到国际领先水平。

2. 应用推广情况

从 2016 年开始，该套技术成本成功应用于合江套湘江隧道建造，确保了建设目标的实现，取得了显著的经济、社会和环保效益，该项目产生直接经济效益 11090 万元。与此同时，该套技术在湖南省衡阳市第二环路下穿船山西路立交等工程中得到进一步推广应用，各项效益显著，在三个工程中累计产生经济效益 1.45 亿元。

另外，该技术中的“强透水地层加固帷幕结构的施工技术”“盾构管片接缝硅烷浸渍防腐技术”“灌注挤压法置换江底溶洞低密度充填物施工技术”“强透水地层大直径泥水盾构始发施工技术”等技术，已被纳入 2018 年中建一局科技推广应用技术名录，已在中建一局范围内进一步推广。

六、经济效益

经济效益　（单位：万元）　**表 1**

项目投资额	120000		回收期(年)	4
年份	新增销售额	新增利润	新增税收	
2016 年	2600	569	455	
2017 年	4300	811	675	
2018 年	5090	702	583	
累计	11090	2082	1713	

七、社会效益

（1）研究成果既取得了实质性突破，形成了9项省部级工法和1项中建集团工法，直接用于衡阳合江套湘江隧道建设，实现隧道施工零事故，提升了我国盾构隧道的施工控制理论和技术水平，推动了盾构隧道施工技术的进步。

（2）首创隧道管片硅烷浸渍防腐、灌注挤压法置换江底溶洞低密度充填物技术等一系列技术，实现了盾构成功穿越衡阳湘江大堤以及岩溶加固区，避免了施工噪声大、泥浆污染、地表沉降大、占地面积多等问题的发生，使衡阳合江套湘江隧道克服诸多困难后得以如期贯通。

（3）形成了具有自主知识产权的穿越湘江复杂岩溶地层泥水盾构隧道关键建造技术，授权发明专利3项，实用新型专利15项，获批省部级工法10项，发表核心论文30余篇，软件著作权2项，专著1部，培养博士2人、硕士4人，为盾构隧道建设培养了一批专业化人才。

（4）改善了衡阳市人居环境，缩短市民过江时间，缓解主干道交通压力，极大加速城市化进程。

清水混凝土曲面复杂结构成套施工技术研究与应用

完成单位： 中国建筑第八工程局有限公司

完 成 人： 王文元、朱　健、冯长征、曾　程、彭克真、刘洪杰、张瑞宜、艾迪飞、范垚垚、何世国

一、立项背景

张家港金港文化中心位于张家港市保税区金港镇，由 A-F 六个独立单体组成，以“漂浮荷塘的睡莲”为理念，大量采用双曲异形清水混凝土构件，主要为双曲蘑菇体、棱台型曲线空心挑檐、落地拱壳密肋梁板等。总建筑面积 3.3 万 m^2，清水总面积达 5.8 万 m^2，清水工程量大、造型极其复杂，是目前国内最具特色也是施工难度最大的清水混凝土建筑之一（图 1）。

图 1　张家港金港文化中心效果图

综合项目结构特点和施工条件，本项目具有以下施工难点：

（1）结构整体异常复杂，35 种形态多变的蘑菇体、总长 3080m 的环形多曲棱台型空心挑檐、3000m^2 的流线形超大跨（38.9m）落地拱壳等均是不规则，不重复结构，且均为清水饰面，质量标准要求高。

（2）造型新颖，不规则清水构件的使用，使得本工程存在大量异形空间和异形交汇界面，深化设计工作量和难度很大。

（3）复杂异形结构上大量不规则洞口（108 种）、机电预留末端（317 个）的定位精度、成型质量控制难度大，给清水施工带来巨大挑战。

二、详细科学技术内容

1. 异形曲面清水混凝土复杂结构深化设计技术

1）技术特点与难点

（1）复杂结构造型新颖，存在大量异形空间和异形交汇界面，清水深化设计时需综合考虑各类异形节点、异形洞口、关联结构和同一视线区域清水分割协调性等因素，考量因素多，深化难度大。

（2）异形模板下料和加工极易造成大量材料的浪费和工序消耗。对于本工程大量异形结构，曲面结构，如何有效控制损耗、提高加工精度和一次成功率是极其关键的问题。

2）技术创新

（1）清水混凝土复杂结构分割设计技术：针对复杂结构变化多样、弧度变化和组合多样、难以直观分割、需要考虑因素众多等特点，通过BIM技术的应用，对空间异形清水混凝土结构蝉缝分割设计的各个要素细致研究，对分割设计的完整性、可行性、经济性、美观性等进行多维度探讨，创造性形成了一套标准化的清水混凝土蝉缝分割设计方法（图2）。

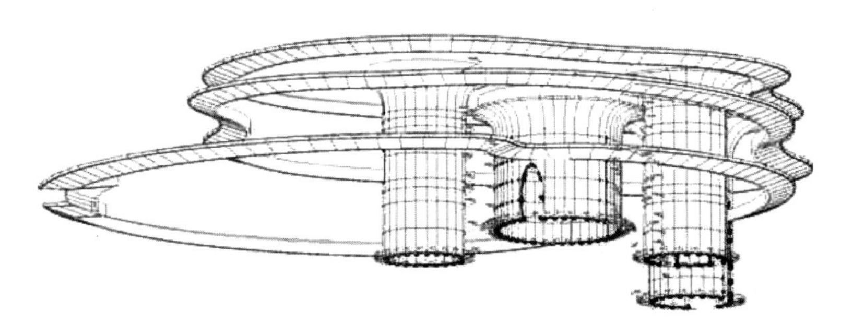

图2 空间异形清水结构蝉缝分割模型

（2）清水混凝土曲面模板平面化技术：针对工程存在大量不规则曲面的特点，基于复杂异形曲面如何展开成有效平面，减少后续修补和调整工序的难题，研发采用BIM技术（Pro-E软件），根据分割，绘制钢面板形状，将曲面模板平面展开，直观准确的确定了下料尺寸和下料形状，提高了钢板的利用率和钢模板的加工效率，也直接提高了曲面结构完成精度（图3）。

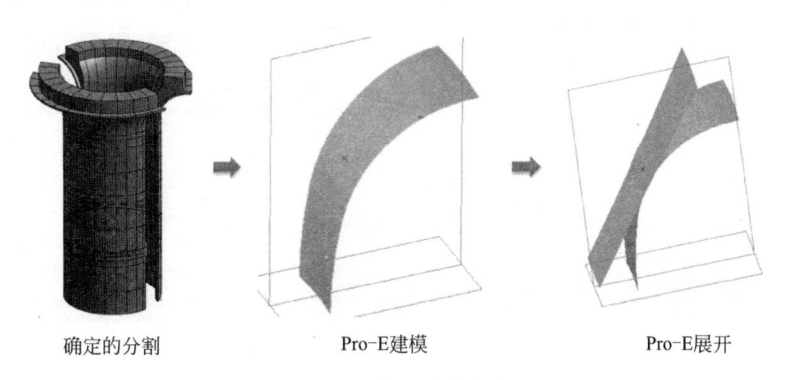

图3 面板三维尺寸转化为平面

3）实施效果

本技术有效保证了复杂异形清水构件的表观成型质量和浑然一体的分割设计效果，同时模板体系周转率提高约18%，钢面板损耗率降低5%。

2. 多曲率异形清水蘑菇体结构施工技术

1）技术特点与难点

（1）蘑菇体造型变化多端，形态特异，成型难度大，需要严格把关表面平整度和墙体顺弧度，展现设计追求的曲线美，施工精度要求高，施工难度极大。

（2）蘑菇体关联结构多，工况较为复杂，需要统筹结构特点和建筑效果进行工况分析和部署，研究合理的施工工序和进行工序优化。

2）技术创新

（1）多曲率异形清水蘑菇体模板设计技术：模板体系研究技术分为蘑菇体下部直段和上部展开段。

下部直段研发采用非连续主龙骨钢木结合模板体系（图 4），同时为便于模板周转使用，设计出清水筒体层间转接托架及转接托架系统，大幅降低了钢框体系含钢量。

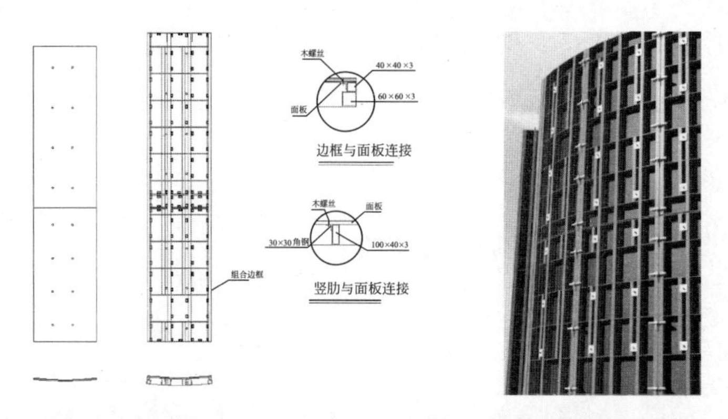

图 4　弧形连续横肋，非连续竖向龙骨的弧形钢框木模体系示意图

蘑菇体上部采用定型钢模，并设置支撑架支托点和周转振捣口（图 5、图 6），解决曲面成型质量和控制混凝土浇筑质量等施工难题，体系成型后经测算整体用钢量 85kg/m^2 左右，较常规类似体系降低重量 20%～35%以上，大幅降低了材料成本。

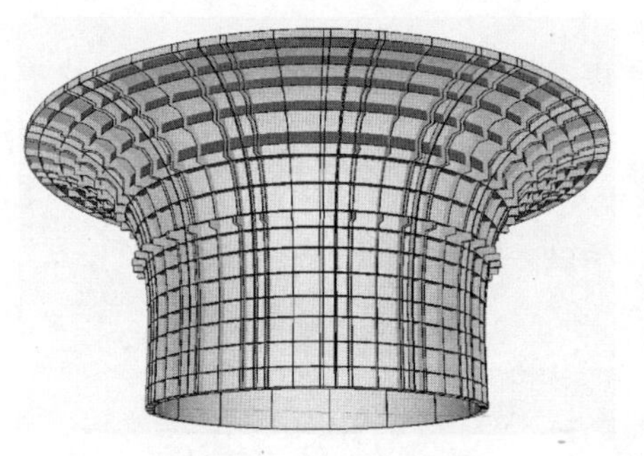

图 5　蘑菇体钢模板体系示意图

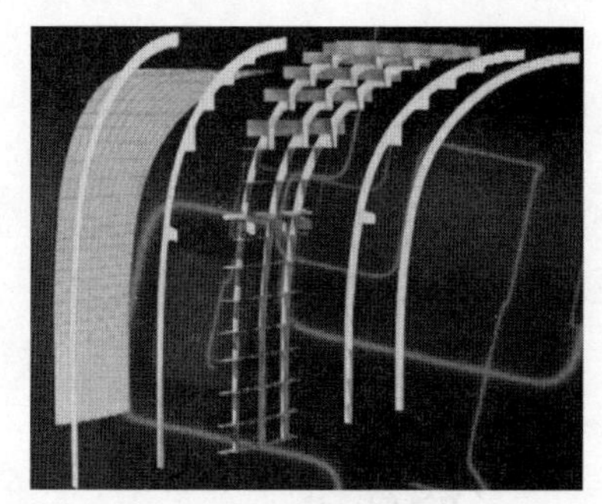

图 6　纯钢模拆解示意图

（2）多曲率异形清水蘑菇体综合施工技术：基于结构受力特点，考虑建筑设计效果要求，将原定的两个方案进行对比，最后综合浇筑混凝土控制、排架措施费、梁区整体性等多方面考虑，确定实施方案（图 7）。

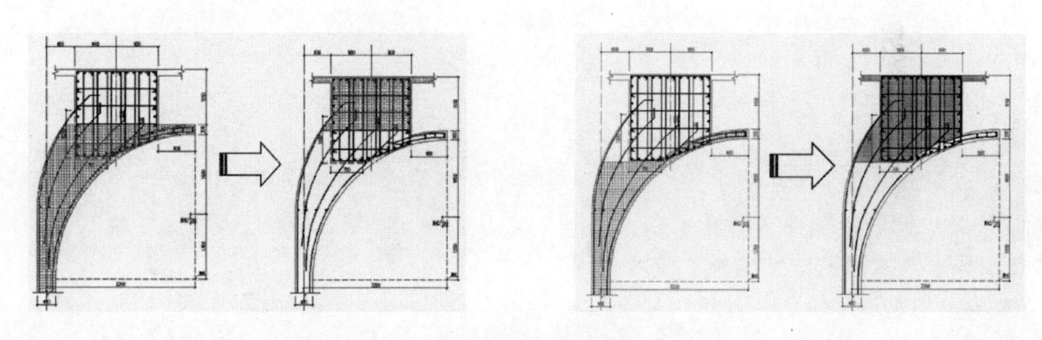

图 7　施工缝划分方案一和方案二

利用有限元分析软件，建模分析（图 8），按照施工部署工况复核，充分利用结构自身强度，采用模板和排架协同设计方式（图 9），将排架用量降低 20%。

3）实施效果

通过对模板体系研发、蘑菇体施工技术和工序研究，所完成的蘑菇体清水建筑造型精确，成型质量高。与传统相比，降低模板体系含钢量 20%～35%，模板支撑架用量降低 20%，大幅降低工程实施成本。

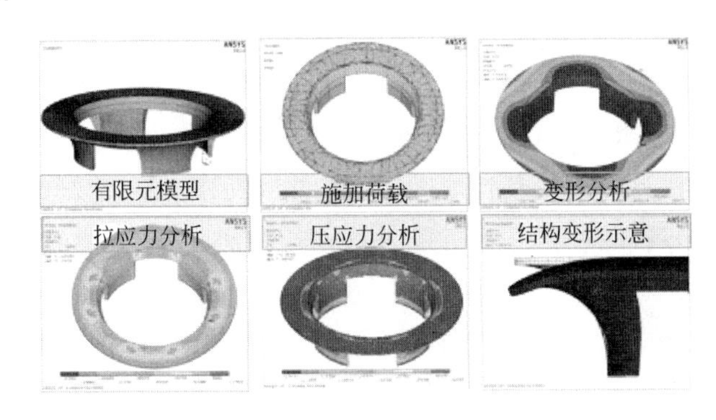

图 8　有限元模拟分析

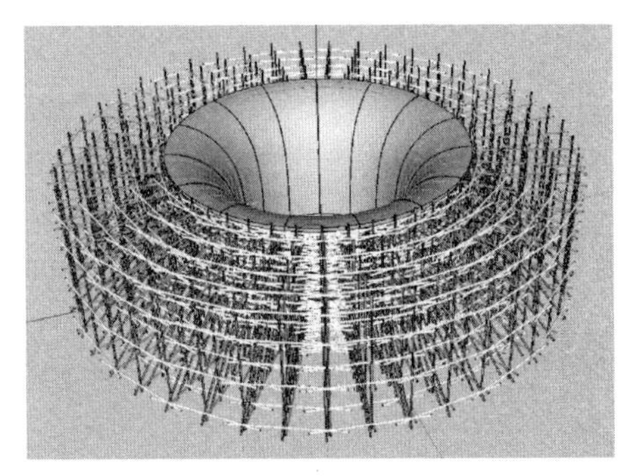

图 9　展开段支撑架搭设示意图

3. 环形多曲棱台型清水空心挑檐施工技术

1）技术特点与难点

（1）环形多曲棱台型清水空心挑檐最大展开达 270m，造型本身具有建筑要求的特异性，挑檐呈棱台型，并设置了复杂的滴水构造节点，挑檐内部为空心构造，为保障清水整体效果，需要一次整体成型。

（2）为降低挑檐结构自重，中部采用挤塑板填充芯模，芯模底部随挑檐形状为双曲面，其平面为环向边梁和径向悬挑梁交汇形成的不规则四边形，芯模的制作和抗浮控制也是难点之一。

（3）挑檐与楼层结构的预应力关系密切，预应力固定端多设置于挑檐端部，悬挑端的预应力梁先后张拉协调变形直接会影响挑檐表面的清水效果，尤其是可能导致产生大量裂缝。

2）技术创新

（1）清水空心挑檐模板设计技术：通过研究和分析计算，研制出了一种由异形钢板、异形小刚肋、槽钢焊接而成，使用螺栓连接，具有特殊企口形式和三重截水节点（图 10），适用于挑檐结构的模板体系（图 11），并制定相应的安装控制标准，为挑檐的高质量成型提供有力保障。

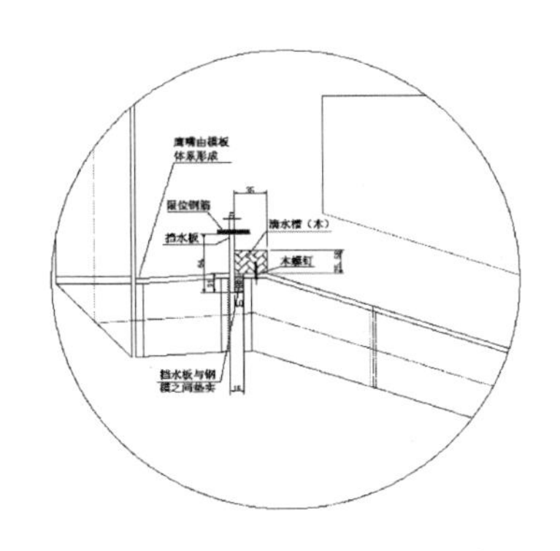

图 10　挑檐滴水构造节点示意图

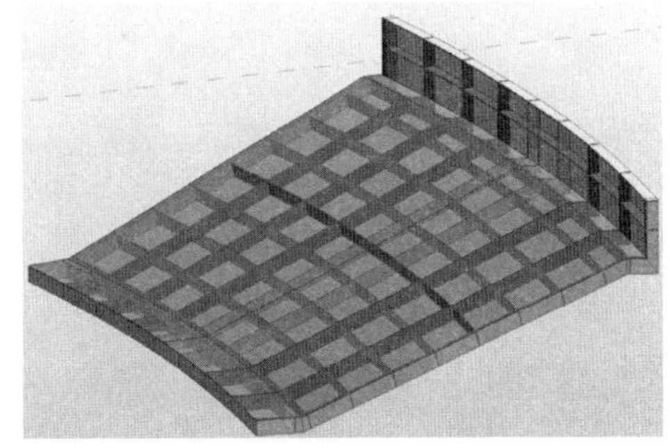

图 11　环形多曲棱台形清水挑檐模板体系

（2）清水空心挑檐芯模抗浮施工技术：利用钢筋骨架间距小，平面外刚度大的特点，替换局部板筋作为抗浮钢筋，抗浮钢筋以梁钢筋骨架为支座。同时，优化混凝土浇筑顺序，控制抗浮风险（图 12）。

（3）多向密布小间距预应力梁施工技术：合理设置预应力分段（图 13），优化张拉顺；通过首次张拉试验，测试预应力损失数值，经设计核准，确定张拉值。

3）实施效果

本技术模板体系和芯模安装快捷，整体工期提前 30d 完成，成型曲线弧度偏差 2mm，平整度偏差 1～2mm，成型效果完美达到设计要求。

图 12　挑檐芯模抗浮

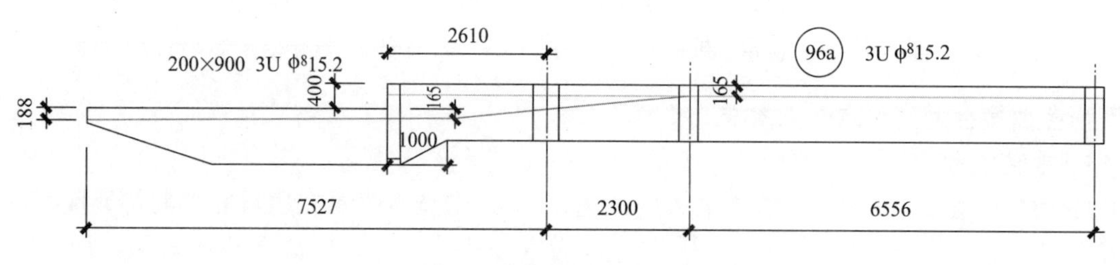

图 13　分段设置方法示意

4. 流线形超大跨清水落地拱壳结构施工技术

1）技术特点与难点

（1）流线形超大跨清水落地拱壳结构，造型极其复杂，无规律可循，其最大的难点就在于数据的无规律性（图 14）。无规则结构异形数据的提取，模板体系深化、安装质量控制等，均需要借助信息化手段加以整合。

（2）落地拱壳结构地上全部为清水效果要求，且结构设计要求不得留设施工缝，需要一次成型。因此，对模板体系设计、施工顺序、混凝土浇筑等相关施工技术均提出了很高的要求。

（3）落地拱壳结构底部设置预应力板带，类似一把弓的弓弦，抵抗拱脚向外推力。底部预应力板带张拉与上部结构施工衔接相互之间的影响如何降低到最低，也是需要重点考虑的难题。

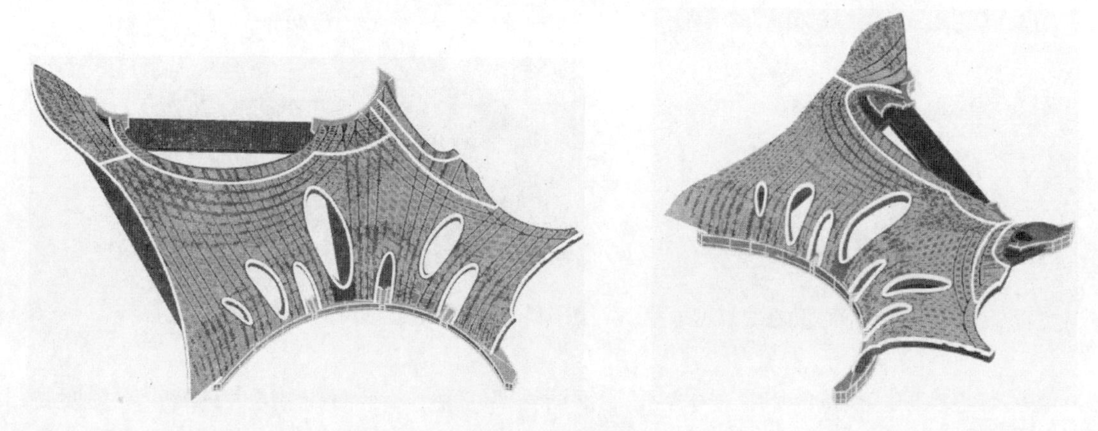

图 14　F 区拱壳模型示意

2）技术创新

（1）超大跨落地拱壳空间曲面定位技术：运用 Rhino 模型，剖切出主梁的梁中造型曲线（见图 15），形成主梁骨架网络；按 600mm×600mm 间距形成标高控制（图 16），生成次梁与板的定位，从而形成完整的各构件定位网络，指导现场实施。

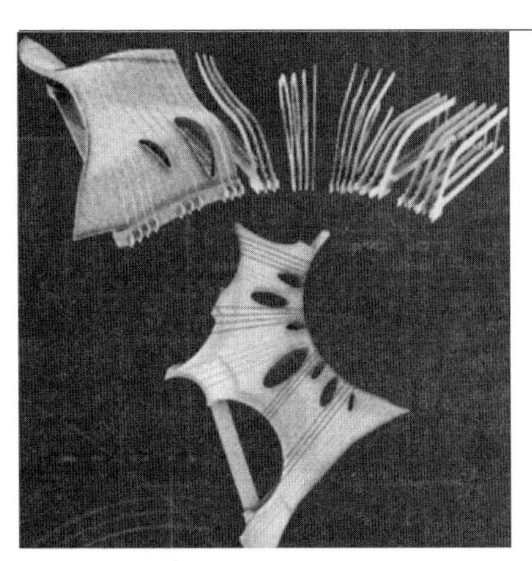

图 15　主梁剖切过程

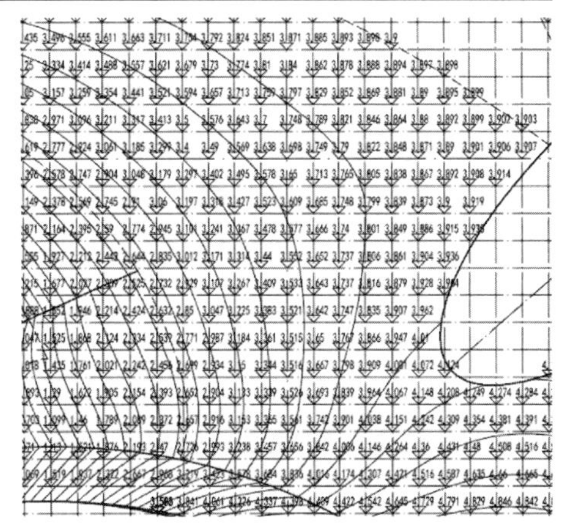

图 16　600mm×600mm 空间定位

（2）超大跨落地拱壳模板设计及施工技术：采用 BIM 模型读取参数信息，研究设计出了落地拱壳涉及的异形梁底、格体、造型洞口、扭曲面等一系列异形模板（图 17、图 18），构成了落地拱壳结构的整体模板体系，解决了无规则落地拱壳结构模板难题。

图 17　椭圆边界封边模板

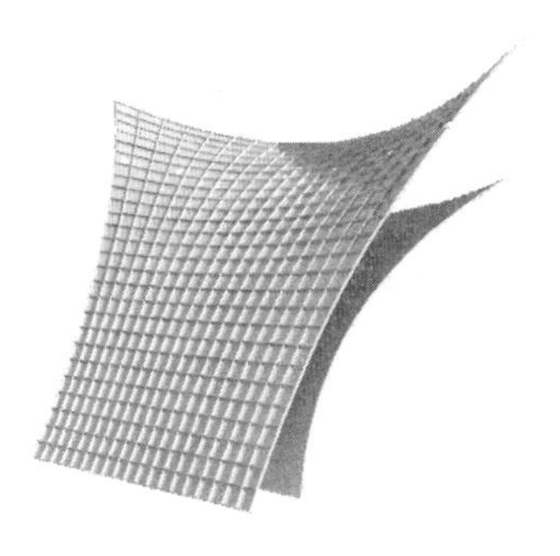

图 18　墙体模板

（3）超大跨落地拱壳钢筋深化技术：针对落地拱壳钢筋难题，研发了落地拱壳钢筋深化设计技术，一方面优化了钢筋连接节点位置（图 19）；另一方面，基于 BIM 模型剖切形成的曲线（图 20），结合接头连接深化，指导钢筋翻样和复核翻样质量。

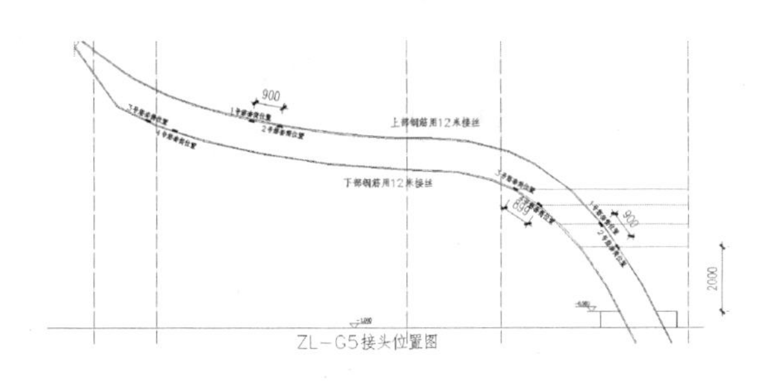

图 19　钢筋连接节点深化图

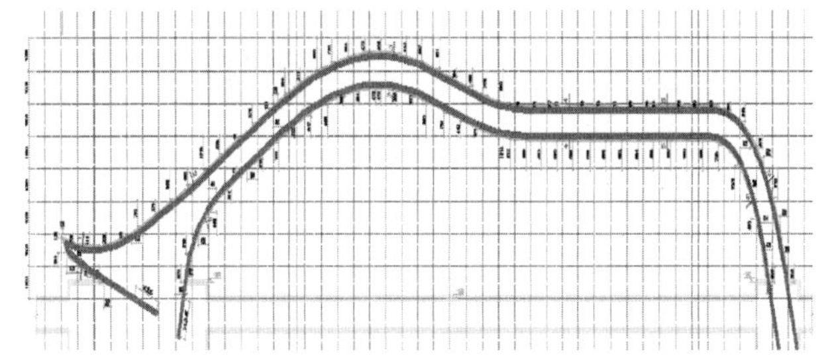

图 20　梁中心剖切造型曲线

（4）超大跨落地拱壳挠度变形控制技术：基于 SAP2000 有限元分析结果（图 21），将挠度变形分区按不同数值控制（图 22）。优化底部板带的预应力张拉顺序和工艺，将预应力张拉与上部结构施工相结合，提高基础整体性，将分批张拉与上部结构施工、拆模工序相衔接，减弱对上部结构影响。

3）实施效果

本技术成功解决了其难以兼顾施工可行性和饰面清水效果的施工难题，经实测，拆模后与设计模型偏差在 3mm 以内，且通过设计出新型模板体系和调整预应力张拉方式，现场安装快捷且无须重复张拉，整体工期提前 60d。

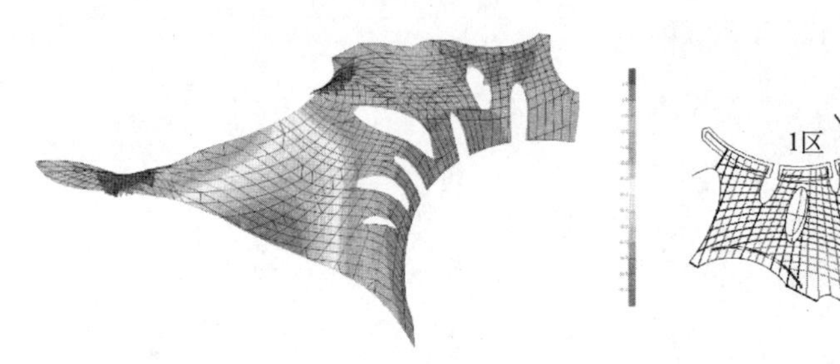

图 21 SAP2000 有限元分析图

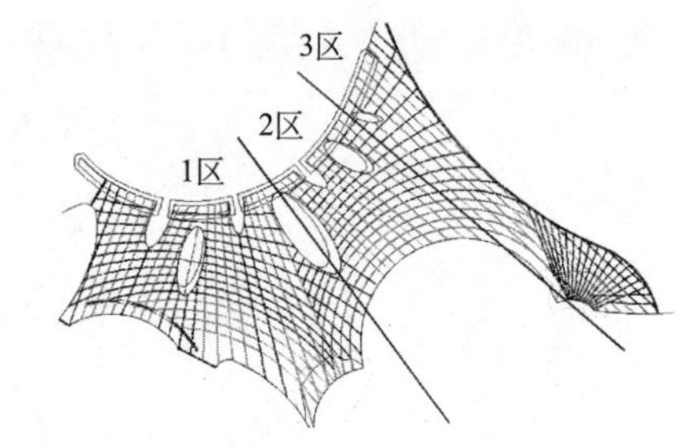

图 22 挠度分区控制图

5. 多向异形清水混凝土结构预留预埋施工技术

1）技术特点与难点

（1）蘑菇体构件上设置了 108 种异形洞口，每个洞口形态、位置、大小均不相同。平面曲线与空间异形清水构件碰撞、交汇形成的空间曲线，如何完整将其形状还原出来、准确预埋、并控制好成型质量，尤其是洞口棱边，是洞口施工关键所在。

（2）清水曲面墙体结构涉及 317 种弧面机电末端，曲面、弧面之间的贴合问题和机电末端棱角成型质量是成型质量控制的关键，同时清水混凝土预留预埋均需一次成型，故对前期深化设计全面性、精确度及现场施工细节控制要求极高。

2）技术创新

（1）多向异形清水混凝土洞口预留施工技术：针对洞口成型难题，发明了一种清水混凝土异形洞口的模板结构和对应施工方法，解决了深化制作和贴合误差问题（图 23）。

（2）小型机电末端预留预埋施工技术：针对小型机电末端预埋，通过应用 BIM 技术模拟节点预埋方案，确定采用后台制作衬板，衬板与面板贴合紧密，保障外露边缘效果，并对预埋构件采取多向限位措施（图 24），确保预埋高质量成型。

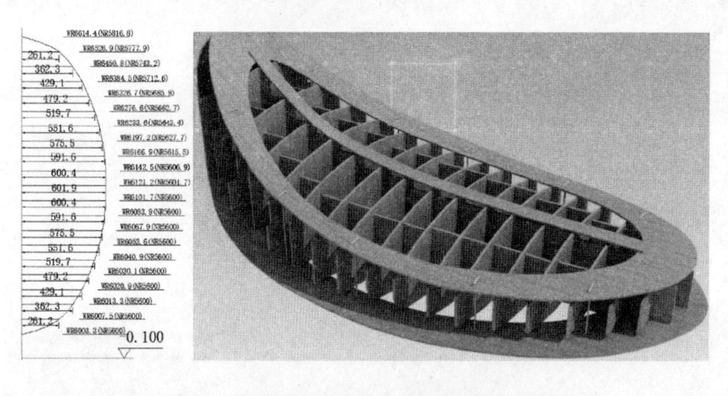

图 23 椭圆洞口放样和预埋盒构造示意

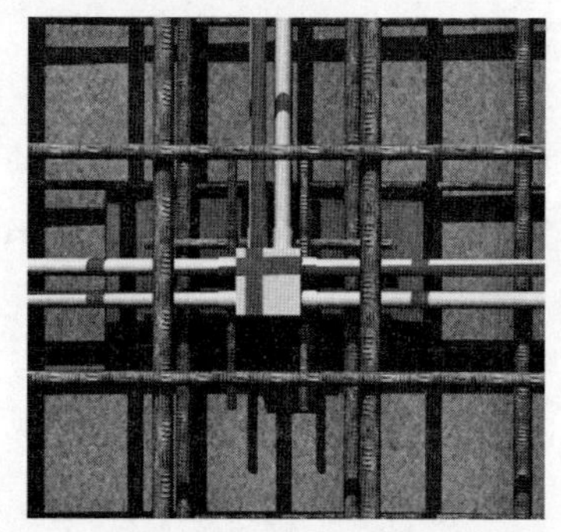

图 24 衬板预埋示意图

3）实施效果

本技术的实施确保了预埋盒的准确尺寸，洞口尺寸偏差不超过 2mm，末端预埋位置偏差不超过 1mm，洞口与末端边缘棱角分明，展现了空间异形清水构件的独特韵味。

三、发现、发明及创新点

1. 异形曲面清水混凝土复杂结构深化设计技术

研发了基于 BIM 技术的一套标准化的清水混凝土蝉缝分割设计方法，发明了清水混凝土曲面模板的制作方法，解决了异形清水混凝土曲面复杂结构深化设计难题。

2. 多曲率异形清水蘑菇体结构施工技术

研发了清水混凝土曲面弧墙及展开段异形模板体系及相关技术，并采用有限元分析方法模拟施工工况，解决了多曲率异形“蘑菇体”清水混凝土模板支架结构分析计算和施工难题。

3. 环形多曲棱台形清水空心挑檐施工技术

研发了清水空心挑檐模板支架及相关技术，解决了多向密布小间距预应力梁的施工难题，取得了环形多曲棱台挑檐清水混凝土饰面的完美效果。

4. 流线形超大跨清水落地拱壳结构施工技术

研发了基于BIM技术的落地拱壳密肋梁板结构施工技术，设计了流线形超大跨落地拱壳的模架结构，解决了最大跨度达38.9m的大跨清水混凝土落地拱壳结构的施工关键技术。

5. 多向异形清水混凝土结构预留预埋施工技术

研发了一种洞口模板结构和洞口预埋施工方法与机电末端预埋技术，完美地呈现出清水混凝土洞口曲线和末端效果。

四、与当前国内外同类研究、同类技术的综合比较

根据中国科学院上海科技查新咨询中心出具的“清水混凝土曲面复杂结构成套施工技术”的国内外技术查新报告结论，本工程所采用的上述5项关键技术均未见相关报道，本项目具有新颖性。

五、第三方评价、应用推广情况

1. 第三方评价

2019年4月30日，中国建筑集团有限公司组织召开了“清水混凝土曲面复杂结构成套施工技术研究与应用”项目科技成果评价会。评价委员一致认为，该成果整体达到国际先进水平，其中异形清水混凝土曲面结构、大跨落地拱壳结构关键施工技术达到国际领先水平。

2. 应用推广情况

本技术研究内容已纳入中建八局整体清水混凝土施工技术手册，得到了更好的推广及应用，其相关技术已在张家港金港文化中心项目得到了全面应用，并在后续的张家港职工文体中心项目得到推广和应用，整个施工过程安全可靠、工期合理、经济性好，具有较好的推广前景及价值。

六、经济效益

在项目实施过程中，通过研发的新技术解决施工中的技术难题，加快了施工速度，降低了材料用量，产生了良好的经济效益。

七、社会效益

本项目的实施受到院士、设计院总工等的持续关注，在项目实施期间，先后多次莅临现场指导，并高度赞扬了中建八局精益求精的态度和高超技艺。

本工程成功举办了江苏省2017年度优质工程观摩会，累计观摩人次达3000人次，大幅提升了我局在清水混凝土领域核心竞争力和社会影响力，并广泛开拓了区域市场，助力企业迅速发展。

建筑时报、苏州日报等外部媒体都对本项目进行了专版报道，产生了巨大的社会效应，彰显了企业品牌形象，起到了很好的宣传效果。

全钢结构超高层装配式建筑建造关键技术创新研究与应用

完成单位：中建钢构有限公司
完 成 人：陈振明、熊 伟、章 思、刘 奔、杨 帆、胡 军、刘发安、李辉军、罗加恒

一、立项背景

2016年9月，国务院办公厅发布《关于大力发展装配式建筑的指导意见》，提出力争用10年左右的时间，使装配式建筑占新建建筑面积的比例达到30%。

从2016年住建部推行的119个装配式建筑示范项目来看，钢结构占比为35%。可见，针对装配式钢结构建筑建造技术的研究具有急切的市场需求和广阔的应用前景。

据不完全统计，我国在建超高层建筑数量已达世界总量的50%，随着我国城镇化率的不断提升，我国超高层建筑的占比仍会明显提升。但全钢结构超高层建筑较为少见。

与传统混凝土建筑相比，钢结构装配式建筑在抗震性能、空间性能、快速交付、装配率、绿色环保等方面具有明显优势。如表1所示。

装配式钢结构建筑与装配式混凝土建筑对比　　表1

指标	性能比较
a.抗震	a.阻尼比仅为传统混凝土20%～30%
b.防火	b.温度极限与钢筋混凝土一致(↓20%强度)
c.空间大	c.适合8～9m的跨度,混凝土适合3～4m跨度
d.质轻	d.同等荷载条件,钢结构建筑自重是混凝土的1/2左右
e.快速交付	e.主体结构及部品全工厂预制,工期缩短1/4～1/3
f.工交提高	f.劳动力投入减少,工时工效提升24%
g.装配率高	g.钢结构体系能保证装配率≥66%,A级评价起步
h.绿色环保	h.节能减排,钢材再利用率高达96%～99%,折旧剩余价值>50%

汉京金融中心是全球唯一一座300m以上的全钢结构超高层建筑。塔楼无钢筋混凝土核心筒结构，加大开放空间，是节能环保型的“绿色建筑”。总用地面积：11016.94m²，总建筑面积：165455.46m²，建筑高度350.2m，主塔楼地上62层（顶部5层架空层），附设4层商业裙房；地下5层，钢结构总用钢量为5.85万吨。

本项目依托“汉京金融中心工程”开展了全钢结构超高层装配式建筑的设计、制作、安装等关键技术的研究，旨在形成一套系统、完整的全钢结构超高层装配式建筑建造关键技术，为全钢结构超高层建筑的施工提供借鉴。

二、详细科学技术内容

1. 总体思路

本项目主要对全钢结构超高层装配式建筑建造关键技术进行研究，包括设计、制作、安装、施工测量、施工监测等，旨在形成一套系统、完整的全钢结构超高层装配式建筑综合建造技术，解决施工中的系列难题。研究总体思路：总体策划→重难点分析→制定初步方案→评审并计算/试验→确定实施方

(a) 施工现场图

(b) 竣工实景图

图 1　汉京金融中心项目

案→工程实施→过程跟踪并反馈调整→总结提炼成果并评价。

2. 技术方案

主塔楼地上部分为全钢结构，±0.000 以上总共 67 层，其中 L5、L19、L34、L49 四层为桁架层，其他楼层均为标准层。钢结构安装内容包含 30 根箱型钢柱、钢柱间箱型斜撑、异型节点以及楼层钢梁。

主塔楼地上部分采用两台 M1280D 塔吊（臂长 64.2m）进行钢结构的安装，吊装半径 60m，双绳工况下最大吊重 100t。堆场分布于主塔楼南侧、北侧及东侧。主塔楼钢结构堆场面积共 1135m²。构件卸车最远距离 40m。构件运输车辆由施工现场东侧 1 号大门进场，于堆场斜撑完成后倒车仍由 1 号大门出场或由西北角 2 号大门退场。钢柱最重构件为 T-1 轴的 GZ2，即 GZ2 双向斜撑节点重量约 50t，塔吊吊装半径为 22m；钢柱最远吊装为 T-A 轴 GZ1a 和 T-E 轴 GZ7，钢柱 GZ1a 最大重量 42t，GZ7 最大重量约 50t，塔吊吊装半径都为 26m。

主塔楼地上结构安装构件主要为钢柱、斜撑、钢梁。主塔楼采用两台 M1280d 塔吊吊装构件，地上钢柱 L1-L10 分段根据塔吊吊装性能分为一层一节和两层一节，其中加强层 L5 有夹层存在，部分分为一层两节。L10 层以上分为三层一节（GZ7 从 L38 以上分为三层一节）。大型斜撑分布于 T-A、T-E、T-2、T-6 轴，其中 T-A、T-E 轴斜撑跨一层一节，T-2、T-6 轴跨两层一节。小型斜撑主要分布于两台塔吊洞口处，跨两层一节，待相应钢柱安装就位后，两台塔吊吊装自身所在区域斜撑，小型斜撑通过相互吊装完成。

主塔楼地上钢结构安装时为错层安装，即 T-B、T-C、T-D 轴领先 T-A、T-E 轴钢柱施工一层，钢柱安装顺序为先安装 T-A 和 T-E 轴钢柱，再安装 T-B、T-C、T-D 轴。开始钢柱吊装至就位位置后，安装上临时连接螺栓，通过捯链、千斤顶、刚性支撑等调节措施，配合全站仪的观测，完成钢柱校正，再用定位焊和缆风绳固定，待临近钢柱按此完成定位后，及时将两钢柱连上相应钢梁，以确保已安装构件的稳定。

3. 关键技术

1）复杂异形蝶形节点通用设计与高效建模技术

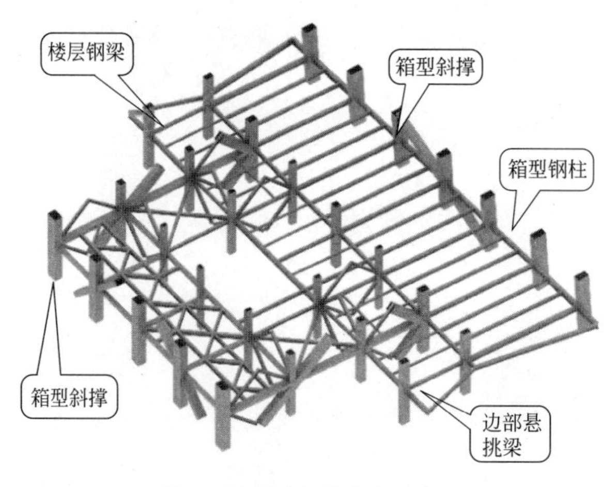

图 2 标准层安装内容示意图

主体巨型支撑筒、腰桁架、内筒支撑相互交汇形成了 347 个复杂节点，如果采用传统节点，其构造较复杂，内部腔体多，空间狭小，无法实现构件加工；采用铸钢节点，其体积庞大，增加整体用钢及自重，且难以运输、吊装；经研究，通过优化节点内部构造，设计出了异形蝶形节点。

通过大量的有限元分析及试验验证，攻克了 347 个复杂异形蝶形节点不规律性、建模缓慢、准确度低的设计问题，研发了异形蝶形节点的通用建模公式，实现了蝶形节点的快速建模，节省工期 90 天。

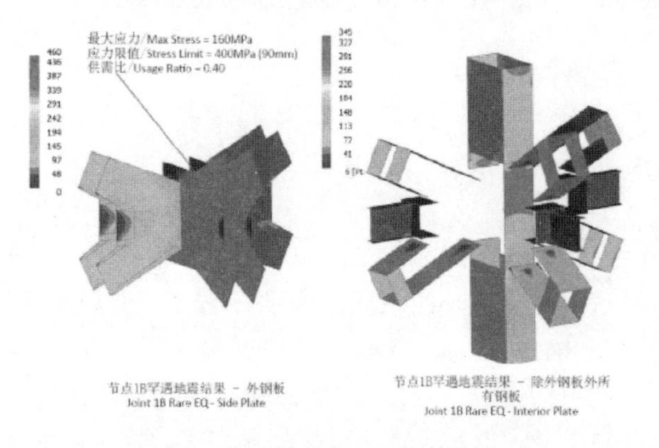

图 3 异形蝶形节点有限元分析

图 4 异形蝶形节点试验

2）全钢结构超高层复杂节点综合制造技术

针对异形蝶形节点存在的节点构件异形、体量大，节点内隔板多、主板穿插、空间狭小，厚板多、翼腹板转换、焊接量大、易焊接变形等难题，研发了厚板穿插 H 型组立整体焊、多隔板对称退焊、接头坡口小角度转换工艺，解决了异形蝶形节点内隔板多、主板穿插、空间狭小、翼腹板小角度转换的制作难题。

制造重难点分析 **表 2**

制造重难点	1. 节点构件异形、体量大 2. 节点内隔板多、主板穿插、空间狭小 3. 厚板多、翼腹板转换、焊接量大、易焊接变形		
图示			

续表

参数指标	• 蝶形节点 347 个 • 最大尺寸 6.3m×3.2m • 平均尺寸 4.3m×2.8m • 最大质量 67t	• 节点内隔板最多 14 块 • 主板穿插形蝶形节点共计 73 个 • 节点腔内最小焊接空间 420mm	• 节点板最厚 112mm，平均板厚 58mm • 翼腹板转换节点共计 124 个 • 最长翼形板组合焊缝长达 6.3m

三大关键制造技术　　表 3

关键制造技术一	关键制造技术二	关键制造技术三

大截面多隔板箱体巨柱加工技术	牛腿插入式日字型巨柱加工技术	翼腹板转换复杂腔体巨柱加工技术

大截面多隔板箱体巨柱加工技术工艺流程：

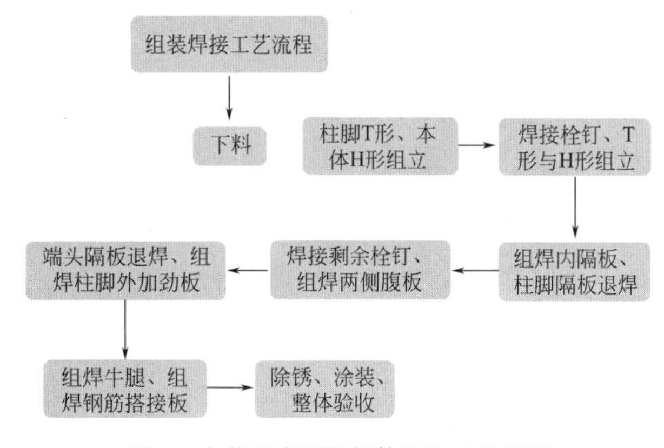

图 5　大截面多隔板箱体巨柱工艺流程

3）全钢结构超高层安装关键技术

347 个异形蝶形节点均为非对称的重心偏移，为保证安装时的稳定性，研发了可靠的连接固定措施，使节点在无缆风绳牵制的作用下形成自平衡固定技术。创新使用了大梯形串吊卡扣板批量串吊钢梁等构件，实现快速吊装，使吊装工效提高 25%。

图 6　无缆风自平衡固定技术

图 7　大梯形串吊卡扣板批量串吊技术

根据现场施工的实际特点，研发了码板式连接板施工技术、斜撑挂篮标准化施工技术、一体化垂直通道施工技术、万向转轴车转运施工技术，保障现场施工安全，施工工效显著提升。

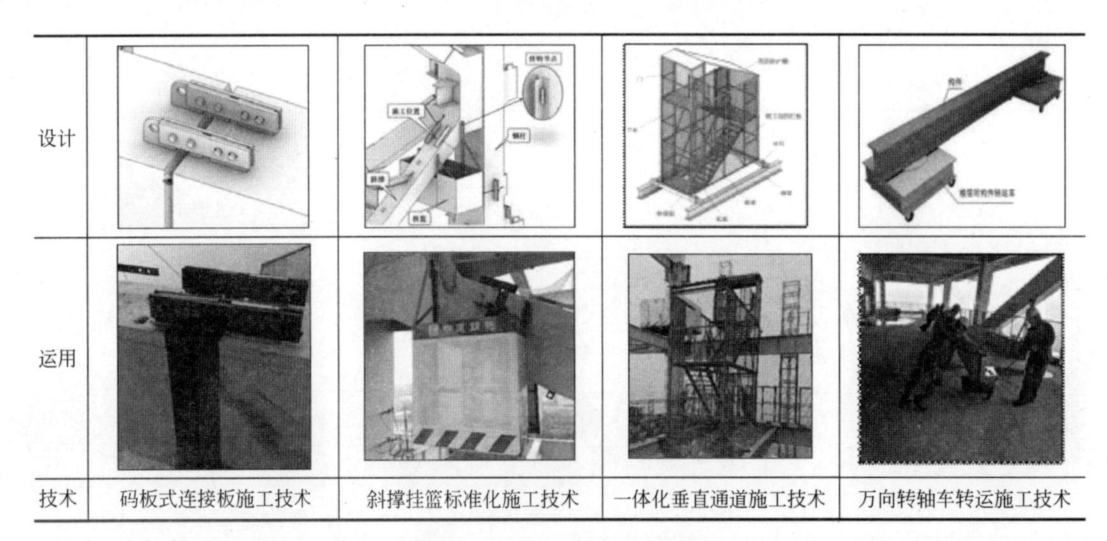

图 8　全钢结构超高层安装措施

主体工程中大量使用高建钢材料，钢柱及节点主要为 Q460GJC 钢材，占比 21.04%，重达 12308 吨。Q460GJC 的高建钢材料为本工程焊接控制的重点，且从工艺上具有一定的焊接难度，且钢柱及大节点又联系着各方向的钢梁与斜撑，起到整体焊接控制的关键性作用，所以从平面到立面再到空间三维上的焊接控制流程均需要进行相应的防变形与预偏等控制。

钢材用量与焊接统计　　　　**表 4**

材料	占比(%)	吨位(t)	焊接构件	板厚	焊接方式
Q460GJC	21.04	12308	巨柱、节点	30～112	横、立
Q420GJC	19.85	11612	斜撑	45～80	横、立、仰
Q390GJC	5.95	3480	斜撑、钢梁	12～80	平、横、立、仰
Q345C	17.86	10453	钢梁	10～60	平、立
Q345B	35.29	20644	钢梁	10～60	平、立

平面焊接控制流程：①优先焊接，确保 M1280D 塔吊稳定运转→②纵向延伸加强焊接→③横向向内加强焊接→扩展焊接补充焊接完整立面框体→最后完善次梁连接。

立面焊接控制流程：先焊接①钢柱对接口，其他口采用马板式连接板锁定→②焊接时，③④脱离→③上杆先焊→④先焊小杆，再焊大件，焊前马板加固防止收缩变形。

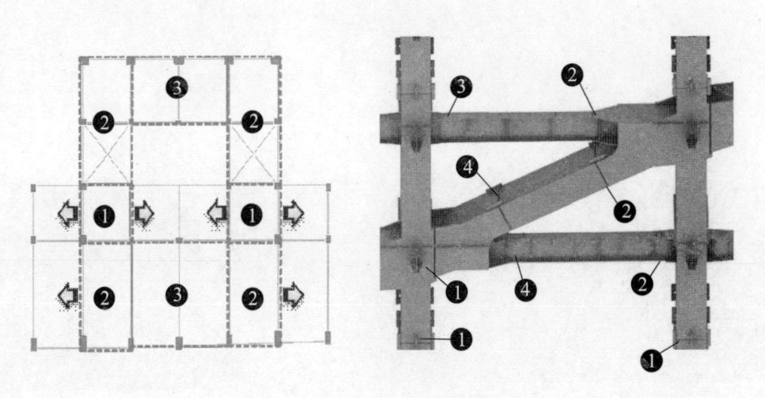

图 9　平立面焊接控制流程

研究 Q460GJC 钢材焊接工艺，制定焊接控制参数，保证现场焊接质量。

Q460GJC 焊接控制参数 **表 5**

钢材牌号	预热温度 $T_{预}$(℃)			后热温度 $T_{后}$(℃)	层间温度 $T_{后}$(℃)	焊接环境温度	保温时间
	母材厚度 t(mm)						
	$t<25$	$25\leqslant t\leqslant 40$	$40<t\leqslant 60$				
Q460GJC	—	80℃$\leqslant T_{预}$	100℃$\leqslant T_{预}$	$200\leqslant T_{后}\leqslant 250$	$100\leqslant T_{层}\leqslant 150$		

图 10　现场焊接照片

大跨度伸臂悬挑异形桁架安装方法：桁架分为上桁架跨度 66m，分 5 榀吊装单元，最大重量 16.3t；下桁架跨度 73m，分 6 榀吊装单元，最大重量 12.9t。根据现场场地狭小的条件，采取单元地面拼装单元吊装的方法，采取支撑胎架进行安装支撑，汽车吊采取由内往外的退装方案，将胎架工装设置成插入式卡槽固定，提高吊装单元的空高吊装的安全性和稳定性，从而解决了大跨度伸臂悬挑桁架在地形复杂、空间狭小的条件下的施工难题。

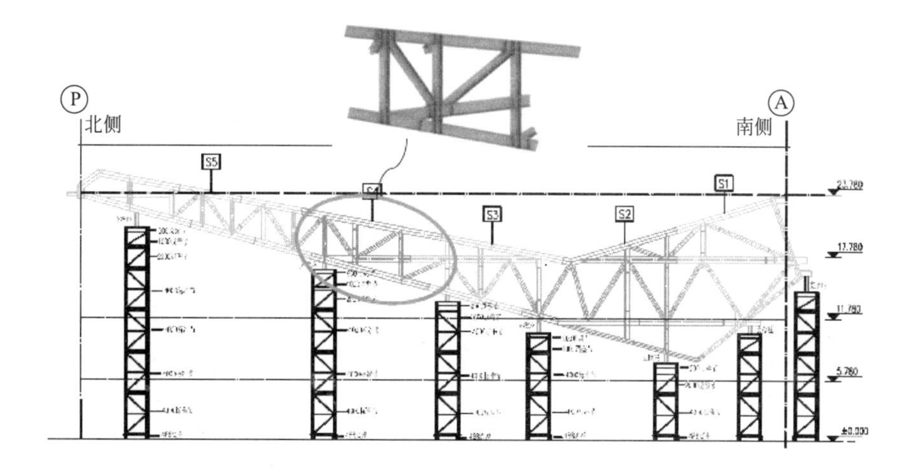

图 11　上桁架单元

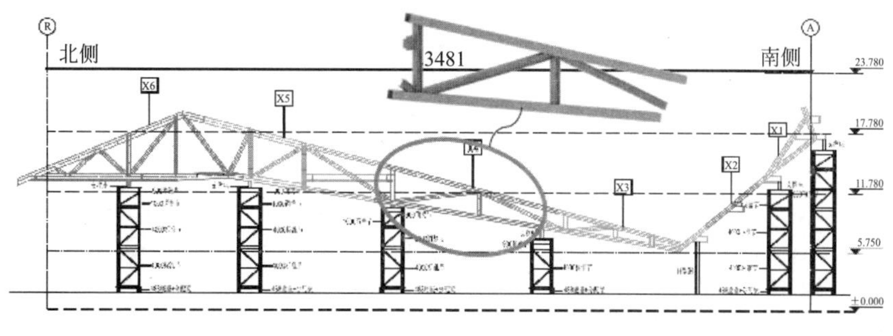

图 12　下桁架单元

图 13　桁架单元现场吊装照片

全钢结构超高层测量控制技术：根据主体结构特点及现场地理条件，制定分阶段的测量控制方法，采取由外控到内控再到 GPS 逐步递进的方法进行测控，各测控间相互复核，层间保持前后对较，避免产生误差累计，同时解决塔吊运转及全钢结构超高层自身稳定性不足引起的测量误差大的问题。

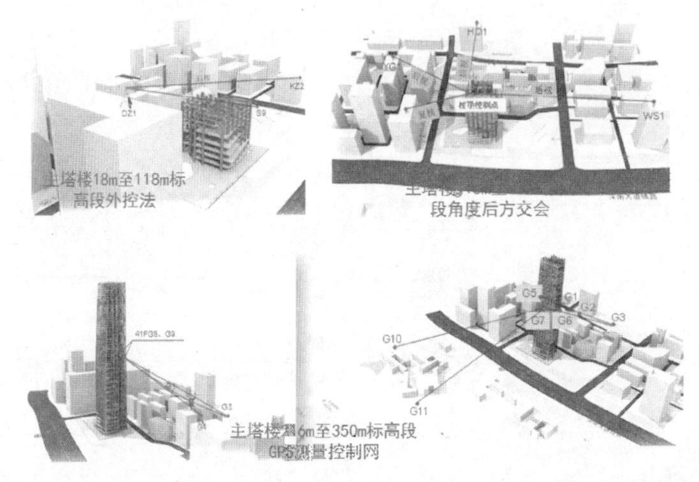

图 14　测量控制方法

图 15　测量控制照片

4）全钢结构超高层动臂塔吊新型爬升支撑设计

根据现场全钢结构的结构布置形式与特点，发明了适用于本项目的双Z型塔吊支撑钢梁和塔吊异形C型梁，成功解决了塔吊井空间不足、斜撑多转换困难的问题，为塔吊爬升效率提升近50%，且使塔吊爬升更加安全、可靠。

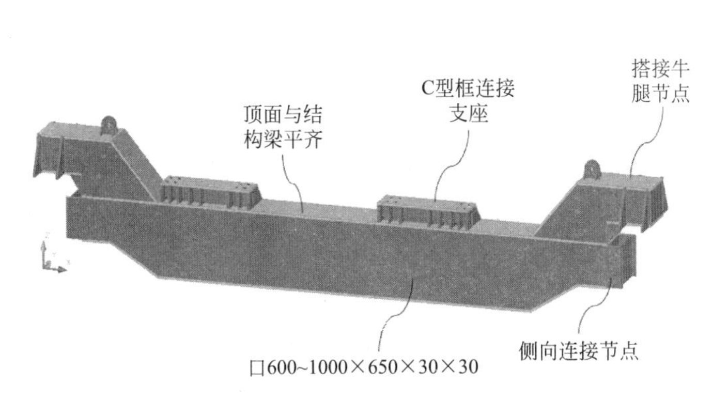

图16　双Z型塔吊支撑钢梁设计图

图17　双Z型塔吊支撑钢梁使用照片

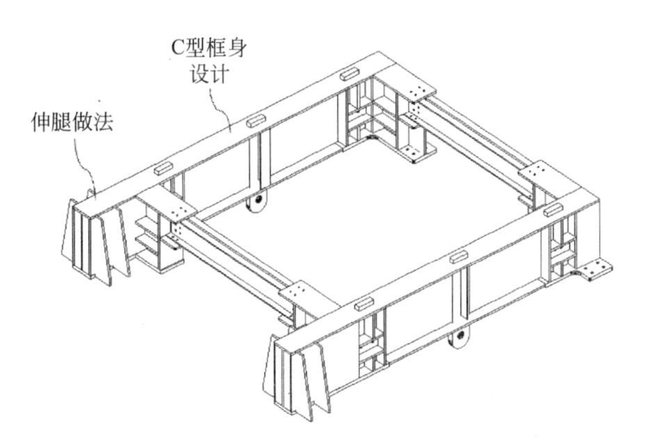

图18　塔吊异形C型梁设计

图19　塔吊异形C型梁使用照片

三、发现、发明及创新点

（1）攻克了347个复杂异形蝶形节点不规律性、建模缓慢、准确度低的设计问题，研发了节点通用设计公式，实现了蝶形节点的快速建模，节省工期90d。

（2）研发了厚板穿插H型组立整体焊、多隔板对称退焊、接头坡口小角度转换工艺，解决了异形蝶形节点内隔板多、主板穿插、空间狭小、翼腹板小角度转换的制作难题。

（3）攻克了巨型蝶形节点自平衡固定和构件批量串吊等难题，实现了全钢结构超高层快速吊装，吊装工效提高25%。

（4）研发了一系列全钢结构安装措施技术，实现了施工工效提高25%～30%，安全保障到位且无安全事故发生。

（5）提出了从平面到立面再到空间三维的焊接控制流程，编制了防变形及预偏等工艺标准，有效解决了Q460GJC等高强钢焊接质量的难题。

（6）创新地采用了合理的桁架分段、胎架站位和支撑设计，汽车吊倒装等方法，解决了大跨度伸臂悬挑异形桁架在地形复杂、空间狭小条件下施工难题。

（7）提出了基坑边测量、GPS控制网测量和塔楼内控后方交汇法，解决了塔吊运转及全钢结构超高层自身稳定性不足引起测量误差大的问题。

(8) 创新开发了双Z型塔吊支撑大梁，解决了塔吊井空间不足、斜撑多转换困难的问题，为塔吊爬升效率提升50%。

(9) 创新开发了新型塔吊异形C型梁，攻克了大型M1280D动臂塔吊在全钢结构超高层装配式建筑上的应用困难，使塔吊爬升更加安全、可靠。

四、与当前国内外同类研究、同类技术的综合比较

(1) 本技术形成了一套以“全钢结构超高层复杂节点综合制造技术”“全钢结构超高层安装关键技术”“全钢结构超高层动臂塔吊新型爬升支撑设计”为主的全钢结构超高层装配式建筑建造关键技术，解决了全钢结构超高层制造与安装的问题。

(2) 通过全钢结构超高层装配式建筑建造关键技术在工程中的应用，对主体钢结构安装质量进行了有效控制，提高安装精度，有效节约项目成本。

经国内外科技查新，对于本项目“350m全钢结构超高层综合建造技术研究与应用”的关键创新点，未见有相同技术特点的文献报道。

创新点与关键技术成果 **表6**

创新点与关键技术		国内外相关技术	本项目成果
创新点一	复杂异形蝶型节点通用设计与高效建模技术	建模速度慢、精度低	提高建模效率25%以上
	全钢结构超高层复杂节点综合制造技术	未见同等尺寸、同等复杂程度节点报道	研发了厚板穿插H型组立整体焊、多隔板对称退焊、接头坡口小角度转换工艺
创新点二	全钢结构超高层快速吊装施工技术	吊装速度慢	吊装工效提高25%
	全钢结构超高层安装措施	无相关技术	施工工效、安全保障提高25%～30%
	全钢结构超高层测量控制技术	测量控制的对象相对稳定、测定方法单一	提出了基坑边测量、GPS控制网测量和塔楼内控后方交汇法
	全钢结构起高层安装焊接控制技术	有相关技术，但研究集中于非全钢结构建筑	创建了平面-立面-空间三维的焊接控制流程
	大跨度伸臂悬挑异形桁架安装方法	未见同等跨度桁架结构报道	创新采用了胎架站位和支撑设计，汽车吊倒装等方法
创新点三	双Z型塔吊支撑钢梁设计	无相关技术	塔吊爬升效率提升50%
	塔吊异形C型梁设计	无相关技术	使塔吊爬升更安全、可靠

五、第三方评价、应用推广情况

1) 第三方评价

2017年10月21日，广东省住房和城乡建设厅组成了鉴定专家委员会，在广州市组织召开了“350m全钢结构超高层综合建造技术研究与应用”科技成果鉴定会，鉴定委员会认为该成果达到了国际先进水平，一致同意通过科技成果鉴定。

2) 应用推广情况

本技术已成功应用于深圳汉京金融中心主体工程、华润总部大厦、华侨城大厦等多个项目，技术可推广性强，经济效益和社会效益显著，能够很好地指导类似技术特点的项目施工。

六、经济效益

项目总投资额264.63万元。新增利润2017年593万元；2018年1170万元。基于中建钢构研发的

这一关键技术应用，取得了良好的实施效果，3 项工程取得了显著的经济效益，共产生经济效益 1763 万，其中：节省人工费 220 元/（人·d）×50d×60 人＝66 万，机械使用费 538 万，支撑材料费 400 万，施工措施费 565 万，管理费 194 万。

七、社会效益

（1）通过全钢结构超高层装配式建筑建造关键技术在工程中的应用，对主体钢结构安装质量进行了有效控制，提高安装精度，有效节约项目成本。

（2）全钢结构超高层装配式建筑建造关键技术，通过设计、改善、革新工程施工措施和工具，有效提高施工效率，节省人工成本，保证了项目的品质；汉京金融中心独特、新颖的设计形式，将有力打造深圳的新地标，取得良好的经济效益。

（3）项目获授权专利 3 项，发表科技论文 7 篇，省级工法 1 项，项目研究成果经国内权威专家鉴定，整体达到国际先进水平，为推动我国全钢结构超高层装配式建筑的发展做出了创造性贡献，有着良好的社会效益。

基于现场的钢筋工程工业化建造关键技术开发及应用

完成单位： 中建三局集团有限公司

完 成 人： 张　琨、明　磊、周鹏华、陈　凯、孙金桥、胡正欢、邵　凌、付　俊、田府洪、李继承

一、立项背景

传统手工翻样乃至电算化翻样，手段有限，难以解决复杂节点问题，数据不透明，翻样做法很难得到标准化执行，不利于团队协作效率提升；质量有限，过度依赖于翻样人员的经验和能力，但行业对于专业化人才的培育和重视程度不够；精度有限，限制了料单的准确性和现场适用性，制约钢筋集中加工配送新模式的落地应用。

随着国产钢筋数控加工设备的功能与效能的不断研发及完善，目前钢筋工程数控加工与集中配送技术在高铁、路桥等标准化程度较高的基础设施领域已得到很好的应用推广。但在钢筋标准化程度较低的房建领域，绝大部分仍然采用传统现场零散化加工方式，主要存在机械化程度低、生产效率低、劳动强度大、加工质量和进度难以控制、材料和能源浪费大、加工成本高、安全隐患多等缺点，严重制约了工程产品质量的提高，同时不利于施工现场新型建造方式的提升与产业化转型升级。

BIM 技术具备资源信息共享、协同高效作业、数据可视化管理等特点，已逐渐成为建筑施工行业信息化转型升级的重要载体，BIM 参数化设计极大地提高了钢结构、机电安装等专业深化设计和管理协调效率与质量，基于 BIM 的总承包项目管理平台化应用不断深入，BIM＋各类新技术构建的智慧建造技术层出不穷，然而土建专业占据重要地位的钢筋 BIM 技术应用面和深度却十分有限。

在现代化建设的进程中，建筑业企业在转变经济增长方式的同时，必须从提高施工效率、加快工程进度、提升工程质量、降低劳动强度、倡导绿色环保的角度出发，坚定不移地走信息化、工业化的道路。鉴于目前钢筋翻样的行业和企业发展现状，以及钢筋在工程建设行业的重要性和 BIM 技术所引发的信息技术革命，钢筋翻样效率提升及钢筋工程的工业化进程已迫在眉睫。

二、详细科学技术内容

1. 技术思路

为有效解决上述钢筋发展现状和面临的行业困境，探索落地钢筋新型产业化发展新模式，中建三局工程技术研究院按照信息集成、设备集控、资源集约的总体思路，基于 BIM 技术，围绕钢筋工程所涉及的深化翻样、数控加工及配送等作业流程需求，以参数化建模、可视化翻样、精确化计量、集约化加工、信息化管理为技术手段，通过软件二次开发提高建模及翻样深化效率、编码与格式设计打通钢筋数据的全流程应用等，积累和形成相关工作流程及标准文件，实现钢筋三维高效翻样、集约化数控加工及信息集成管理，促进钢筋工程作业效率提升及生产力水平提高。

2. 技术方案

1）基于 BIM 的协同式智能化高效翻样研究

目前钢筋加工通常采用的常规翻样模式下的料单，翻样质量决定了加工的返工率，尤其在钢筋集中加工的模式下，往往会导致钢筋大批量的返厂重新加工，影响现场施工，且造成极大的浪费。BIM 技术提供一种高效协同的工作模式、三维可视化的操作方法、精确的数据应用基础，能有效解决钢筋加工前

端数据问题。

在此背景下，利用BIM及二次开发技术，结合钢筋翻样相关设计文件及规范图集的要求，完成“钢筋BIM翻样辅助系统”的开发，实现三维模型中进行钢筋高效建模及智能翻样，并可根据项目的需要，对复杂节点（如筏板复杂基坑）的钢筋模型进行综合优化及模拟，保证施工可行性。完成钢筋翻样模型后，利用BIM模型输出钢筋数据，并经过云管理系统导出钢筋加工、打包、绑扎等后续所需的各类应用料单，也可将钢筋加工料单优化套料后转换为钢筋数控设备可识别的数控文件传递至数控加工设备中，提高生产效率。同时可生成相应的交底资料，指导现场钢筋半成品的绑扎安装。

2）基于生产要素集约化的钢筋数控加工研究

目前，房建领域钢筋加工以常规小型设备为主，基础设施领域采用数控设备加工方式逐渐普及，但往往也是采用批量化的刚性生产模式，难以满足施工现场钢筋形状多变的需求。在“设备集控”的总体思路下，优化工艺流程，合理化设备配置，加工工位单元化，形成柔性制造与刚性生产相结合的生产模式，提高协同生产效率，降低劳动强度，最大化利用设备产能。同时配合信息化钢筋管控，提升钢筋加工管理水平，最终实现“资源集约”。

3）适用于钢筋集约化加工的信息集成研究

通过对实施钢筋集中加工的项目调研分析，传统集中加工往往面临过程数据不清、配送混乱等问题，严重影响现场的施工。特别是在集约化加工模式下，因工艺的优化，将加工任务需求数字化拆分为不同批次的零构件加工任务，常规手段难以实现。

在“信息集成”的总体思路下，基于互联网技术，开发钢筋BIM云管理系统，集原材料管理、料单管理、加工生产管理、半成品管理、出库管理、统计管理以及各加工设备单元任务下发、加工时效统计于一体，对钢筋工程实施全流程做到实时管控。

3. 关键技术

1）基于BIM的三维高效协同智能化翻样技术

首次将BIM技术应用到钢筋翻样过程，形成了钢筋三维翻样系统，实现了翻样技术的革新。研发了基于BIM的三维翻样技术，实现高效协同智能化建模，翻样效率提升20%；研发了基于模型的钢筋智能分段技术，实现用料最少，余料最大，损耗降低60%以上；应用三维模拟技术，实现了复杂构件数字化翻样；

2）基于现场的集约化数控加工设备升级与生产组织技术

围绕设备、工艺、任务实际需求，形成了生产要素集约化的组织模式，实现了加工生产高效率、低成本；研发生产单元集约化组织技术，实现流水、协作生产，人均产能提升1倍；研发加工设备集约化改造技术，形成剪切弯曲一体机等系列新装备，适应现场环境需求；研发生产任务集约化拆分技术，实现任务合理分配及数据驱动生产。

3）基于“BIM+云”钢筋工业化建造信息共享与集成管理技术

应用信息化和云技术，开展钢筋全流程信息化管控与数字化创新实践。研发了钢筋工程BIM云管理系统，采用多岗位协同体系，实现钢筋全流程、全过程数字化精益建造；建立数据编码体系，打通全业务流数字化传递路径，实现了海量信息的高效与准确传递；研发了钢筋数据集成与共享技术，可实时掌控钢筋的数据信息与状态，最大化发挥数据的应用价值。

4. 实施效果

基于现场的钢筋工程工业化建造关键技术，按照信息集成、设备集控、资源集约的思路，改变了传统的钢筋作业模式，将钢筋翻样、加工、配送及绑扎等工序通过BIM技术联合一起，协同作业，形成一种基于BIM的钢筋集约化加工模式及其应用方法。其中钢筋BIM翻样效率高、数据准确、翻样人员专业化要求低；钢筋加工资源集约化使用，提高了钢筋加工效率、原材的利用率，降低工人的需求以及现场原材的积压库存。云管理系统信息的集成，确保了集约化加工整个模式处于有序、有效的可控状态，提升管理效益。

三、发现、发明及创新点

（1）自主研发了钢筋BIM高效协同智能化翻样系统，实现钢筋高效建模、智能断料及数据应用，钢筋翻样效率提高20%、数据精度高达到0.1mm、准确性达到99.8%，显著降低翻样人员专业化要求。

（2）自主研发了基于“BIM+云”的钢筋信息共享与集成管理系统，实现钢筋工程全流程信息化管控，钢筋加工效率提升1倍，成本降低30%。

（3）研发建立了钢筋全流程信息数字化应用集成体系，实现全流程数据共享，错误率降低80%。

四、与当前国内外同类研究、同类技术的综合比较

国内外同类研究、同类技术综合比较 **表1**

序号	名称	技术比较	效果
1	钢筋BIM翻样技术	行业首创	翻样精度高达到0.1mm、准确率高达99.8%，实现复杂节点数字化翻样
2	钢筋BIM云管理技术	行业首创	整体生产效率提升1倍，成本降低30%
3	钢筋数字化集成技术	行业首创	钢筋全流程数据共享，信息出错率降低80%

五、第三方评价、应用推广情况

1. 第三方评价

1）科技查新

经科技信息研究院查新检索中心对本项目进行国内外查新，其结论为，除委托单位公开相关文献外，其他未见与委托项目提出查新要点相同的文献报道。

2）成果评价

2019年7月，由中建集团组织以两位院士为主任的评价委员会进行科技成果评价。评价委员一致认为，该成果总体达到国内领先水平，其中“三维高效翻样技术”达到国际先进水平。

2. 应用推广情况

成果具有广泛的应用前景，2015年在大型机场航站楼建筑——武汉天河机场T3航站楼项目进行试点应用，试点区域加工生产钢筋半成品1506t，产生约8.9t废料，钢筋利用率为99.41%，全流程实现验证了BIM翻样-数控加工-信息配送总体设想；2016年，在复杂公共场馆类建筑——湖北省科技馆新馆进行试点应用，完成2787t钢筋半成品，BIM翻样在异形结构中的优势体现，进一步验证了数控设备的应用特征，对云管理系统进行了功能升级；2017年，在大型基础设施类建筑——成都地铁11号线6标段项目进行整体应用，现场应用BIM翻样、信息化等课题成果，已累计完成钢筋集约化加工约14570t，集约化设备工效验证，约常规设备的3～5倍，钢筋损耗率约为0.39%；2018年，在大型群体性住宅建筑——武汉葛店新城PPP项目进行整体应用，钢筋加工总量42600t，克服了房建类项目钢筋标准化程度低，“多规格、小批量”的钢筋利用率高达99.53%。

另外，成果正在大型商业综合体建筑——黄冈居然之家；大型城市综合体——武汉万科金域天地；大型群体性住宅——柳州华润万象府等项目进行应用，成果已应用建筑面积超过200万平方米。

目前，已与相关单位合作开展钢筋产业化示范推广应用，正在积极筹建中建三局钢筋BIM集约化加工示范基地。

六、经济效益

1. 直接经济效益

葛店新城项目钢筋工程量5万吨为例，应用钢筋集约化加工的新模式，BIM翻样精确的数据应用及

云管理系统信息的集成管控，与传统相比，降低 2%的钢筋消耗量，及因料单及配送错误导致 4%的现场钢筋半成品返厂率。钢筋半成品的集约化加工，原材有效利用率达到 99.5%以上，与传统相比至少降低 1%，节约钢筋加工成本 872 万；资源集约利用，降低原材库存 70%，节省资金占用成本 117 万。

根据所有已完成项目测算，经济效益折合每吨超过 200 元。

2. 间接经济效益

（1）降低从业人员要求，创新翻样组织方式，从单兵作战到团队协同式模式转变，“1＋N”的组织模式，经验将得到积累与标准化执行；电子化料单、料牌、绑扎排布图的使用降低绑扎及加工管理人员素质要求，缓解劳动力紧缺。

（2）精细化数据管理，将套筒纳入加工管理范畴，实现精细化管控；行业首创按照实际加工量的计量方式，促进劳务管理到班组式管理转变；过程数据实时监控，减少因数据不透明增加的额外成本。

（3）有利于项目整体风险可控，统一管理供料，保证关键线路工期；通过钢筋加工尺寸反向要求现场结构构件尺寸精确，从而避免错误，有效把控成本。

（4）节省其他间接成本，如用工数量减少，节省了工人住宿、劳保等各项费用，节约分散的加工棚的临时性设施投入；集约化加工对半成品加工质量，工地整体形象都有较好的提升。

七、社会效益

基于 BIM 的钢筋数字化建造关键技术及其在项目上应用，受到同行的广泛关注，微信文章一经发表，转载及阅读量达到 10 万以上。这项技术得到了当地的工管工管中心、业主、监理及同行业的高度认可，并与同行的内外部单位进行了多次交流和学习。基于 BIM 的钢筋数字化建造模式，有降低钢筋施工成本，节约资源，适应目前劳动力短缺、绿色发展理念倒逼、效益空间逐步压缩等行业发展的困境，从而形成中建总公司在建筑施工领域的新技术优势与核心竞争力，并进一步增强中建三局在建筑施工中的技术优势，强化中建三局的科技品牌，引领行业发展。践行了“绿色、智慧、工业化”发展思路，将有力促进施工现场新型建造方式变革。

智能立体停车场模块化设计及产业化研究与应用

完成单位： 中建钢构有限公司
完 成 人： 徐 坤、胡 帅、王鸿雁、吴佳龙、蒋官业、周茂臣、李任戈、戴立先、蒋 礼、陆建新

一、立项背景

据公安部最新统计数据，截至 2019 年 6 月底，全国机动车保有量达 3.4 亿，汽车保有量达 2.5 亿辆。

汽车保有量不断增加与停车设施建设的严重滞后的矛盾加剧，致使停车难问题越来越严重，继而破坏动态交通和静态交通的关系，造成恶性循环，成为我国各大城市的“诟病”。尤其是旧城区和城市中心区，商业、餐饮等繁华地段，人口密度大，车辆多，空地少；高楼密集的住宅小区更是“车满为患”，在节假日甚至出现了“一位难求”的现象，停车难已经成为各大城市经济发展的瓶颈问题，加快规划停车设施的建设，提高停车设施管理水平，解决停车供需矛盾，推动停车产业化是大势所趋。据不完全统计，我国停车位缺口超过 5000 万个。

在发达国家和地区，立体停车库早已成为当地最有效地解决停车问题的主要方式。然而，我国城市停车还处于初级阶段，专用和公共停车位数量与合理的车位数量相差甚远，停车难到处可见。目前我国的停车场仍以平面停车场、路边停车场、路外停车场、自行式停车场为主，立体停车库数量还很少。

2017 年以来，共享单车的快速普及，与共享单车规范停放等管理制度的缺失，导致自行车在城市中心区公园、地铁口，公交站肆意停放。解决人们出行最后 1 公里的同时，给城市管理，公共交通带来了新的压力。2019 年 7 月 30 日，中共中央政治局会议上，“城市停车场”作为“新基建”的重要内容首次被提及，智慧停车建设成为影响国计民生的重大事件。

本课题针对目前存在的乘用车、自行车停车难问题展开深入研究，研发出多项智能立体停车技术，可有效解决城市中心区、老旧小区乘用车、自行车停车难题，同时，对项目实施过程中遇到的停车数量要求大、存取效率要求高、施工空间小、施工进度要求快等一系列问题提供有效解决方案。可为国内外类似停车项目的规划、设计、建造、运营提供参考和借鉴。

二、详细科学技术内容

1. 总体思路

为解决城市小轿车、自行车停车难题，课题组制定了从问题分析，解决思路，技术攻关，样机试验到产品应用推广的研究路径。

在深入调研过程中发现，城市停车存在停车用地少，规划与发展需求不匹配；可建设停车用地面积小，传统停车场土地利用率低；停车场智能化程度低；信息共享不充分等问题，制约着城市停车的发展。课题组经过系统研究，总结出一套有效解决城市中心区停车难题的思路，即立体化、机械化、信息化、标准化、产业化。本研究的核心在于通过机械化的手段实现无人自动停车、利用互联网物联网的技术实现停车场高效管理，采取标准化的设计思路实现快速推广和应用。

2. 技术方案

1）小型垂直升降立体车库停车技术方案

垂直升降类智能立体车库采用梳齿交换技术，存车时将车辆停入出入口提升平台，驾驶员下车后在入口处刷卡存车，系统自动分配最优目标车位，电机驱动提升平台将车辆垂直提升，待车辆升至指定高度后，车位梳齿架横向移动至提升平台下方，利用平台下降与车位的梳齿交换将车辆停在车位梳齿架上并水平移动至停车位，完成存车。取车为存车过程的逆过程，平均存取车时长 60s，清库时间 8min。

图 1　小型垂直升降智能立体车库效果图

图 2　小型垂直升降智能立体车库实景图

停车设备占地面积 90m^2，地上 5 层，可提供 20 个停车位，外立面采用冲孔铝板＋喷绘的方式，图案为茁壮成长的小树，寓意阳光、朝气、积极向上。主要解决城市中心区地块狭小、存取车效率要求高、清库时间短的区域停车立体化问题。

小型垂直升降智能立体车库主要参数指标　　**表 1**

适停车辆	≤5200mm×1850mm×1900mm ≤5200mm×1950mm×2050mm	车库容量	10 辆
电源容量	AC380V(三相五线制)	车重	≤2350kg
存取耗能	≤0.2 度/次	速度	0.45m/s(最大升降速度) 0.8m/s(横移速度)
控制方式	计算机＋PLC 可编程控制系统	操作方式	非接触 IC 卡，计算机自动收费
建设周期	90d		

2）天桥立体停车库技术方案

中建钢构天桥立体车库项目占地面积 310m²，地上二层，首层架空，车库建筑高度 9.125m。采用平面移动类机械式车库工作原理，可提供 10 个机械车位且均可停放 SUV。车库出入口采用智能道闸系统，驾驶员停车取卡/刷卡。驾驶员将车辆停放到位后取卡并刷卡完成存车，车库平均单车存取时间为 60s。同时空中立体车库系统还搭载了 APP，使用者可以通过手机 APP 完成存取车操作。

天桥立体车库采用平面移动类机械停车技术，存车时将车辆停入出入口提升平台，驾驶员下车后在入口处刷卡存车，系统自动分配最优目标车位，电机驱动提升平台将车辆垂直提升，待车辆升至指定高度后，横移车水平移动至提升架下方，与提升架发生梳齿交换，将车辆转换至横移车上，由横移车将车辆横移到位，完成存车。取车为存车过程的逆过程，平均存取车时长 60s，清库时间 10min。

天桥立体车库的独特结构形式及多样的外观设计，使得它的使用范围更加的广泛。它可以适用于市政道路、小区、办公场所等狭小空间区域。首层架空不影响地面停车，可以与过路天桥相结合，在提供过路天桥功能的同时增加机械停车位。

图 3　天桥智能立体车库效果图

图 4　天桥智能立体车库实景图

天桥立体停车库主要参数指标　　**表 2**

适停车辆	≤5200mm×1950mm×2050mm	车库容量	10 辆
电源容量	AC380V(三相五线制)	车重	≤2350kg
存取耗能	≤0.2 度/次	速度	0.2m/s(最大升降速度) 0.8m/s(横移速度)
控制方式	计算机+PLC 可编程控制系统	操作方式	非接触 IC 卡，计算机自动收费
建设周期	90d		

3）自行车智能立体车库技术方案

自行车立体车库项目占地面积 310m²，地上三层，建筑高度 5.5m。采用升降横移类机械式车库工作原理，可提供 49 个机械车位。

图 5　自行车智能立体车库实景图

自行车立体车库采用升降横移类机械停车技术，存车时将自行车停入首层载车架上，待载车架停满后按存车按钮，即可将共享单车存入指定车位。取车时只需要按下取车按钮，即可将自行车取下，一次可以同时取 7 辆共享单车，满足目前共享单车批量存取要求，平均存取车时长 60s。同时，自行车立体车库配备太阳能光伏离网发电系统，整个系统不发电的情况下可独立运行 7d。

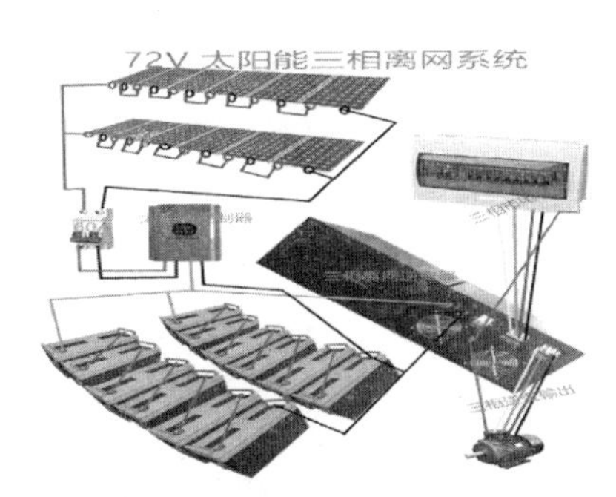

图 6　自行车光伏发电系统拓扑图

自行车立体车库建筑外立面采用白色铝方通作为装饰，顶部铺设彩钢板，作为光伏发电铺贴面。铝板方通配以分别代表市面上主流共享单车颜色的彩色装饰条，显得整个车库富有活力、科技感。

3. 关键技术

1）智能立体车库自动化控制技术

自主开发了通用标准数据接口，实现智慧车库与充电、道闸、监控等系统间的互联互通；创新性的使用冗余环网＋星形拓扑结构，搭建稳定可靠的系统控制网络，解决单个网络节点故障导致整个系统瘫痪的问题；自主开发了基于 VPN 虚拟专用网络的远程诊断系统，实现机械设备的远程控制管理；

2）智能立体车库机械搬运技术

对梳齿交换、载车板搬运技术展开专项研究。梳齿交换技术省去升降系统平层的时间，实现快速存取车，平均存取车时间节省 15%；载车板搬运技术开发配备自动充电接驳器的载车板，实现新能源汽车的自动充电；

3）智慧停车管理软件开发

自主开发了停车 APP，具备预约、缴费、反向寻车等功能；同时，有别于市场上各类停车 APP，

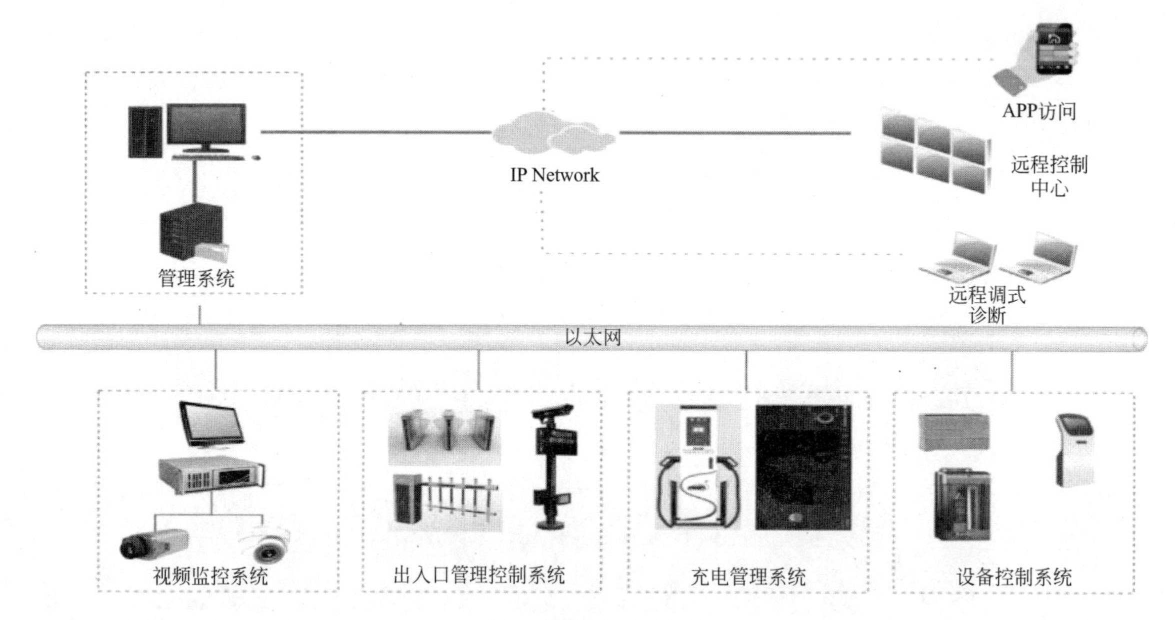

图 7　智能控制示意图

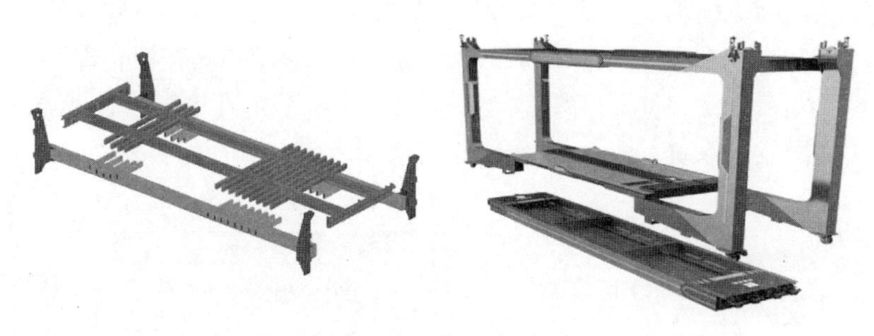

图 8　智能搬运器示意图

图 9　智慧停车 APP 功能界面示意图

它创新性地实现了场中场机械车库的预约取车功能。

4）5G 技术在运营管理的应用

首次将 5G 技术应用于智慧停车领域，借助 5G 低延时、信号稳定的优势，对车位状态识别、人员误入识别、高层临边防护、充电安全监控。运用大数据分析技术，建立设备预测性健康管理模型，实现停车设备的远程运维管理，提高停车设备运行稳定性。

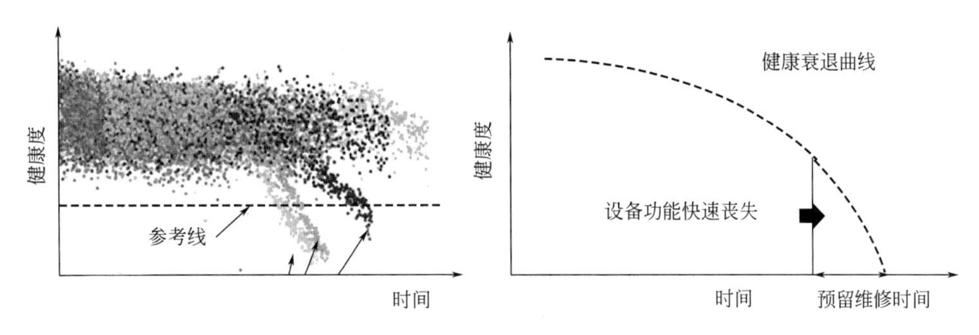

图 10　设备健康预测性管理模型

5）标准化设计

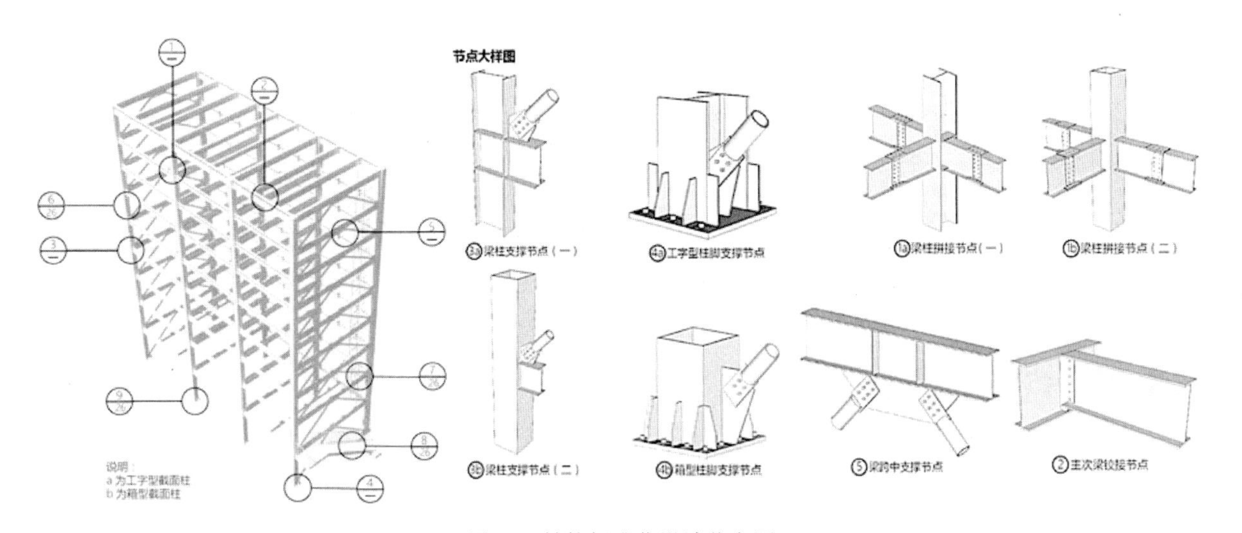

图 11　结构标准化设计节点图

通过对建筑结构、机械结构、电气控制等进行标准化、模块化设计，提高车库的推广性和可复制性。

三、发现、发明及创新点

（1）研发了一种小型垂直升降智能立体车库，高度约 5 层，占地 3 个车位，可扩展至 10 个车位，建筑高度低，存取速度快，清库时间短，可有效解决碎片化土地、老旧小区设置立体车库要求存取速度快、清库时间短、建设时间短的难题。

（2）研发了一种可架设于平面停车场、马路、河流上方不影响原有地块既有功能的情况下扩展车位的停车技术，为城市中心区停车空间植入提出了新的解决方法。

（3）研发了一种自行车立体车库，该车库采用一板多车的停车理念，实现自行车的批量存取。可解决城市中心区地铁口、办公楼、小区门口共享单车乱停乱放问题。

（4）提出了智能立体车库机械、电气、建筑、结构模块化设计方法，实现了产品标准化设计，显著加快了车库项目设计、施工速度。

（5）研发了侧向梳齿错位交换、端部梳齿原位交换两类搬运技术，提高了智能立体车库的搬运速度，实现了立体车库快速存取。

（6）结合现有各类停车管理软件，开发出一款适用于智能立体车库的 APP，不仅可以实现停车场无感支付，反向寻车，室内导航，还可以实现智能立体车库预约、预约存取车功能，让使用者排队更加有序，车库管理更加规范。

（7）首次将 5G 技术与智能立体车库相结合，基于 LSTF 模式对停车设备进行预测性健康管理。建立设备健康衰退和频发故障预测模型，提前预判设备潜在故障风险。可有效提高车库运营维保工作效率、车库运行稳定性和车库故障响应的及时性。

四、与当前国内外同类研究、同类技术的综合比较

20世纪50年代初，美国最早采用桥式堆垛起重机的立体仓库进行存取车辆。20世纪90年代智能立体车库开始引入国内，在国外智能立体停车技术的基础上做了相应的升级改造。

本课题研究首次研发设计了一种天桥立体停车技术，可将车库架设于道路、河流、公园绿地上方，不占用其他商业规划用地，创造智能机械式立体车库为，有条件可在车库架空区域设置商业、固定车位等，提高土地利用率。

本课题研究设计的小型垂直升降立体车库停车技术与传统的25层垂直升降立体车库相比具有存取速度快，清库时间短，建造速度快等优点，存取车效率直接关系到智能立体停车设备的市场推广能力。

本课题研究针对新时期共享单车停放问题研发的自行车立体车库与日本地下圆形自行车智能立体车库技术相比，该技术研究的自行车立体车库实现了一板多位，批量存取，一次可完成7辆自行车的存取，相比日本的技术一次仅取一辆自行车，该自行车智能立体车库有着更好的应用前景。

本课题研究的智能立体停车技术首次与5G技术结合，借助5G数据传输低延时、视频监控信号稳定的优势，首次运用于智能立体车库，对车库进行车位状态识别、人员误入识别、高层临边防护、充电安全监控。同时，基于LSTF对车库关键零部件进行预测性健康管理，确保车库设备运行稳定。

经国内外科技查新，未见有相同技术特点的技术及文献报道。同时，经鉴定达到国际领先水平，充分体现了该项技术的创新性。

五、第三方评价、应用推广情况

（1）2018年09月11日，广东省建筑业协会在广州组织召开2018年度广东省建筑业协会科技成果鉴定会，鉴定专家委员会对“智能立体停车场模块化设计及产业化研究与应用”技术进行会议鉴定，鉴定委员会专家组成员一致认定该成果达到了国际领先水平。

（2）截至目前，公司智慧停车技术应用于深圳南山区粤海街道办事处、深圳安监大厦、赤峰市政府、青岛即墨服装市场、荆州九龙渊公园等24个车库项目中，应用场景覆盖商办、学校、医院、公园、口岸、交通枢纽、小区、园区等。交付使用的智能立体车库在后期运营过程中得到了使用单位的一致好评。

六、经济效益

近三年来累计承接智慧停车类项目合同额15亿，预计未来3～5年实现年合同额50亿。同时为谋求公司转型升级，筹划成立中建系统内首家智慧停车公司，助力三年内成为行业龙头企业。

七、社会效益

截至目前，为社会提供约6000个，有效缓解项目周边停车难问题。发挥行业领头企业效应，积极参与国标、行标、团标的制定，作为中国建筑停车领域先锋兵，承办首届中国建筑智慧停车发展论坛，2020年将举办第二届中国建筑智慧停车发展论坛。产品在多个展会上进行展出和推广，获得一致好评。

三等奖

浅层地热能在西南典型气候区建筑中应用关键技术研究

完成单位：中国建筑西南勘察设计研究院有限公司、中国建筑西南设计研究院有限公司
完 成 人：康景文、革　非、郑立宁、刘玉东、陈　云、余　驰、胡　熠

一、立项背景

研究可再生能源在建筑中应用是我国社会可持续发展的重大需求。西南地区地质条件复杂、气候多样，浅层地热能资源的时空赋存特征多变，可利用资源量勘查难度大，浅层地热能能源利用系统传热机理复杂，测试计算困难，这些长期困扰国内外该领域的难题，直接影响了该技术的推广应用。

本课题围绕浅层地热能的“资源评价、能量交换、系统优化”等关键科学问题，针对西南地区主要城镇分布于平原、河谷和丘陵地貌区，按照气候分区系统地开展了浅层地热能资源在不同储能地质结构中的时空赋存特征、地（水）源热泵换热与系统集成优化关键技术研究和工程示范，形成了世界独特的西南典型气候区浅层地热能在建筑中应用的资源基础数据、设计原理与评价方法、技术与产品，并实现了大规模应用。

二、详细科学技术内容

1. 总体思路

本研究课题主要针对我国西南地区夏热冬冷、夏凉冬寒、夏热冬暖等三种主要气候区选取典型城市规划区开展浅层地热能资源评价体系研究，力求构建科学、可靠的资源评价体系与开发利用适宜性评价方法，为我国广大西南地区节能降耗、可持续发展提供科技支撑。

本研究课题系在四川、重庆、西藏等西南典型地区首次展开，是针对四川、重庆、西藏等地的主要储能地层结构特点进行的专项浅层地热能资源量与开发利用潜力评价体系以及适宜性分区研究，填补了西南主要典型地区浅层地热能评价体系研究的空白。

2. 技术方案

通过现场调研、室内外试验、勘探调查、资料收集、数值模拟等手段，课题研究团队针对五项研究内容围绕浅层地热能的“资源评价、能量交换、系统优化”等关键科学问题系统地开展了研究和工程示范，形成了世界独特的西南典型气候区浅层地热能和地表水系热能在建筑中应用的资源基础数据、设计原理与评价方法，技术与产品，并实现了大规模应用。

1）西南典型气候区浅层地热能资源评价体系研究

通过对U型地埋管进出口水温变化规律、水流量和岩土体原始温度进行分析研究，开发基于VB语言的U型地埋管一维非稳态数值模型程序，并实现自动估计和人工试算，得出岩土体热物性参数，解决解析模型基本假设条件和热流问题及测试前10小时的数据不能参与热物性参数计算问题；提出基于RS485网络及MODBUS-RT通信协议开发数据采集程序，解决了数据实时记录，动态显示。

2）地源热泵地下换热器传热模型研究及计算软件开发

针对浅层地热能资源在我国西南不同气候区的冲积平原堆积地层、河流阶地堆积地层与河湖相沉积岩层等主要储能地质结构中的时空赋存特征与规律开展研究，提出西南典型气候区浅层地热能不同储能地质结构中的资源评价指标体系，结合多种勘测技术与恒热流试验，开展了浅层地热资源换热功率参数分区和浅层地热资源量计算、资源开发潜力评价以及主要开采利用类型的适宜性分区评价的方法、模

型、参数和体系研究。

3）长江上游地区水源热泵系统集成优化技术研究与工程示范

通过对螺旋埋管地下换热技术，螺旋管内流体的一维对流-扩散数值模型方面开展研究，实现流体子模型与固体子模型的顺序耦合，通过运用该模型可以在任意逐时负荷对桩基换热器进行全年动态模拟，预测地温及水温变化，以提高计算速度。

4）高原地下水水源热泵采暖设计技术研究

针对西南典型气候区浅层地热在时间和空间分布的特点，以"技术先进、经济合理、节能环保、安全适用"为原则，开展高原水源热泵取暖和供暖技术在建筑设计中应用研究。

5）地源热泵中岩土热响应测试及软件开发研究

基于西南典型气候区地表水、地下水的水温水质水位特征，对水源热泵取水设计温度的取值方法进行研究，分析西南典型气候区浅地表层地源热泵应用的地区适用性，提出完善的系统集成优化设计方法和关键技术，解决设计参数取值和设计集成优化的量化问题；通过对西南典型气候区浅地表层建筑供暖空调系统适宜性评估方法研究，依据集成优化关键技术制定极具针对性的集成优化控制策略。

3. 关键技术

1）建立了浅层地热能和地表水热能资源评价指标与基础数据

（1）构建了西南典型气候区储能地质结构浅层地热能资源分区和开采利用评价指标；

（2）建立了地热流体与地热容量参数的取值方法和相关设计基础数据；

（3）提出了地表水热能建筑利用参数的取值方法和相关设计基础数据。

2）研发出西南典型气候区浅层地热能地源热泵换热关键技术

（1）建立了地源热泵地下换热器动态分析模型及计算方法；

（2）发明了地源热泵岩土热响应测试系统装置，并开发出地源热泵岩土体热物性计算分析软件。

3）提出了地表水水源热泵系统集成优化设计指标

（1）建立了水源热泵系统适宜性评价指标体系；

（2）提出了地表水水源热泵变工况条件下最优能效比的供回水温度；

（3）发明了水源热泵节能优化控制技术。

4. 实施效果

该课题成果获得发明专利2项、实用新型专利1项，软件著作权1项，发表论文3篇；成果被2本行业标准、8本地方标准采用；获全国工程勘察设计行业一等奖1项。对于可再生能源在建筑的应用，建筑可持续发展，节能减排具有重大意义。

三、发现、发明及创新点

创新点一：建立了浅层地热能和地表水热能资源评价指标与基础数据。揭示了西南地区平原、河谷、丘陵地貌区不同地质结构中浅层地热能，以及长江上游、嘉陵江和岷江水系及湖泊的热能资源的时空赋存特征和气候耦合的动态变化机理；提出了地热流体与地热容量，地表水温与气象参数的取值方法和开采利用评价指标；建立了地热流体与地热容量，以及地表水热量计算基础数据。在国内首次建立了针对地源热泵系统工程的勘察技术标准。

创新点二：研发出西南典型气候区浅层地热能地源热泵换热关键技术。提出了浅层地热能地源热泵U形管地下换热器、螺旋桩埋管换热器流-固顺序耦合动态分析模型及计算方法；发明了地源热泵中岩土热响应测试系统装置；开发出地源热泵岩土体热物性计算分析模拟软件，为地源热泵设计提供了快速有效的分析工具。该成果已被3部地方工程技术标准所采用。

创新点三：提出了地表水水源热泵系统集成优化设计指标。建立了基于节能性与经济性水源热泵复合系统的优化设计适宜性指标，以不同规模尺度的水源热泵系统为优化目标，解决了设计参数取值和设计集成优化的量化问题；制定了极具针对性的集成优化控制策略，发明了水源热泵节能优化控制技术；

该成果已被4部地方工程技术标准所采用，并在工程中广泛应用。

建立了水源热泵系统适宜性评价指标体系。建立了基于节能性与经济性的三种典型公共建筑逐时空调冷、热负荷特性和全年空调（采暖）负荷逐时分布曲线，以及全年运行工况下系统的空调供冷季节能效比SEERr和采暖供热季节能效比SEERh评价指标。提出了基于节能性的适宜性指标制冷系统能效比（EERr）评价计算方法。提出了地表水水源热泵变工况条件下最优能效比的供回水温度。针对长江上游、嘉陵江和岷江水系热能资源在时间和空间分布特点，根据实测运行参数回归得到冷冻水出水温度TCLR、Chw、S，冷却水进水温度TCLR、CW、S与能耗的制约关系，揭示了能耗与主机出力QChW，冷却水流量VCLR、CW、per之间相互作用机理，建立了能耗PCLR（kW）与冷却水流量VCW变工况耦合关系模型和系统制冷量Q与主机功率Nch1ller和水泵功率Ncp耦合模型，以系统总能耗最小为目标函数，以取水侧流量最小和冷系统能效比EERr最大为约束条件，得到系统的最佳取水供回水温差，实现降低输配系统能耗，提高制冷系统能效比，以不同规模尺度的水源热泵系统为优化目标，解决了设计参数取值和设计集成优化的量化问题，发明了水源热泵节能优化控制技术。

基于供暖空调负荷变化的优化控制模式和远程数据分析与模型修正模块，通过PID局部控制方式采集系统实际运行数据，实现了系统运行符合供暖空调负荷变化规律的控制模式，确定出系统节能运行最佳参数，发明了水源热泵节能优化控制技术，实现了系统高效节能运行，系统COP值提高了16%以上。

四、与当前国内外同类研究、同类技术的综合比较

四川省科学技术厅于2017年5月20日在成都组织召开了“浅层地热能在西南典型气候区建筑中应用关键技术研究”科研成果评价，我国岩土工程与地热资源领域权威专家给出以下评价：“该项目研究成果总体上达到国际先进水平，其中创新点1、创新点2、创新点3达到国际领先水平”。

五、第三方评价、应用推广情况

项目成果已在西南地区全面推广实施，截止2018年底，累计工程应用300万平方米以上。

六、经济效益

近三年直接经济效益　　单位:万元人民币

年份	新增销售额	新增利润
2016	2230.00万元	267.60万元
2017	1320.48万元	158.46万元
2018	1092.20万元	131.06万元
累计	4642.68万元	557.12万元

指标说明：

1.完成单位:成果在四川、重庆、贵州、西藏高原供暖和节能工程中应用,如四川省地质医院、成都市青白江区医疗中心等多个工程采用,获得勘察、设计、咨询、施工等收入。新增利润率按综合销售利润率进行测算平均为12%,完成单位近三年新签地源热泵工程合同额共3336.48万元,新增利润4642.48×0.12=557.12万元。

2.其他应用单位:如重庆南江地热能资源勘探开发设计研究院、贵州省地矿局第二工程勘察院等企业应用本项目科技成果,在建筑供暖与节能工程的勘察、设计、咨询、施工中获得的经济效益;新增利润率按综合利润率进行测算,平均为18%计算,这二家单位近三年新签地源热泵项目合同额7900万元,共新增利润7900×0.18=1422万元。

计算依据：

1.成都市的空调运行期按每年213d(夏季123d,冬季90d)计算,地源热泵与传统中央空调系统相比较,按夏季和冬季综合测算,平均每天可节省0.015元/m^2;

2.拉萨市按125d供暖计算,地源热泵采暖在保证室内18℃的情况下,比采用燃煤或燃油(拉萨严格限制燃煤供暖,燃料必须从外省输入,运距2000km以上,目前燃煤价格2000元/t,0号柴油:0.63元/升)锅炉相比,平均每天可节省0.47元/m^2;

3.本成果应用建筑面积逾300万m^2,根据四川、西藏两省区住建厅相关调研数据,现有民用建筑单位面积年平均采暖能耗为21.8kg标煤,按低能耗建筑节能70%计算,年节煤量:300×21.8×70%≈4.58万吨标煤;高原燃煤价格平均按1000元/t标煤计算,折合人民币0.458亿,减少二氧化碳排放11.98万吨。

七、社会效益

（1）本项目所开发的集成系统、优化平台和技术标准等均属于行业共性技术或公益技术，项目成果为我国浅层地热能资源储能和地源水源热泵的开展提供了有力的支撑，为地（水）源热泵技术的推广应用从设计、评估、运行管理等方面提供了全面的支撑，从整体上提高了我国浅层地热能资源储能和地（水）源热泵的技术水平和工作水平。

（2）项目成果在高原上的成功应用为高原城镇化、牧民定居、部队营房哨所建设可持续发展与节能减排提供关键技术支撑，最大限度地减少了高原城镇化与牧民定居建设对自然环境和资源的压力，减少对植被的破坏，保护了三江之源和青藏高原脆弱的生态系统，对国家甚至全球具有极其重要的生态环境意义。

（3）高原牧民彻底告别了靠牛羊粪、砍伐森林和烟熏火烤取暖的历史，降低了粗放低效燃烧牛羊粪和烟熏火烤造成的环境污染和人体心肺功能受损的风险，极大地改善了高原牧民和边防部队的居住和工作环境。

花瓶型单塔空间双索面斜拉桥施工关键技术研究

完成单位：中建六局桥梁有限公司、中国建筑第六工程局有限公司
完 成 人：焦　莹、黄克起、田国印、吴　昊、古佩胜、汪学省、赵文磊

一、立项背景

斜拉桥作为一种拉索体系，比梁式桥的跨越能力更大，是大跨度桥梁的最主要桥型。传统斜拉桥主塔造型有A形、H形、倒Y形等，从材料上来看，有混凝土结构和钢结构。传统造型的斜拉桥主塔施工工艺较为成熟，钢结构主塔采用预制吊装施工，混凝土结构主塔多采用传统液压爬模施工。主梁分为钢主梁、混凝土主梁、钢混组合梁。钢主梁及混凝土主梁多采用悬臂吊装及悬臂浇筑法施工，钢混叠合梁较传统悬臂法施工，因涉及预制板及湿接缝施工而显得复杂，且对湿接缝施工质量要求较高。

斜拉桥随着施工技术的不断提升及人们对桥梁外观审美的不断提高，外观设计也在千变万化，涌现了一座座外观优美的斜拉桥，如最新建成的港珠澳大桥等主要体现在斜拉桥主塔的外观设计，主塔的设计除满足结构受力要求外还根据当地人文习俗设计成各式各样的形状，成为当地地标性建筑，因此对施工技术的要求要求更为严格，钢主塔一般采用预制成型后现场进行拼装施工，对测量定位及焊接工艺施工技术要求较为严格，而混凝土结构的异形主塔则对混凝土质量、测量定位及外观线型控制要求较严，如在满足结构受力的同时保证外观线型的优美成为当今异形塔柱施工的重难点。此类施工技术的研究随着异形塔柱斜拉桥在我国乃至世界的流行也显得意义重大。

本课题依据此类桥梁的现状，并依托潼南涪江大桥工程，针对花瓶型单塔空间双索面斜拉桥施工关键技术研究进行研究。

二、详细科学技术内容

1. 花瓶形主塔施工技术

花瓶形塔柱施工技术是以异形塔柱施工技术为基础，结合塔柱-横梁同步、异步施工技术及临时横撑优化技术的系统性的塔柱施工。通过对塔柱施工各项技术的优化以保证塔柱施工质量，提高施工效率。

花瓶形主塔高156m，主体结构为混凝土结构，双柱对称设置，均采用单箱单室箱型截面，塔柱采用分节段施工，标准节段高4.5m，左右幅各35个节段，其中塔柱第一节和第二节均为实心截面，塔柱共设5道横梁，最大一次性浇筑方量达到600m^3。

塔柱全程采用液压爬模施工，在第一节塔柱浇筑完成后安装爬模系统。横梁采用支架法进行施工，其中下横梁及三道上横梁采用塔梁异步施工，中横梁采用塔柱-横梁同步施工。具体施工步骤为：

步骤一：下塔柱爬模施工，下横梁支架施工。

步骤二：下横梁现浇施工，下横梁分两次浇筑成型。

步骤三：中塔柱爬模施工及中横梁支架施工。

步骤四：中横梁现浇施工，中横梁分三次浇筑成型。

步骤五：上塔柱爬模施工。

步骤六：上横梁临时支撑施工。

步骤七：上横梁现浇施工。

施工过程中通过有限元分析结果表明，塔柱施工完成之后主要受力为压应力，受力情况良好。

本项目不同于一般塔柱采用C50、C55混凝土，而采用C60高强度等级混凝土，水化热大，极易产生混凝土裂缝，耐久性及外观要求高。因此，如何进行大体积高强度等级混凝土裂缝质量控制确保主塔混凝土施工质量的关键。

本工程主塔第一节段浇筑完成后表面产生了较多的裂缝，在对第一节塔柱表面裂缝进行钻芯取样和超声波检测及对同类工程中大体积混凝土表面裂缝信息调查，从得到的100条信息里整理归纳出5大类问提，并编制调查表、饼分图如下：

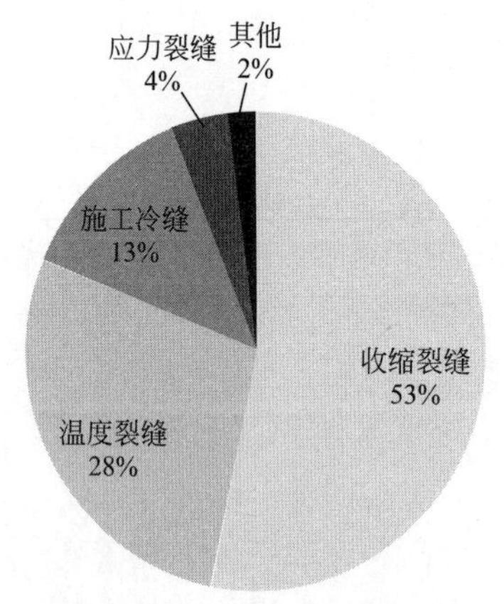

序号	质量缺陷	频数	频率(%)	累计频率(%)
1	收缩裂缝	53	53	53
2	温度裂缝	28	28	81
3	施工冷缝	13	13	94
4	应力裂缝	4	4	98
5	其他	2	2	100
合计		100	100	

图1 调查表、饼分图

从现状调查的统计表和饼分图可以看出大体积高强度等级混凝土裂缝主要为收缩裂缝和温度裂缝，两者合计出现频率达81%。对裂缝产生的原因进行分析并结合现场实际进行检测确认后，根据要因确认总结得出结论如下，混凝土养护不到位及水泥水化热过高是引起塔柱产生裂缝的主要原因。

针对混凝土养护不到位及水泥水化热过高，分别制定对策并实施。

实施一：混凝土养护

在混凝土浇筑完成后在节段顶面进行洒水养护不少于7d，用土工薄膜进行覆盖，在塔柱侧面拆模后喷洒养护剂进行养护。

实施二：优化配合比

水化热会使混凝土内部温度大大地超过外界温度，从而引起较大的温度应力，使混凝土表面产生裂缝。为此，项目部经过反复的试验不断优化配合比，确定水泥型号和用量，控制水泥水化热。

召开专家评审会后，在专家的意见指导下，在保证混凝土强度的情况下，将52.5级水泥更换为42.5级水泥，水泥用量从424kg/m^{3}为420kg/m^3。在混凝土浇筑后对混凝土内部温度及内外温差进行检测，混凝土内部温度最大值为51.7℃，内外温差未超过25℃。在辅以其他措施如夏季利用冰块降低用水温度，降低混凝土入模温度等，降低因混凝土内外温差过大而产生的温度裂缝。

塔柱成功封顶后，对施工过程中产生的裂缝进行了统计分析，左右幅共70个节段出现4个节段出现裂缝，出现频率为5.7%，在产生裂缝的4节段塔柱里，均为表面裂缝，裂缝宽度均在0.15mm以内，大体积高强度等级混凝土伸缩裂缝和温度裂缝均在控制范围内，满足设计及规范要求。

2. 可调圆弧模板施工技术

主塔为花瓶形桥塔，桥塔有多段复合曲线组成，横向最大宽度47.01m，最小宽度17.24m，采用常规液压爬模施工，塔柱尺寸偏差最大达到5cm。针对主塔外观曲率较大的情况，在传统液压爬模的基础上加以可调圆弧模板系统进行优化，在施工过程中通过调节可调圆弧模板使模板曲线与设计曲率一致，保证主塔施工质量。

相较于传统液压爬模施工方法，可调圆弧爬模系统优点在于利用wisa模板在保证模板整体刚度的

图 2　试验人员对不同配合比试块进行试验

情况下挠度允许值大，加之可调圆弧双调节系统，可有效保证曲线塔柱外观质量。在施工时根据每节段设计曲率调整模板线型，先调整系统一和系统二，再利用连接座固定，线型调整完成后加固模板浇筑混凝土。

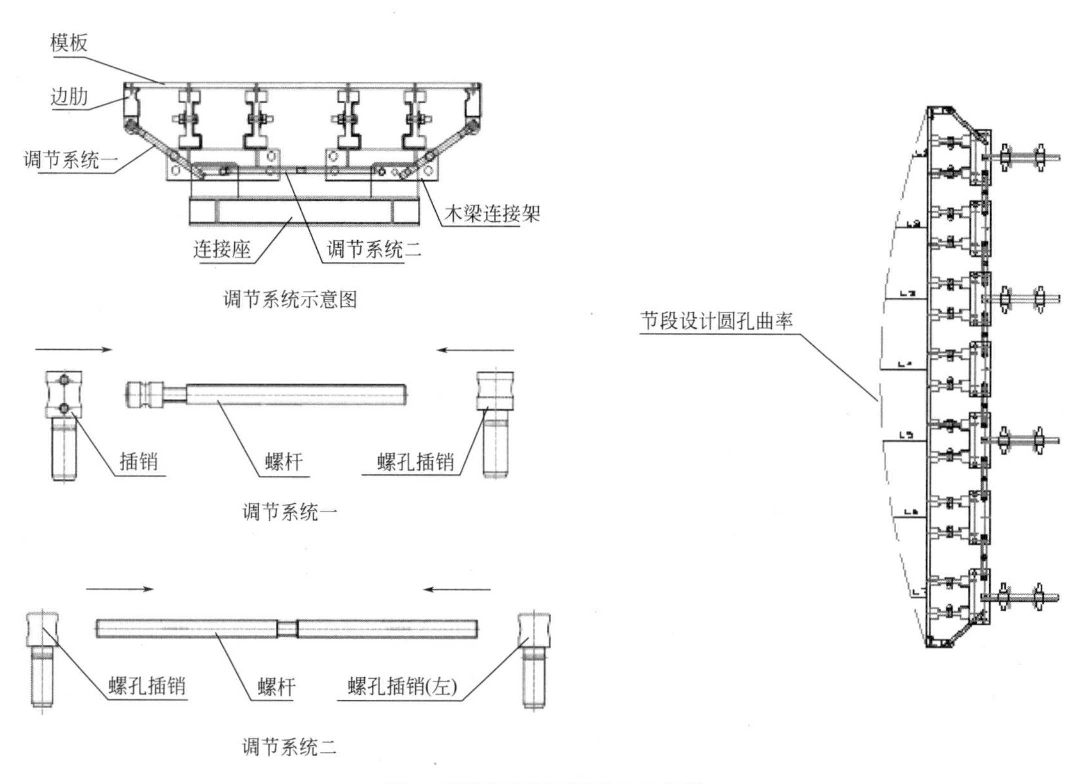

图 3　可调圆弧模板调节示意图

通过利用可调圆弧模板调整模板曲线来控制混凝土浇筑线型，塔柱的整体倾斜度误差为 20mm，每一节段塔柱平均倾斜度误差仅为 5mm，外轮廓允许偏差控制在±15mm，有效保证了异形塔柱施工的外观线型质量。

3. 主塔-主梁同步施工技术

主梁为钢-混叠合梁，钢梁截面为工字梁，钢梁采用纵横体系，桥面板为混凝土预制梁，钢梁与桥面板之间采用湿接缝连接。主梁共 33 个节段，南岸 GS1～GS14 共 14 个节段，塔端为 T0 节段，北岸 GM1～GM18 共 18 个节段。

主梁原设计施工方案为主塔封顶后进行架梁，但现场工期紧张，针对此类情况，提出了主塔-主梁同步施工方案，即主塔施工至 31 节段（共 35 节段）时进行主梁架设施工主梁主跨采用对称悬臂吊装，南岸边跨采用全支架法进行主梁架设，施工过程中对各施工工况进行监测，利用 Midas 对结构受力进行模拟分析，对施工过程中存在的问题及时进行修正调整。

由于施工方案的变更，主塔封顶前的施工工况发生改变，因此需对该阶段施工工况下主塔受力进行分析，在主梁架设期间对钢梁及桥面受力进行分析，以保证在施工过程中个结构受力的安全性。

成桥效果分析，在整个主梁施工过程中，项目部对全过程进行监测，并实施对个结构受力状态进行分析，确保结构处于安全可控状态，顺利实现合龙。同时对钢主梁轴线进行观测，偏位值从规范允许值 11mm（$L/20000$mm，L 为中跨跨径 220m）提高到 10mm。

轴线偏位

梁段编号	理论Y（m）	实测Y（m）	差值（mm）
GS1	17.800	17.805	5
GS2	17.800	17.804	4
GS3	17.800	17.805	5
GS4	17.800	17.810	10
GS5	17.800	17.808	8
GS6	17.800	17.807	7
GS7	17.800	17.806	6
GS8	17.800	17.808	8
GS9	17.800	17.806	6
GS10	17.800	17.803	3
GS11	17.800	17.804	4
GS12	17.800	17.805	5
GS13	17.800	17.806	6
GS14	17.800	17.802	2

轴线偏位

梁段编号	理论Y（m）	实测Y（m）	差值（mm）
GM1	17.800	17.806	6
GM2	17.800	17.809	9
GM3	17.800	17.806	6
GM4	17.800	17.807	7
GM5	17.800	17.804	4
GM6	17.800	17.806	6
GM7	17.800	17.805	5
GM8	17.800	17.807	7
GM9	17.800	17.802	2
GM10	17.800	17.803	3
GM11	17.800	17.804	4
GM12	17.800	17.806	6
GM13	17.800	17.807	7
GM14	17.800	17.803	3
GM15	17.800	17.807	7
GM16	17.800	17.806	6
GM17	17.800	17.809	9
GM18	17.800	17.805	5

图 4　中跨主梁轴线偏位图

4. 主梁湿接缝后浇筑施工技术

钢梁与预制桥面板之间采用现浇湿接缝进行连接，湿接缝为纵横体系，钢梁顶面设有剪力钉，桥面吊装完成后在湿接缝中绑扎钢筋，合模后进行浇筑湿接缝混凝土。

主梁湿接缝原设计施工方案为传统的每节段浇筑湿接缝，即 N 节段钢梁施工完成后，吊装 N-1 节段桥面板，浇筑 N-1 节段湿接缝，待强度达到要求后进行下一工序循环施工。为保证湿接缝施工质量，在每个湿接缝养护期停止施工，待湿接缝强度满足设计及规范要求后再进行下一工序的施工，施工效率低，工期较长。

项目部针对湿接缝的施工工序进行研究，采用空间有限元分析方法，分别针对一个节段浇筑一次湿接缝、两节段浇筑一次以及三节段浇筑一次这三种情况下的施工工况进行模拟，得到模拟结果的同时结合各因素对其进行分析。

对比分析结果表　　**表 1**

	一节段	二节段	一节段
浇筑次数	18 次	9 次	6 次
湿接缝质量	基本无裂缝	基本无裂缝	裂缝出现概率高
工期	144d	108d	96d

综上比较并进行专家论证后，项目部采用一次浇筑两节段湿接缝的施工工序施工，即安装 $N+1$、$N+2$ 节段钢梁后吊装 N、$N+1$ 节段桥面板，然后同时浇筑 N、$N+1$ 两节段湿接缝。

湿接缝施工方案的变更，导致主梁受力及斜拉索的张拉索力均产生变化，因此在施工过程中，项目部对主梁湿接缝受力进行实时监测，保证在施工过程中结构受力的安全性。在湿接缝滞后浇筑过程中对桥面板及钢梁应力进行实时监测，由表中数据可知，桥面板拉应力均处于规范允许范围内，在施工过程中，结构均处于安全可控状态。

桥面板拉应力监测表	
监测时间	桥面板拉应力最大值(Mpa)
CS1和CM1斜拉索一张后	\
CS2和CM2斜拉索一张后	\
CS3和CM3斜拉索一张后	\
CS1和CM1斜拉索二张后	\
2#~3#湿接缝浇筑完成后	1.95
6#钢梁安装完成后	2.05
8#钢梁安装完成后	1.76
9#钢梁安装完成后	1.38
10#钢梁安装完成后	1.89
11#钢梁安装完成后	0.99
12#钢梁安装完成后	1.22
14#钢梁安装完成后	1.42
15#钢梁安装完成后	1.44

图 5 桥面板拉应力监测图

三、发现、发明及创新点

1. C60 混凝土配合比优化

主塔为 C60 混凝土结构，原设计配合比采用 52.5 水泥，用量为 424kg/m^3，经试验发现原设计配合比产生的水化热过高，极易产生裂缝，且成本较高，因此，项目部试验室在经过反复的试验优化，在保证混凝土质量的情况下，将水泥更换为 42.5 级，用量为 420kg/m^3，此举在有效地控制了混凝土裂缝的产生同时，还节约了施工成本。

2. 可调圆弧模板施工技术

研发了可调圆弧模板施工技术，利用可调圆弧模板系统，解决了花瓶型塔柱曲率变化多、线型难以控制的难题，确保了花瓶型塔柱施工质量。花瓶型塔柱施工时，在传统的液压爬模的基础上，加以可调圆弧版系统，可有效地保证塔柱外观施工质量。在施工时，根据每节段设计曲率利用双调节系统对模板曲率进行调整，达到设计曲率后采用连接座进行固定调节系统，合模加固后进行混凝土浇筑。

3. 主塔-主梁同步施工技术

在主塔施工至 31 节段（共 35 节段）时，主梁开始同步施工，主梁主跨采用对称悬臂吊装，南岸边跨采用全支架法进行主梁架设。

通过对主塔、主梁及斜拉索等结构进行全过程受力分析，提出了主塔-主梁同步施工工艺，在保证施工质量、安全的同时，提高了施工效率。

4. 主梁湿接缝滞后浇筑施工技术

原设计方案湿接缝为滞后一节段浇筑，即 *N* 节段钢梁施工完成后，吊装 *N*-1 节段桥面板并浇筑湿接缝，项目部研发了两节段湿接缝同步浇筑施工技术，即安装 *N*+1、*N*+2 节段钢梁后吊装 *N*、*N*+1

节段桥面板，然后同时浇筑 N、$N+1$ 两节段湿接缝，减少了湿接缝浇筑次数，有效提升了施工质量和施工效率。

四、与当前国内外同类研究、同类技术的综合比较

本项目经科学技术部西南信息中心查新中心查新的结果为：国内均未见与本项目上述综合技术特点相同的施工关键技术研究的文献报道。

五、第三方评价及应用推广情况

2019 年 6 月 20 日，本项目经中建集团组织的专家鉴定，成果总体达到国内领先水平。

本项目的各项新技术适用于异形空间索面斜拉桥，已应用到潼南涪江大桥及盘锦辽东湾大桥，并成功地解决了相关的技术问题。

六、经济效益

本项目各项新技术的应用，节省了材料、提高了功效保证了工程质量缩短了工期取得了良好的经济效益，节约成本 261.4 万元，科技进步效益 0.74%。

七、社会效益

在涪江大桥改造工程施工过程中，施工单位管理能力强、专业技能强，项目建设过程中，受到各界的广泛关注，重庆交大及西南交大等高等院校多次来项目观摩并进行技术交流，潼南区委及区政府高度关注项目动态，多次莅临项目检查并给予高度评价，潼南电视台、重庆市电视台及重庆日报等多家新闻媒体多次给予正面报道。

低温条件下预制构件早强及绿色高效生产工艺的研究与应用

完成单位： 中建西部建设股份有限公司、中建西部建设西南有限公司、中建材料技术研究成都有限公司、中建科技成都有限公司

完 成 人： 陈　景、乔　龙、刘　明、肖　晓、毕　耀、刘　昌、刘其彬

一、立项背景

混凝土预制构件具有标准化生产、绿色化施工、建筑质量超前控制等优点，是实现建筑工业化的重要途径。近年来，随着国家基础设施建设和住宅产业化的迅速发展，对预制构件的需求量越来越大，国家和地方政府相继出台了一系列政策支持和鼓励预制构件的发展。《建筑产业现代化发展纲要》明确提出，到2020年装配式建筑占新建建筑的比例20%以上，到2025年装配式建筑占新建筑的比例50%以上。2011年到2017年，我国装配式建筑市场规模从43.2亿元逐步增长至462.3亿元。按照国务院办公厅及住建部发文确定的比例，预计至2020年装配式建筑市场产值将超过1000亿元。

目前，预制构件生产过程中普遍存在低温环境生产效率低、生产工艺噪声重、生产过程能耗高等问题。低温环境条件下，构件早期强度发展慢、静养时间翻倍，生产效率低，已成为制约预制构件产业发展的关键因素；另外，在预制构件浇筑振捣过程噪声大，是车间噪声主要来源，影响施工环境；预制构件的蒸养工序是主要耗能环节，万元产值耗能超过180元。因此，为提高预制构件生产效率、降低车间振动噪声污染、降低养护能耗，预制构件绿色高效生产技术亟待突破。

二、详细科学技术内容

1. 总体思路

开发绿色高效的预制构件生产技术，本项目从预制构件生产材料、施工工艺及设备等三个方面进行技术创新。材料方面通过研发低温早强聚羧酸减水剂技术、免振捣、弱振捣材料解决预制混凝土低温条件下早期强度发展慢、脱模周期长、能源消耗大的问题；通过预制构件生产流水节拍设计优化、低频振捣工艺的应用，缩短生产周期，降低噪声污染，使车间噪声下降30%以上；生产过程中通过引进混凝土自动生产浇筑成型设备、钢筋制作、焊接自动化等先进设备，减少人力资源投入，提升生产自动化水平，提高生产效率。

2. 关键技术

1）预制构件混凝土材料的性能提升研究

本项目组经过技术攻关，成功研发出适用于5～15 ℃低温条件下具有早期增强功能的材料—长侧链、短主链类结构的聚羧酸减水剂。应用于C40～C50强度等级的预制混凝土中，能够明显提高预制构件早期强度。在5℃和15℃条件下养护24h能分别达到设计强度的35%～50%和50%～65%。早强减水剂掺入混凝土后分别降低蒸汽养护温度和缩短蒸养时间20%和30%以上，缩短收水、脱模和吊装时间，达到节能降耗和提高模板周转率的目的。该产品生产过程仅需常温常压条件，绿色环保，无废水废气及有毒有害物质排放。经过国内外科技查新，本项关键技术在国内外未见报道。

相比普通型聚羧酸减水剂，早强型聚羧酸减水剂的掺入能大幅度缩短水泥浆体的水化诱导期，使最大放热峰提前3h以上；水化12 h后，掺入早强型聚羧酸减水剂的浆体中氢氧化钙和钙矾石含量相比，普通型聚羧酸减水剂分别增加50%和80%。SEM微观测试发现，加入早强型聚羧酸减水剂的水化产物

C-S-H 生成量更多，基本覆盖整个水泥颗粒，填充颗粒间歇。

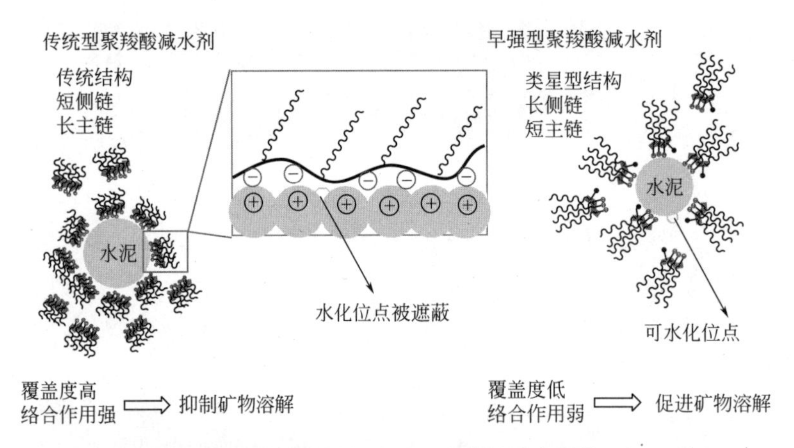

图 1　传统型聚羧酸减水剂与早强型聚羧酸减水剂作用机理对比

图 2　工业化生产设备、智能化控制现场与产品储罐

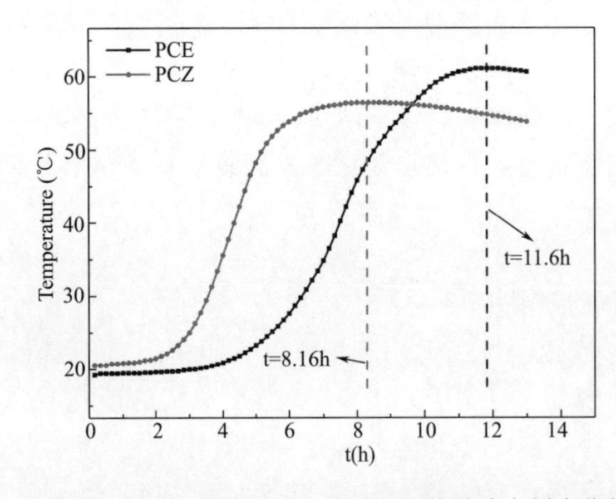

图 3　早强型（PCZ）和普通型（PCE）聚羧酸减水剂水化热曲线

项目对预制构件混凝土的配合比进行了优化研究，通过混凝土材料的研究，使混凝土性能接近自密实指标：U 型试验混凝土上升高度≥30cm，时间：10s；倒坍时间：7s；坍落度/扩展度：265/710mm；混凝土黏度小、和易性好、包裹性好。采用优化后的配合比在预制构件生产中实现免振捣、弱振捣，起到节能降噪的效果。综合考虑成本与性能，以兼顾生产成本和噪声控制的要求，最终确定弱振捣配比，

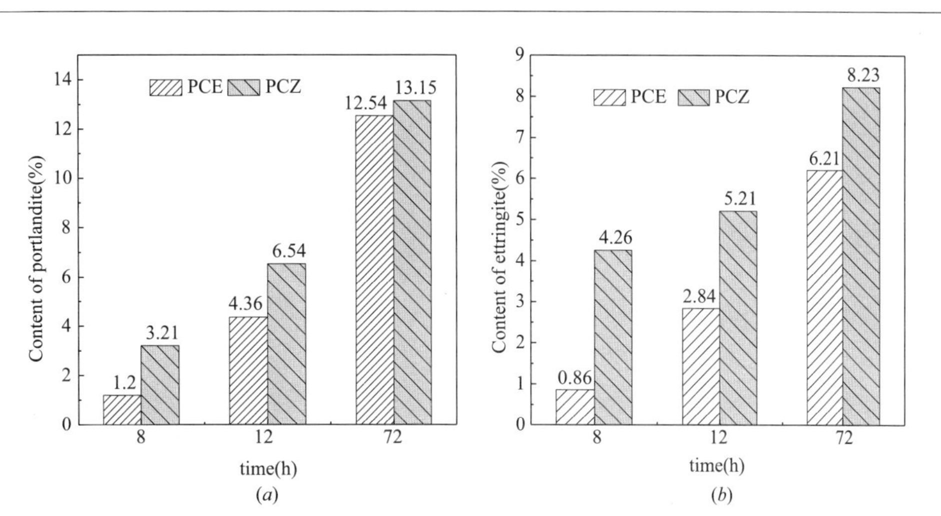

图 4 早强型和普通型聚羧酸减水剂水化产物氢氧化钙（a）和钙矾石；（b）含量

(a) (b)

图 5 掺入普通型（a）和早强型；（b）聚羧酸减水剂水泥水化 12h 的形貌

如表 1 所示。

预制构件混凝土配合比优化（kg/m^3） 表 1

配比编号	胶材总量	水泥	粉煤灰	矿粉	机制砂	碎石	用水	备注
1	360	320	40	0	860	1080	165	常规配比
2	445	225	110	110	937	865	165	弱振捣配比
3	500	250	130	120	887	887	165	免振捣配比

项目对预制混凝土的抗碳化性、抗氯离子渗透等性能进行了系统性研究。掺入早强型聚羧酸减水剂的 C50 预制混凝土，28d 碳化深度降低 20%，90d 氯离子渗透系数降低 38%，高早强和高耐久性协同一致，且对混凝土后期强度无影响。

2）预制构件生产线工艺优化

工艺优化前流水节拍流程图如图 7 所示。整个工序中，模具安装 12min，钢筋安装 12min，通过增加工位的方式，优化流水节拍，模具安装和钢筋安装阶段节省一半的时间，如图 8。通过应用混凝土新材料技术，模具安装和钢筋安装时间由原来的 12min 缩短为 6min，浇筑振捣时间由原来的 15min 变为现在的 5min；大大缩短流水节拍。

3）预制构件自动生产流水线设备创新研究

混凝土生产原材料通过传送皮带自动送料到骨料仓，自动进行骨料称量，大大节约时间并减少人工成本；混凝土送料由原来的罐车或者料斗改为混凝土自动送料机，不仅提升了生产效率，而且减少了材

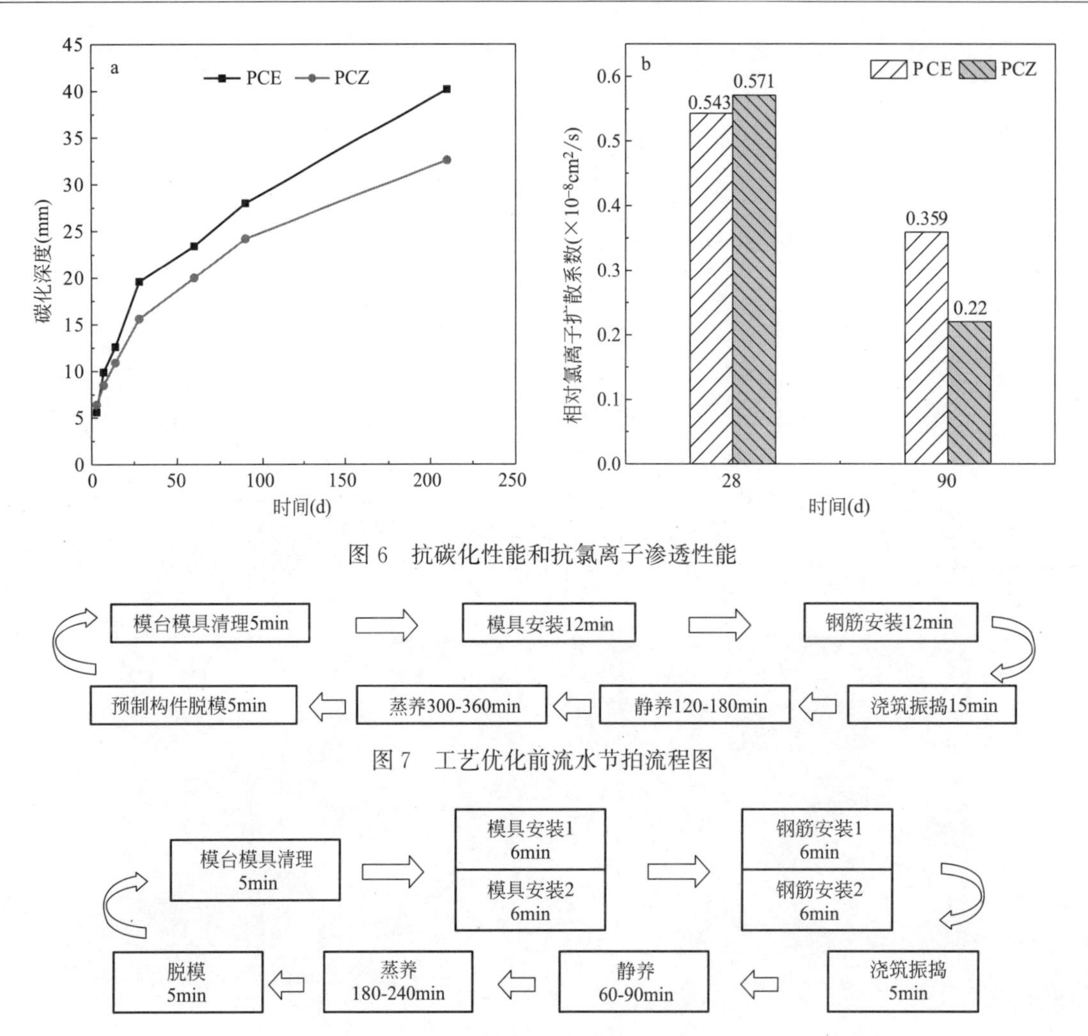

图 6　抗碳化性能和抗氯离子渗透性能

图 7　工艺优化前流水节拍流程图

图 8　工艺优化后流水节拍流程图

料的损耗；混凝土振动台由高频振捣改为低频振捣或免振捣、降低噪声值和能耗；自动流水线模台清理方面由原来人工清理改为流水线流动自动清理。

图 9　生产材料自动输送

图 10　混凝土自动布料

图 11　混凝土振动台

图 12　模台自动清理

配套钢筋生产线创新研究方面采用钢筋调直剪切机加快钢筋直条的生产产能，全自动数控钢筋弯箍机，由自动调节的两套矫直轮，伺服电机驱动组成，确保钢筋的矫直达到最好的精度；钢筋焊网机集调直、剪切、焊接网片于一体，能焊接各种尺寸的网片，取消人工绑扎，节约人工、加快网片成型；钢筋桁架机：能制作各种高度的桁架，单台每班能生产 1700m，而人工单班能焊接 100m 效率提高 17 倍。

图 13　钢筋调直剪切机

图 14　钢筋弯箍机

图 15　钢筋焊网机

图 16　钢筋桁架机

4）预制构件的节能养护工艺技术研究

结合预制构件生产工艺中对混凝土流动性和经时性的特殊需求，提出了高早强和低保坍可控的预制混凝土生产技术，突破了预制混凝土早强性和流动性协同调控技术瓶颈。采用早强型聚羧酸减水剂应用技术，预制管片混凝土蒸养时间由普通 6～8h 缩短为 3～6h，蒸养温度由 60～80℃降低为 30～40℃，不仅节能增效，而且显著降低构件高温养护开裂风险。

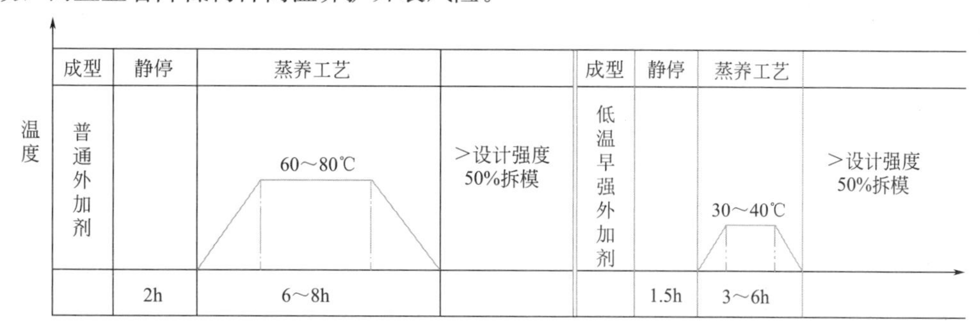

图 17　应用早强型聚羧酸减水剂预制构件生产工艺对比

3. 实施效果

该技术成果广泛用于预制叠合板、预制女儿墙、预制箱梁、地铁管片等构件的生产。先后在中建科技成都有限公司、眉山中建西部建设有限公司等预制构件厂推广，实施效果获得了应用单位的一致肯定与好评。

1）中建科技成都有限公司

天府新区新兴工业园服务中心项目，由中建科技成都有限公司作为 EPC 总承包，中建五局三公司作为施工总承包承建，中建科技成都有限公司 PC 构件厂提供预制构件。本工程为 1 座酒店公寓楼，酒店楼层为 1～18 层，采用全预装装配式混凝土结构，预制梁及预制板混凝土强度等级为 C30。开工时间为 2016 年 11 月至 2017 年 12 月。掺入中建西部建设新材料科技有限公司生产的早强型聚羧酸减水剂，混凝土粘聚性好，无离析、泌水现象，浇筑过程中浇捣可操作性强。通过实测预制叠合板及预制梁混凝土强度：12h 强度 21.6MPa，7d 抗压强度 29.9MPa，28d 抗压强度 39.6MPa，满足设计和规范要求。

图 18　叠合板生产图

图 19　预制箱梁

图 20　叠合板

图 21　预制箱梁横向图

2）眉山中建西部建设有限公司

成都轨道交通 11 号线采用盾构法隧道施工，其中预制衬砌钢筋混凝土管片的内径 5400mm、外径 6000mm、结构厚度 300mm，管片宽度分为 1200mm 和 1500mm 两种，每环由 6 片块组成，管片混凝土设计指标为 C50P12。

图 22　预制楼梯

图 23　预制柱

图 24 坍落度测试　　图 25 管片混凝土收光　　图 26 预制地铁管片

按照地铁管片工艺和生产速度要求，掺入中建西部建设新材料科技有限公司研制的早强型聚羧酸减水剂配制的混凝土收水静置时间由 2h 缩短至 1h，蒸汽养护温度小于 40℃，4～6h 后脱模强度超过 50% 的设计强度；脱模后发现混凝土表面光亮，色泽均匀一致，表面致密气泡少，管片表面裂纹少，甚至无裂缝。通过实测地铁管片强度：7d 抗压强度 52.6MPa，14d 抗压强度 57.2MPa，28d 抗压强度 63.1MPa，抗渗等级达到 P12 的要求，充分满足地铁混凝土管片的设计和规范要求。

三、发现、发明及创新点

（1）开发了混凝土低温水化加速技术、流水节拍优化技术、自动化设备改造技术，综合形成了预制构件绿色高效生产工艺，实现了低温（5～15℃）条件下预制构件生产效率不降低，常规条件下预制构件生产周期由 8～10h 缩短为 6～7h，生产效率提升约 22%；

（2）自主研发新型苯胺接枝结构的早强型聚羧酸减水剂功能材料，在预制构件混凝土中应用后，可显著缩短混凝土养护时间生产，产品在国内属首创，较国外同类产品成本优势显著，且生产工艺无须高温、高压，更加安全、环保；

（3）本工艺技术具备优越的环保性，可降低预制构件蒸养温度，同时无须高频振捣，可降低蒸汽养护环节 30%的能耗，同时车间噪声最低可达 40dB，较传统工艺工厂噪声降低近 50%。

四、与当前国内外同类研究、同类技术的综合比较

本项目所研发的技术成果，经权威科技查新，与国内外同类研究与成果对比后，在以下技术指标中均有显著提升与突破。

1. 早强功能材料制备

国外预制构件用早强产品性能优异，专利技术保护性强，产品价格昂贵，国内产品性能一般；本课题通过大量的试验和结构设计，创造性以异戊烯醇聚氧乙烯基醚（Mn=4000）、丙烯酸和马来酸单酰胺为共聚单体，优化配比及工艺，合成出具有优异早强功能的聚羧酸减水剂产品，达到国外性能水平，生产成本低，性价比更高。

2. 预制构件工艺先进性

目前国内外预制构件的生产普遍工艺为静停时间 2h，蒸养温度 50～60℃，蒸汽养护 8h；本项目工艺静停时间缩短 50%、降低蒸汽养护温度 20%、缩短蒸养时间 25%以上，大大降低蒸养温度，缩短脱模时间，节能增效优势明显。

3. 操作节能环保

目前，国内预制构件的生产普遍需要高频振捣，造成巨大的噪声和能量消耗，本技术混凝土达到自密实效果能够不需振捣或弱振捣，让整个车间噪声降低约 50%。

五、第三方评价、应用推广情况

1. 科技成果评价

2018年11月23日，项目进行了科技成果评价。项目以马来酸酐、苯胺为主要原料，成功制备了马来酸单酰胺早强功能单体。采用异戊烯基聚氧乙烯醚、丙烯酸和马来酸单酰胺为共聚单体，制备得到预制构件用早强型聚羧酸减水剂。该减水剂可显著提高预制混凝土低温早期强度，降低蒸养温度，缩短蒸养时间，并实现了产品的工业化生产。科技成果评价专家组一致认为，该成果达到国际领先水平。

2. 市场应用前景评价

本项目属于高新技术领域中新材料技术及战略新兴产业中新材料产业，为国家鼓励产业，预计市场规模在100亿元以上，发展前景广阔，潜在的经济效益与社会效益显著。目前我国建筑领域大力推进了住宅产业化的发展，对预制构件的需求量越来越大，预制构件用早强型聚羧酸减水剂具有极好的应用前景。

3. 施工方（受用方）评价

中建科技成都有限公司预制构件厂是公司开展装配式建筑、绿色建筑、节能与环保、新能源等创新产业的研究和实践而建立，主要功能是混凝土预制构件生产和研发。该成果先后应用于我司各类叠合板、预制楼梯、预制外挂板、预制柱、预制梁等构件的生产。自2017年以来，我司项目建设累计应用该技术生产预制构件混凝土达4.9万方，所应用的混凝土施工性能良好、生产效率提高，早期强度达到设计要求，完全满足工程施工要求。该成果的应用降低了预制混凝土蒸养温度，保证了预制构件的表观质量，减少了施工过程中能源消耗、人力资源投入，具有很高的经济和社会效益。

六、经济效益

2017年1月至2018年12月，中建西部建设新材料科技有限公司、中建科技成都有限公司、中建科技有限公司四川分公司三家单位累计新增销售额为21549.9万元，新增利润2789.62万元，新增税收630.92万元，其经济效益显著，值得大力推广应用。

七、社会效益

应用本项目所形成的低温条件下预制构件早强及绿色高效生产应用技术，能够明显降低蒸汽养护温度、缩短蒸养时间，大幅度降低能源消耗，提高生产效率，并减少预制构件微观缺陷修补费用，降低对环境的污染。2017～2018年，该成果在中建科技成都有限公司和四川分公司的应用降低了预制构件的蒸养温度，保证了预制构件的表观质量，减少了施工过程中能源消耗、人力资源投入，节约了工程建设总工期，间接创效460万元，具有明显的经济、环境和社会效益。

30万吨/年硫回收装置成套施工技术

完成单位：中建安装集团有限公司
完 成 人：程新路、王运杰、宫治国、鲍　枫、马　乐、任洋麟、田向军

一、立项背景

我国富煤、贫油、少气的资源禀赋特点，当前石油对外依存超过60%。因此，摆脱国外原油依赖，确保能源安全稳定。促使煤制油成为我国能源发展战略之一。即解决煤炭产能过剩的同时，又可做大做强煤炭产业链，获取下游附加值更高的产品收益。

神华宁煤400万吨/年煤炭间接液化项目是国家“十二五”期间重点建设的煤炭深加工示范项目，属国家级示范性工程，是目前世界上单套投资规模最大、装置最大、拥有中国自主知识产权的煤炭间接液化项目。我单位承建的神华宁煤400万吨/年煤炭间接液化项目30万吨/年硫回收装置。采用克劳斯硫磺回收工艺和尾气处理氨法脱硫工艺，工艺介质是低温甲醇洗单元的富 H_2S 气体和酸水汽提装置来的尾气为原料，经过克劳斯热反应、克劳斯催化反应、尾气焚烧、氨法脱硫等工段，将其中的 H_2S 和COS（羰基硫）转化为液体硫磺和硫铵溶液。液体硫磺经泵送入硫磺成型与包装单元制成粒状成品硫磺出售，产生的20%浓度硫酸铵浆液通过出料泵输送至装置外集中后续处理，合格的尾气经130m烟囱排放大气。

硫回收装置主要处理化工生产中产生的含有硫化氢的酸性气，实现清洁生产，达到变废为宝，降低污染，保护环境的目的，因此硫回收成套施工技术在项目上的成功应用将极大地推动该技术的研发和实施，推广应用前景极为广阔。

二、详细科学技术内容

1. 总体思路

硫回收装置包含塔器、锅炉、反应器、换热器、空冷、造粒、包装等各类设备的安装。工艺管线规格种类繁多、材质多样，其中有对焊接工艺要求极高的氧气管线（UNS NO6600材质），对焊接和热处理工艺要求严格的Cr-Mo耐热钢管道，对管线下料与组装要求高的夹套与半夹套管线等；130m套筒式烟囱1座，烟囱外套为混凝土结构，内筒为钛-钢复合板筒状结构，需开发与使用特殊的工装与机具，钛-钢复合板的焊接质量控制要求较高；硫回收装置因需严格控制硫比值和各设备的温度、流量等运行参数，确保最大限度的对工艺气进行脱硫除硫，自控仪表和在线控制阀门众多，组成的装置控制系统复杂，而硫回收装置布置紧凑、工期紧进一步增加了施工质量与安全文明管理难度。

本项目是在总结集团多套硫回收装置施工技术经验的前提下，在全球最大的单体硫回收装置施工任务中进一步创新与运用，并根据硫回收装置施工特点，取得大量创新性成果。对填补集团技术空白、开拓市场、指导同类施工具有重要意义，为我国在“一带一路”建设下承接国际上石化项目打下坚实基础。

2. 技术方案

（1）脱硫塔工厂制造整体安装施工技术：为保证施工质量及施工进度，未采用常规倒装法施工工艺。而是通过校核脱硫塔塔体吊装强度和对原倒装法基础的改造，脱硫塔采用工厂制造整体安装的方式进行安装；

(2) 大型设备地面整体保温技术：大型设备到场后在地面完成整体保温后，再进行设备的整体吊装，在减少脚手架的搭设工程量同时，减少保温材料的垂直运输距离，使保温施工成本大大降低，安全、质量得到了有效保障；

(3) 多台卧式设备多基础组对安装技术：解决了多台卧式设备收尾连接安装时，易发生因设备安装精度不足，连接处应力过大的问题；

(4) 组拼式大模板施工技术：在烟囱混凝土外筒施工中，外模采用柔性拼接模板体系，利用2mm厚镀锌钢板制作的柔性外模，利用钢丝绳对外模板进行紧固，并利用柔性模板拼接处重叠的部位解决烟囱上小下大的收分要求；

(5) 大型设备吊装施工技术：运用此项施工技术可最大限度地减少对大型吊车的使用，并减少因吊装施工对装置其他施工的影响，有效推动施工进度；

(6) 烟囱内筒液压提升施工技术：具有节约劳动力和机械台班，避免进行高空作业施工，采用的提升设备安拆方便，操作灵活，安全可靠易于实施，在保证施工质量的前提下，也易于对施工进度、安全进行有效控制；

(7) 烟囱外筒航标漆涂刷电动吊篮施工技术：选用的是经过局部改造的电动吊篮具有节约劳动力和机械台班，安拆方便，安全可靠，施工质量好，易于实施的特点；

(8) 氧气管线安装前集中脱脂及安装后循环脱脂技术：确保了氧气管线脱脂的彻底性，杜绝氧气管线因脱脂问题导致生产事故的发生。

3. 关键技术

(1) 硫回收装置有直径为5.5m、高度38m的脱硫塔两台，单重118.6t。脱硫塔常规采用现场倒装法施工工艺进行制作安装。但在现场施工过程中，新版规范（增加依据）提高了尾气排放标准，继而要求提升脱硫塔的脱硫能力，所以设计对原脱硫塔图纸进行二次重新设计。从而使设计进度滞后于总进度，使脱硫塔的制安施工只能在冬季进行。

为确保施工质量及施工进度，在进行脱硫塔二次设计中，因提升脱硫塔处理能力必然会加大塔容积的前提下。提出增大塔体上部直径及提出增大塔体局部壁厚的要求，以便满足后续脱硫塔整体吊装施工要求，并最终与设计共同校核了塔体强度与塔体吊耳位置。考虑到脱硫塔无裙座，对已施工完成的脱硫塔基础进行技术改造。最终脱硫塔采用工厂制造运输至现场直接进行整体吊装的方式完成脱硫塔的安装工作。

(2) 烟囱外筒混凝土结构模板体系为，外模板采用2mm厚镀锌薄钢板，每块高1.60m宽1.00m，共40块，利用螺栓组合成四片柔性大模板，模板外利用16根$\phi8$的钢丝绳形成柔性受力体系；内模板采用3mm厚镀锌铁皮，每块高1.5m宽0.33m，两套共180块，并配以加筋肋，此模板体系在本工程首次研发使用。

本项技术解决了以往的烟囱外筒混凝土施工中采用的普通钢模板使用量大，模板安装费时费力；模板拆除后圆形外壁为多边形结构；且烟囱变径处各方向收分不一致；在局部区域更易发生因提升平台扭转，造成烟囱外壁上下模板拼接缝处不对应等严重影响混凝土外观成型质量的问题。在柔性组拼式大模板拆除后，只需对模板拼缝处稍做打磨，即可保证混凝土表面的成形质量。

(3) 氧气管线在完成预制施工后选用整体浸泡法进行脱脂，脱脂后应采取气相防锈塑料膜进行封口保护。在氧气管线完成安装、试压工作后。对氧气管路进行循环脱脂。

本项技术将以往了氧气管线脱脂施工进行了整合，通过预制后安装前的集中脱脂，可有效处理循环脱脂时管道系统的“盲肠”部位和不易排净的地方，因流速太小而使清洗下的不溶性杂质沉淀于管中，极大地减少了后续循环脱脂的难度和脱脂时间，也可节省药剂的使用量，确保了氧气管线脱脂的彻底性，杜绝氧气管线因脱脂问题导致生产事故的发生，最终确保氧气管线的平稳运行。

三、发现、发明及创新点

1. 脱硫塔工厂制造整体安装施工技术

脱硫塔常规采用现场倒装法进行制作安装。本装置脱硫塔两台（直径为5.5m，高度38m，单重

118.6t）因设计进度滞后于总进度，最终采取工厂化制作、现场整体安装施工工艺，该工艺首次应用于脱硫塔安装施工。主要创新点为：

（1）脱硫塔工厂化制作，塔节预制采取半包型鞍座，减少组对时筒节变形；设置多组塔体转动支座，避免塔体转动接触面发生塑性变形。

（2）根据塔体校核分析结果，采用增设临时井字支撑等措施，确保吊装时设备本体强度满足稳定性要求。

图1　脱硫塔工厂化制作

（3）利用双机抬吊对脱硫塔进行整体安装。

图2　脱硫塔双机抬吊安装

本技术能够有效缩短工期，节约场地占用，提高设备实体质量，降低施工安全风险。

2. 组拼式柔性大模板施工技术

130m烟囱混凝土外筒施工常规采用定型钢模板体系，但易出现烟囱变径处各方向收分不一致，上下模板拼接缝处不对应等问题，影响混凝土外观成型质量。项目创新性的研发了组拼式柔性大模板体系，该体系包含内外模板两部分，外模板由镀锌钢板与钢丝绳构成，内模板由镀锌钢板和角钢加劲肋构成，此模板体系首次应用于烟囱外筒混凝土施工，本技术可显著提高施工工效，降低施工成本，提高混凝土观感质量。主要创新点如下：

（1）研发了一种柔性模板体系，减少模板投入，安装方便、快捷；

（2）利用混凝土自重使柔性模板体系自然成圆，使烟囱外壁表面光滑、无棱角；

（3）柔性模板可根据烟囱变径的需要灵活重叠固定，有效解决了烟囱变径部位均匀收分的问题，提升了烟囱混凝土的成型质量。

图 3　烟囱柔性外模板安装

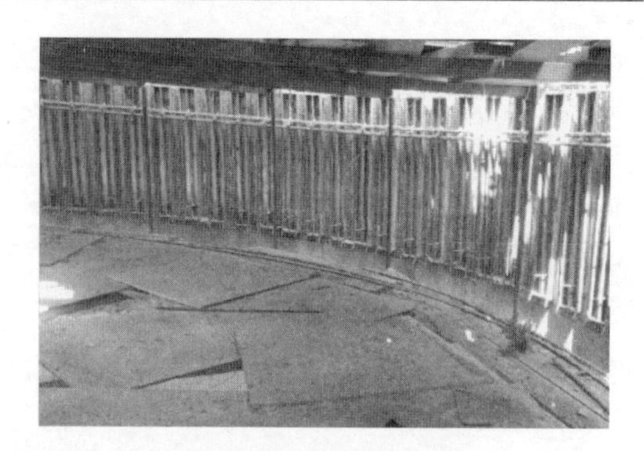

图 4　烟囱内模板安装

图 5　组拼式柔性大模板体系应用实体成型质量

3. 多台卧式设备组对安装技术

装置内多台大型卧式设备需通过焊接方式将各设备首尾相连，采取对称分段焊接减少焊接热变形、焊接过程同心度监测与调整、设备滑动端钢板后浇等技术使各设备达到无应力连接要求，并使多台设备连接后整体坡度满足工艺要求。

4. 大型设备地面整体保温技术

塔类设备进场后置于配套鞍座上，在地面上完成保温施工，将传统的高空作业改为地面作业，使施工成本大幅降低，进度、安全、质量得到保障。

图 6　塔类设备地面整体保温

5. UNS NO 6600 镍基合金焊接技术

通过对 UNS NO 6600 镍基合金中压氧气管线进行可焊性分析，采取控制坡口洁净度、焊接线能量、保护气纯度、层间温度等工艺措施，防止热裂纹等焊接缺陷的产生。对氧气管线内焊缝进行内窥镜检查，处理焊瘤、毛刺及焊缝余高超标问题，消除氧气管线运行事故隐患。

图 7　氧气管线焊缝检测

图 8　装置内氧气管线

6. 快捷装卸吊钩

克服了现有装卸吊钩易损坏管口及钛钢复合板边缘的问题，该快捷装卸吊钩提高材料装卸速度的同时，还对吊装施工中的吊装物具有良好的成品保护作用，并提高了吊装作业时的安全系数。

7. 脚手架用安全挂架

克服了现有脚手架挂架不稳固及在钢结构拼装和焊接作业时易遮挡钢结构连接部位的问题，该脚手架用安全挂架组装简便，使用牢固，可提高高空作业的安全系数，具有方便操作、安全性高的优点。

8. 压力容器试验装置

克服了一般压力容器试验采用临时简易装置易造成压力试验结果不准确和安全隐患，该压力容器试验装置使用操作安全、可靠，可避免因人为原因造成的安全事故的发生，可提高压力试验效率。

四、与当前国内外同类研究、同类技术的综合比较

（1）常规脱硫塔采用倒装法进行施工，需占用大量场地，质量和安全过程管控难度大，特别是大型脱硫塔长细比较大，施工过程中如措施不当有发生塔体倾覆的可能。而项目运用的脱硫塔工厂化制作，整体吊装施工技术，能够有效缩短工期，节约场地占用，提高设备实体质量，降低施工安全风险。

（2）常规烟囱混凝土外筒施工采用定型钢模板体系，模板成本高，施工工序烦琐，易出现烟囱变径处各方向收分不一致，上下模板拼接缝处不对应等问题，影响混凝土外观成型质量。而本项目运用的组拼式柔性大模板体系可显著提高施工工效，降低施工成本，提高混凝土观感质量。

（3）研发了大项设备地面整体保温技术、多设备组对安装技术等综合技术，实现了 30 万吨/年硫回收装置的高效、高质量安装。

五、第三方评价、应用推广情况

中国建筑集团有限公司在组织召开了科技成果评价会，经评价委员会各专家质询讨论后，一致认为本成果达到国内领先水平。

陕西省科委西安建筑科技大学查新工作站对《硫回收装置成套综合施工技术》进行了国内外查新。查新结论为：在国内外公开发表的中外文文献中与本委托项目创新点完全相同的未见报道。

本成套施工技术经过不断施工总结和集思广益，形成《硫回收装置成套综合施工技术》，填补公司此领域的部分技术空白，在同类工程施工方面具有极大的指导意义，为今后公司承揽类似工程提供良好业绩、人员储备，为类似工程的施工提供了经验和技术参考。

六、经济效益

硫回收装置成套施工技术的开发成功，将极大地推动了硫回收装置施工技术与施工工艺的进步，为今后类似工程的施工提供先进的施工工艺与施工经验，为相同类似工程保质、保期地完成奠定了牢固的技术基础。该项目的技术、工艺水平领先于业内同类水准，在本项目共计产生经济效益 219.35 万元。在同类工程的施工上可以有效缩短工期，提高项目科技进步效益率，具有极大的经济效益和市场竞争力。

七、社会效益

本工程通过对施工全过程的组织、策划、实施与总结，充分发挥项目部成员的创新主观能动性，在实施过程中运用科技创新措施，取得大量成果。包括采用工厂化钢结构预制、工艺管道防腐预制、钢筋加工等施工技术，有效缓解了硫回收装置现场紧凑、工期紧的问题；钛钢复合板焊接、UNS NO6600 氧气管线焊接、多台卧式设备多基础组对安装技术，解决硫回收装置独有的施工工艺难题；柔性大模板技术、脱硫塔工厂制造整体安装施工技术、大型设备地面整体保温技术是在现场实际施工中，通过及时调整方案而取得较好的实施结果，并得到业主的极大认可。

通过本次成套施工技术的总结，提高工程技术人员对硫回收装置施工流程与工装研发。并利用此次施工契机，为公司锻炼一批优秀的化工技术人员，为今后类似工程的施工打下坚实基础。

精细化工装置施工技术研究与应用

完成单位：中建一局集团安装工程有限公司
完 成 人：沙　海、孟庆礼、付春峰、赵　艳、孙　征、孙劲松、郭瑞生

一、立项背景

精细化工是化学工业中生产具有特定应用性能、合成工艺中步骤较多、反应复杂、品种多、产品附加值高的精细化学品的领域。精细化工装置的生产过程复杂，条件苛刻，制约因素多。精细化工装置布置密集，尺寸大，非标设备多，管道纵横交错且多属于压力管道。由于精细化工项目本身的特点给精细化工装置管道的安装提出了更高的要求。精细化工装置的施工依然存在很多技术难点，严重影响安装施工，如何解决精细化工装置施工安装技术的各项难点，提高施工质量、安全系数，加快施工进度，降低施工成本具有良好的现实意义。

本研究针对精细化工装置施工技术进行了深入的研究，从精细化工装置大型结构框架模块化施工、大型塔类设备吊装、装置内静止设备预埋螺栓施工、特大型储罐施工、储罐焊接、装置管道加工与保温、装置区受限条件运输、BIM技术在精细化工装置施工中的应用等进行了总结和创新，旨在为精细化工装置的施工提供更好的创新技术，为工程施工提供指导和借鉴作用。

二、详细科学技术内容

1. 精细化工管道现场预制技术

1）预制加工场地设置技术

利用BIM技术完成管道预制场地的设置。包括加工区域的划分、加工设备的种类及位置。实现了施工现场加工区空间管理和加工工序的优化。

2）管段法兰预制技术

首创研发了“90°管段”、“短管”与法兰的预制装置完成管段与法兰的焊接，通过该装置的辅助焊接可实现不同管径90°管段及直管段与法兰的焊接，该方法操作简便、灵活，节约劳动力、施工安全性好、施工效率高。

3）直管段管道预制技术

研发了可升降的移动式“焊接工艺操作平台”与“滚轮支架”相配合的长直管段焊接技术，提高了长管段焊接的效率及质量。该技术以滚轮支架为支撑、焊接平台为操作面，实现了管道的快速精确焊接预制。

4）阀门批量检测技术

针对精细化工安装中大量的阀门检测工作，研发了“阀门检测装置”，实现了阀门批量快速检测，提高了阀门检测的效果及效率。

2. 洁净管道焊接施工技术

1）食品级不锈钢管道焊接技术

研究实施了食品级不锈钢管道焊接技术，通过全密封可编程自动焊接技术、工业纯水管道冲洗、氮气吹干密封，有效保障了精细化工项目产品的特殊要求，保证了食品级工艺管线的GMP认证。

2）洁净压力管道焊接技术

提出洁净压力管道采用洁净车间预制工艺，采用氩弧焊打底手工电弧焊填充焊接技术，提高了焊接质量和工作效率，很好地满足压力管道的特殊性和洁净度高的要求。研发了“气体保护装置”，有效提升了管道焊接质量和效果。

3. 大型储罐施工平台系统及其正装施工技术

研发了“特大型储罐施工平台系统及其正装施工技术”，克服了目前特大型储罐各类施工方法的弊端，提升工作效率，提高施工安全性。

该技术将较成熟的“充水水浮正装工法”与“悬挂内脚手架平台正装工法”相结合，在浮顶制作安装期间利用挂壁小车和三脚架平台作为临时操作面进行储罐施工，待浮顶施工完毕后充水起升至指定位置后再利用浮顶作为操作平台。在整个过程中保证壁板安装不停顿施工，以达到持续循环施工的目的，使储罐水压试验、沉降观测、基础分部预压、罐体安装、除锈防腐等工序可以同步进行，缩短工期、节约措施用料、提高焊接质量。

4. BIM 技术在精细化工项目中的应用

1）BIM 深化设计技术

针对精细化工项目主要以容器和管线为主，管线种类多、规格多、相互交叉布置、走向复杂等特点。采用 Plant 3D 创建装置设备布置模型和三维管线综合排布模型，进行管路优化，实现了二维三维一体化工作模式，随时发现问题随时调整模型，最终达到零碰撞。

图 1　综合管线图

图 2　罐区模型

2）加工区优化技术

基于软件技术的加工区模型虚拟建造，实现了施工现场加工区空间管理和加工工序的优化。通过 BIM 技术对施工现场加工区进行布置规划，将材料、半成品和成品按照不同类别合理布置，减少二次搬运工作，最大限度的保护质量不被损坏，实现了堆料空间的优化，便于施工现场管理。

3）基于 BIM 的预制加工技术

提前绘制项目所需构件和设备模型，建立构件库，保证模型中的构件设备与实际施工一致，确保模型进度满足项目施工需求，为工厂化预制做好前期准备。基于模型导出单线图进行管道预制加工，有效保证了管段提前精确加工，施工方案优化。在 BIM 模型中包含各构件的规格、尺寸和详细信息，生成施工所需的管道平面布置图及管道预制加工 ISO 图，便于提前下料、预制。

4）施工工艺及进度控制技术

通过 BOM 表整理出准确、完整的产品结构表，为项目材料工程量和采购计划提供准确数据，保证施工进度并合理控制项目施工成本。施工工艺和进度的可视化仿真模拟实现了施工过程的有效控制，有效避免返工浪费，极大地提高了工作效率，提升了项目收益率。

5. 装置区狭窄内空间设备管道运输就位技术

1）重型设备运输就位技术

针对装置区施工现场空间有限场地狭窄，设备就位运输方式局限性大的难题，首次提出了采用“载重车”与“可拆卸重型龙门架”相配合的重型设备运输方法，该技术中可利用“重型龙门架”进行设备卸车，水平运输采用“载重车”配合轨道板的方式，解决了传统长滚筒在软地基运输时易弯曲的问题。设备运输至基础后，利用“龙门架”调整钢丝绳、吊装带进行设备就位。该技术能够解决精细化工工程装置区设备布置集中、重量大，重型设备运输就位的难题。

2）小型设备材料运输就位技术

针对小型设备的运输，研发了“叉车转向盘”及“管道转向运输装置”及“自行式龙门架”，解决了装置区小型设备及管道等物料的运输就位。采用“提升平移法”解决了现场无法直接就位的难题。此技术解决了装置区狭窄空间传统吊装技术无法就位的难题，提高了作业的安全性与作业成本，解决了工程工期紧张的难题。

三、发现、发明及创新点

1. 精细化工管道现场预制技术

针对精细化工工程施工中的预制技术进行了创新，将Plant3D技术应用于精细化工管道预制中。从预制场地设置、管道坡口加工、管道法兰预制焊接、阀门检测、管托预制等工序进行创新。研发了“90°管段预制装置”、“法兰短管预制装置”、“阀门检测装置”，提高了精细化工管道施工的预制深度和精度，减少现场施工量，加快工艺管道的施工进度和质量，节省成本和工人的劳动强度，对于整个精细化工工程的施工具有重要的意义。

图3　预制加工区效果图

预制加工场地设置技术利用BIM技术完成管道预制场地的设置。包括加工区域的划分、加工设备的种类及位置。实现了施工现场加工区空间管理和加工工序的优化。

图4　预制加工区效果图

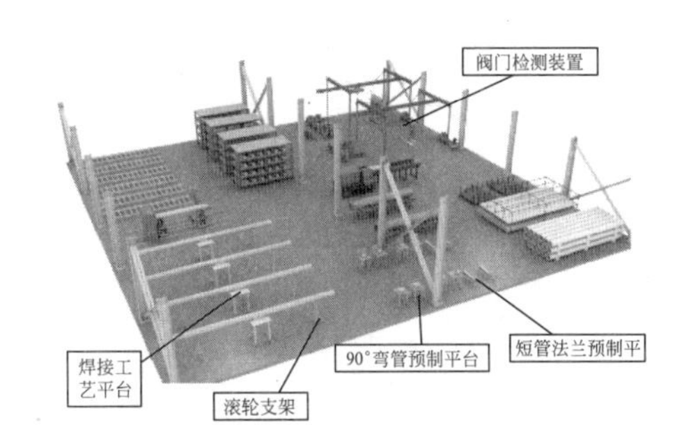

图5　预制加工区设备布置图

2. 管段法兰预制技术

首创研发了“90°管段”、“短管”与法兰的预制装置完成管段与法兰的焊接，通过该装置的辅助焊接可实现不同管径90°管段及直管段与法兰的焊接，该方法操作简便、灵活，节约劳动力、施工安全性好、施工效率高。

3. 直管段管道预制技术

研发了可升降的移动式“焊接工艺操作平台”与“滚轮支架”相配合的长直管段焊接技术，提高了长管段焊接的效率及质量。该技术以滚轮支架为支撑、焊接平台为操作面，实现了管道的快速精确焊接预制。

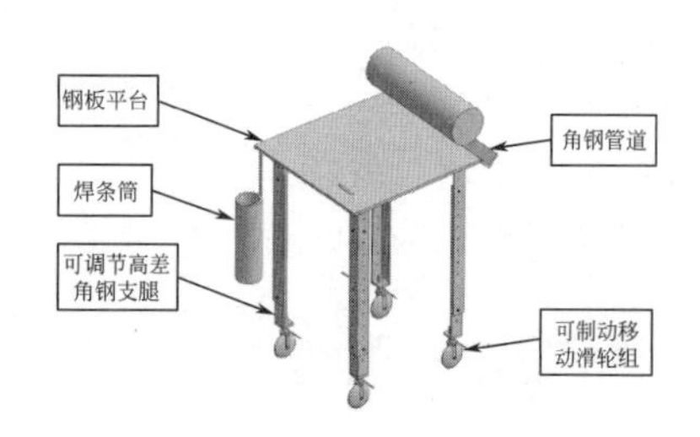

图 6　焊接工艺平台示意图

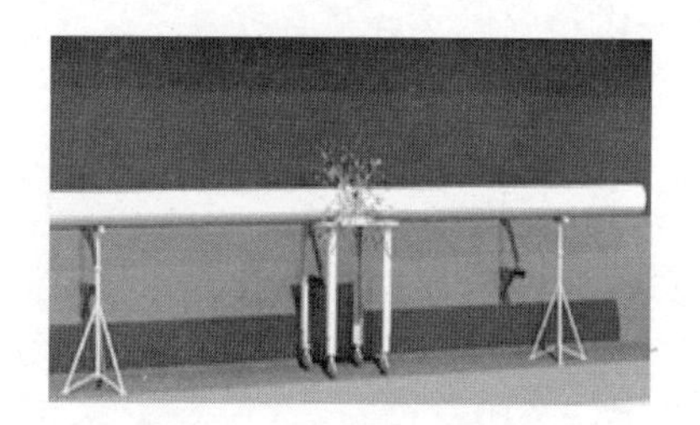

图 7　长直管段焊接示意图

4. 大型储罐施工平台系统及其正装施工技术

大型储罐罐体直径长、罐身高度高、起重吨位大，底板以及浮顶焊接量巨大，壁板安装困难等因素，本研究在常规储罐施工方法无法满足大型群罐工程要求的情况下提出了一种新型的施工方法，施工过程中研发了多项预制及运输辅助装置，极大地提高了群罐预制、运输效率，为保证罐体施工工期提供了保障，取得了显著的经济及环保效益，施工效果良好。

图 8　储罐施工图片

5. 装置区狭窄内空间设备管道运输就位技术

针对装置区施工现场空间有限场地狭窄，设备就位运输方式局限性大的难题，首次提出了采用“载重车”与“可拆卸重型龙门架”相配合的重型设备运输方法，解决了传统长滚筒在软地基运输时易弯曲的问题。设备运输至基础后，利用“龙门架”调整钢丝绳、吊装带进行设备就位。该技术能够解决精细化工工程装置区设备布置集中、重量大，重型设备运输就位的难题。

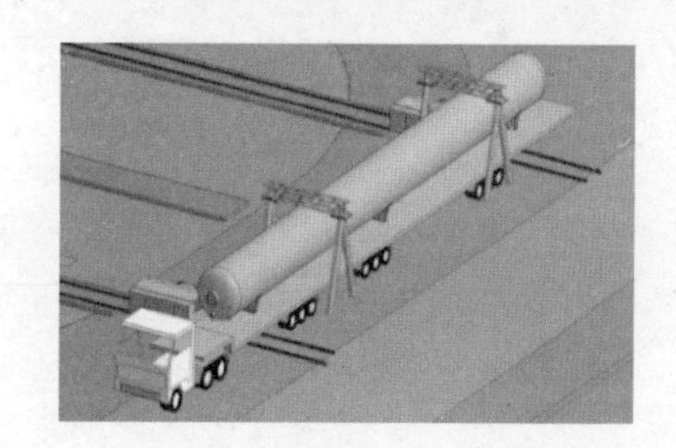

图 9　重型设备卸车示意图

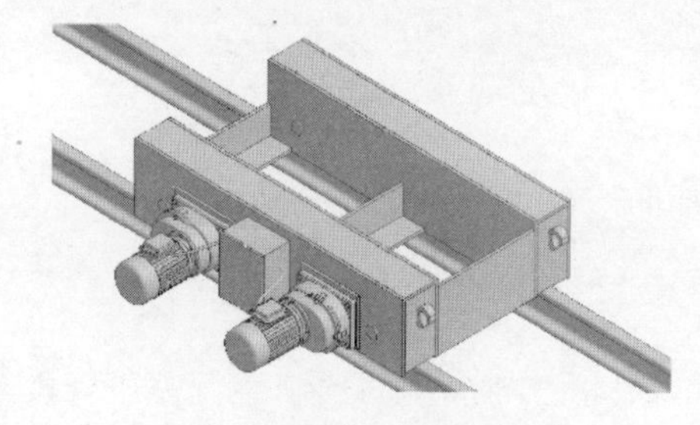

图 10　载重车结构示意图

图 11　龙门架结构示意图

针对小型设备的运输，研发了“叉车转向盘”及“管道转向运输装置”及“自行式龙门架”，解决了装置区小型设备及管道等物料的运输就位。采用“提升平移法”解决了现场无法直接就位的难题。此技术解决了装置区狭窄空间传统吊装技术无法就位的难题，提高了作业的安全性与作业成本，解决了工程工期紧张的难题。

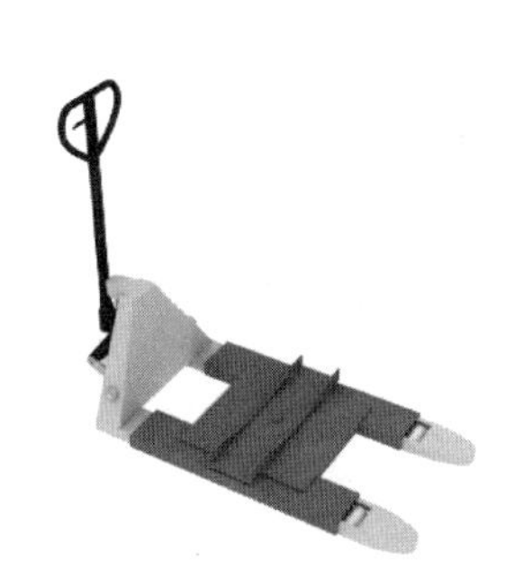

图 12 管道运输装置图

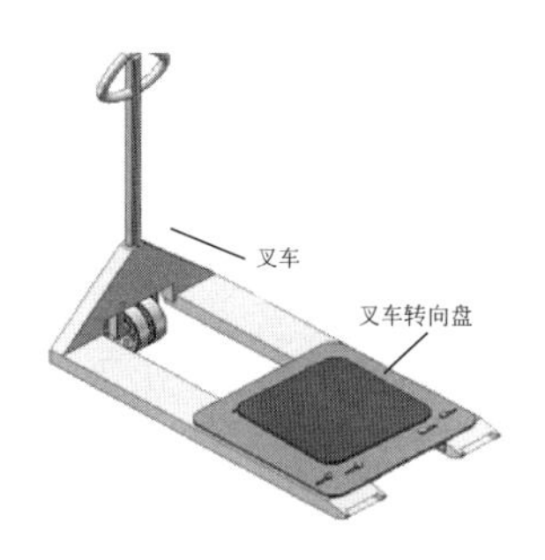

图 13 小型设备运输装置图

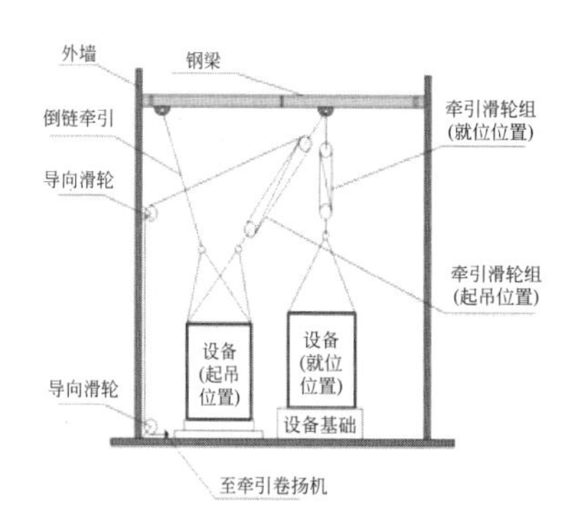

图 14 提升平移法示意图

6. 食品级不锈钢管道焊接技术

研究实施了食品级不锈钢管道焊接技术，通过全密封可编程自动焊接技术、工业纯水管道冲洗、氮气吹干密封，有效保障了精细化工项目产品的特殊要求，保证了食品级工艺管线的 GMP 认证。

图 15 密封式焊接接头管道焊接示意图

图 16 食品级管道焊接完成图

7. 洁净压力管道焊接技术

提出洁净压力管道采用洁净车间预制工艺，采用氩弧焊打底手工电弧焊填充焊接技术，提高了焊接质量和工作效率，很好地满足压力管道的特殊性和洁净度高的要求。研发了“气体保护装置”，有效提升了管道焊接质量和效果。

四、与当前国内外同类研究、同类技术的综合比较

（1）首创研发了“90°管段”、“短管”与法兰的预制技术，完成管道与法兰的焊接及直管段的精确焊接预制，提高精细化工管道施工的预制深度和精度。形成国家实用新型专利 6 项，省部级工法 1 项。

（2）首次提出了一种新型的大型储罐正装施工方法，解决了罐体失稳倾斜、起升不均匀等施工过程中的不安全因素，并能够充分发挥自动焊接的优势，提高施工的质量，提高施工效率。获得发明专利 1 项。发表论文 1 篇，科技查新未见有相同报道。

（3）总结形成了装置区狭窄空间设备运输就位技术，解决了狭窄空间内设备安装技术难题。该技术形成国家实用新型专利 5 项。

（4）双人双面同步高频脉冲钨级氩弧焊对焊技术，提高了储罐厚板焊缝的焊接质量及效率。发表论文 1 篇，科技查新未见有相同报道。

（5）研发了“平行铁环施工装备”，实施了精细化工静止设备预埋螺栓施工技术，保证了设备基础

预埋螺栓的安装精度。该技术形成工法 1 项。

(6) 与 BIM 技术相融合，进行模型搭建、预制加工区优化、施工工艺和进度的可视化仿真模拟，实现了施工过程的有效控制，极大提高了工作效率。获得全国性 BIM 竞赛奖 1 项，发表论文 1 篇。

(7) 研究实施了食品级不锈钢管道综合施工技术，通过全密封可编程自动焊接技术、工业纯水管道冲洗、氮气吹干密封，保证了食品级工艺管线的 GMP 认证。

五、第三方评价、应用推广情况

1. 第三方评价

成果鉴定及科技查新如下：

2018 年 5 月 11 日，由中国安装协会组织召开的“精细化工工艺设备管道安装关键技术研究与应用”科技成果评价会，鉴定委员会认为该成果整体达到了国内领先水平。

2017 年 4 月 12 日，由中国安装协会组织召开的“特大型群罐正装法综合施工技术研究应用”科技成果鉴定会，鉴定委员会认为该成果整体达到了国内领先水平。

2. 推广应用情况

本研究关键技术，目前在益海（东莞）甘油精炼改扩建项目等多个精细化工项目上推广，施工效果良好。本技术应用效果良好，经济效益突出，获得了业主、监理等各方的一致好评，为我们在业内获得了良好的口碑，提升了品牌质量，为我们市场营销提供了有利的技术支撑，间接经济效益丰厚。

六、经济效益

在承建的“江苏春之谷 VE 项目”、“腾龙芳烃（漳州）有限公司 80 万吨/年对二甲苯（PX）及配套工程厂区成品轻油罐区储罐项目”、“嘉里粮油（天津）有限公司特油包装改造项目”项目采用了精细化工装置施工技术。具有建设速度快、质量好等优点，保证了施工工期，同时在保护环境方面也做出了巨大的贡献，减少了施工中对环境的影响，节省了资源。同时，该技术在类似的多个工程上推广应用，取得了显著的直接经济效益和良好的间接经济效益。

七、社会效益

该技术的应用不仅对精细化工工程的质量控制起到重要的作用，同时对于精细化工装置施工技术的发展具有巨大的推动作用，在保护环境和生态环境方面也做出巨大贡献。该技术减少施工对环境造成的影响，大大节约资源，最大限度地减少了施工活动对环境的不利影响，保证施工质量与环境的双赢。

建筑工程钢筋混凝土结构设计数字化交换关键技术研究与应用

完成单位：中国建筑西南设计研究院有限公司
完 成 人：方长建、康永君

一、立项背景

目前在建筑工程项目的设计过程中，建筑、设备等专业都广泛应用了 BIM 技术，而结构专业较为滞后。其主要由于结构计算依赖多种国产软件，而结构设计通常使用 Revit、Bentley 等国外软件平台，相互间的数据交互存在壁垒，直接导致结构设计需要同时维护多个模型，工作量翻倍且极易出现人为疏忽，因此基于 BIM 的正向结构设计需要实现结构计算软件和结构设计软件之间的数字化交换。

国际标准数据格式 IFC 通常被用于实现不同 BIM 软件之间的数字化交换，但由于其仍处于不断改进和完善的过程中，且对结构模型连接节点、构件单元偏心等的描述尚有欠缺，不具备表达的唯一性；另一方面，大型高层建筑的 IFC 模型文件较大，描述方式繁杂，处理速度缓慢，难以在实际项目中广泛应用。可见，目前国际标准数据格式 IFC 还不能很好地解决各类结构计算软件之间、结构计算软件与结构设计软件之间的数字化交换问题，不适合作为结构计算软件和结构设计软件之间的数字化交换方法。

当前，国内各知名高校和科研机构已经针对 BIM 技术在结构设计中的应用展开研究，但由于高校或科研机构的研究与生产企业的实际需求之间存在较为严重的脱节，其研究成果很难大规模推广和应用。正因为如此，《国家中长期科学和技术发展规划纲要（2006—2020 年）》中明确提出“建立以企业为主体的技术创新体系”，不少设计机构也已开始独立研发基于 BIM 技术的设计软件或接口，中国建筑作为世界上最大的建筑地产综合企业集团，有必要也有责任促进 BIM 技术的发展，积极参与到相关关键技术、标准或工程应用的研究和实践工作中，进一步肩负起国家科技创新的历史使命。

因此，对 BIM 技术在建筑工程钢筋混凝土结构设计进行研究与应用，以实现结构计算软件与结构设计软件之间的数字化交换，提高正向结构设计的效能，推动国内 BIM 技术的发展，是当务之急，也是必行之事。

二、研究内容及成果

1. 主要研究内容和研发工作

通过对 BIM 技术在建筑工程钢筋混凝土结构设计数字化交换方面的进行系统化梳理，结合国内外设计企业基于 BIM 技术进行正向结构设计的现状，研究并完成了以下内容：

通过完成以上各项研究内容和研发工作，共同搭建起可以支撑正向结构设计的数据平台，实现了各类结构计算软件之间以及结构计算软件与结构设计软件之间的数字化交换及共享。该数据平台支持多项自主研发的正向结构设计辅助软件，并且可以将以前基于二维设计平台的软件移植到基于 BIM 的三维设计平台，有效利用了既有资源，有利于 BIM 正向结构设计的发展。本研究的顺利开展，有效促进了 BIM 技术在公司内部结构专业中的应用，有效提升了公司在 BIM 技术国家标准制定过程中的话语权，有利于进一步提高公司在 BIM 行业中的先锋地位，增强企业核心竞争力，也为推动 BIM 技术在国内设计行业中全面应用添砖加瓦。

2. 主要研究与应用成果

为实现建筑工程钢筋混凝土结构设计数字化交换，搭建正向结构设计数据平台，本研究共完成了以

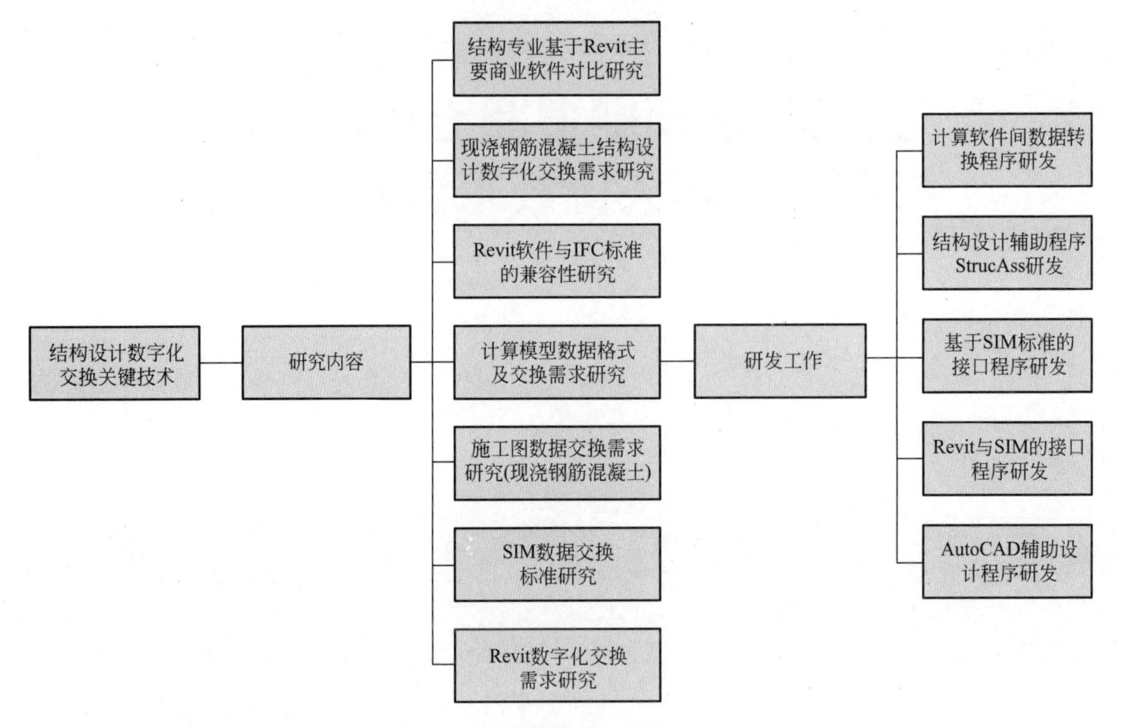

图 1　主要研究内容和研发工作

下 5 类主要研究成果，并通过 8 个试点、示范工程实践应用：

（1）发布 1 部企业标准：《CSWADI 结构设计数字化交换标准 SIM》

（2）参编 2 部学会标准：《地基基础设计 P-BIM 软件功能与信息交换标准》《建筑工程信息交换实施标准》

（3）开发应用软件 5 套，获得软件著作权 5 项：

① 结构设计辅助软件 V1.0［简称：STRUCASS］

② SATWE 计算指标自动读取与判断软件 V6.6［简称：SATWE _ READ］

③ 基于 ABAQUS 的高层建筑结构辅助分析软件 V2.0［简称：XNY _ EPTA］

④ ATBS 结构设计辅助软件 V6.0［简称：ATBS］

⑤ 基于 AutoCAD 的柱配筋自动校对和详图优化设计软件［简称：Column _ autoDraw _ and _ Check］

（4）发表论文 3 篇：

①《SATWE _ READ 软件开发与应用研究》

②《SATWE 与 ABAQUS 的数据转换研究》

③《BIM 技术在装配式建筑深化设计中的应用研究》

（5）主编、参编 2 部著作：

①《建筑设计子结构精细化分析-基于 SAP2000 的有限元求解》

②《BIM 应用案例分析（第二版）》

（6）设计完成 8 项试点、示范工程：

① 麓湖生态城 C2-1 组团

② 中建滨湖设计总部项目 10 号、19 号办公楼

③ 中投证券大厦

④ 成都绿地东村 4 号地块

⑤ 成都市中西医结合医院四期工程

⑥ 成华区二仙桥五号地块 B1 地块商业、住宅及附属设施项目一期

⑦ 四川省妇女儿童中心（初步设计）

⑧ 四川省医养专业人才培养中心

三、创新点

1. 编制了《CSWADI 结构设计数字化交换标准 SDIEM》

研究人员首次编制了具有自主知识产权的建筑工程钢筋混凝土结构设计数字化交换标准。与该标准对标的国际标准为 IFC 标准，其与主流 BIM 软件的数据交换仍存在部分障碍，数据结构复杂，数据转换缓慢，不便于推广应用。《CSWADI 结构设计数字化交换标准 SDIEM》的制定实现了结构设计各软件间的无损数据交换，其标准数据格式.sim 文件占用空间小，转换效率高，更满足专业数据交换的需要。

2. 提出了基于.sim 数据格式的结构设计数字化交换方法

研究人员根据《CSWADI 结构设计数字化交换标准 SDIEM》，自主研发了一套可用于将主流结构设计模型转化为.sim 标准数据格式的软件，实现了结构计算信息与结构设计信息的高效、快捷整合，保障了结构专业 BIM 正向设计最终模型数据完整并能够有效向下传递。

3. 解决了长期以来结构专业 BIM 正向设计效率低下的问题

长期以来，结构专业 BIM 正向设计的效率较于传统的二维设计仍有不足，其主要原因在于结构计算软件中的数据无法高效便捷地获取和利用。尤其在设计难度大、设计专业多的设计项目中，结构设计师通过人工操作的方式获取不同软件中的专业信息耗时费力，也无法完全避免人为偏差或遗漏。研究人员提出的基于.sim 数据格式的结构设计数字交换方法能够打破结构计算软件与结构设计软件间的壁垒，能够保障不同软件中的信息快速、完整地提取，极大提高了结构专业 BIM 正向设计的效率和质量。

4. 提出并实践了基于.sim 数据格式的结构专业 BIM 正向设计体系

通过“《CSWADI 结构设计数字化交换标准 SDIEM》—自主研发—项目应用”的技术路线，经过不断的研发和实践，已经形成了一套高效实用的基于 SIM 的结构专业 BIM 正向设计体系。该体系借助基于.sim 数据格式的结构设计数字交换方法，使结构专业的 BIM 设计师能够从结构计算软件中快速获取必要的结构计算数据，并导入至 BIM 设计软件平台，再通过自主研发的 BIM 正向结构设计辅助软件，进行快捷有效地 BIM 正向结构设计和成图出版，实现了计算、设计、出图一体化。

5. 提出了一种将既有软件介入 BIM 体系的方法

传统二维设计软件量大面广，已经在设计工作中大量普及，从业人员应用熟练。现有 BIM 正向设计软件往往学习成本高，对 BIM 技术的推广应用造成障碍。如何将传统二维设计软件介入 BIM 体系，打通各类软件间的数据壁垒，是快速推广应用 BIM 技术的快速途径。本研究提出了一种将传统二维设计软件介入 BIM 体系的方法，该方法改变了采用 BIM 技术就必须换软件的固有观点，使得习惯传统二维设计软件的设计师不需要或只要花少量的学习成本就能掌握 BIM 工具，大幅减少了人工处理信息的工作量，将有效促进 BIM 技术在设计阶段的应用和推广。

四、与当前国内外同类研究、同类技术的综合比较

IFC（Industry Foundation Classes）是工业基础类的缩写，是由国际协同联盟建立的标准名称。通过 IFC，使建筑项目在全生命周期中的沟通性、生产力和质量得到提升，建造时间、成本得到降低。如今已经有越来越多的建筑行业相关产品提供了 IFC 标准的数据交换接口，使得多专业的协同设计和管理的一体化整合成为现实。

IFC 标准文件包含了结构构件信息和结构分析模型信息，在理论上具备结构设计所需的绘图功能和计算信息。但通过实际测试和对比，结构设计软件以 Revit 设计平台为例，其对 IFC 标准的支持性不强。在大多数情况下，Revit 软件中新建的模型导出 IFC 标准再通过 Revit 打开，视图、构件、族、轴网标高等内容都发生改变，而该改变对于结构设计造成了极大困扰，增大了工作量，降低了设计效率。同时，结构计算依赖的多个国产软件，对 IFC 数据标准不支持或支持力度很弱，其计算结果无法完整地从结构计算软件中导出为 IFC 标准文件。因此，直接采用 IFC 标准作为数字化交换的中间数据文件的方

式不可取。

本研究编制《CSWADI 结构设计数字化交换标准 SIM》和. sim 数据格式，能够完整地从结构计算软件中导出，并通过自主研发的 BIM 正向结构设计辅助软件导入到结构设计软件（如 Revit）中，从而实现了建筑工程钢筋混凝土结构设计数字化交换。. sim 数据格式与 IFC 标准文件相比，. sim 的数据格式更为紧凑，相同项目情况下，其大小较于 IFC 标准文件缩小了 50%以上，导出速度提升 80%以上，优越性显著。

通过科技查新，截至目前国内外除 IFC 数据标准外，仍无广泛推广使用的建筑工程钢筋混凝土结构设计数字化交换标准。本研究成果基于. sim 数据格式实现了 IFC 数据标准无法实现的结构设计数字化交换方法，并且其转换效率高、适应性好、操作性优越，整体技术处于国内领先、部分达到国际先进水平。

五、第三方评价

“建筑工程钢筋混凝土结构设计数字化交换关键技术研究与应用”在建筑工程钢筋混凝土结构设计数字化交换标准、将传统二维设计软件介入 BIM 体系、建筑工程结构信息数据多源映射等方面创新性强、先进性突出、效益显著。通过第三方科技成果评价，本研究被认定达到“国内领先、部分达到国际先进水平”，并获得四川省科技成果登记证。

六、经济效益

1. 直接经济效益

截至目前，研究成果和研发软件已在多个设计项目中应用和实践，共涉及投资 30.36 亿元，建设面积达 62.7 万平方米。通过本研究的顺利完成和成果的推广应用，有效提升了公司结构专业 BIM 正向设计人员的设计能力，直接经济效益显著。

研究成果经济效益表　　表 1

应用部门	应用项目	应用软件	投资总额（亿元）	建设面积（平方米）
设计一院	中投证券大厦	SATWE 计算指标自动读取与判断软件 V6.6 基于 ABAQUS 的高层建筑结构辅助分析软件 V2.0	10.11	58000
设计四院	成都绿地东村 4 号地块	SATWE 计算指标自动读取与判断软件 V6.6 基于 ABAQUS 的高层建筑结构辅助分析软件 V2.0	8.6	285800
设计四院	成都市中西医结合医院四期工程	基于 AutoCAD 的柱配筋自动校对和详图优化设计软件	2.66	49694
轨道交通设计院	成华区二仙桥五号地块 B1 地块商业、住宅及附属设施项目一期	ATBS 结构设计辅助软件 V6.0	3.7	120000
BIM 设计研究中心	四川省妇女儿童中心	结构设计辅助软件 V1.0	3.69	68313
BIM 设计研究中心	四川省医养专业人才培养中心	结构设计辅助软件 V1.0	1.6	45560

2. 间接经济效益

本研究的顺利完成和成果的推广应用，有效提升了公司 BIM 正向设计产品的市场竞争力，帮助公司陆续承接了中建西南新材料研发中心及其配套住宅项目、高新东区设备厂房项目一期、成都市天府新区独角兽岛启动区、成华区二仙桥二号地块、成都鲁能国际中心等数十个 BIM 正向设计项目，涉及总投资超过百亿元。

七、社会效益

本研究的成果可以有效解决结构专业 BIM 技术应用的瓶颈问题，自主开发的 BIM 正向结构设计辅助软件能有效缩短设计周期，基于.sim 数据格式的结构专业 BIM 正向设计体系中独立研制的 Revit 样板和族库能够大规模推广应用，成功提高了设计质量和效率。同时，本研究的成果可以有效推动弹塑性分析的工程应用，促进结构性能化设计，提升建筑结构的设计分析水平，从而实现结构设计的安全性和经济性的有效协调。

此外，依托本课题研究经验和成果，研究人员参编了《地基基础设计 P-BIM 软件功能与信息交换标准》和《建筑工程信息交换实施标准》两部学会标准，主编、参编了《建筑设计子结构精细化分析-基于 SAP2000 的有限元求解》和《BIM 应用案例分析（第二版）》两部著作，推动了学会和 BIM 行业在数字化交换领域的发展，提高了公司在 BIM 正向设计领域的知名度和话语权。

本研究的顺利开展，充分响应了国家在节能减排、绿色建筑和“一带一路”的战略和号召。通过对本研究成果的应用，实现在进一步分析、挖掘结构构件和材料的性能，使建筑材料物尽其用的同时，能够有效规避专业内部及专业间的配合失误引起的修改或返工，减小不必要的材料浪费，节省混凝土、钢筋、钢材等材料用量，符合国家节能减排、绿色建筑的发展战略。同时，通过数据交换体系的建立，使得 ABAQUS 等复杂结构弹塑性分析的设计难度和设计成本大幅降低，高性能分析得以广泛实行，本研究关于高性能分析的研究成果提高了公司的综合实力，提升了公司对海外项目的竞争力，响应了国家对建筑企业积极参与“一带一路”发展战略的号召。

中建云隧道智能管控系统

完成单位：中建智能技术有限公司、中建工程研究院有限公司、奇点新源国际技术开发（北京）有限公司、中国建筑一局（集团）有限公司

完 成 人：油新华、董欣刚、王　旭、杨家纯、杨国良、张志忠、张胜军

一、立项背景

随着国家经济的迅猛发展以及城市人口的快速增多，为满足大型及特大型城市之间的交通需求、改善城市内交通状况、满足各种管线布设需求，大量修建各种隧道（公路隧道、铁路隧道、地铁隧道、水工隧洞及综合管廊等）成了必然选择。这为隧道工程在我国的大发展提供了机遇与挑战，目前我国已成为世界上隧道最多、建设发展最快的国家。

2018 年，全国公路总里程 484.65 万公里，比上年增加 7.31 万公里，其中高速公路里程 14.26 万公里，比上一年增加 0.61 万公里，未来国家将以高速公路发展带动农村公路建设，国家公路里程也将稳定增长。我国是一个多山的国家，75％左右的国土是山地或是丘陵，因此，公路的修建必然带动公路隧道工程建设的发展。

2018 年，我国新开通的铁路隧道 550 座，总长 1005km，在建的铁路隧道 3477 座，总长 7465km，规划待建的铁路隧道 6327 座，总长超过 1.5 万公里，未来十年内我国的铁路隧道工程都将处于持续建设期。

随着我国城市化进程快速推进，大力发展地铁已成为解决大中城市交通问题的有效途径。目前，北京、上海、广州、深圳等大型城市都在持续进行地铁建设，一些中型城市也在规划或实施地铁建设，这一定程度促进了我国城市隧道工程建设发展。

进入 21 世纪以来，我国的水工隧洞发展速度逐年加快，目前国内水工隧洞总长超过 1500 公里。随着社会发展，相关技术进步，我国水工隧洞建设也必将保持良好的发展态势。

2016 年，李克强总理在政府工作报告中明确提出，开工建设城市地下综合管廊 2000 公里以上。这吹响了我国城市地下综合管廊建设的冲锋号，近几年，在一系列政策的大力推动下，城市地下综合管廊的建设已经进入跨越式发展阶段。

在隧道工程迅猛发展的过程中，我国隧道工程的安全管控的概念已逐步成型，但由于其发展历程相对较短，存在体系不够完善、管理环节之间的联系不够紧密、缺乏协调性统筹、基础设备落后等问题，安全管理效果不够稳定。图 1 统计了 2008 年至 2016 年我国隧道工程施工安全事故次数与年份的关系、事故类型与死亡人数的关系。

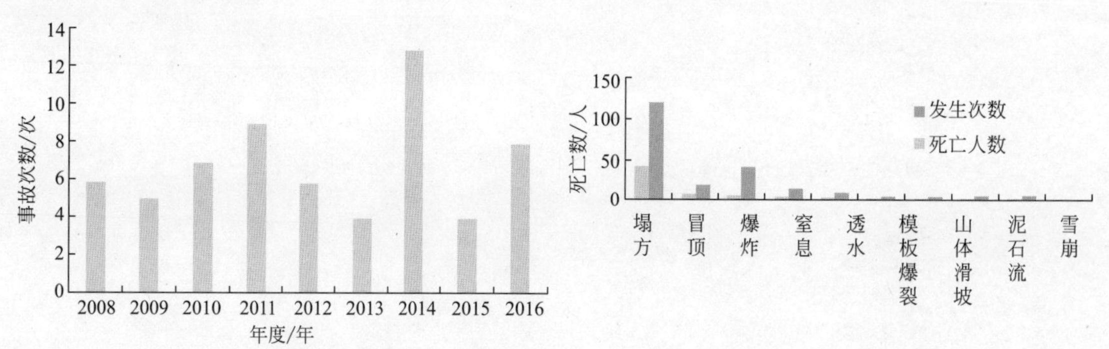

图 1　隧道施工安全事故次数与年份关系、事故类型与死亡人数关系

从上述统计中可以看出，隧道施工安全事故少的年份过后，事故常会承爆发式增长，这说明单单依靠人员管理的施工安全管控常会发生管理疲劳。另外，隧道施工安全事故调查结果表明，隧道施工安全预警体系不完备和施工过程监控反馈不及时是事故发生的重要原因。

综上所述，我国正处于隧道建设的高潮期，而隧道施工安全管控效果却一直不理想，对隧道施工安全管控系统的研究具有重要的现实意义。在此背景下，中建智能技术有限公司（以下简称“中建智能”）、中建工程研究院有限公司和中国建筑一局（集团）有限公司在充分调研分析和全面融合核心技术的基础上，开发了中建云隧道智能管控系统。

二、详细科学技术内容

1. 总体技术思路

中建云隧道智能管控系统以智能管控平台为管控核心，以智慧线及其附属产品为硬件中枢，将安全管控的离散系统（视频监控、门禁系统、语音系统等）集成融合、深度利用，统一管控隧道工程施工安全，实现入侵探测、人员定位与管理、语音通信联络、环境动态监测、数据传输等功能，最大程度减少人员管理产生的惰性，保障工作人员的生命安全，减少安全事故的发生，提升施工效率与施工质量。图2为中建云隧道智能管控系统的构成图。

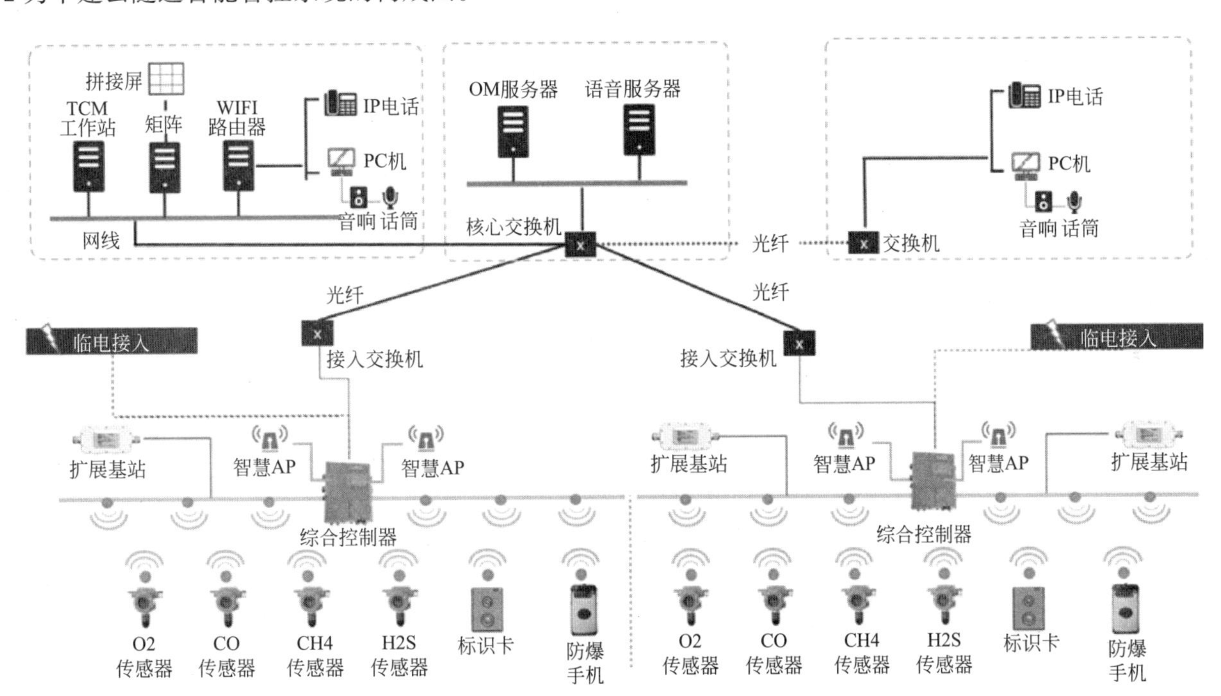

图2 中建云隧道智能管控系统构成

2. 技术内容

1）中建云隧道智能管控平台

中建云隧道智能管控平台主体分为5层：接口管控层、数据中心层、服务支撑层、应用层及交互层。

平台在接口管控层向下对接各个专业弱电子系统，采集各类安全数据并进行相应处理，横向支持基于Modbus/OPC/SOCKET/API等接口方式接入弱电子系统、SCADA系统等外部系统。同时，接口管控层对接口质量进行监控，如有异常及时报警。

平台在数据中心层实现对隧道内各类数据的集中建模、存储和加工处理以及数据质量管控，服务于各个应用子系统；采用SQL技术和NOSQL技术分别保存事务型数据与历史运行数据，并为大数据分析应用提供数据基础。

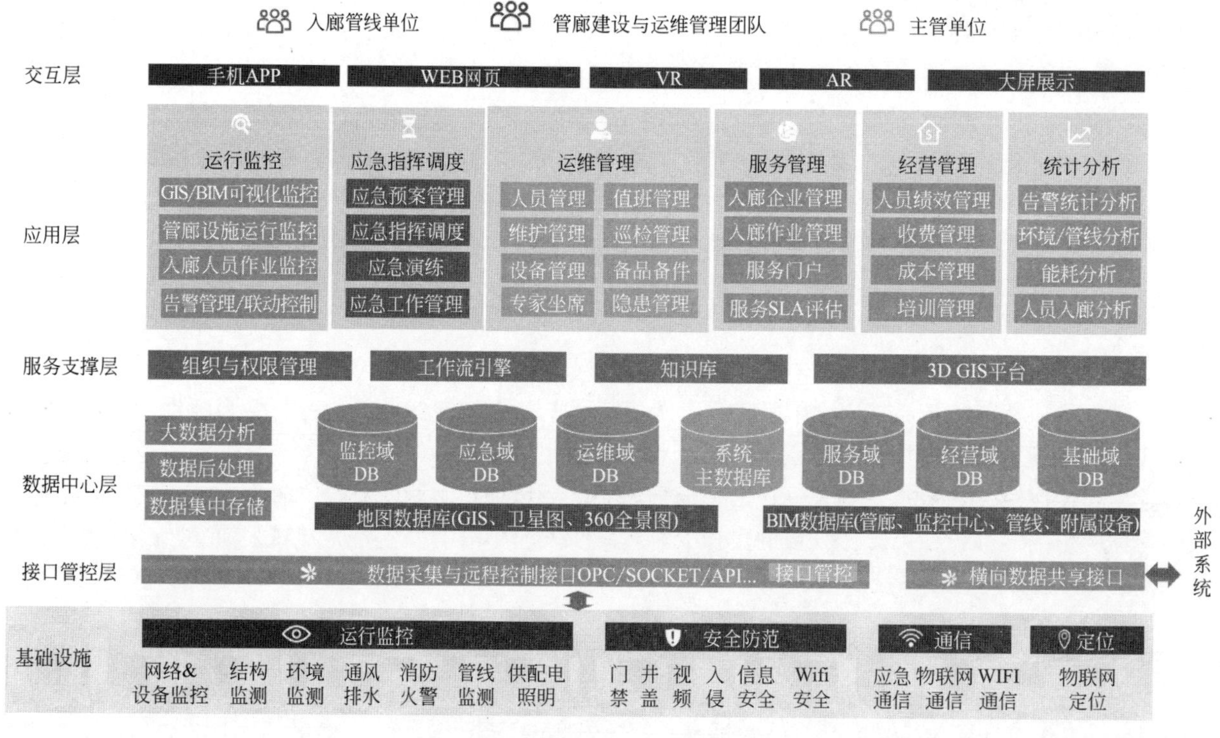

图 3　中建云隧道智能管控平台功能架构

平台在服务支撑层提供 6 大基础服务，包括组织权限与日志管理、工作流引擎、报表引擎、融合通信服务、知识库，以及 3D GIS 基础运行平台。系统服务支撑及应用层技术架构采用 J2EE 作为主体架构，基于 SPRINGCLOUD 微服务架构开发运行，采用 DOCKER 容器架构实现程序部署，支持 DEVOPS 敏捷开发模式。

平台在应用层提供 6 大子系统，包括运行监控、应急指挥调度、运维管理、服务管理、经营管理、统计分析等。

平台交互支持手机 APP 和 WEB 网页两种方式，网页交互基于 WEB JS 进行开发，便于应用部署维护。

平台基于权限控制提供相应的软件功能，可以服务于隧道运维单位、入廊管线单位和上级主管单位 3 类用户。这样的设计使中建云隧道智能管控平台成了一种多功能平台，具备了从隧道施工安全管理到隧道运营维护管理的隧道全生命周期管理的能力。

2）系统硬件构成

中建云隧道智能管控系统的核心硬件主要由智慧线、综合控制器、扩展基站、手机终端、标识卡等组成，并通过监控中心网络控制器 NC、综合管理配置 OM、语音服务软件的开发实现基础的定位、入侵、通信等服务能力。

智慧线是中建智能的一款低功耗的物联网产品，其将物联网芯片密集植入特种电缆中，在封闭空间实现了大容量的分布式接入和微波探测场，与终端和目标进行实时信息采集和交互。

综合控制器是系统中数据汇集和转发的核心部件，用于将智慧线采集的数据进行汇聚上传，也接收来自上层的控制、通信的数据。

扩展基站是一款补充设备，可灵活部署在控制室、设备隔间、下料仓等特殊区域，为终端提供入侵、定位和无线通信功能。

手机终端可实现移动通信和精确定位功能，主要用于重点岗位和管理人员的日常通信联络和应急保障，通过手机 APP 可实现丰富的场景化应用。

定位标识卡可实现精确定位和紧急求援功能，主要用于普通施工人员的安全管理。

3）系统关键技术

（1）精准定位技术：

中建云隧道智能管控系统通过对物联网终端附近多个微基站同步接收定位数据包的分析，通过定位数据联合计算，能够快速对系统内的手机、标识卡等物联网终端进行实时进行精确定位，定位精度最高可以达到2～5m。

系统精确定位基于RSSI（Received Signal Strength Indication，信号场强指示）定位原理，是利用无线信号随距离增大而有规律地衰减来测量节点间的距离，无线信号与距离的衰减模型为：

$$p(d)_{dBm}=p(d_0)_{dBm}-10n\lg\left(\frac{d}{d_0}\right)+X_{dBm}$$

其中，d_0是参考距离通常为1m，p（d_0）是接收机在参考距离收到的信号功率，n是路径的损耗指数，在不同的环境中这个值会有变化，计算时需要提前测定，X_{dBm}是均值为0的高斯随机分布变量。根据下面公式可以计算得到移动终端与第i个固定锚节点的距离。

$$\overline{S}_i=p(d)_{dBm}$$

（2）入侵探测技术：

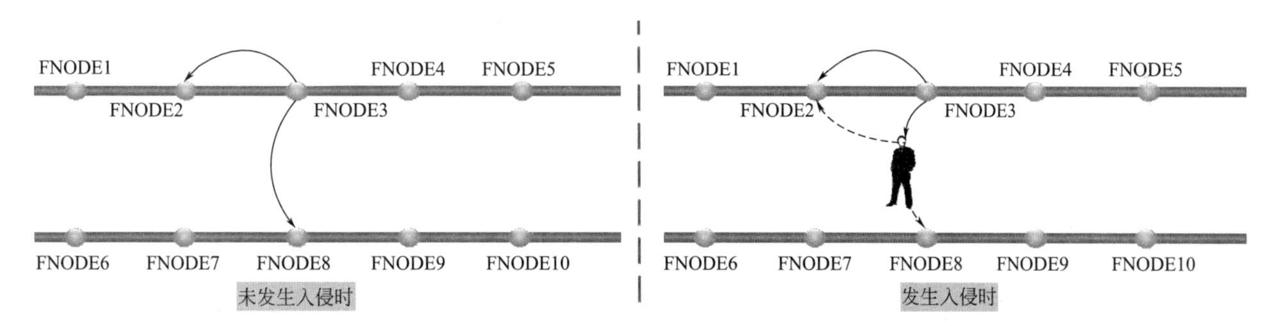

图4　入侵探测技术能力示意图

系统通过自适应微波收发芯片收发信号组成多组收发向量对，进而形成自适应微波阵列场，入侵者进入探测场范围，对无线信号场造成遮挡、吸收、反射等干扰，造成接收信号强度变化以感应入侵。

入侵探测技术的核心设备是中建智能自研产品综合控制器，控制器是系统中数据汇聚和转发的部件，是入侵探测的硬件基础。控制器电路模块构成如图3所示，主要由AC-DC电源模块、AP模块、EOC模块、显示模块、智慧线接口电路、以太网接口电路等功能模块组成，图5是综合控制器的电路模块构成图。

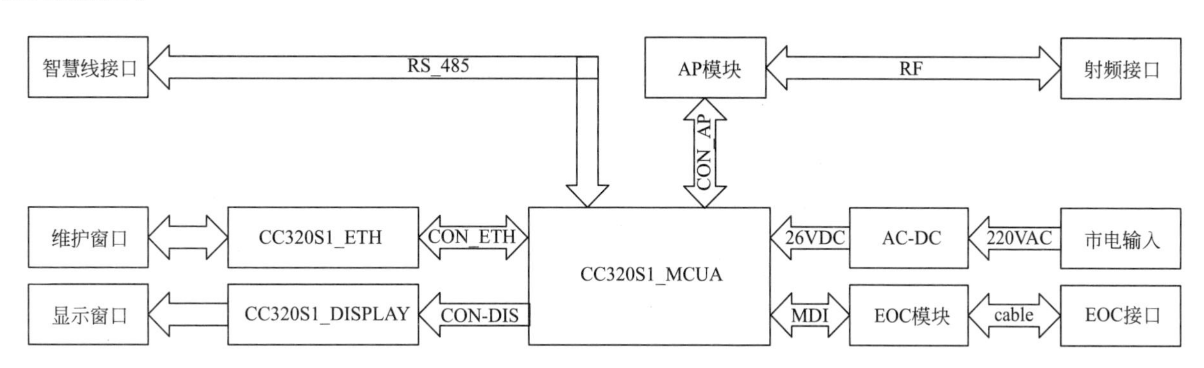

图5　综合控制器电路模块构成图

（3）融合通信技术：

系统提供智慧线2Mbps和无线宽带WiFi 300Mbps两种无线接入方式，为终端提供定位、语音、视频、通信、调度、数据、通信等丰富的应用业务。扩展基站是针对实现系统融合通信的，中建自研的系统补充设备。扩展基站电路模块构成如图6所示，主要由电源电路、主控电路、485电路、入侵检测电路、射频电路等组成。

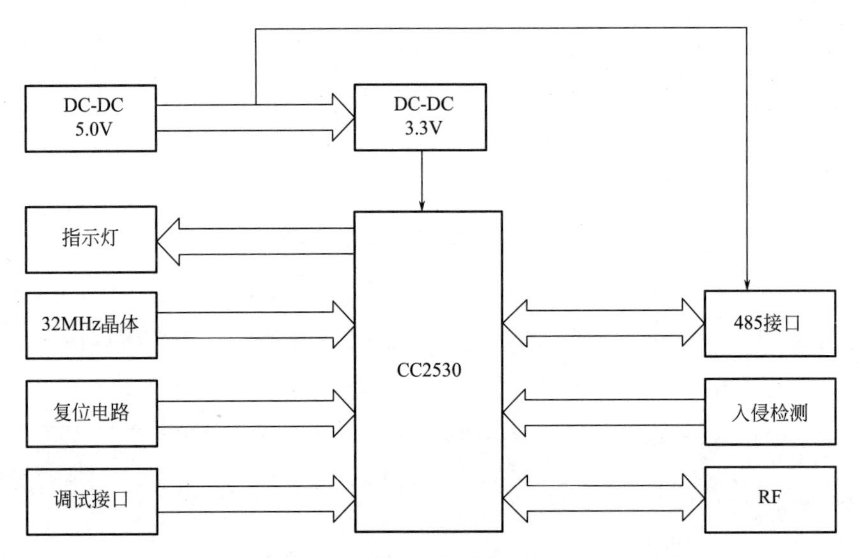

图 6 扩展基站电路模块构成图

（4）敌我识别和区域管理技术：

系统实现了隧道出入口控制和入侵告警与识别能力。携带授权卡（隐藏在安全帽内）且在相应时间段内确有“授权允许”的工作任务的人员，才允许进入隧道，但系统会自动记录出入事件，否则为非法入侵，系统发出报警；如果“非法人员”进入后，系统报警并定位入侵位置和记录运动轨迹；“合法人员”进入后，系统能记录行动轨迹位置，如果进入未授权区域或未在规定时间段内应该进入的区域，系统报警并定位其所在位置；实时追踪巡逻人员巡检人员轨迹，如果进入未授权区域，系统报警并定位其所在位置。

授权卡也称为定位卡，是系统实现敌我识别和区域管理的重要功能性设备，也是由中建自主研发的。定位卡由电源电路、主控电路、射频放大电路、马达电路和按键电路等功能模块组成，其电路模块构成如图 7 所示。

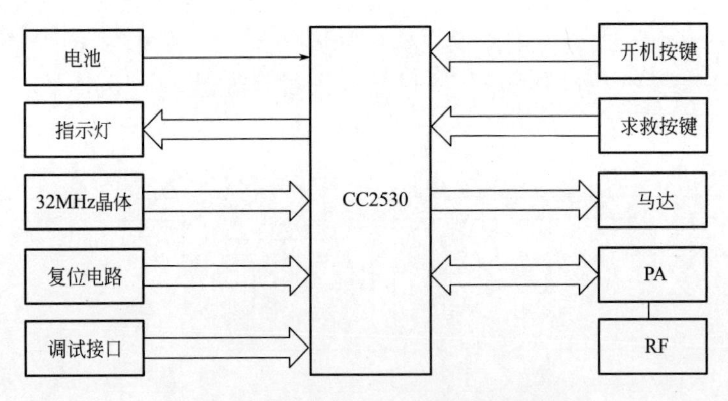

图 7 定位卡（授权卡）电路模块构成图

3. 系统的技术优势

中建云隧道智能管控系统是实现隧道出入口控制、施工监管、入侵探测、人员定位、语音视频通信、无线宽带、应急救援于一体的高融合通信系统，其具有如下技术优势：

系统微基站设备以小于 1MW 的功率发射无线信号，覆盖半径 30～40m 的范围。通过密集的微基站构成分布式的接入网络，实现隧道内均匀、无缝的无线信号覆盖。

系统网络中的终端始终与附近多个基站保持连接，每个终端能够与一定距离范围内的多个微基站同步通信。终端能够在全网无缝漫游，无线覆盖接通率应满足在 99%的时间内终端能够接入网络。系统避免传统中因硬切换而引起的话音质量下降甚至掉话等问题。

系统采用自主设计的无线通信协议，提供可靠的接入和多路的并发的语音通信能力，有效对抗监听、恶意抓包等行为。

三、发现发明及创新点

系统授权发明专利10项，授权软件著作权3项，发表相关论文4篇。

系统发明专利情况 **表1**

序号	专利名称	类型	状态
1	回波干扰消除方法及相关装置	发明	授权
2	数据采集方法及装置	发明	授权
3	响应消息回传方法、装置及系统	发明	授权
4	一种集成线缆	发明	授权
5	一种入侵物检测方法及装置	发明	授权
6	一种数据传输方法、通信设备及数据传输系统	发明	授权
7	一种通信网络的路由方法和一种路由节点	发明	授权
8	一种通信网络连接装置、通信地址分配方法及总线接入器	发明	授权
9	一种无线定位方法及系统	发明	授权
10	一种总线系统功耗控制方法及装置	发明	授权

软件著作权获得情况 **表2**

序号	名称	类型	状态
1	中建云隧道智能管控系统	软著	授权
2	中建智能云隧安全管控系统	软著	授权
3	警告管理系统	软著	授权

论文发表情况 **表3**

序号	名称	期刊
1	隧道智能管控系统研发与应用	《施工技术》
2	程式综合管廊基于物联网融合通信系统应用	《建筑技术开发》
3	新形势下综合管廊网络安全防护问题及对策研究	《工程技术》
4	基于智慧线的综合管廊安防通讯一体化系统	《河南电力》

四、与当前国内外同类研究、同类技术的综合比较

中建云隧道智能管控系统作为一套高集成性综合类安全管控系统，其核心硬件智慧线与同类技术产品相比有着显著的优势，具体参见表4。

核心技术优势对比 **表4**

对比项	智慧线	WIFI	蓝牙	UWB
入侵探测	有	无	无	无
定位精度	2-5米	10-20米	1米	0.5米
电子巡查	有	有	无	无
无线通信	有	有	无	无

续表

对比项	智慧线	WIFI	蓝牙	UWB
防爆认证	有	无	无	有
网络安全	军密级	开放协议	—	—
扩展性	强	弱	无	无
安装维护	简单	适中	复杂	复杂

五、第三方评价、应用推广情况

中建云隧道智能管控系统已经通过中国建筑集团有限公司组织的专家评价，专家给予的评价结论是“国际先进”。

系统先后在住建部三里河项目、北京新机场永兴河北路道路及综合管廊项目5标段等工程建设中得到应用，取得用户好评，创造了良好的经济和社会效益，填补了国内隧道施工安全信息化管控的空白。

六、经济效益

中建云隧道智能管控系统在实际应用中不但大幅提升了施工安全管控效果，明显降低了管理人员的工作负担，且从人员、施工、设备等几个方面为项目管理方节约资金，带来的直接经济效益不小于项目建安费的5%。

以住建部三里河项目为例，项目总长约1.2km，地下综合管廊作业面4个，施工时长7个月，系统为项目带来直接经济效益约13.4万元。

七、社会效益

中建云隧道智能安全管控系统，一改目前市场上的多厂家硬件设备集成、软件多系统孤立运行的现状，将工作人员精确定位、无卡人员入侵定位跟踪、音视频通信、环境动态监测、视频无线传输融为一体，并与隧道施工业务紧密贴合，是国内第一套融合多系统功能为一体的安全管控系统，对建筑施工企业而言，可以说具备一定“智慧施工”示范效果。

系统的推广实施全面提升隧道类施工项目的信息化建设水平和安全管控能力，同时带动项目管理水平提升，降低事故发生率，保障工作人员人身安全，具有很高的实用价值和巨大的社会意义。

全装配式标准化 110kV 变电站工程总承包建造关键技术研发与应用

完成单位：中国建筑第四工程局有限公司、中建四局深圳实业有限公司、中建四局第三建筑工程有限公司、广东中建新型建筑构件有限公司

完 成 人：吴　勇、王恩伟、贺　婷、钟　佳、孙清臣、汪娇全、刘明亮

一、立项背景

根据国内外文献报道，变电站主体结构多采用钢结构或现浇钢筋混凝土结构，钢结构易腐蚀、防火等级不够，现浇结构施工工序多、传统工艺条件要求高。在一线城市，变电站的建设征地难、用地小、建设周期短、对环境要求高。

中国南方电网公司在标准建设方面先行先试，南网基建部下发了《关于开展 2015 年混凝土组件预制的工厂化输变电工程试点工作的通知》；深圳供电局积极落实，计划 2016 年试点建设国内首座预制化程度最高的全装配式混凝土结构变电站。

课题组拟通过研发全装配式变电站的标准化设计、工厂化绿色高效生产和信息化施工技术，采用工程总承包模式打造一批具有标准化和可复制性特点的装配式变电站，从而推动工业建筑“工业化”、“产业化”发展。

二、详细科学技术内容

1. 一体化、标准化设计

1）平面设计

通过优化设计，增加变电站的总高度及优化设备布置形式，将原有用地面积 2473m^2 减少为 1519m^2，较典型设计用地少 50%，变电站占地面积 670.89m^2，总平面设计成折线型、按全户内变电站形式布置，设计成四层，全地上布置：一层（±0.000 层）设计为主变室、散热器室、GIS 室、水泵房等；二层（8.000m 层）设计为电缆层；三层（11.500m 层）设计为 10kV 配电室和继电器室及通信机房；四层（16.900m 层）设计为电容器室、接地变室、电池室、工具间等，总建筑面积约 2598m^2。南网 V2.0 标准变电站面积为 3021m^2，该优化设计方案使建筑面积下降 14%。相关设计效果如图 1、图 2 所示。

图 1　龙华变电站效果图

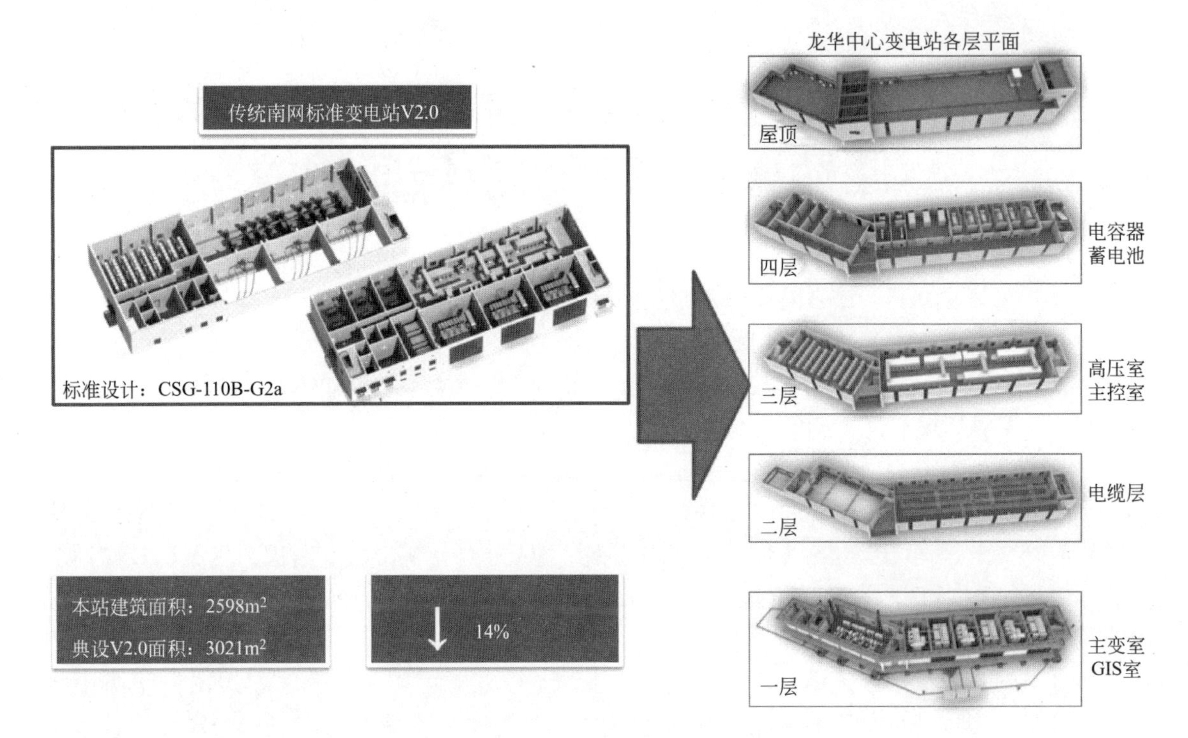

图 2　优化后的龙华变电站设备布置图

2）外立面设计

首层 4.5m 以下，采用纤维增强水泥装饰墙板、轻钢龙骨构件装配式施工。主变室及 GIS 室外墙做到整体可拆卸，方便设备安装，墙体美观、轻质、高效、不抹灰，节省工期，如图 3 所示。

4.5m 以上，采用厚度 20mm 的全清水混凝土外墙挂板，全干式连接，设计纵横向的水平缝、竖向缝、假缝，增加美观度，如图 4 所示。

图 3　变电站首层纤维水泥装饰板

图 4　变电站预制清水混凝土外墙板

3）节能设计

（1）节能、节地：设计时，改变传统的电气工艺平面布置形式，在主变室上方布置其他的电气设备用房，全部设备用房均为单跨布置，每个主要设备用房都布置在深圳夏季主导风朝向上，使得所有电气设备用房均得到自然对流通风，绿色节能效果优异，如图 5 所示；且最大限度将有限的城区土地利用起来。

（2）降噪：设计时，首层主变室采用全封闭被动降噪措施，变电站周边从此告别噪声，市民在站区附近的景区听到的只有蟋蟀的低鸣与小鸟的欢叫。

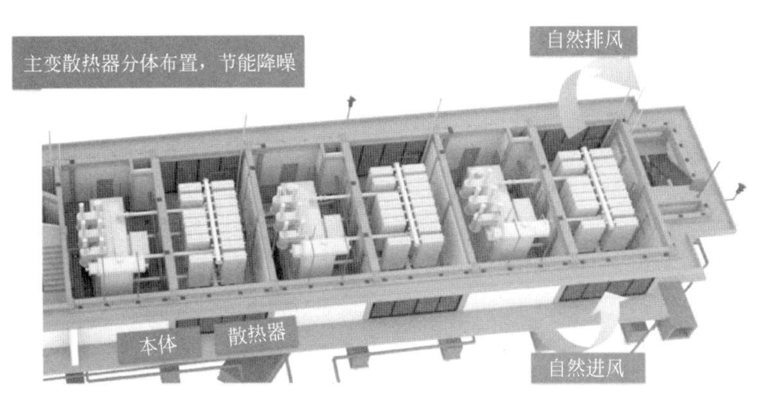

图 5 变电站节能设计及自然通风图结构设计

通过前期深化设计，将变电站主体结构、设备预埋件及相关管线设计为模块化的预制构件，各构件在工厂预制并预埋完成后运输至施工现场进行拼装即可完成变电站的主体结构施工，且变电站的电气作业与其主体结构同步进行，即变电站的上层主体结构模块化拼装施工的同时，进行中间层室内预制墙板安装，并施工下层电气设备安装和电缆穿线，实现电气施工与土建施工同步进行，如图 6 所示。

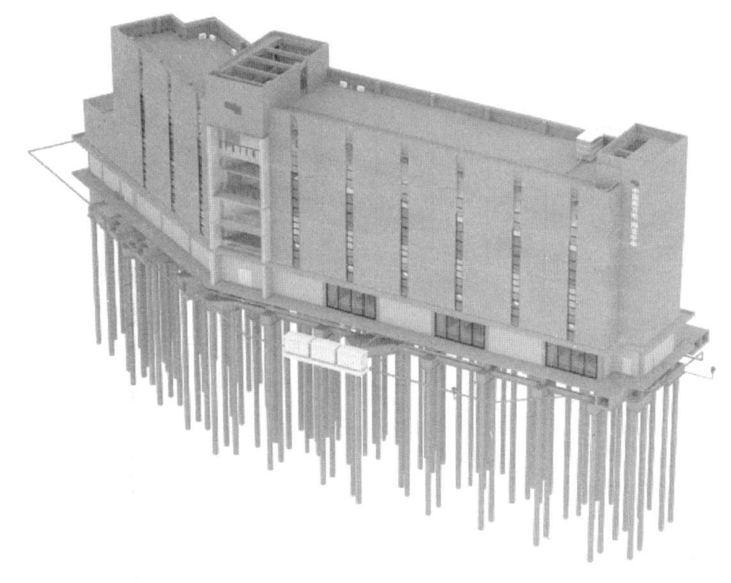

图 6 结构整体模型

4）装配式及标准化设计

（1）标准化设计：采用装配式建筑标准化设计的理念，尽可能减少预制构件的类型，如图 7 所示，①叠合楼板中的预制部分板厚均为 60mm；②把三种主要平面柱统一调整为 6.00m 柱距尺寸；③把主要竖向层高统一调整为 3.50m、5.40m 两种层高尺寸；④减少梁截面类型，预制梁截面（mm×mm）主要有：300×500、300×600、350×900、350×1200、300×750；⑤减少窗户种类，由 5 种减为 2 种，将采光窗和百叶窗合并；⑥规范楼梯踏步，减少楼梯种类，由 8 种减为 2 种。

（2）预制构件深化设计：设计一种大跨度（5.8m）超厚（250mm）夹芯叠合板，采用网片筋、桁架筋、预制底板（60mm 厚）＋夹芯挤塑板（120mm 厚）＋后浇混凝土叠合层（70mm/190mm）等组装成大跨度（跨度 5770mm）超厚（总厚 250mm）夹芯减重叠合板楼板，如图 8 所示，可实现叠合板工厂预制底板-夹芯挤塑板一体化制造，从而取消次梁，避免了复杂的主次梁连接节点，提高现场安装施工效率。

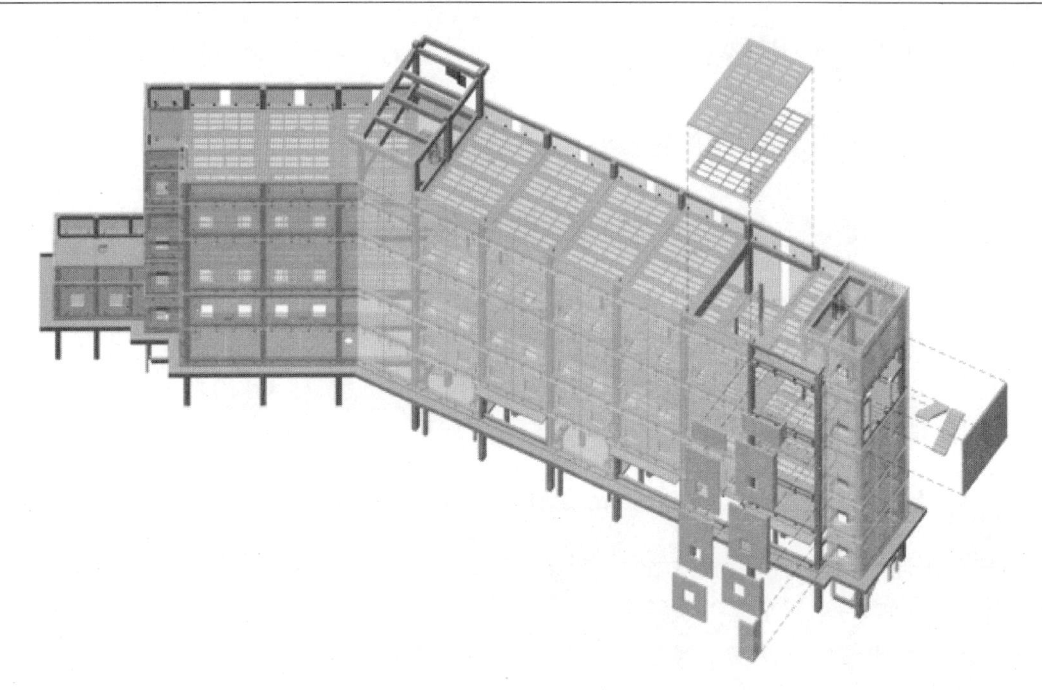

图 7　预制构件立面拆分图

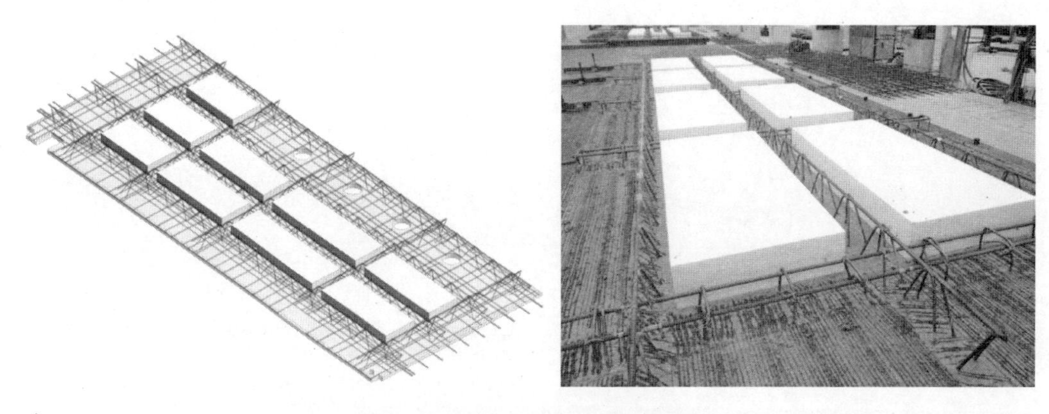

图 8　新型大跨度超厚夹芯叠合板

（3）节点深化设计：研发了一种外挂板防排水节点：采用外挂墙板顶端连接部位低于完成楼板顶面但高于楼板底面且设置内高外低、长水平空腔、深垂直空腔、两种防水材料封堵部分空腔的节点设计形式进行防排水，如图 9 所示；研发了一种干式连接外挂板：外挂板下端预埋开孔角码直接插入叠合梁预埋螺栓套中，外挂板上端预埋套筒通过螺栓套与叠合梁底部的预埋开孔角码连接，形成外挂板全干式连接，角码的开孔呈长方形，其尺寸大于螺杆尺寸，外挂板在水平荷载下可左右移动，以防全干式连接节点破坏，如图 10 所示。

基于工程总承包的协同设计：本项目在设计过程中，构件生产单位、安装单位与设计单位协同作业，参与预制构件的深化设计及拆分，构件生产单位从生产角度提出应考虑拆模、起吊、运输荷载等，安装施工单位从便于施工、防止施工活荷载造成开裂，使用单位从外墙耐久性方面提出合理化使用要求，全面考虑各专业对设计工作的要求，提出了多专业、多参与方协同设计的流程和方法。通过各专业协同设计，提出了耐久性防水清水混凝土墙板装饰一体化设计、叠合梁防开裂设计、大跨度超厚夹心叠合板防开裂设计等协同设计的成果。

2. 标准化装配式变电站构件生产关键技术

1）全自动箍筋接料电气控制技术

研发了全自动箍筋接料机电气控制系统技术，具备自动化接收箍筋、自动接收箍筋计数、旋转及报

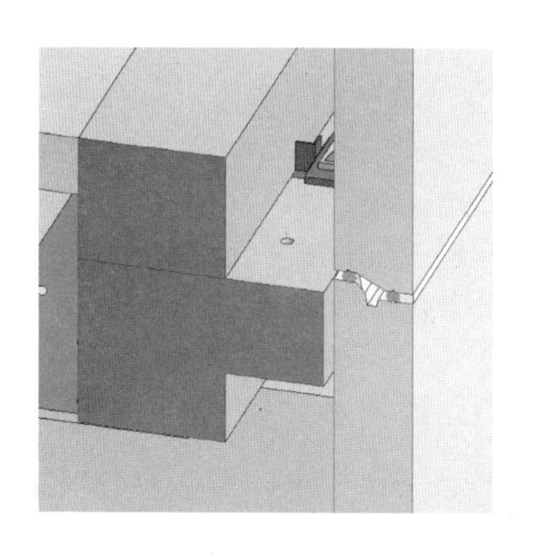

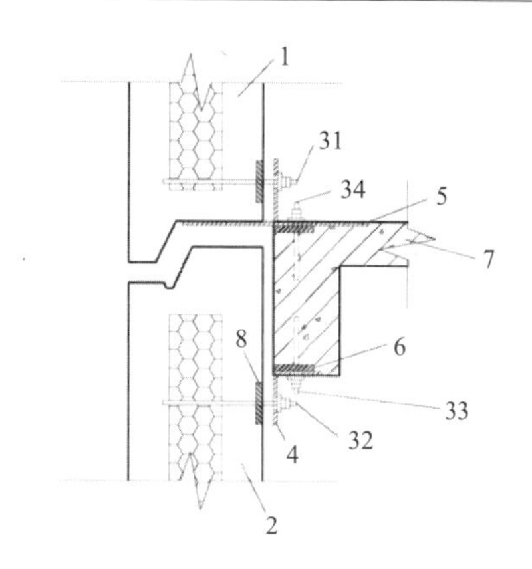

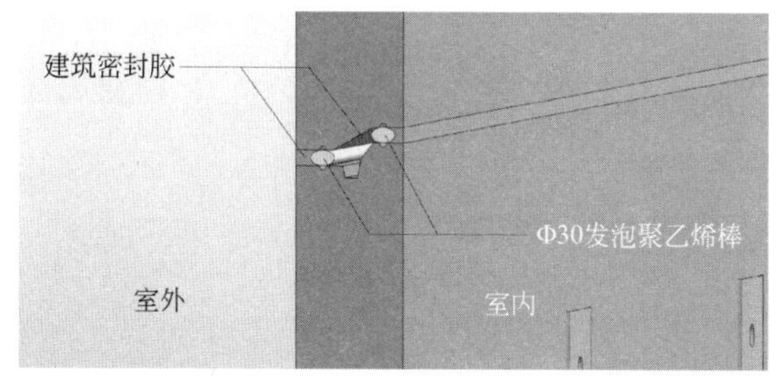

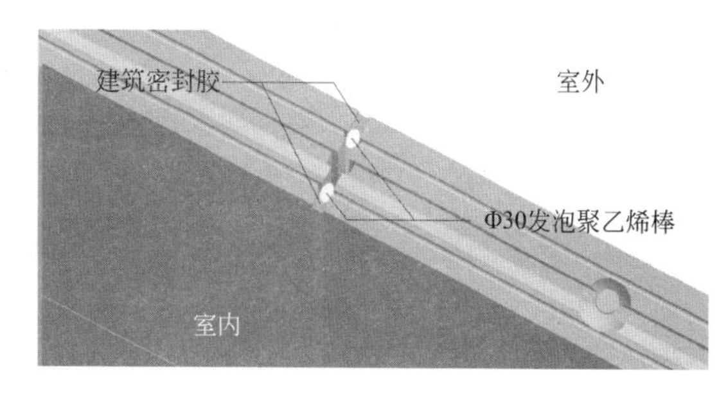

图 9　外挂板防排水节点设计

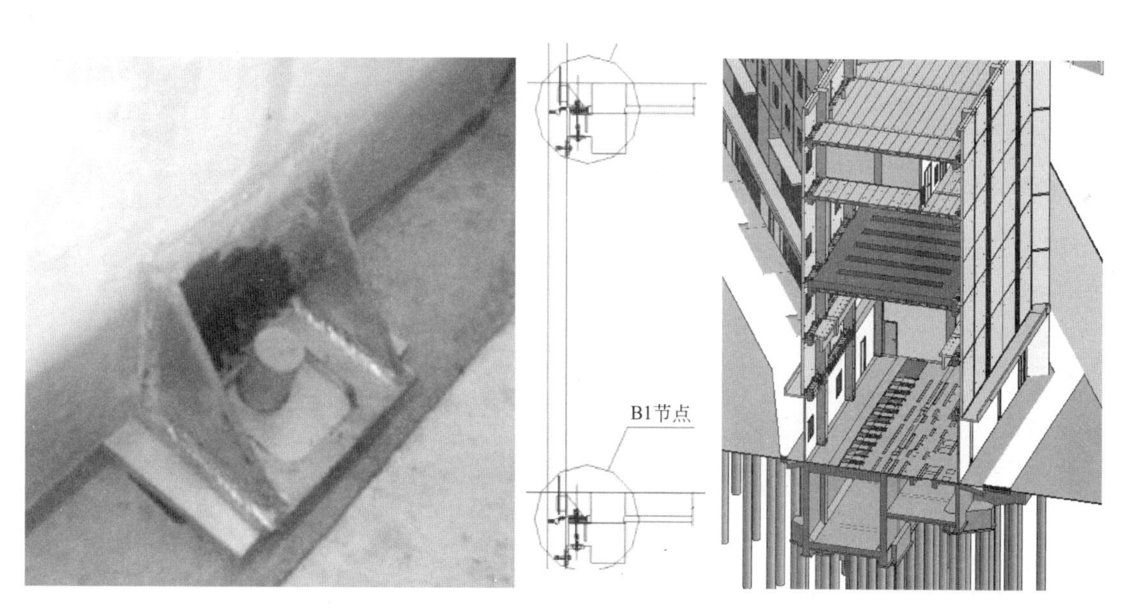

图 10　外挂板全干式连接节点设计

警提醒功能。

2）预制楼梯拆模-翻转-装模一体化楼梯立模系统

研发了一种带有简易翻转功能的新型预制楼梯立模，如图 11 所示，还利用翻转轴及重力偏心设计巧妙实现楼梯底板翻转及归位，提高了装模、浇筑及拆模效率，实现拆模-翻转-装模一体化；另外，中间的翻转平台通用性高，可适用于各种尺寸的预制楼梯生产。

3）预制构件绿色高效生产技术

预制构件结合面粗糙化施工技术：混凝土分两层浇筑，待二次浇筑混凝土完成后，采用混凝土砂浆分离器分离出一小部分粗骨料，直接将分离出来的粗骨料加铺到构件表面，拍实或稍加振捣即可，保证了构件结合面的粗糙度，同时保证了面层与构件的连接性好，整体性强。

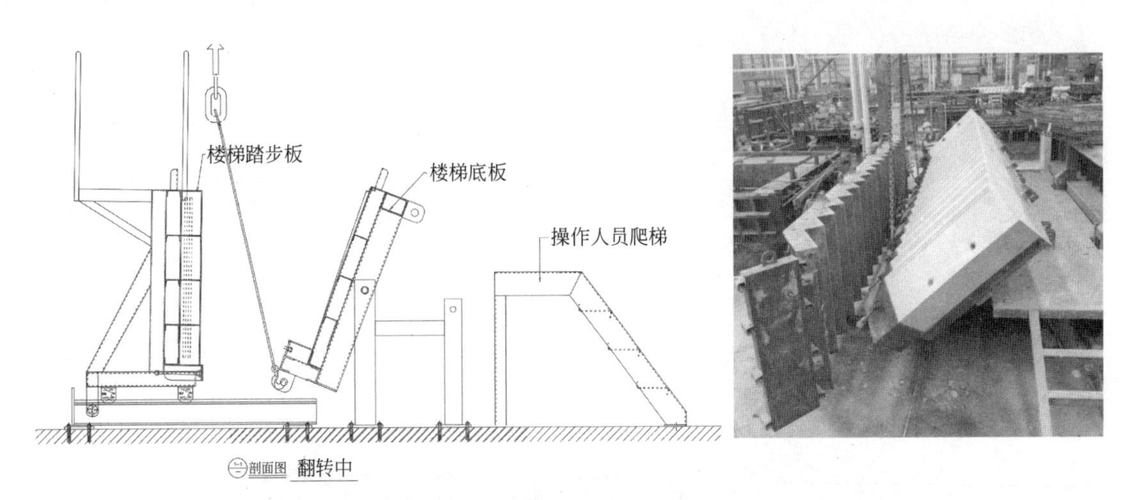

图 11 新型预制楼梯立模翻转中

4）叠合板免预养拉毛技术

通过优化混凝土配合比、改善拉毛工具达到叠合板浇筑振捣完毕后即可拉毛的效果，提高了生产效率。

5）混凝土工厂化环保高效转运技术

研究了道式运输料斗自动接料装置（图 12）和一种用于混凝土运料斗的接浆装置（图 13），实现混凝土绿色环保运料。

图 12 轨道式运输料斗自动接料装置

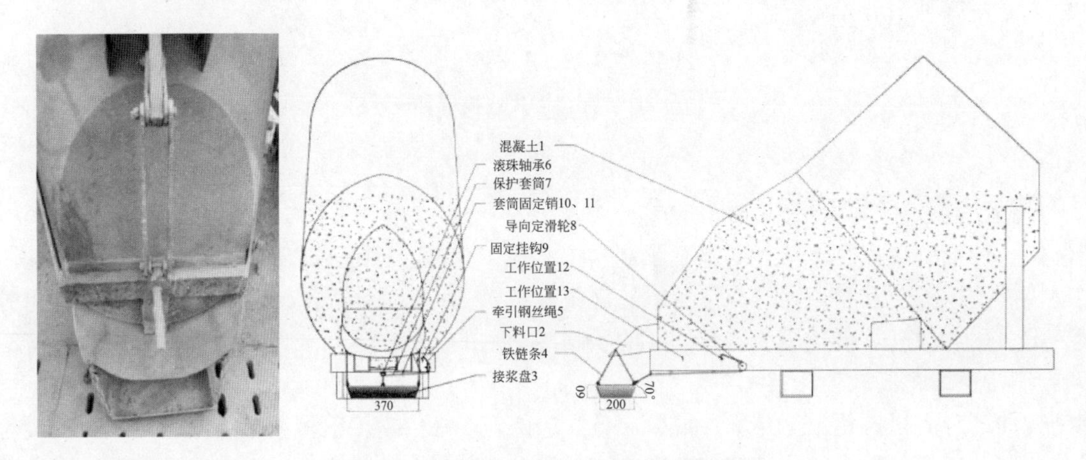

图 13 一种用于混凝土运料斗的接浆装置

6）大型预制构件模台过存放窑防撞技术

变电站项目预制墙板埋件较多，有 L 形，流水线生产时，高度控制不好就易与存放窑入口处相撞。为解决上述问题，设计的存放窑模台入口处的防护装置，如图 14 所示，有效解决超宽超高的模台及模具进入存放窑时发生碰撞的问题。

图 14　养护窑防撞装置

1-钢丝绳；2-安全弹簧；3-拉绳开关；4-门形方通钢架；5-可调滑轮；6-地面；7-地脚螺栓

7）预制构件性能检测技术

研发了一种预制楼梯结构性能检测用支架，如图 15 所示，能适应不同尺寸的预制楼梯结构性能检测工装，可适用于各种尺寸的预制楼梯生产，并快速、安全且有效地完成不同尺寸预制楼梯的结构性能检测工作。

图 15　预制楼梯结构性能检测用支架

研发并应用了一种测定混凝土预制构件扭曲度的简易装置，如图 16 所示，采用自主研发的由加长杆、固定架、螺母、螺杆、旋转柄和测量线组成的新型扭曲度测量装置，快速精准测定大型外挂板的扭曲度。

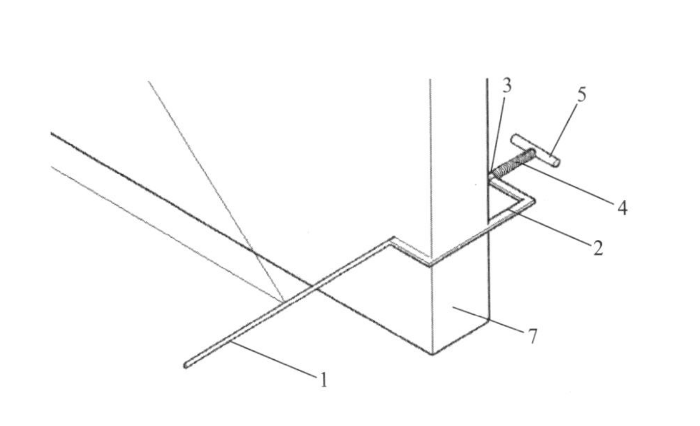

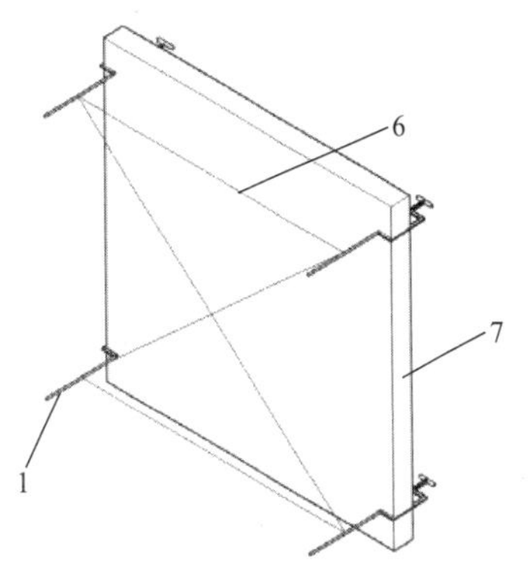

图 16　扭曲装置固定示意图

1-加长杆；2-固定架；3-螺母；4-螺杆；5-旋转柄；6-鱼线；7-预制构件

3. 全装配式标准化变电站施工关键技术

1）标准化装配工艺工序预演和全站仪精准定位技术

采用BIM模型预先设计变电站各预制构件的尺寸大小、测定预制构件角点位置并进行预拼装，将模拟数据传递到构件厂生产预制构件，在狭小的施工现场，采用全站仪精准定位，如图17所示，按模拟数据依序完成复杂钢筋工况下大跨度超厚叠合板之间密拼节点精准连接、大跨度超厚叠合板和大跨度叠合梁、外墙板之间精细化连接，保证了安装质量和进度。

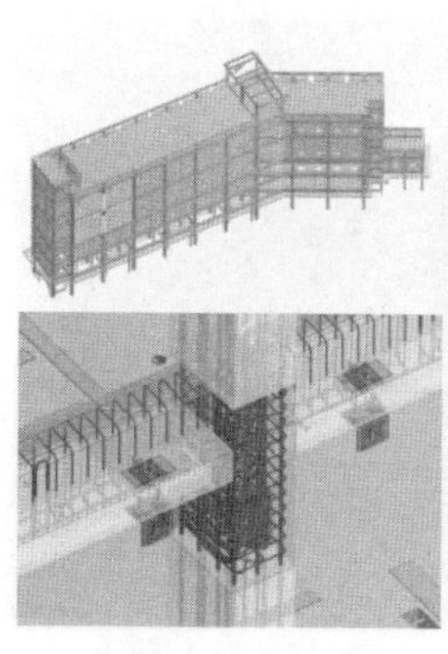

图17　结合BIM和全站仪安装预制构件精准定位

2）复杂环境下变电站智能化吊装技术

研究了一种构件吊装智能化装备的制作方法，如图18所示，该方法在起重机吊臂装备雷达装置和一个摄像头，在办公室和起重机操控室装置信息接收器；解决了盲区带来的不便，也方便办公室管理人员纵观现场全局，并进行实时管理。

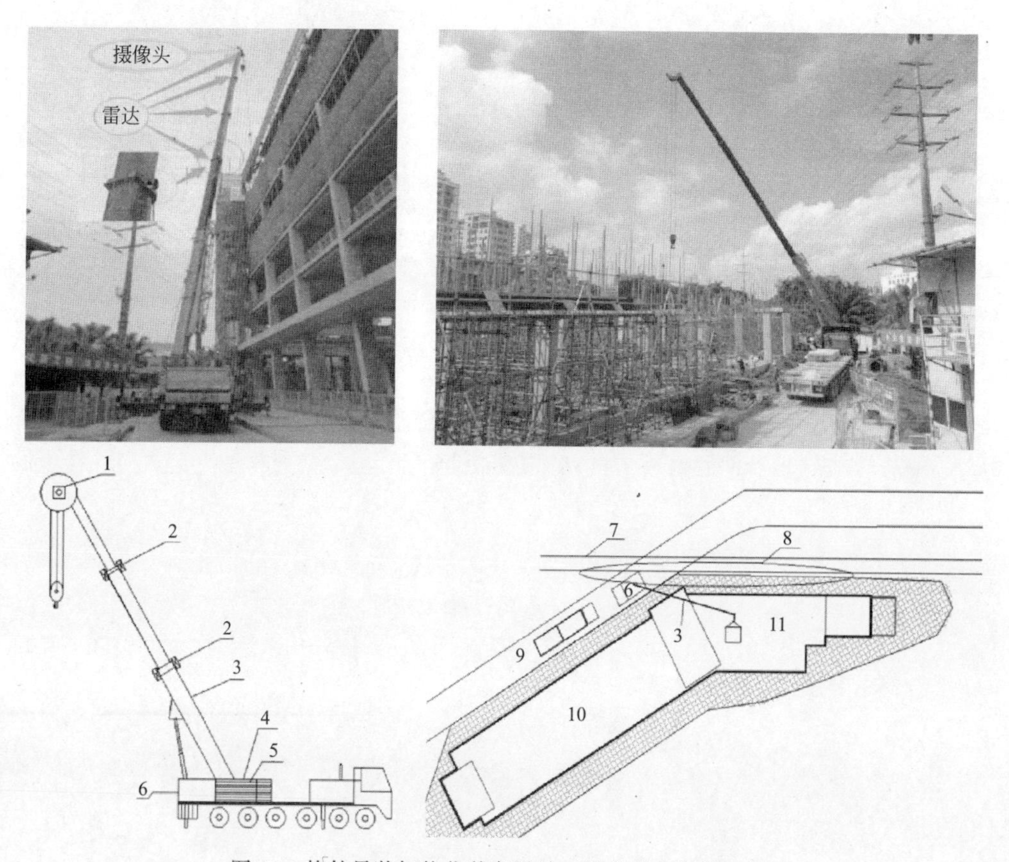

图18　构件吊装智能化装备设计、模拟及现场施工图

1-360°转动的WiFi摄像头；2-雷达感应器；3-起重机本体的吊臂；4-雷达及视频接收器；5-起重机操作室；6-起重机本体；7-高压线；8-雷达感应区；9-站内道路；10-在建楼房；11-司机操作盲区

3）复杂梁柱节点狭小工作面下高效安装技术

梁柱节点 BIM 优化吊装技术：用 BIM 技术模拟框架结构主体装配次序：先吊装预制柱，再吊装与预制柱相交的梁底标高较低的叠合梁，然后吊装梁底标高较高的叠合梁，最后吊装叠合板，如图 19 所示。

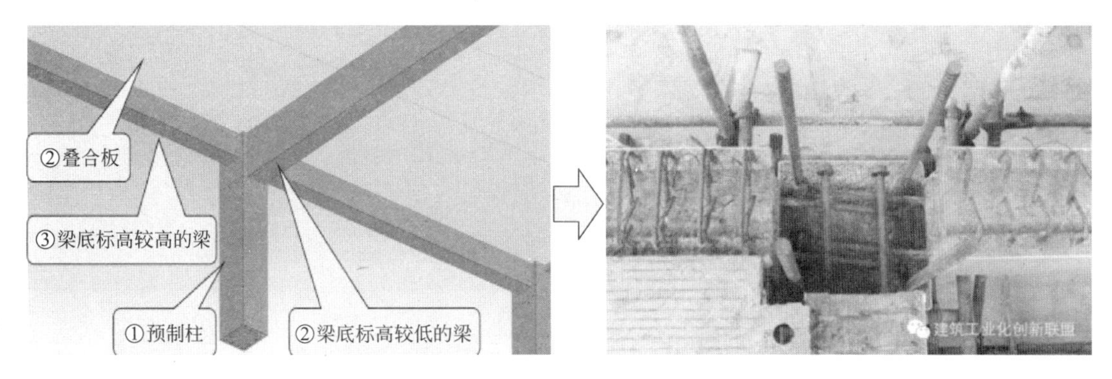

图 19　复杂梁柱节点预制构件吊装顺序

便携式脚手架工作面操作：研发的一种便携式脚手架，通过便携式脚手架的安装，可以为施工人员在狭小空间提供工作面，方便操作，提高了施工的安全性，如图 20 所示。

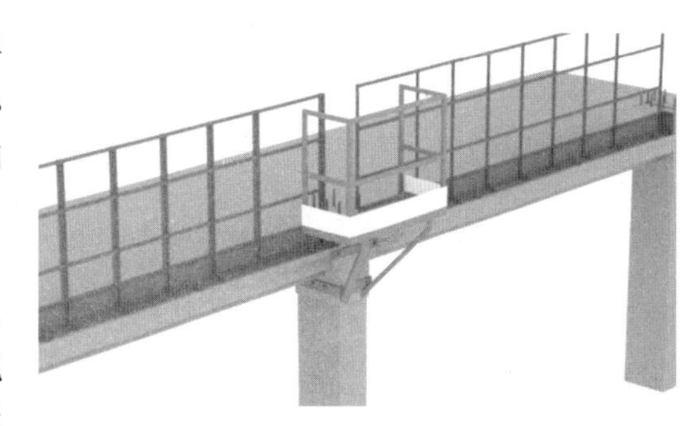

图 20　基于 BIM 技术的施工节点模板优化图

4）预制柱施工现场快速翻转吊装技术

在预制柱底端设置一个吊点，顶端设置四个吊点，通过汽车吊主钩与副钩的配合，在空中实现翻转，实现了 8m 超长预制柱直接在运输车上水平起吊，利于运输，提高效率，如图 21 所示。

图 21　大型预制柱现场高效翻转起吊

5）机电设备管线综合排布优化技术

通过 BIM 技术，通过三维可视性及碰撞检测报告可事先发现管线综合排布碰撞问题，及时对管线布置进行调整，避免延迟工期，节约成本，大大提高了施工效率。如通过 BIM 模型检测出风管安装高度与墙体预留洞口位置不符，如图 22 所示。

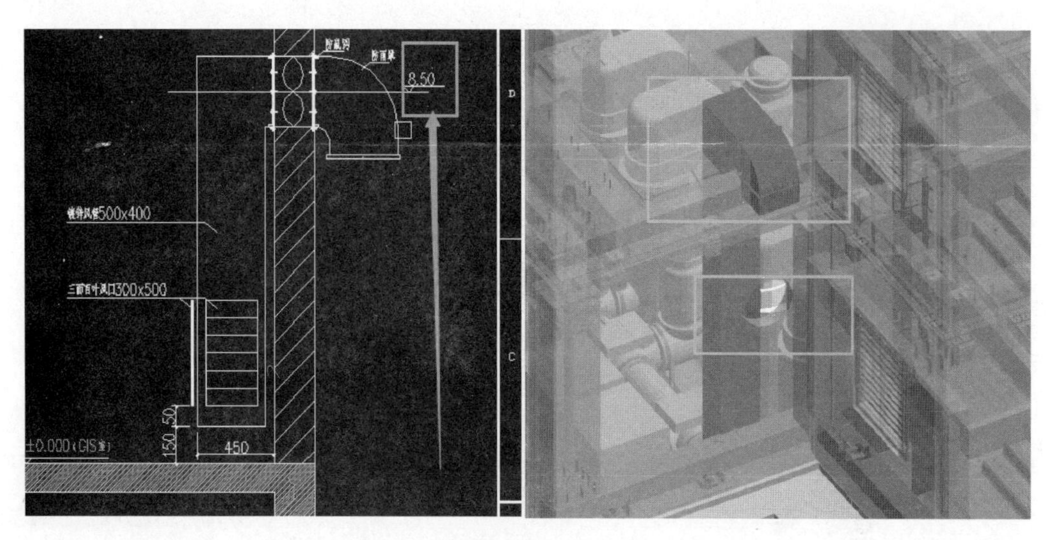

图 22　负一层暖通设计不合理位置

三、发现、发明及创新点

（1）采用工程总承包模式，提出了多专业、多参与方协同设计的流程和方法，完成了全装配式变电站的标准化设计，提高了变电站设计标准化水平。

（2）研发了一种外挂墙板全干式连接节点及防排水节点，安装效率高；研发了变电站用大跨度超厚夹芯叠合板成套建造技术，可实现叠合板一体化设计-生产-运输-安装。

（3）研发了一种全自动箍筋接料电气控制技术、预制楼梯拆模-翻转-装模一体化楼梯立模系统、预制构件结合面粗糙化新型施工技术、混凝土工厂化环保高效运转技术、预制构件模台过存放窑防撞技术、预制楼梯结构性能检测技术、预制墙板扭曲度检测技术，实现了预制构件的绿色高效生产，同时确保了构件质量。

（4）采用BIM模型全过程三维可视化和全站仪精确定位相结合的技术，实现了预制构件设计-生产-安装一体化；研发了复杂环境下变电站智能化吊装技术、复杂梁柱节点狭小工作面下高效安装技术、预制柱施工现场快速翻转吊装技术，提高了施工效率。

四、与当前国内外同类研究、同类技术的综合比较

通过教育部科技查新工作站的国内外查新可知，未见到国内外有与本项目“全装配式标准化110kV变电站工程总承包建造关键技术研发与应用”的创新点相同的文献报道。具有创新性与先进性。

五、第三方评价、应用推广情况

2019年06月11日，经中建集团组织鉴定，全装配式标准化110kV变电站工程总承包建该成果总体达到国际先进水平。

本项目研究成果在110kV龙华中心变电站项目建造上应用，从设计到生产再到施工，全面应用该技术成果，做到了设计合理、生产质量优良，施工高效安全，有效地保障了工期和工程质量，应用效果良好，并多次组织观摩会，在业界具有较为广泛的知名度。

六、经济效益

全装配式标准化110kV变电站工程总承包建造关键技术研发与应用在深圳龙华中心变电站项目上成功应用，在设计、施工等方面共计产生经济效益约4605.01万元，经济效益显著。

七、社会效益

结合龙华中心站的试点的情况，对标准设计 V2.0 进行比对优选，优化平面布置，编制适用于标准设计的预制构件模块 G4 层标准设计，满足电网标准设计模块化、构件生产工厂化、施工安装机械化、项目管理精细化的目标。根据南方电网十三五规划，110kV 变电站 55 座，容量 885.5 万 kVA。随着后续项目建设人工成本的增加，预制构件产业配套日趋完善，预制工程批量建设，其社会及经济效益显著。

预应力带肋混凝土叠合板高效制作技术

完成单位：中建科技有限公司、中建科技（深汕特别合作区）有限公司

完 成 人：钟志强、黄朝俊、宋　维、刘　辉、吴　勇、杨　斌、王洪欣

一、立项背景

自2016年起，国家、住建部、各省市都相继发布了大力发展装配式建筑的文件及标准，规定了装配式建筑的实施面积、装配率、预制率等硬性指标。目前正是装配式建筑发展的春天，也是预制混凝土构件行业发展的大好机会。预制构件中，桁架筋叠合板为其主要组成部分，在装配式建筑中被大量使用。然而，传统的桁架筋叠合板生产技术效率低下，材料用量消耗大，到现场施工了以后还需要搭脚手架，造成施工程序繁杂和成本增加。

为解决上述问题，中建科技有限公司深圳分公司研究设计了新型“预应力带肋混凝土叠合板”，从结构受力的角度实现了较好的技术经济性。但要实现该产品的规模化应用，还需要研究生产工艺，提高生产效率，降低生产成本。同时，要保证道路运输和现场安装简单、快捷。

二、关键技术

1. 长线法流水作业技术

研究适应大规模连续生产的长线法模台，采用流水方式进行模台清理、铺钢筋、铺预应力筋、张拉、混凝土浇筑、混凝土养护、放张等连续交叉作业，能提高预应力叠合板的生产效率，降低生产过程的时间、空间、材料、人工等消耗。采用3.5m×10m可移动大模台做底模，连续拼装，固定侧模、移动端模，极大地提高生产线建设和生产过程的效率。图1为预应力带肋混凝土叠合板高效制作生产线。

2. 高效配筋生产技术

本技术主筋采用了预应力钢丝，强度为1570MPa，约是螺纹筋强度的4倍，非预应力筋采用自动网片焊机焊接成网片，再用保护层垫圈顶在预应力筋下面，无需钢丝绑扎，生产效率极高，如图2所示。

图1　预应力带肋混凝土叠合板高效制作生产线

图2　钢筋网片

3. 边模安装高效技术

本技术每块板的横向端模是采用插销式卡板，纵向边模是采用合页式方法，可以高效拆装，有效地提高了生产效率，本技术如图 3 所示。

4. 多功能张拉技术

研发适应不同配筋、不同张拉力、不同截面尺寸叠合板的张拉和整体放张装置，针对不同肋宽、肋高、板长度、板宽度、配筋等条件，灵活调整张拉和放张端，提高生产线的灵活性和适用范围，增强生产线对设计的适应性，张拉装置如图 4 所示。

图 3　预应力带肋混凝土叠合板边模图

图 4　预应力带肋混凝土叠合板张拉端

5. 混凝土高效浇筑技术

研究混凝土浇筑工艺和设备，适应快速、连续浇筑混凝土，以及构件养护的模具、振捣、抹面、拉毛、保温技术和工具，缩短构件生产周期，提高构件质量，图 5 为预应力带肋混凝土叠合板混凝土高效浇筑技术和设备。

6. 混凝土高效养护技术

混凝土浇筑完成后，进行自然养护或蒸汽养护，具体工艺：采用苫布覆盖，静停 2h，升温 2h，恒温 5h，降 2h，11h 后混凝土强度能达到设计的放张强度（75%），能有效地提高生产效率。图 6 为预应力带肋混凝土叠合板混凝土高效养护。

图 5　混凝土高效浇筑图

图 6　预应力带肋混凝土叠合板混凝土高效养护

7. 高效出货、堆放、运输技术

针对产品尺寸，创新研发了出货平车、运输平车、临时存放架、一吊多吊架等配套新产品，实现叠合板从出池到现场安装的高效运作，确保生产线出来的产品及时运走，速度快、效率高，如图 7 所示。

图 7　预应力带肋混凝土叠合板吊装运输

图 8　预应力带肋混凝土叠合板松张装置

8. 安全高效放张技术

通过合理设置承压垫块，防止张拉完成后千斤顶回缩，并且避免预应力损失。在放张阶段千斤顶缓慢承力，待承压垫块处于自由状态时抽出，松张方式两个 100t 千斤顶，由一个开关控制，对称同时松张，使松张更快捷，有效提高工作效益，如图 8 所示。

9. 安全环保生产技术

在生产线上设置一系列安全防护装置，确保生产过程人员、设备安全。同时注重环保措施，在有限投入的条件下，做好现场场地规划和废料回收利用工作，如图 9 所示。

图 9　预应力带肋混凝土叠合板安全装置

10. 高效施工技术

预应力带肋混凝土叠合板安装可根据板的长度来确定支撑，长度 4m 以内，可以免支撑；长度大于 4m，现场安装可取消或减少临时支撑，如图 10 所示。

图 10　预应力带肋混凝土叠合板免支撑安装图

三、发现、发明及创新点

1）研发了适应于大规模连续生产的长线法组装式模台

2）发明了适应不同配筋、不同张拉力、不同截面尺寸预应力带肋混凝土叠合板的张拉和整体放张装置，提高了生产线的灵活性和适用范围，增强了生产线对设计的适应性，保证了张拉和放张质量

3）研发了预应力带肋混凝土叠合板出池、存放、运输、吊装的关键技术和工具，为该产品的高效生产创造了条件

4）现场安装可取消或减少临时支撑

该成果获得实用新型专利授权3项，外观专利2项，形成企业级工法1项，发表论文1篇，软件著作权3项，专有技术6项，国内外查新报告1份，达到国际先进水平评价报告1份。成果已在深圳坪山三所学校等项目成功应用，提高了生产施工工效，保证了工程质量，降低了工程成本，改善了产品性能（承载力、抗裂性），经济与社会效益得到大幅度改善，具有良好的推广应用前景。

四、与当前国内外同类研究、同类技术的综合比较

本项目通过自主开发方式，开发出具有新颖性、先进性、实用性的新工艺，本项目属于材料科学中无机非金属材料制品制造技术领域，能满足生产应用，产品符合市场要求。

作为预应力混凝土带肋叠合板系列产品之一，预应力带肋混凝土叠合板是现阶段装配式建筑建设中使用最广泛的水泥制品之一，已在土木工程中大量使用，具有很高的技术经济效益。

国内目前对预应力带肋混凝土叠合板技术张拉装置存在的不足之处进行分析，发现现有预应力带肋混凝土叠合板生产周转率低下，人工成本高。且现有预应力带肋混凝土叠合板张拉装置只能对一块预应力带肋混凝土叠合板进行张拉，每条线上有两台固定式张拉机，进而导致工作效率低，生产成本高。目前，预应力带肋混凝土叠合板张拉装置已无法满足现实所需，急需一种先进的预应力带肋混凝土叠合板生产线来解决上述问题。

因此，本项目通过自主开发方式，开发出具有新颖性、先进性、实用性的新工艺，新工艺主要体现在长线法流水作业技术、高效配筋生产技术、多功能张拉技术和张拉装置、混凝土高效浇筑技术和设备、混凝土高效养护技术、高效出货堆放运输技术、安全高效放张技术和装置、安全环保生产技术等方面。

针对上述差异，本公司进行了大力度的研发创新，所取得的技术通过了教育部科技查新工作站（L20）的查新。查新点为以下三个方面：

（1）研发了适应大规模连续生产预应力叠合板的长线法模台，采用流水方式进行模台清理、铺放钢筋、铺预应力筋、张拉、混凝土浇筑、混凝土养护、放张等连续交叉作业，采用3.5m×10m可移动大模台做底模，连续拼装，固定侧模、移动端模。

（2）研发了适应不同配筋、不同截面尺寸预应力带肋混凝土叠合板的张拉和整体放张装置（详见专利201820978348.1和201820978708.8）。

（3）研发了预应力带肋混凝土叠合板出池、存放、运输、吊装的关键技术和工具（详见专利201820978648.X）。

经检索并对相关文献分析对比结果表明，上述国内外相关的文献报道分别涉及该查新项目的部分研究内容，未见与该查新项目查新点技术相符的文献报道。

五、第三方评价、应用推广情况

本技术经过了深圳市建研检测有限公司对预应力带肋混凝土叠合板的荷载试验。

在通过本技术生产的预应力带肋混凝土叠合板力学性能满足实用要求后，对该产品进行了推广应用，目前为止，应用项目有深圳市坪山市三所学校和深圳长圳保障性住房幼儿园，具体如下。

1）深圳实验学校

结构形式为预制混凝土柱与钢梁组合结构，总建筑面积为101531m^2，本技术制造的产品为22522m^2。其项目效果图、施工图如下所示：

2）深圳市锦龙学校项目

结构形式为预制混凝土柱与钢梁组合结构，总建筑面积为75715m²，本技术制造的产品为6410m²。其项目效果图、施工图如下所示：

3）深圳市竹坑学校项目

结构形式为预制混凝土柱与钢梁组合结构，总建筑面积为66888m²，本技术制造的产品为12820m²。其项目效果图、施工图如下所示：

4）深圳市长圳保障性住房项目幼儿园

结构形式为钢结构加混凝土叠合楼板，总建筑面积为109.78万m²，本技术制造的产品（幼儿园部分）为2415m²。其项目效果图、应用图如下所示：

六、经济效益

采用4.5m×1.2m的叠合板为计算单元，桁架筋叠合板每平方米用钢量约9.5kg/m^2，预应力带肋混凝土叠合板用钢量约6.2kg/m^2，高强度钢丝与普通钢筋价格仅相差10%。综合计算，仅钢材用量可节约35%，钢材成本节约28%。

采用本技术制造预应力带肋混凝土叠合板，人工、机械、材料消耗均大幅度降低，与普通桁架筋叠合板相比可降低46.35元/m^2的生产成本。坪山三所学校合计用到41753m^2，则共节省了193.52万元。

七、社会效益

（1）采用本高效生产技术，可大大节约材料使用，我国每年减少温室气体排放100万吨以上；

（2）采用本高效生产技术，每单元产品人工用量减少30%以上，符合集约化生产的要求；

（3）采用本高效生产技术，减少了生产过程的资源能源消耗，有利于循环经济发展；

（4）本技术将有利于提升行业技术水平，推动装配式建筑的发展，为国家建筑工业化做出重要贡献。

超高层建筑绿色多功能爬模施工技术

完成单位： 中国建筑第四工程局有限公司、中建四局第一建筑工程有限公司、贵州中建建筑科研设计院有限公司

完 成 人： 张　明、令狐延、梁　森、叶国昌、岳　巍、李东旭、祝　阳

一、立项背景

随着我国经济的持续发展，超高层建筑日益显现出它的社会及经济价值，房地产开发商在分享建筑行业发展所带来的巨大红利的同时，也在不断追求建设更高的建筑。近年来，随着建筑业在国内外的持续发展，建设单位对施工质量和进度的要求也越趋严格，施工单位既要加快施工进度，又要满足提高施工质量的能力要求，从而提高市场竞争力。

爬模施工技术的出现及应用，极大地推动超高层建筑的施工进度和质量。爬模施工技术作为超高层建筑结构施工的关键技术之一，对加快工期方面及提高施工安全和施工质量方面，都是不可或缺的技术。近年来，爬模技术的应用日益广泛，建筑业对爬模也有了新的需求，如何建立健全超高层建筑绿色、环保、智能爬模体系，成了爬模施工技术目前迫切的需求，因此对超高层建筑爬模技术的研究和探讨是日趋重要的。

为加快施工进度，保证施工安全，实现优质高效、低成本、绿色施工的目标，公司成立了"超高层建筑绿色多功能爬模施工技术"课题研究小组，以恒丰贵阳中心项目中1号塔楼为研究对象，针对超高层爬模施工技术进行深入地探索与研究，形成"施工升降机直达爬模作业平台施工技术"、"超高层爬模智能喷淋及覆盖养护施工技术"和"超高层爬模施工楼板预留钢筋预留施工技术"三项创新技术成果，有效地解决了现场施工难题，技术成熟，符合绿色环保、节约型工地的理念，具有极大的推广应用价值。

二、科学技术内容

1. 施工升降机直达爬模作业平台施工技术

本技术开创性地将爬模与施工升降机连成一体，在国内首次实现了施工升降机直接上至爬模操作平台的创举。本技术与传统施工升降机设置于爬模底部下吊笼施工工艺相比，提高了爬模与施工升降机的使用效率，减少劳动力上下爬模时间，为主体核心筒竖向结构的施工进度提供必要条件。

1）爬模上架架体加固

（1）爬模上架立杆的截面加强。原截面形式为双12号槽钢，在上槽钢中间增加100×100方管。

（2）在爬模上架立杆设置斜撑，斜撑采用100×100方管。

（3）施工升降机两侧4组架体间设置斜撑，斜撑采用50×100矩形管。

（4）施工升降机附着设置附着钢梁，钢梁采用两根150×150H型钢。

2）爬模下架体加固

（1）上部钢梁间增设桁架支撑，支撑采用100×100方管（斜杆）和H150型钢（立杆）制作。

（2）下架体在钢梁位置增加斜撑，采用双100×50矩形管制作。

3）附着在剪力墙上超大附墙架安装

由于塔楼核心筒截面收缩变化，施工升降机与塔楼核心筒间的距离不断增加，需加长附着距离，为此我们通过电梯厂家进行定做加长附墙架，保证施工升降机附着安装。

图 1　施工电梯直达爬模作业平台

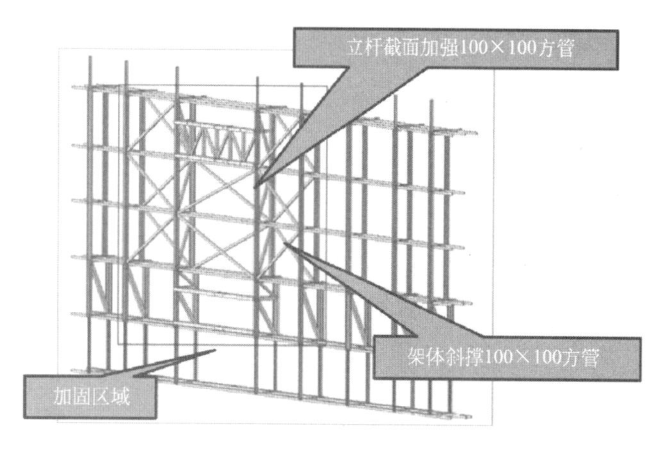

图 2　爬模上架架体加固图

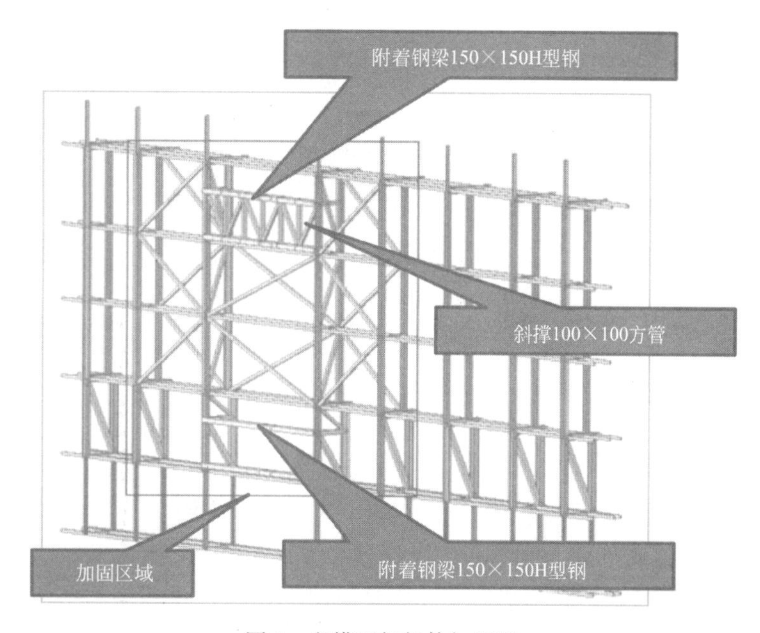

图 3　爬模下架架体加固图

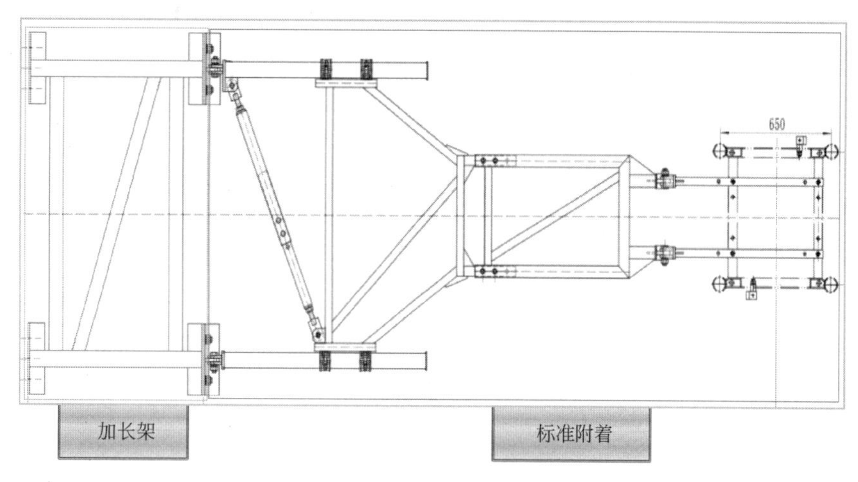

图 4　超大附墙架示意图

4）滚动附墙、片状辅助节与施工电梯标节组合连接

为了解决施工升降机与爬模架体同步爬升的技术难题，我们采用可伸缩式滚动附墙通过与片式辅助节连接直接附着在爬模架体上，保证施工升降机与爬模架体同步爬升。

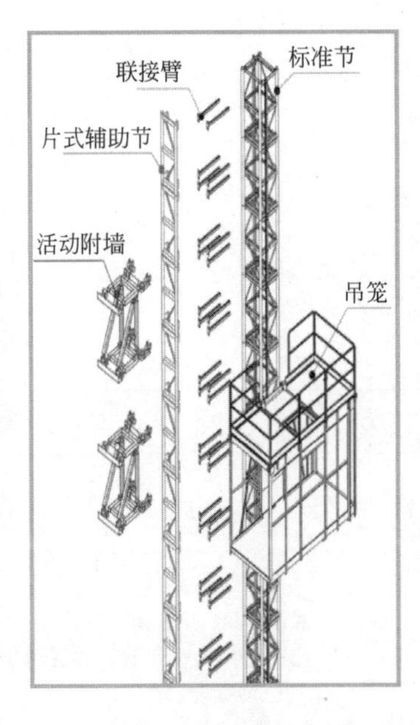

图 5　施工升降机与爬模架体连接示意图

2. 超高层爬模智能喷淋及覆盖养护施工技术

任何混凝土工程在混凝土在浇筑完毕后均需进行养护，其目的在于使混凝土强度继续增长，在规定龄期内达到设计要求的强度，并防止混凝土表面因干燥而开裂。

传统的类似超高层建筑的养护方法，主要是滑模或者爬模装置上安装带孔水平管进行喷淋养护，但在实际施工情况下，混凝土的养护速度较慢且容易造成爬模装置的大量积水从而造成安全隐患，发生安全事故。

本技术是在传统使用带孔水管进行喷淋养护的方法上进行的改进创新，我们将传统的带孔水管喷淋改为在末端增加喷淋头进行喷淋，同时新增超高层爬模核心筒剪力墙混凝土保温棉覆盖养护工艺，保证核心筒剪力墙混凝土质量。

1）智能喷淋养护施工技术

在爬模顶层安装一个多功能电子开关控制箱，该装置设置定时自动喷淋开关时间，保证混凝土构件得到及时养护。通过多接头分水器将喷淋用水分流至各个楼层的各个需要喷淋养护的角落。在爬模架体上排布喷淋输水管，输水管从每层施工用水接驳点接出，绕爬模一周排布以保证各位置喷淋养护水的供应。内架体与外架体上均垂直排布输水管，使结构构件内外面均可养护，内外输水管通过连接管连接。在输水管上均匀排布喷淋头，喷淋头采用花洒式，养护喷淋可全面覆盖墙柱构件。在爬模架体底层设立增压泵，可保证喷淋养护的正常水压。

2）智能覆盖养护施工技术

超高层爬模智能覆盖养护施工技术，解决了拆模后混凝土养护不及时准确的问题，达到保证现场施工的质量和进度目的。智能定时喷淋能节约水资源、降低建造成本，创建节约型绿色工地。智能覆盖养护还避免了核心筒外侧墙柱结构人工覆盖时可能发生的施工人员、材料、工具高空坠落等情况，保证了施工安全。

3. 超高层爬模施工楼板预留钢筋预留施工技术

本技术根据楼板钢筋直径和间距在模板上提前预留洞口，楼板钢筋一端通过预留洞口插入墙柱中，另一端留出墙面 350mm 长。在爬模的钢大模板顶的楼板位置预留 250mm 高的空隙，空隙上方还有 300mm

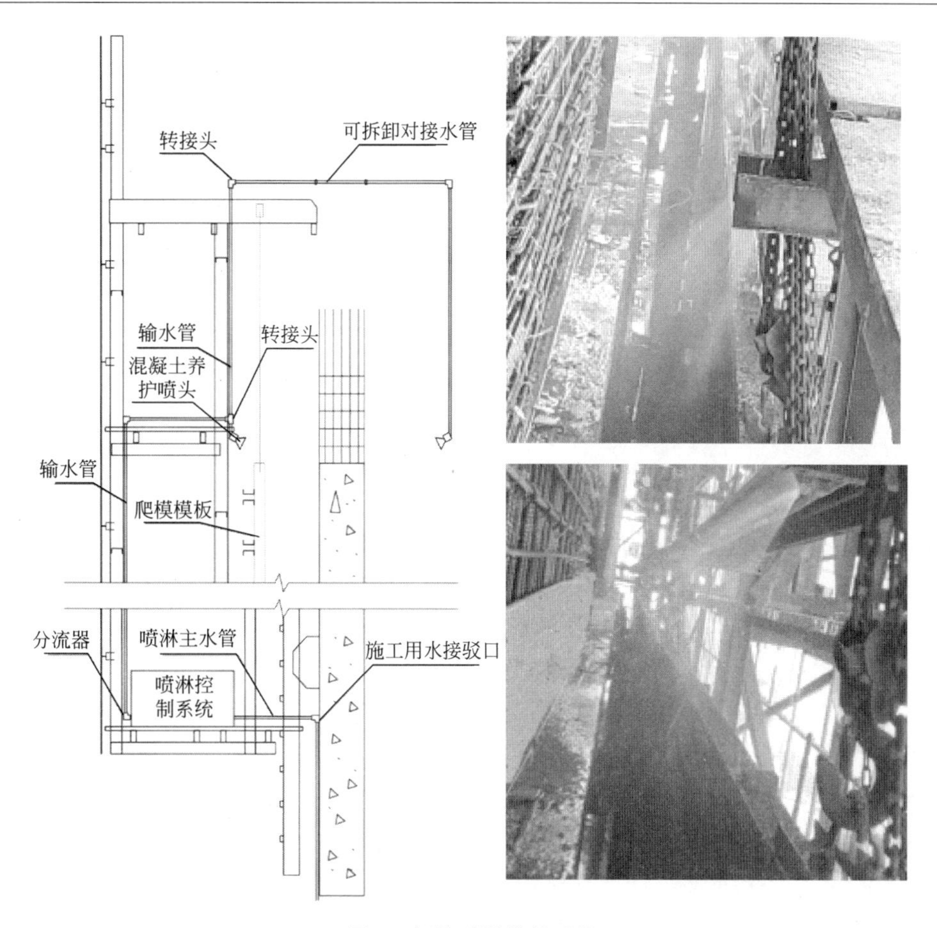

图 6　智能喷淋养护系统

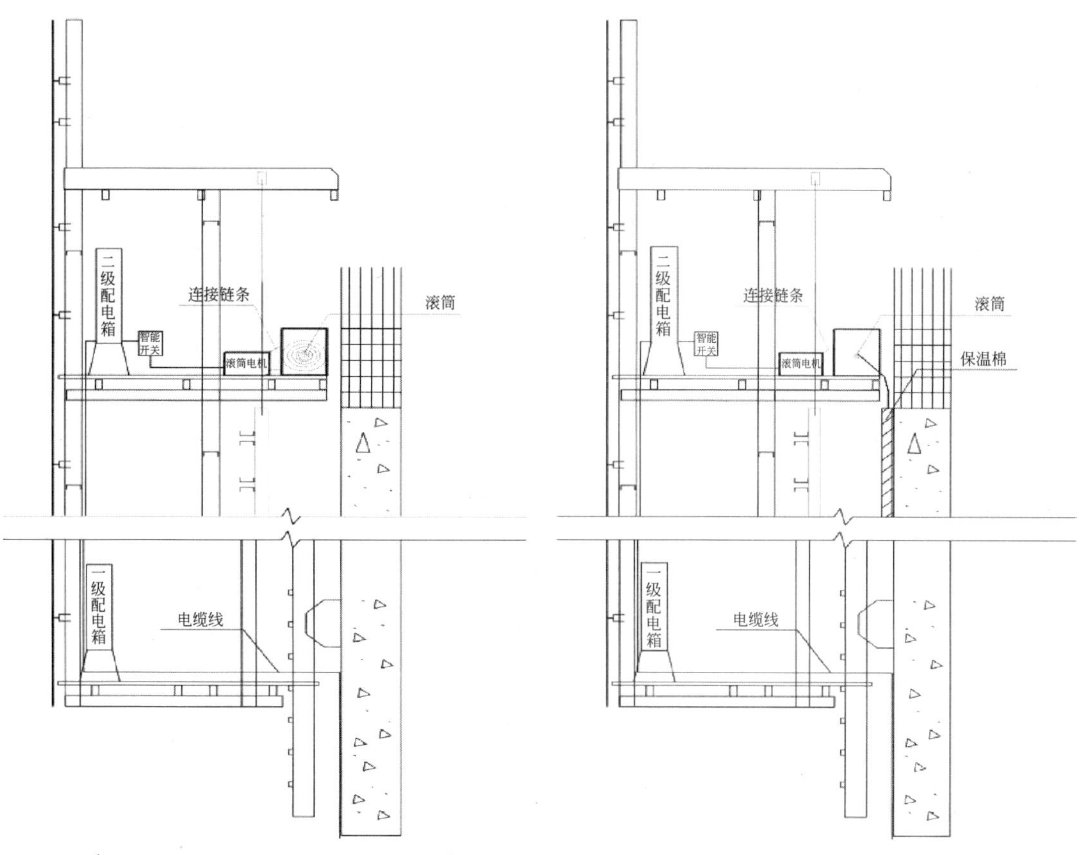

图 7　智能覆盖养护系统原理图

图 8　滚筒与电动机示意图

图 9　覆盖养护示意图

高的钢模板，木模板放在上下钢模板之间，并通过钢大模板龙骨进行固定。在浇筑墙柱混凝土时应浇筑比楼板标高高出 150mm 以保证钢大模板的下搭高度，安装时先安装钢模后安装木模，将钢筋从木模空洞中插入进行绑扎固定，使用泡沫挤封堵预留板筋与模板之间的空隙。拆除模板时先退出达刚模，然后拆除木模。木模循环使用进行周转。

针对传统爬模施工中楼板钢筋施工工艺的不足，本技术摒弃了传统甩筋、埋筋、插筋的方法，采用木模与钢模组合研究，在楼板水平结构位置设置木模板，将楼板钢筋进行预留，后期直接与板面钢筋进行搭接。本技术有效避免了后期剔凿混凝土的施工工序，提高了工作效率，降低了施工成本，施工工序也更简单，保证了混凝土楼板预留钢筋施工质量，克服了现有施工工艺的不足。

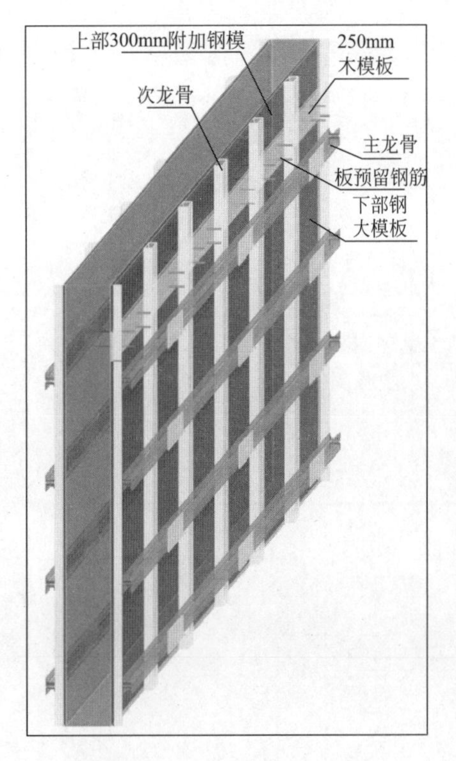

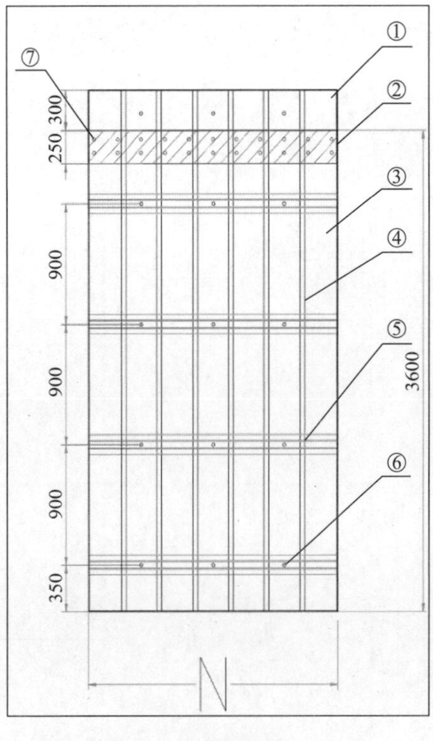

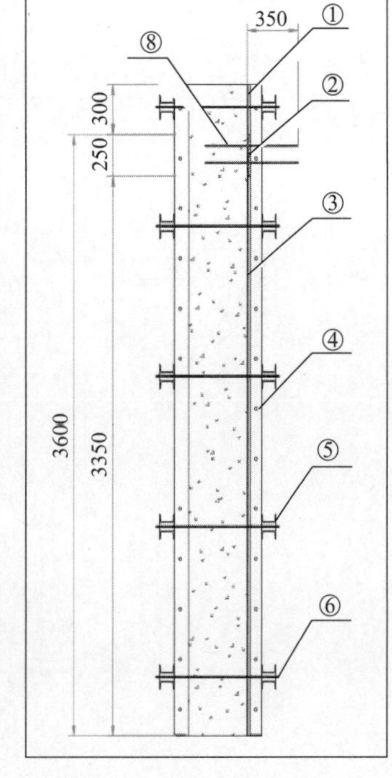

图 10　组合模板成型示意图

三、发明、发现、创新点

针对超高层爬模施工技术进行的探索和研究，科研组形成了“施工升降机直达爬模作业平台施工技术”、“超高层爬模智能喷淋及覆盖养护施工技术”和“超高层爬模施工楼板预留钢筋预留施工技术”三项创新技术成果，每一项技术都有效地解决了现场施工难题，三项技术成果协同支撑起一套全新的超高层建筑绿色多功能爬模施工技术，符合绿色环保、节约型工地的理念，具有推广应用价值。具体的技术创新点体现在以下五个方面：

1）在爬模架体上设置了双桁架，并对爬模构件进行加强，解决了施工升降机附着在爬模架体上的安全技术问题

2）研发滚动附墙及片状辅助节与施工升降机标准节组合连接技术，解决施工升降机与爬模架体同步爬升以及施工升降机附着的技术难题

3）研发可伸缩式滚动附墙装置与超长附墙装置组合技术，解决核心筒变截面工况下的附着施工难题

4）研发超高层爬模系统核心筒剪力墙混凝土喷淋覆盖养护技术，保证核心筒剪力墙混凝土成型质量

5）研发超高层爬模系统混凝土楼板预留钢筋技术，保证混凝土楼板预留钢筋施工质量

四、与当前国内外同类研究、同类技术的综合比较

（1）常规爬模工艺上下人员运输只能通过爬模底部下吊笼进入爬模架体，通过爬模楼梯上至操作平台进行施工，爬模的生产效能和劳动力运输的效率较低。本技术开创性的将爬模与施工升降机连成一体，在国内首次实现了施工升降机直接上至爬模操作平台的创举，与传统爬模施工工艺相比提高了爬模与施工升降机的使用效率，减少劳动力上下爬模时间。

（2）建筑施工中，对于混凝土的养护尤为重要，传统的类似超高层建筑的养护方法，主要是滑模或者爬模装置上安装带孔水平管进行喷淋养护，但在实际施工情况下，混凝土的养护速度较慢且容易造成爬模装置的大量积水从而造成安全隐患，发生安全事故。本技术是在传统使用带孔水管进行喷淋养护的方法上进行的改进创新，我们将传统的带孔水管喷淋改为在末端增加喷淋头进行喷淋，同时新增超高层爬模核心筒剪力墙混凝土保温棉覆盖养护工艺，保证核心筒剪力墙混凝土质量。

（3）传统超高层爬模施工水平结构一般滞后核芯筒 3～5 层，楼板的钢筋处理一般采用甩筋、埋筋、插筋等方式，后期凿开混凝土露出楼板钢筋再与板面钢筋进行搭接处理。这种处理方式后期需要人工剔凿混凝土露出预埋楼板钢筋，浪费人工，影响工期，同时存在破坏预留钢筋的风险，还会产生建筑垃圾，施工工序比较复杂。针对传统爬模施工中楼板钢筋施工工艺的不足，本技术摒弃了传统甩筋、埋筋、插筋的方法，通过采用木模与钢模组合研究，在楼板水平结构位置设置木模板，将楼板钢筋进行预留，后期直接与板面钢筋进行搭接。本技术有效避免了后期剔凿混凝土的施工工序，提高了工作效率，降低了施工成本，施工工序也更简单，保证了混凝土楼板预留钢筋施工质量，克服了现有施工工艺的不足。

五、第三方评价、应用推广情况

1. 第三方评价

1）科技成果鉴定

2019 年 06 月 11 日，中国建筑集团有限公司在广州市组织召开了“超高层建筑绿色多功能爬模施工技术”科技成果评价会，该成果总体达到国内领先水平。

2017 年 9 月 26 日，广东省建筑业协会组成鉴定专家委员会，在广州市组织召开了对本课题关键技术之一“施工升降机直达爬模作业平台施工技术”的科技成果鉴定会，该成果达到国内领先水平。

2）科技查新

2019 年 6 月 17 日，在广东省广州市科技查新咨询中心对“超高层建筑绿色多功能爬模施工技术”进行了国际科技查新，通过检索查询，共查出与本课题研究内容相关的国内文献 16 篇，通过对所检文献的对比分析，得出结论为：“未见国内外有相同文献报道，该研究成果具有新颖性”。

2. 应用推广情况

本成果已在恒丰贵阳中心项目中成功应用，有效地推动爬模施工技术的发展，完善了爬模施工存在的不足。同时本技术具有缩短施工工期、对周边环境影响小、节省建筑成本等优点，达到了绿色施工的要求。

本成果已获得中建四局科学技术奖一等奖，获得实用新型专利 3 项，受理发明专利 5 项，形成省部级工法 2 项，局级工法 1 项，发表论文 2 篇，经济效益与社会效益显著。

六、经济效益

恒丰贵阳中心项目位于贵州省贵阳市南明区，由 7 栋超高层建筑，5 层地下室、6 层商业裙楼组成，总建筑面积 77 万m^2，其中 1 号塔楼为外框钢结构-内核心筒剪力墙结构，建筑高度 349m。1 号塔楼核心筒竖向结构采用了“超高层建筑绿色多功能爬模施工技术”，具体经济效益如下：

1. 施工升降机直达爬模作业平台关键技术

传统技术费用：

施工升降机费用＝时间×电梯数×电梯租赁费＋进出场费＝24×2×5.5 万＋2×5 万＝274 万。

新技术费用：

施工升降机费用＝时间×电梯数×电梯租赁费＋进出场费＋特殊构造费用（滚动附墙，超长附墙）＝24×1×4 万＋5 万＋25 万＝121 万。

上述对比得出：采用该施工工艺可节省成本 153 万元。

2. 超高层爬模智能喷淋及覆盖养护施工技术

本项技术采用自动喷淋，定时定量，经济效益为节省人工费和水费。根据现场实际情况，每层混凝土结构养护需要至少 8 个工人，每个工人每天薪资 200 元，且至少浪费 5 立方水，每立方水 3.3 元，本项目 1＃塔楼总共 78 层，则节省的费用为：

节省费用＝（人工费×人数＋每立方水费×用水量）×楼层数＝（200×8＋3.3×5）×78＝12.61 万元。

3. 超高层爬模施工楼板预留钢筋预留施工技术

本项技术主要的经济效益是减少了后期墙柱上结构的剔凿露出板筋的工序，而且 1 号塔楼墙柱混凝土结构等级较高从 C60 到 C50，打凿费用较高。按市场最低价进行计算，每立方单价为 400 元，根据现场实际情况每层至少打凿 8 立方，1 号塔楼总共 78 层，则经济效益如下：

节省费用＝每立方打凿费×方量×楼层数＝400×8×78＝24.96 万元。

综上三点经济效益来源，本项工法共创造经济效益：

153 万元＋24.96 万元＋12.61 万元＝190.57 万元。

七、社会效益

超高层建筑绿色多功能爬模施工技术，采用了施工升降机直达爬模作业平台施工技术、超高层爬模智能喷淋及覆盖养护施工技术、超高层爬模施工楼板预留钢筋预留施工技术等三项创新技术。其提高了施工升降机的使用效率，保证了核心筒剪力墙混凝土的成型质量和楼板预留钢筋的施工质量，同时大大节省了施工工期，在安全文明、成本经济、绿色环保、建筑工业化等方面有着比传统爬模施工工艺不可比拟的优点，具有广泛的推广应用前景。

重庆来福士超高层建筑关键施工技术

完成单位：中国建筑第八工程局有限公司
完 成 人：王　洪、徐玉飞、申　雨、陈　斌、马俊达、王晓丽、何　兴

一、立项背景

重庆来福士广场项目施工总承包工程B标段位于重庆市朝天门广场与解放碑之间两江汇流处，总建筑面积约63万平方米，地下3层，裙楼6层，塔楼最高73层，建筑总高度356m。该工程地理环境复杂，基坑紧邻江边，且呈阶梯状，对巨型桩基施工、筏板施工都带来一定的难度；超高层外立面呈曲线风帆造型，最大倾斜角度为14°，同时为突出曲线造型，结构设计了高空悬挂结构；为确保超高层建筑的抗震性能，同时减少用钢量，在塔楼设计了组合伸臂桁架-环梁系统，该系统节点包含主筋近1100根，上述这些特点大大增加了施工难度，主要体现在以下方面：

1. 临江建筑（最近处5m）深基坑施工难度大

项目紧靠嘉陵江，汛期时江水水位高于基坑底标高达13m，有江水倒灌入基坑的风险；临江阶梯形边坡最大坡度达56°，最大高差达8.6m，此地带设计了直径3.1m、长度44.47m的抗滑桩，挖桩机械无法进入施工；同时，本工程设计有1168根桩，最大直径6m，场内天然地基岩面存在贯穿裂隙等地质状况，为桩基施工带来难度；坑中坑单侧支模高达11m，且紧邻江边，为单侧支模及防渗漏都带来了挑战。

2. 曲线外立面结构常规施工设备无法施工

塔楼弧形外立面最大倾斜角度达14°，传统爬架无法实现曲线爬升；塔楼避难层层高高，爬架无法附着；爬架与结构边缘之间的空隙易掉落物体，安全风险高。

3. 多层悬挂结构施工安全保障难度大

悬挂结构整体高度达65m，与主体结构合拢前无法保持自身稳定，易发生形变及失稳；悬挂结构距离地面达63m，底部无法搭设传统胎架支模平台。

4. 组合伸臂桁架-环梁系统施工节点复杂

伸臂桁架使用软钢作为剪切耗能件为全球首例，每道伸臂桁架结构包含主筋1088根，钢筋与型钢碰撞问题多达2000多个；环梁与加厚翼缘组成T形构件，钢筋与内含钢结构冲突，模板加固困难。

二、详细科学技术内容

1. 临江、岸坡超深基坑施工技术

1）研发了临江复杂地质条件下超大、超长、异形桩基施工技术

创新采用止水帷幕与抽水帷幕结合的方式，止水帷幕采用三管法高压旋喷成桩，整体成型后形成连续的板墙，起到止水断流的作用。高压旋喷采用三重管旋喷咬合成型，咬合模式如图1所示。

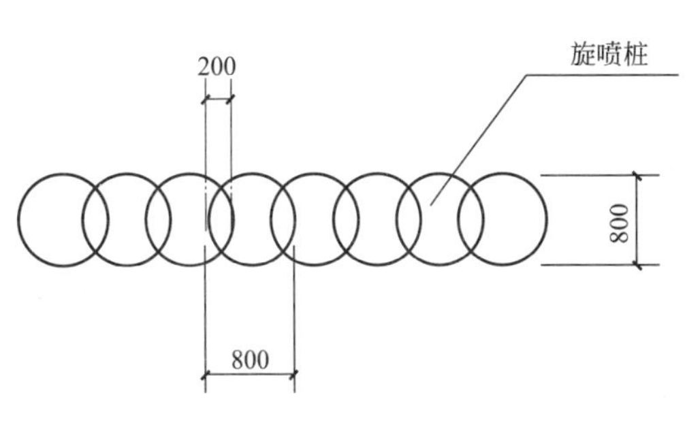

图1　三重管高压旋喷桩咬合成型示意

同时在基坑内通过挖掘钻进形成降水管井，再通过水泵不间断抽水，形成抽水帷幕，从而控制临江侧地层地下

水位。止水帷幕与抽水帷幕共同作用，有效阻断场地外侧江水通过覆土、透水岩层等渗透性较强的地质进入场地内侧，消除了汛期江水倒灌入基坑内的风险。抽水帷幕降水原理如图 2 所示。

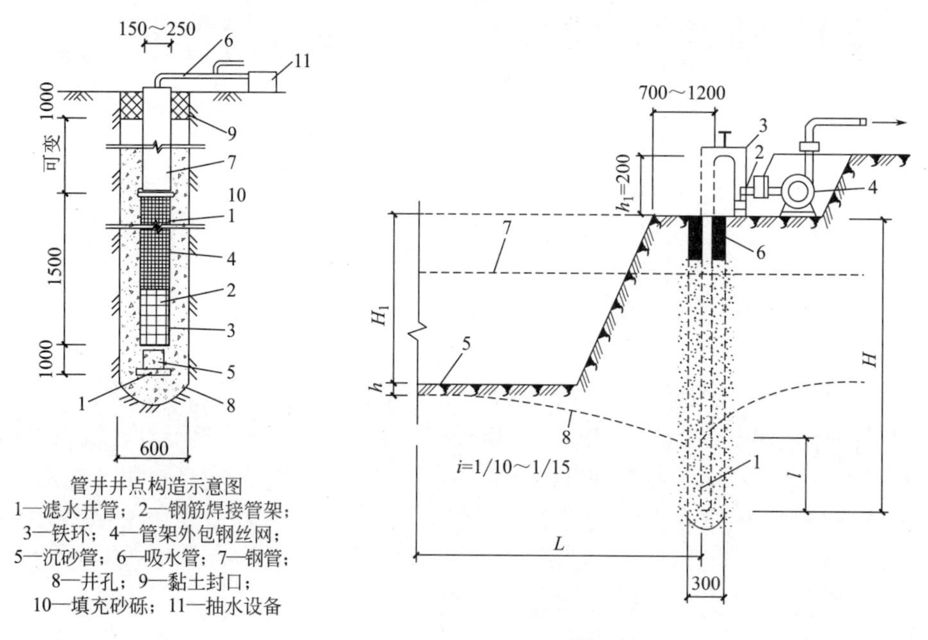

图 2　抽水帷幕降水原理示意

研发桩基扩大头的支撑结构，利用槽钢拼装形成槽钢环-肋梁体系对扩大头进行支撑加固，解决大直径深基础在掘进过程中遇到基岩裂隙导致的安全隐患问题。支撑结构如图 3 所示。

图 3　出现裂隙的桩基扩大头支撑

创新在临江阶梯形岸坡上搭设钢结构平台，钢平台采用圆钢管柱作为立柱支撑，钢立柱进入中风化基岩持力层，工字钢作为平台梁，面板铺花纹钢板，冲击钻机支撑点落于主梁投影线上，利用冲击钻机施工大直径超深抗滑桩，解决了机械无法进入场地施工抗滑桩的难题。钢平台设置示意如图 4 所示。

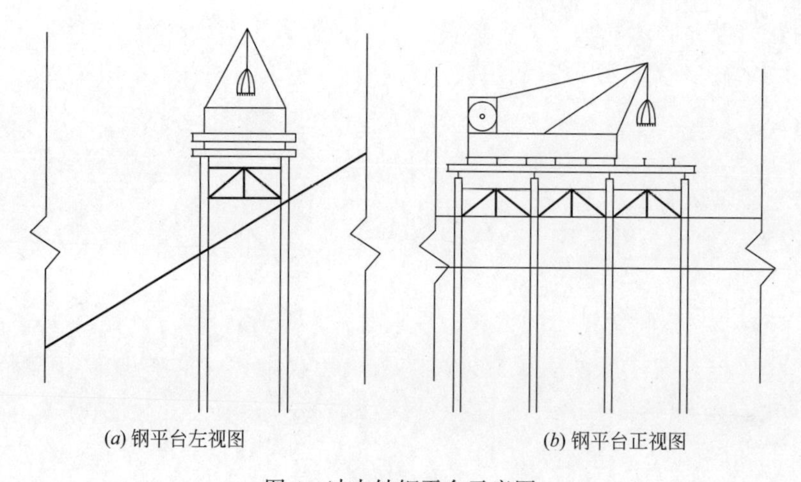

(*a*) 钢平台左视图　　(*b*) 钢平台正视图

图 4　冲击钻钢平台示意图

发明用于确定桩基中心的收缩定位支架及其施工方法，提高桩孔测量定位效率，确保桩孔定位精度。

本技术解决了汛期复杂地质条件下桩基测量、成孔、浇筑的难题，确保了桩基的施工质量，1168根桩全部被评定为一类桩。

2）研发了坑中坑变截面基础施工集成技术

创新采用预埋螺栓对筏板侧壁进行内拉外撑，预埋螺栓采用直径28mm圆钢支座，端头丝扣长度75mm可以满足模板和木方尺寸，具有良好的防止侧壁模板上浮及胀模特点，确保筏板浇筑过程安全及筏板侧壁混凝土成型质量。预埋螺栓如图5所示，侧壁单侧支模如图6所示。

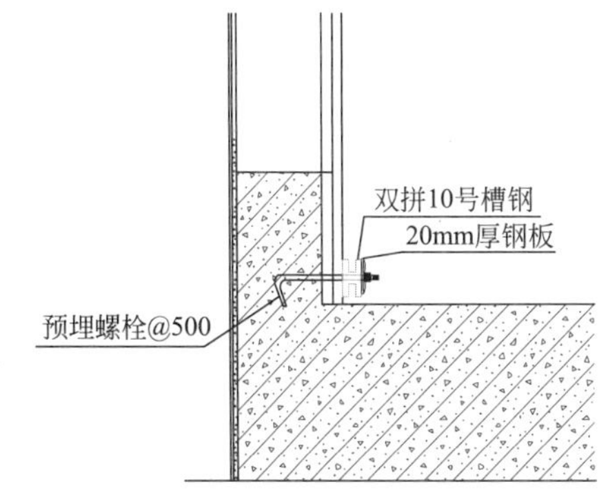

图5 单侧支模螺栓预埋定位结构

本技术坑中坑侧壁未超挖，大体积底板混凝土浇筑质量良好，至今未出现渗漏现象。

2. 超高层曲线施工升降平台施工技术

1）研发了超高层施工升降平台曲线爬升技术

研发附着爬架的工具式支撑桁架，此支撑桁架可进行前后收缩，实现升降平台导轨在曲线面的调整，使升降平台紧密贴合塔楼弧形外立面。研发曲面建筑爬升装置，通过对围护单元模块的设计和优化，实现升降平台的曲线爬升。工具式支撑桁架如图7所示。

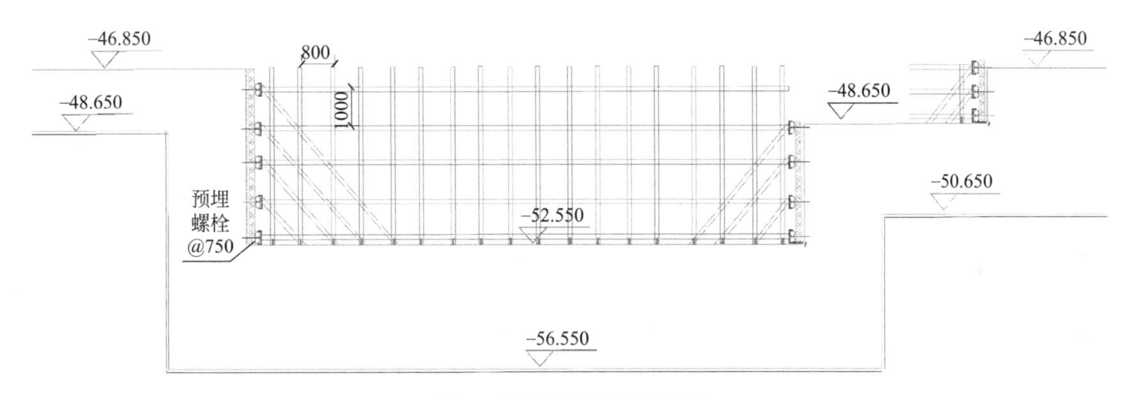

图6 侧壁单侧支模示意图

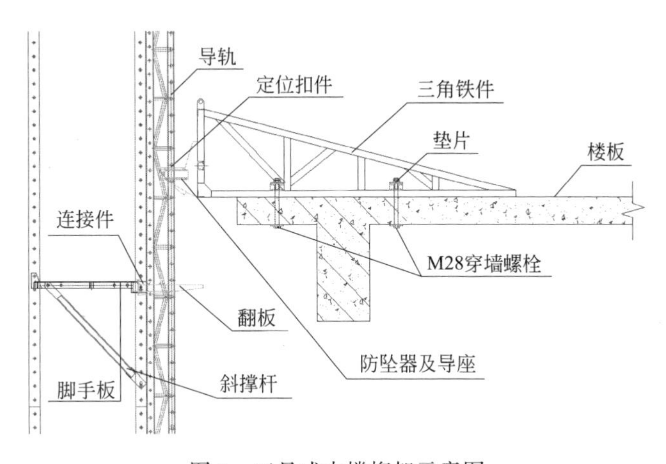

图7 工具式支撑桁架示意图

2）攻克了升降平台穿越避难层爬升难题

创新采用工具式构造柱（图8），用于升降平台在避难层超高层高的附着和固定。构造柱上下两端分别安装导座与导轨相连，使施工防护平台能附着和固定在构造柱上。三根斜拉杆分别拉结在构造柱的三个面上，另一端与结构楼板采用螺栓固定，从而增加了一道施工防护平台的附着点，有效安全地保障施工防护平台在避难层的附着和爬升，解决升降平台因避难层高度大无法附着爬升的难题。

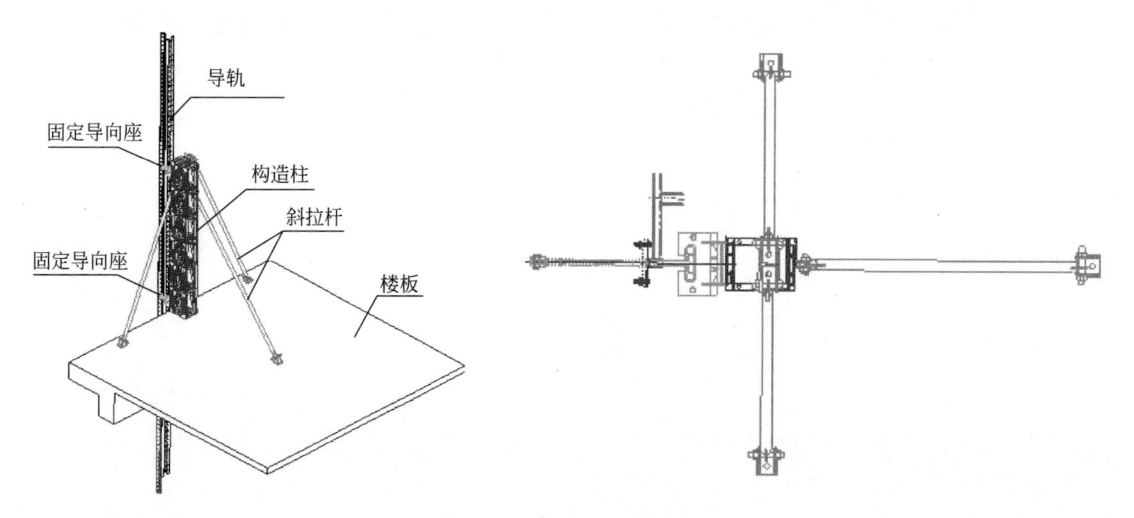

图 8　工具式构造柱示意图

升降平台爬升与建筑外立面完美吻合，保障了施工工期，T3S 塔楼对比合同工期提前三个月封顶，实现掉落物体 100%拦截率。

3. 人字形悬挂结构施工技术

1）研发了用于高层悬吊结构的施工方法及支撑体系

研发用于高层悬吊结构的施工方法及支撑体系，悬挂结构施工过程中在上下层梁柱之间安装斜向支撑钢梁，使钢梁与悬挂结构梁柱、主体结构框架柱形成桁架自稳定体系，在施工中保持自身稳定性，并通过斜支撑钢梁将悬挂结构荷载传递至主体结构上。

2）攻克了高空悬挂结构底部支模难题

创新在悬挂结构底部安装钢平台（图 9），利用钢平台搭设支模架施工上层水平结构，承载上部悬挂结构荷载及施工荷载并通过斜支撑传递至主体结构上，解决悬挂结构底部无法搭设支模架的难题。水平结构支模如图 10 所示。

图 9　悬挂结构底部钢平台

图 10　悬挂结构水平结构支模示意图

本技术解决了悬挂结构自身易失稳且底部无法支模的难题，悬挂结构施工完成后竖向位移仅为 1/3735。

4. 组合伸臂桁架-环梁系统施工技术

1）提出了钢圈梁外伸牛腿与爬模工艺结合施工技术

在前期钢结构深化中牛腿外露长度，如图 11 所示，将爬模机位设置远离角部以及爬模平台主次桁架在角部设计成断开形态，同时优化爬模角部的钢模尺寸（图 12），保障爬模顺利通过桁架层。

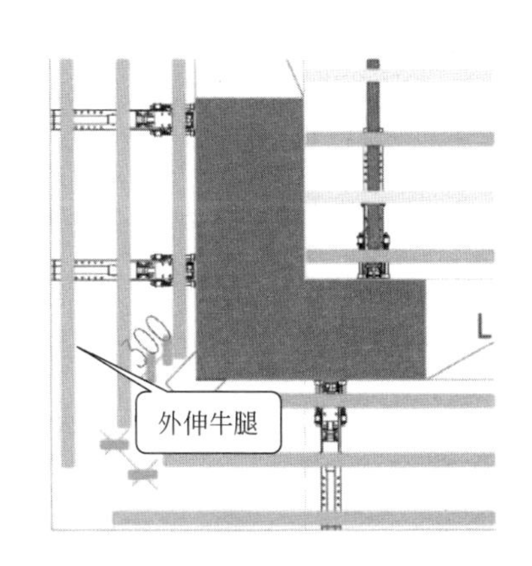

图 11 爬模爬升机位远离核心筒角部

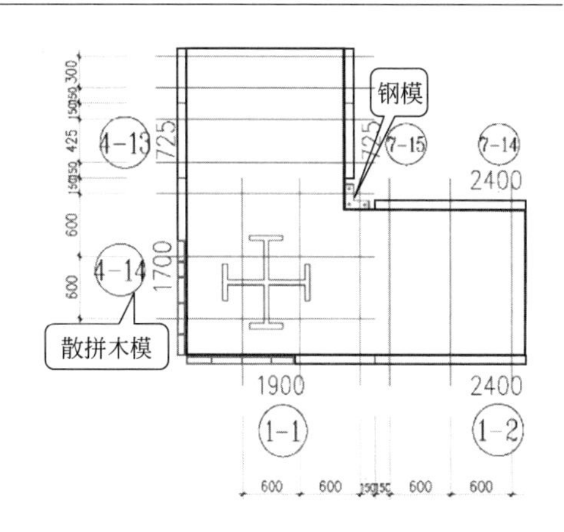

图 12 爬模角部钢模设计成非标小模板

2）创新采用环梁封闭箍分段提前预埋技术

桁架层环梁纵筋围绕核心筒平行向外延伸，环梁封闭箍是核心筒剪力墙暗梁与环梁贯通的封闭大箍筋，如图 13 所示，为了保障爬模顺利通过桁架层，对此种封闭箍进行分段预埋。

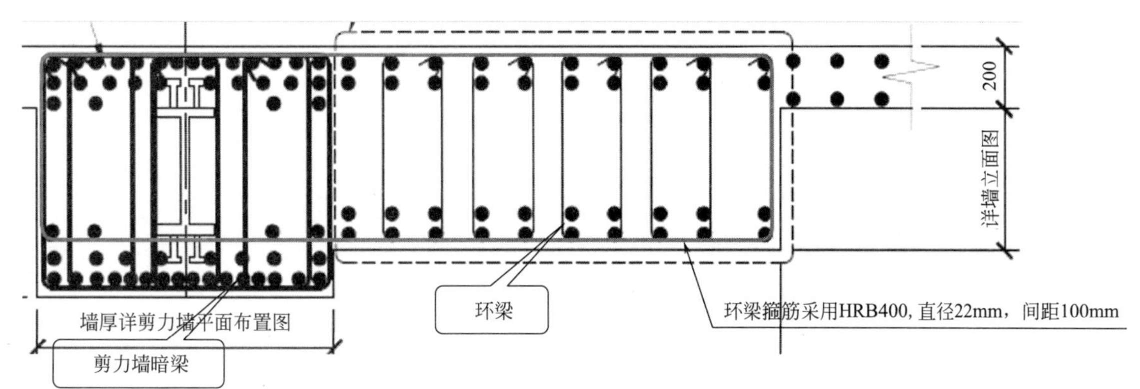

图 13 环梁箍筋示意图

3）研发了模板拉结结构解决混凝土组合伸臂模板加固难题

研发分体式对拉螺杆及模板拉结结构的对拉装置，如图 14 所示，解决复杂型钢混凝土组合伸臂模板加固难题，确保伸臂桁架系统施工质量。

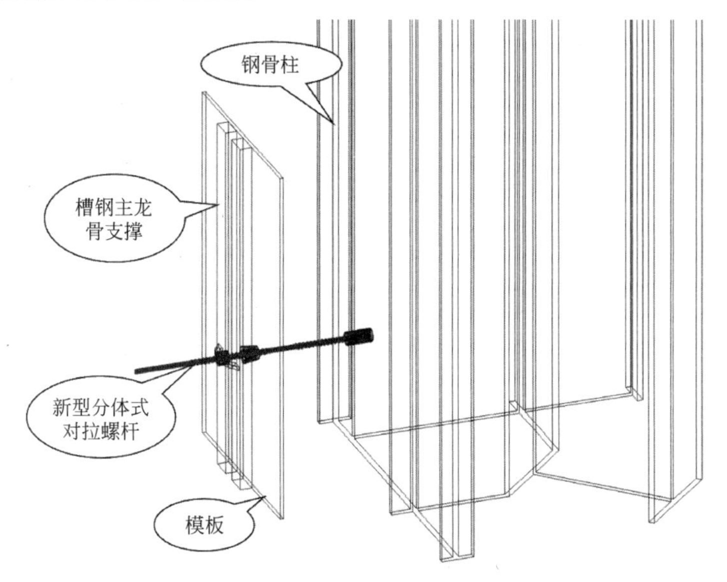

图 14 分体式对拉螺杆

三、发现、发明及创新点

1. 临江、岸坡超深基坑施工技术

提出了临江、岸坡超深基坑集成施工方法，采用在止水帷幕内侧增加抽水帷幕的方法，并在临江岸坡安装钢平台作为桩基机械操作平台，解决了超长桩在汛期、岸坡位置无法施工的难题；创新应用新型防水材料，并研发模板加固预埋装置，解决11m高坑中坑防水及单侧支模的难题。

2. 超高层曲线施工升降平台技术

研发工具式支撑桁架、曲面建筑爬升装置，解决弧形外立面建筑升降平台爬升难题；研发用于爬架附着的格构柱，解决升降平台在非标层无法附着的难题。

3. 人字形悬挂结构施工技术

研发用于高层悬吊结构的施工方法及支撑体系，解决悬挂结构施工稳定性差及无法搭设落地胎架支撑的难题。

4. 组合伸臂桁架-环梁系统施工技术

通过BIM深化设计技术，有效解决复杂节点的碰撞问题；研发新型模板对拉装置，解决组合伸臂模板加固难题。

四、与当前国内外同类研究、同类技术的综合比较

由科学技术部西南信息中心查新中心对3项关键技术进行国内外科技查新与科技项目咨询：

1. 两江交汇复杂地质条件超大、超长、异形桩基施工技术

采用止水帷幕结合抽水帷幕控制地下水位，采用钢平台冲击钻施工超大直径抗滑桩，采用双向移动出土桁架吊车进行桩内出土，采用“槽钢环-肋梁”支撑体系进行裂隙桩加固，人工桩内绑扎超大直径桩钢筋笼，在所检文献以及时限范围内，国内外未见文献报道。

2. 人字形悬挂结构施工技术

采用层间斜支撑钢梁和底部钢平台组成的钢平台桁架自稳定支撑体系进行悬挂结构施工，在所检文献以及时限范围内，国内外未见文献报道。

3. 创新组合伸臂桁架-环梁系统施工技术

通过优化核心筒爬模布置，避让避难层核心筒角部伸臂桁架牛腿，利用3D放样解决环梁与加厚翼缘钢筋与钢结构冲突问题，进行施工预演及施工模拟，确定伸臂桁架最终固结时间，保证软钢阻尼器安装精度，在所检文献以及时限范围内，国内外未见文献报道。

五、第三方评价、应用推广情况

1. 科技鉴定、验收评价

2019年3月28日，由重庆市住房和城乡建设委员会组织对《重庆来福士超高层建筑关键施工技术》进行了成果鉴定。鉴定专家一致认为，该技术总体达到国际领先水平。

2. 应用推广情况

本项目研究成果已成功应用于重庆来福士广场、北京大学第一医院保健中心及西安·绿地中心A座工程等多项超高层建筑施工中，保证了施工过程安全及质量，经济社会效益显著。

六、经济效益

近三年，本项目成果已成功应用于重庆来福士广场、北京大学第一医院保健中心及西安·绿地中心A座工程等多项工程中，提高了施工效率，保证了工程质量和安全。产生直接经济效益776万元，取得了良好的经济效益和社会效益。

七、社会效益

通过本成果的应用实施，确保了工程整体高效、质量优质的施工形象，充分彰显了企业的技术实力，受到了社会各界的一致好评，先后承办各类观摩5000余人次，获中建八局科技进步成果奖一等奖、全球卓越BIM大赛最佳应用一等奖、中国钢结构金奖、重庆市三峡杯优质结构工程、全国建筑业绿色施工示范工程、全国AAA级安全文明标准化工地，为提升企业科技实力和人才梯队建设起到了良好的促进作用，为后期类似工程的建设提供了可靠借鉴，创造了良好的社会效益。

被动式低能耗居住建筑技术集成研究与示范

完成单位：中国建筑股份有限公司技术中心、中国建筑第五工程局有限公司、中国建筑西北设计研究院有限公司、中国建筑西南设计研究院有限公司

完 成 人：孙鹏程、马瑞江、周　辉、李水生、赵　民、俞　准、胡安琪

一、立项背景及意义

自 20 世纪开始，中国政府通过立法、强制标准、技术政策、激励机制、示范工程引导、技术研究等一系列手段，推进我国建筑节能工作，取得了显著进展。从推行建筑节能到绿色建筑，再到绿色生态园区直至超低能耗建筑。目前，在建筑节能推进的效果来看，设计阶段完全能够执行建筑节能标准和绿色建筑标准，而建筑实际运行的能耗仍存在一定节能潜力，甚至出现有些绿色建筑比普通建筑实际耗能更高的现象。一些低能耗建筑单纯是节能产品与技术的简单堆砌，符合国内用能特征的、适宜性的技术体系仍在探索和实践过程中，缺乏对建筑实际运行的节能状况精细化的量化评价，缺少不同气候区成熟适用的节能技术体系工程案例参考。

同时，美国、欧盟日本等国外发达国家推进建筑节能的力度不断增强，深入推进近零能耗建筑的发展。欧盟于 2010 年 7 月 9 日发布的《建筑能效指令》（修订版）（Energy Performance of Building Directive recast，EPBD）在欧盟内部影响力巨大，它要求各成员国应确保在 2018 年 12 月 31 日后，所有的政府拥有或使用的建筑应达到“近零能耗建筑”，在 2020 年 12 月 31 日前，所有新建建筑达到“近零能耗建筑”（nearly zero-energy buildings）。美国总统奥巴马于 2009 年 10 月签发“在环境、能源、经济效益的联邦领先措施”（13514 号行政命令），对联邦政府管理和使用的建筑提出强制性节能需求，自 2020 年起，所有计划新建或租赁的联邦建筑须以建筑物达到零能耗为导向进行设计，到 2030 年实现联邦建筑全部达到净零能耗；联邦政府资产的购买或租赁中需将零能耗作为考核指标之一。日本于 2010 年 6 月内阁制定的“能源基本计划”决定，到 2020 年新建公共建筑物实现近零能耗，到 2030 年全部新建建筑物整体上平均实现近零能耗。

综上所述，以关于实际运行的能耗为出发点的超低能耗技术为核心的技术体系，是我国建筑行业发展的保障和支撑，探索先进适用的技术体系、促进两个技术体系的融合，符合国家节能减排的要求，是建筑技术发展的必然方向。

二、详细科学技术内容

课题所属科学技术领域为能源技术，课题以产学研联合研发攻关的方式对相变新型围护结构、供冷供热集成、光伏薄膜发电与建筑结合、太阳能与地源热泵联合供热等集成节能技术在超低能耗建筑中集成应用进行深入研究、提炼和创新，将所获得技术成果应用于示范住宅建筑建设中，并通过理论分析与试验相结合的方式对相关技术措施进行改进完善。随后，通过报告、论文、专利、示范平台等手段对课题研究所获得的关键技术进行推广和应用，促进近零能耗住宅建筑的推广发展。具体的技术路线见图 1。

主要研究内容分为：

1）近零能耗装配式住宅高性能围护结构关键技术研究

相变储能材料与建筑围护结构耦合系统研究，通过对不同相变材料物性特性和传热规律的研究，开

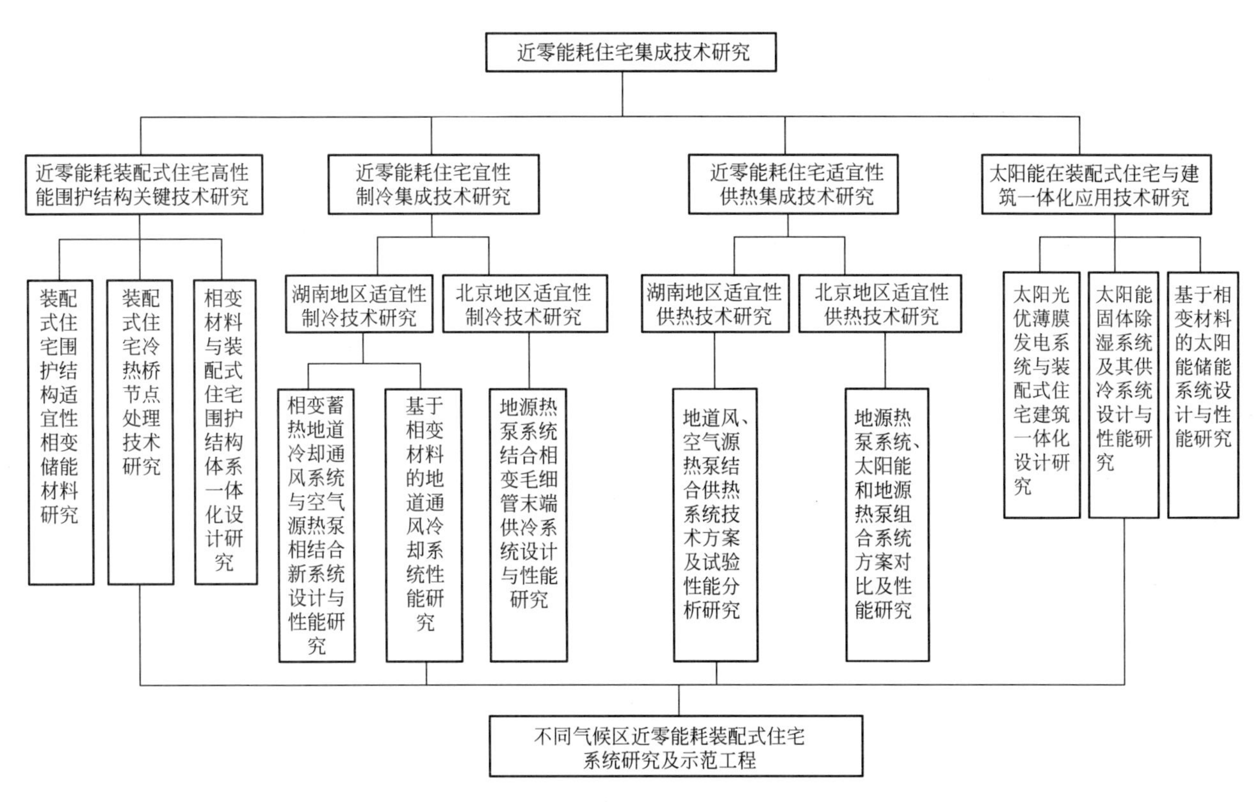

图 1　近零能耗住宅集成技术研究线路图

发适用于两个以上不同气候区的相变储能建筑材料，提出相应有效的结构设计体系，开发与建筑物围护结构有机结合的相变建筑结构体系。开展装配式住宅冷热桥节点处理的技术研究，重点解决装配式住宅围护结构连接节点的冷热桥效应，提出具体可行的解决方案，提高围护结构的保温隔热，降低建筑能耗目的。

2）典型气候区近零能耗住宅适宜性供冷系统集成技术研究

在寒冷地区，重点开展相变材料与毛细管辐射供冷系统耦合应用技术研究。对相变材料与毛细管网辐射供冷耦合系统进行方案设计及试验研究，开发相应的土壤源相变供冷系统，提高室内热舒适度。

在夏热冬冷地区，重点开展相变材料与建筑通风空调系统耦合应用技术研究。通过对不同相变材料热传递特征的研究，开发适合与地道通风系统相结合的相变材料构造体系。研究开发地道通风与空气源热泵相结合的供冷系统，以及相应控制策略，实现和建筑负荷的精确匹配，在节能和电力削峰填谷的基础上进一步提高室内热舒适性。

3）典型气候区近零能耗住宅适宜性供热系统集成技术研究

针对不同气候区，对太阳能热水系统、地源热泵系统、空气源热泵系统之间不同技术组合进行技术经济、节能效果比较分析以及控制策略研究，开发出最经济节能的控制供热方案，充分利用可再生能源提高供热系统效率，提高可再生能源利用率。

4）太阳能在装配式住宅与建筑一体化应用技术研究

本课题实现的近零能耗建筑是建筑物输入电能与负荷消耗电能基本相抵的概念。围绕太阳能光伏薄膜发电技术，进行新型太阳能薄膜发电系统与装配式住宅一体化技术研究，形成一体化集成技术方案；开展太阳能固体除湿装置的设计与研究、除湿技术与供冷系统耦合技术研究；开发太阳能相变蓄热系统以及毛细管网低温辐射采暖的最佳耦合技术以及运行优化控制策略，为建筑提供全天的生活热水并在冬季辅助供暖，提高用户热舒适性，降低能耗。

5）近零能耗装配式住宅系统研究及示范工程

通过上述近零能耗装配式住宅各集成技术系统研究，形成与各典型气候区相适应的能源系统成套化最优设计方案，在不同气候区建设 300m^2 左右的近零能耗装配式住宅进行工程示范，将研究成果应用与示范住宅建筑，并建立能耗监测与显示系统，根据各系统的实际运行和建筑环境监测情况，进一步完善各组成系统的控制策略和建筑一体化集成，形成最终成果报告。

三、主要研究成果及创新点

课题提出了适用于两个气候区的包括寒冷地区（重点在北京）、夏热冬冷地区（重点在湖南）的近零能耗住宅（以独栋住宅为主）集成技术，形成适用于不同气候区的最佳建筑节能一体化技术方案、施工方案并开展工程示范。

1. 高性能围护结构关键技术研究

（1）通过动态负荷计算、THERM 模拟等方式，重点解决了不同气候区下，居住建筑的基墙材料、保温材料、门窗材料的选择问题，研发了装配式冷桥节点的处理技术，并研究了装配式建筑的气密性处理技术。

（2）开发了一种相变储能建筑材料，研发了两套适宜于夏热冬冷地区的模块化相变蓄能装饰墙、新型玻璃空腔植物绿墙。

（3）形成了一整套寒冷地区、夏热冬冷地区超低能耗居住建筑的围护结构保温隔热方案和热桥节点设计图，该技术的全年的能源需求比现行标准节约 50%～70%。

2. 典型气候区近零能耗住宅适宜性供冷系统集成技术研究

（1）分析和研究常规能源系统的各组件的耗电情况，提出了寒冷地区超低能耗建筑的能源系统技术路线，并在能源指标总量控制前提下，开发了一种寒冷地区风冷（或土壤源）热泵智能辐射供冷系统，该系统比常规系统节能约 24%～30%。

（2）重点开展了夏热冬冷地区地道风垂直埋管应用技术研究、地道风与相变蓄能系统耦合应用技术研究，并通过试验的方式进行试验测试，形成两份地道风供冷专利，该系统比常规系统节能约 50%。

（3）设计出了一种被动式超低能耗住宅的新风方案，在冷源分级利用、除湿能力、舒适度、能效等关键节点上进行了很大的研究和提升，该技术同时兼顾寒冷地区和夏热冬冷地区。

3. 典型气候区近零能耗住宅适宜性供热系统集成技术研究

（1）分析和研究常规能源系统的各组件的耗电情况，提出了寒冷地区超低能耗建筑的能源系统技术路线，并在能源指标总量控制前提下，开发了一种寒冷地区风冷（或土壤源）热泵智能辐射供冷系统，该系统比常规系统节能约 24%～30%。

（2）重点开展了夏热冬冷地区地道风垂直埋管应用技术研究、地道风与相变蓄能系统耦合应用技术研究，并通过试验的方式进行试验测试，形成两份地道风供冷专利，该系统比常规系统节能约 50%。

（3）设计出了一种被动式超低能耗住宅的新风方案，在冷源分级利用、除湿能力、舒适度、能效等关键节点上进行了很大的研究和提升，该技术同时兼顾寒冷地区和夏热冬冷地区。

4. 太阳能在装配式住宅与建筑一体化应用技术研究

（1）提出了最佳的太阳能光伏与装配式建筑一体化的结合方案，并以某实际工程为例进行研究，形成了一套的一体化集成技术方案和图纸。

（2）开发了一套太阳能固体除湿系统，利用太阳能作为空气除湿热源，对室外新风进行除湿，并其性能进行了试验研究。该系统拓宽了太阳能集热器的应用范围和场景，且比常规系统节能约 37%。

四、第三方评价、应用推广情况

1. 第三方评价

该项目开展了适宜于不同气候条件的被动式低能耗居住建筑技术集成研究，针对高性能围护结构、适宜性供冷供热系统、太阳能与建筑一体化等关键技术进行了系统的试验和理论研究，提出了不同气候条件下的围护基层墙体构造，解决了 PC 体系冷热桥和气密处理，优化了寒冷地区、夏热冬冷地区高效供冷供热技术等，主要创新点如下：

（1）提出典型地区适宜被动式低能耗居住建筑的保温材料及装配式基层墙体构边，优化了PC体系中冷桥节点的设计。

（2）开发了相变储能材料与微孔混凝土外挂板、埋管土壤-空气换热器、太阳能热水供器等耦合应用技术，提升围护结构热工性能和自然冷热源利用率。

（3）开发了一种全天候太阳能供能系统，显著提高了建筑供冷供热系统的太阳能全年综合利用率。

经第三方科技成果评价机构鉴定，项目研究成果拥有多项自主知识产权，创新性强，相关技术已成功应用于实际工程中，经济效益和社会影响显著，达到了该行业中的国内领先水平。

2. 应用推广情况

1）湖南省科技重大专项中建希好斯示范楼应用成果情况

（1）通过相变材料传热及物性测试获得实际数据，建立相应试验平台并运行测试获得试验数据；被动式系统拥有可控冷热源，并通过热媒对相变材料进行主动蓄热。

（2）应用了基于相变蓄能太阳能烟囱被动式地道冷却通风系统研究（无冷热源）和基于相变蓄能太阳能烟囱主动式地道冷却通风系统研究（含冷热源）。

（3）利用相变材料蓄热性能强的特点，将其与太阳能蓄热水箱及低温热水地板辐射采暖相耦合，提高蓄热能力，使室内温湿度变化幅度减小，提高用户热舒适性，降低能耗。研究开发基于相变材料保温的新技术，既可根据相变材料热传导性能较差的特点获得保温功能，又可实现通过"保温材料"蓄热以减缓热水温度降低的优势，从而使太阳能得到更充分的利用，弥补了当前蓄热水箱保温材料的不足。

（4）完成相变蓄能在超低能耗建筑中集成设计及优化控制研究，在技术研究基础上，完成相变蓄能技术与超低能耗建筑一体化试验房设计和建设工作。

2）天津中建一局工厂示范的4号楼应用成果情况

（1）采取总量控制策略，对建筑的供冷供热需求进行测算，指导围护结构的设计方案。

（2）通过不同材料必选的方式，选取适宜的寒冷地区的保温材料及基层墙体构造，并通过THERM软件对围护结构的节点进行冷桥处理、气密层处理，形成了成套的节点构造图，大幅降低了建筑围护结构的能耗，节能率可达70%。

（3）基于人员舒适度指标PMV，对室外气象参数进行分类，并在目标值约束下对运行能源成本预测分析，提出了太阳能直流驱动的复合地源热泵的供冷供热技术方案和控制策略，系统耗电输入比大幅提高，可达0.23kW/kW。

（4）采取了高效的新风热回收技术，机组热回收效率达85%。

3）甘肃第三建设集团公司兰州新区1号楼应用成果情况

（1）采取适宜的寒冷地区的保温材料及基层墙体构造，优化了PC体系中冷桥节点、气密层处理，大幅降低建筑围护结构的能耗。

（2）采用适宜于兰州地区的蒸发制冷技术和空气源热泵供热技术，结合变频控制技术，系统耗电输入比大幅提高。

（3）采取了高效的新风热回收技术和地道风预冷预热技术，机组热回收效率达75%。

五、社会、经济效益

1. 社会意义

本课题研究完成后将对建筑行业产生巨大的示范作用，可大幅度提高可再生能源的利用率，降低建筑通风空调系统运行能耗，为低能耗建筑的发展提供了新思路、新方法和新技术，将大大促进超低能耗建筑的应用和推广，并通过研发创新，形成建筑工业化、被动式超低能耗建筑、绿色建筑、智能建筑的系统创新成果，推动建筑行业发展。

2. 经济效益

本课题的推广，由于采用高效节能技术产品，在建筑设备生产运行及建筑物使用过程中，可节省大量的通风空调、生活热水用电量，减少电煤燃烧量，节省供热燃气量，减少 CO_2 排放，最终改善大气环境，包括是对 PM2.5 有间接防治作用。具体而言，针对 200m^2 的独栋住宅建筑，通过新技术建筑节能 60%，按建筑每平方米 80kWh/年的建筑能耗水平测算，每年节省 3.36t 标准煤（折算标准 0.35kg/kWh），每年减排 CO_2 约 12.32t。

尤其是随着经济发展和家庭人口结构的优化，人们对独栋住宅五六口之家的需求量将逐渐增加，面对我国低碳、环保的社会发展背景下，本课题的研究成果更有意义。

北非地域差异下基于欧标体系的高性能混凝土制备与应用

完成单位：中建商品混凝土有限公司、中建西部建设股份有限公司
完 成 人：王　军、赵日煦、杨　文、郑广军、杨晓旭、郭明明、彭　园

一、立项背景

阿尔及利亚嘉玛大清真寺建设项目是中国混凝土行业在海外市场斩获的第一个项目，也是中建股份公司在海外承接的最大、金额最高的单体建筑项目。项目建筑面积40万平方米，是阿尔及利亚最大的单体建筑项目。其中的宣礼塔作为嘉玛清真寺项目的核心部位，地下2层，地上42层，总高265米，为世界宣礼塔之最，现为非洲高度最高的建筑。该清真寺位于北非地区环地中海区域，夏季炎热干燥、冬季温和多雨，昼夜温差大，对清真寺建筑所用混凝土工作度保持性能、力学性能以及耐久性提出了较高的要求。

该项目主要工程技术难点包括：

1）自然环境恶劣

项目濒临地中海与撒哈拉沙漠，为典型的热带沙漠气候和地中海气候，夏季温度高（40℃），冬季昼夜温差大（15～30℃），且地中海盐度最高时可达39.5%。该特殊环境对毗邻地中海建筑物的抗风蚀性能以及混凝土内部硫酸盐侵蚀、干湿循环条件下硫酸盐侵蚀、碳化等耐久性具有较高的要求。

2）与中国标准规范差异大

本项目采用欧标，与国标在原材料的分类、性能指标和评价方法，混凝土工作性能指标、力学性能指标和耐久性能指标及评价上具有很大差异，混凝土性能极容易不符合欧标设计要求，且业主/监理方严格执行技术条款要求，如混凝土的坍落度不符合欧洲标准中的合同条款中的某个值要求即直接倒掉。

3）原材料资源匮乏

阿尔及利亚产业单一，经济发展落后，建材极度匮乏。胶凝材料仅有水泥供应，且当地采用计划经济，水泥供应难以保质、保量（水泥强度极差达20MPa），胶材的使用受到极大限制；砂石材料级配、含泥和氯离子含量等关键指标难以均衡，质地较差，达不到高性能混凝土的要求；缺乏针对泵送施工的泵送剂等产品。

4）北非混凝土技术滞后

该地区商品混凝土占比低于25%，混凝土质量不稳定且泵送比例低（不足5%）。根据项目要求，建筑核心筒剪力墙混凝土强度等级为当时阿尔及利亚实体结构应用混凝土最高强度等级，混凝土泵送高度为北非地区高强混凝土最高泵送高度，没有任何类似案例参考借鉴。

二、详细科学技术内容

1. 总体思路

针对北非地域差异的特点、难点，形成高早强低热混凝土生产和质量控制关键技术，实现嘉玛清真寺项目250m超高泵送和工程应用。主要技术方案为：

（1）通过对比欧标与国标混凝土强度的评价方法并进行大量混凝土试验验证，从而建立同强度等级混凝土欧标与国标的强度关系比例，解决因阿尔及利亚材料性能指标不同，国标中混凝土配合比设计规范无法通用的技术难题；

（2）利用最大密实骨架法并采用阿尔及利亚当地材料进行高强泵送混凝土配合比设计，实现在较少的拌合用水条件下获得较优的施工性能，达到硬化后混凝土体系孔结构比常规混凝土更致密，更容易获得高强度性能，对混凝土耐久性能也有明显改善作用；

（3）通过引入高活性低热掺合料实现混凝土早强，并采用高比热容低温介质控制原材料入机总热量，达到降低混凝土结构温度的效果；

（4）利用混凝土拌合物黏度与泵送压力的计算及模拟试验，确定不同混凝土黏度不同泵压和排量下的泵送高度，提出新的混凝土可泵性评价方法。

2. 关键技术

1）基于欧标体系下高强混凝土配合比设计技术

针对混凝土及其原材料性能指标和评价方法，对比了欧标和国标并分析了差异，研究结果发现：

（1）欧标中，混凝土性能评价例如抗压强度、劈裂抗拉强度，试样尺寸默认采用圆柱体（图 1），圆柱体试块力学性能一般低于立方体试块。

（2）欧标中，部分混凝土性能测试方法或指标与国标不同，例如抗水渗透性能以试样在 0.5MPa 下水压下 72h 渗水高度作为抗水渗透性能指标。

（3）胶凝材料分类和表述不同，砂石性能指标也与国标不尽相同，例如细集料级配曲线为 0/3，骨料级配区间为 3/8、8/15、15/25。

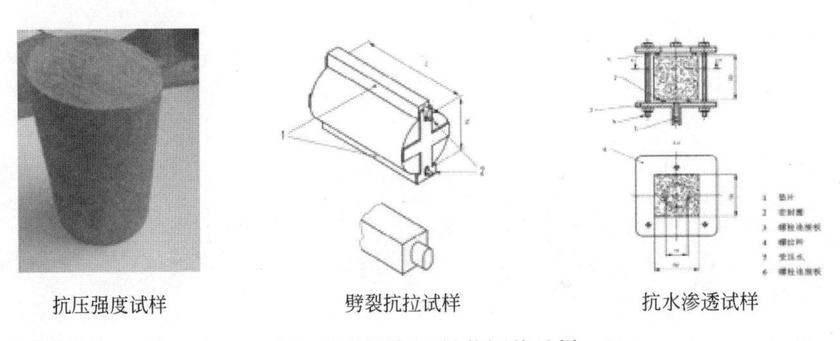

图 1　欧标混凝土性能评价试样

同时，对阿尔及利亚原材料种类和性能指标进行梳理（图 2），结合欧标中混凝土配合比设计要求和国标中混凝土配合比设计方法，基于密实骨架堆积法，进行高强混凝土配合比设计（图 3）。

图 2　阿尔及利亚原材料种类

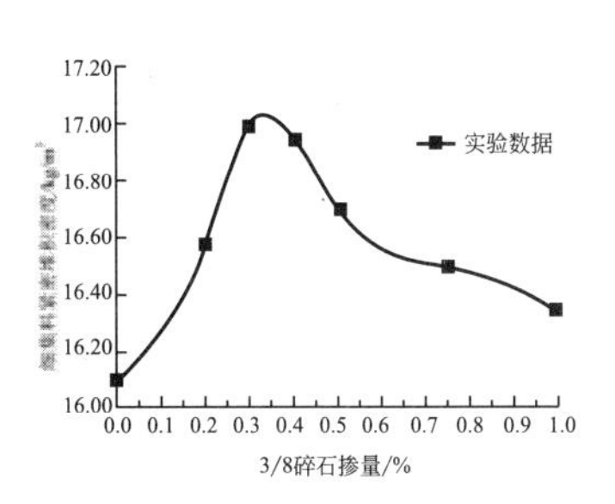

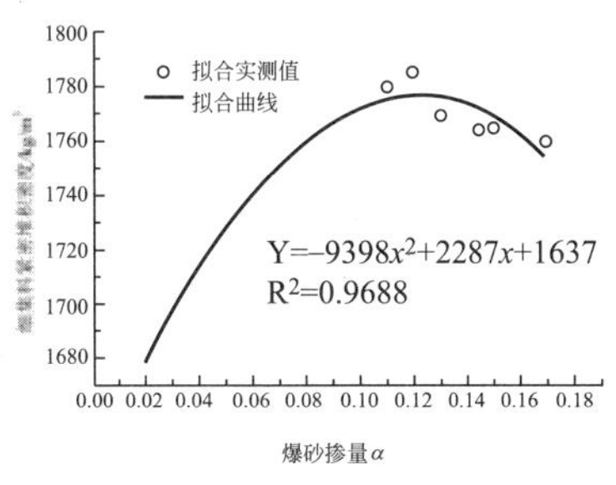

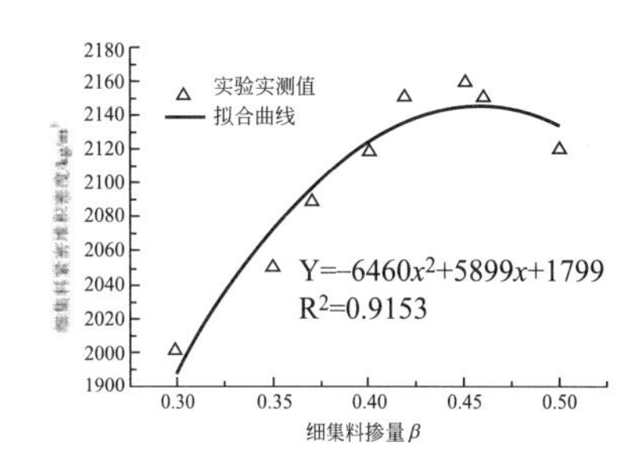

图 3　密实骨架堆积法配合比设计过程

2）北非地区高早强低热混凝土耐久性能评价技术

根据设计规范，本项目暴露的环境等级为 XC3、XA2、XS1，要求混凝土结构 28d 碳化深度不超过 5mm，72h 抗水渗透高度不超过 5mm（欧标），150 次干湿循环后抗蚀系数不低于 0.75，同时具备低残余膨胀风险。针对上述要求，通过干湿交替环境下抗硫酸盐侵蚀，残余膨胀试验评价混凝土抗硫酸盐侵蚀风险（图 4），并对大体积混凝土抗水渗透性能和抗碳化性能开展验证（表 1），实现了北非地域下高早强低热混凝土耐久性能的准确预测。

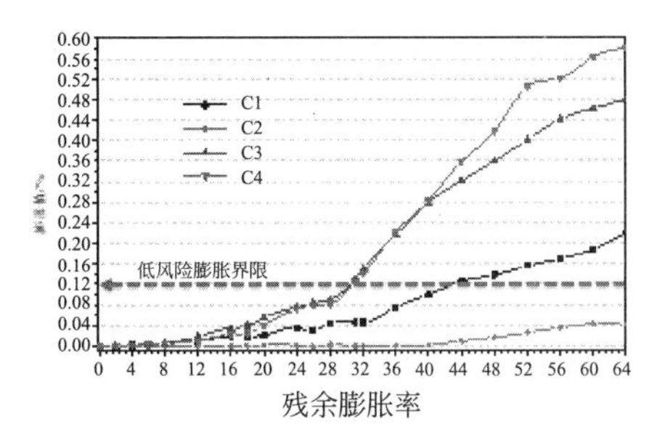

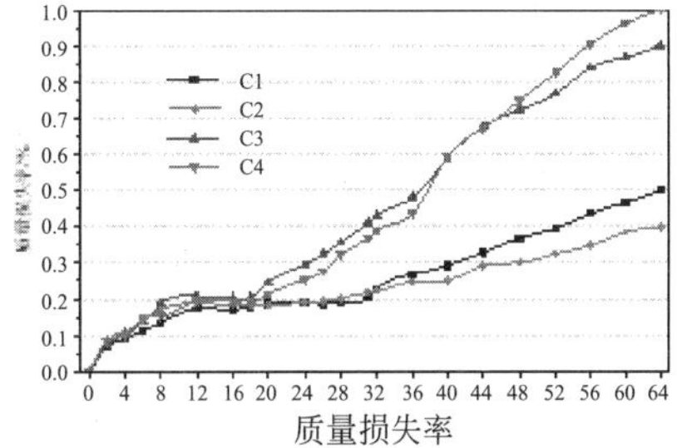

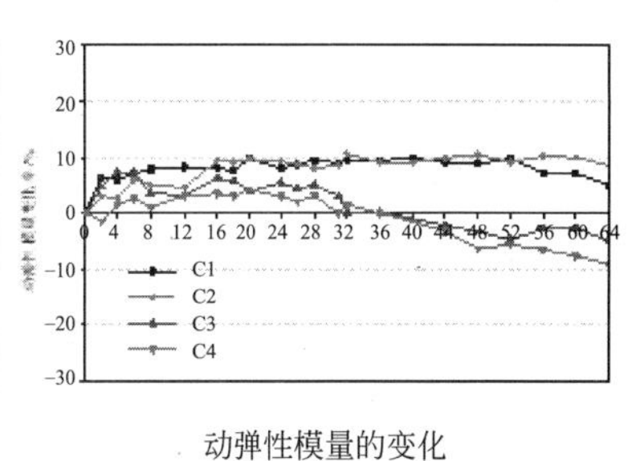

图 4　混凝土抗硫酸盐侵蚀风险评价

混凝土抗水渗透性能和抗碳化性能验证　　表 1

编号	混凝土配合比									72h 抗水渗高度（mm）	28d 碳化深度（mm）
	水泥	微珠	硅灰	砂	3～8 碎石	8～15 碎石	水	缓凝剂（%）	减水剂（%）		
C60-1	440	100	30	710	290	660	155	0.3	1.6	1.2	3.5
C60-2	430	140	30	710	290	660	155	0.3	1.6	1.0	2.5
C60-3	430	140	0	710	290	660	155	0.3	1.6	2.4	2.0
C60-4	570	0	0	710	290	660	155	0.3	1.6	5.5	1.0

3）北非地区高早强低热混凝土温度控制技术

针对混凝土高早强但入模温度低（表 2）的要求，和项目所在地冬夏季温度差异大，早晚温差大，施工周期跨度长的现状，研究掌握了低热水泥、高活性低热掺合料与绝热温升的转换关系，以及基于混凝土绝热温升计算，得到冬夏季情况混凝土入模温度和拌合温度；提出了利用冰水喷淋和持续通入冷气降低骨料温度；研发了以改变拌合水存在状态的相变蓄冷剂，与骨料和胶凝材料发生定量热传导，形成大体积混凝土内外温差调控方法（表 3）。实现了混凝土入模温度可降低至 16℃。

世界部分国家对大体积混凝土浇筑温度的规定　　表 2

项目	德国	苏联	美国	日本		中国		清真寺项目
				建筑学会规范	土木工程学会施工规范	混凝土结构工程施工及验收规范	电力建设施工及验收规范	核心最高温度≤70℃，入模温度≤25℃
温度(℃)	≤30	≤30～35	≤32	≤35	≤30	≤35	≤30	

大体积混凝土内外温差调控方法（℃） 表3

序号	环境温度	掺合料温度	细集料温度	粗骨料温度	水泥温度	拌合用水温度	拌合物温度	入模温度
1-1	30	30	20	12	50	−5	13.7	16.0
1-2	30	30	20	12	50	0	20.5	21.8
1-3	30	30	20	12	50	25	22.7	23.7
1-4	30	30	30	12	50	−5	16.2	18.1
1-5	30	30	30	12	50	0	23.5	24.4
1-6	30	30	30	12	50	25	25.7	26.3
1-7	30	30	30	30	50	−5	22.4	23.4
1-8	30	30	30	30	50	0	30.1	30.1
1-9	30	30	30	30	50	5	31.5	31.3
1-10	30	30	30	30	60	−5	24.1	24.9
1-11	30	30	30	30	60	0	31.8	31.6
1-12	30	30	30	30	60	5	33.2	32.8

4）北非地区高早强低热混凝土泵送应用技术

通过引入拌合物黏度系数参数，采用混凝土在模拟泵送过程中的压力和排量数据建立混凝土黏度系数计算模型（图5），完善了不同的方法计算混凝土泵送压力的不足，形成新的混凝土可泵性能评价方法。

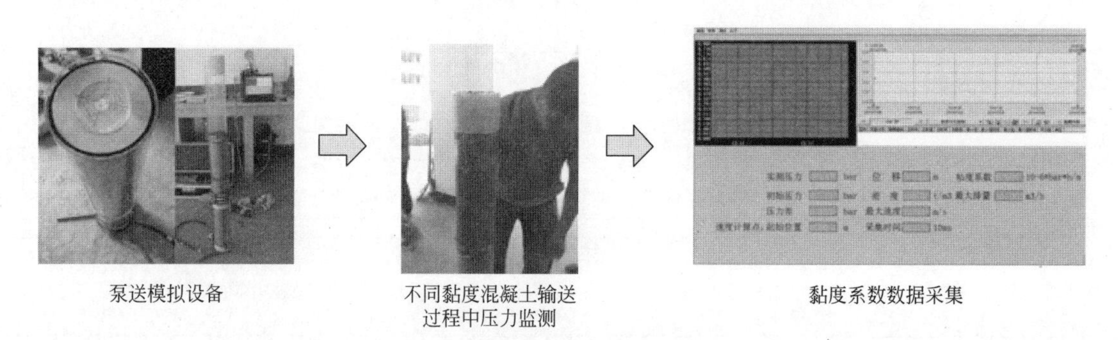

泵送模拟设备　　不同黏度混凝土输送过程中压力监测　　黏度系数数据采集

图5 混凝土黏度系数计算模型

开展了基于混凝土黏度系数和泵送高度匹配概念的模拟试验，通过盘管试验进行了高层泵送混凝土和设备选型的验证，推演了不同黏度混凝土在不同泵压和排量下的理论泵送高度。首次在非洲开展了475m水平盘管泵送试验，并顺利将28d抗压强度为99MPa的混凝土泵送至最大高度250m。

3. 实施效果

混凝土1d平均强度达到27.9MPa，达到了24h拆模的目标，节省工期2个月，节省成本1200万元。项目成果成功应用于阿尔及利亚嘉玛清真寺项目，刷新了当地混凝土应用强度和泵送高度两大纪录，树立了“中国建造”品牌，应用效果和社会效益显著。

三、发现、发明及创新点

北非地区暂无高强混凝土和超高泵送混凝土应用先例，本项目通过对比分析欧洲标准和国内标准差异，在北非地域地材质量欠缺和欧标条件严苛下提出高强混凝土配制技术，首次在北非将28d抗压强度为99MPa的混凝土泵送至250m后达自流平效果，且结构中心最高温度低于63℃，主要创新点如下：

1. 基于欧标体系下高强混凝土配合比设计技术

根据欧标技术体系要求，建立了全体系密实度最大填充法的混凝土配合比设计方法，基于此方法研制了一种C60高早强低热超高程泵送混凝土，通过残余膨胀试验验证了该混凝土具有高抗内部硫酸盐侵蚀性能。

2. 北非地区高早强低热混凝土温度控制技术

开发了基于高比热容的低温介质热传递效应的大体积混凝土多级温度控制技术，实现了在北非高温施工环境下高早强大体积混凝土入模温度低于25℃，中心温度低于70℃的目标。

3. 高早强低热混凝土泵送应用技术

创新性地提出了基于混凝土黏度系数的泵送模拟试验，并通过盘管试验验证了混凝土黏度系数与泵送高度的关系，为北非地区混凝土超高程泵送技术提供了理论指导。

四、与当前国内外同类研究、同类技术的综合比较

嘉玛清真寺项目宣礼塔主体结构设计要求混凝土强度等级为C60，泵送高度为250m，混凝土1d抗压强度不低于25MPa，且满足混凝土实体结构最高温度不超过70℃。同时要求混凝土具有优异的抗硫酸盐侵蚀和抗碳酸盐侵蚀性能要求。国内在高强混凝土配制方面具有丰富的经验，一般高强或超高强多采用微珠、超细矿粉和硅灰等高性能掺合料，混凝土性能可得到极大的改善。北非地区并无粉煤灰和矿粉等掺合料；在细集料方面，可用于混凝土配制的仅有粒形和级配较差的机制砂和极细的矿砂，且在北非地区尚未在实体结构上应用C60及以上高强混凝土。

本研究以全体系密实度最大填充法为核心，依据国标确定北非地区胶凝材料和集料的适宜配合比，然后按欧洲规范为检测标准，建立实测指标值与理论指标值的相关系数，修正强度关系式和原材料的回归系数重新用于配合比设计的北非地区欧标下适用的高强混凝土配合比设计方法（采用该方法配制的混凝土出机坍落度255mm，倒坍时间2.6s，3h无坍落度损失，1d抗压强度27.5MPa，28d抗压强度99.0MPa，混凝土性能符合欧标规范要求）。

国内外对大体积混凝土出机温度一般要求在30～35℃以内，混凝土内部温度一般要求在75～80℃以下，而控制措施包括：（1）胶凝体系优化；（2）原材料降温；（3）延缓水化过程削峰。本研究基于高比热容的低温介质热传递效应，改变拌合用水存在状态制备相变蓄冷剂，通过调整相变蓄冷剂固含量，与骨料和胶凝材料发生定量热传导而形成的大体积混凝土内外温差调控技术，将混凝土入模温度降低至19.8℃，高强大体积混凝土结构中心最高温度仅62.8℃，降温效果显著。

混凝土泵送评价方法也多种多样，主要集中基于流变学的混凝土可泵性计算方法，本项目开发的基于泵送设备和流量的可泵性评价方法基于实际施工时泵机压力和泵送流量，推演了不同黏度混凝土在不同泵压和排量下的理论泵送高度，最大程度为项目施工提供指导意见。

经中国科学院武汉文献情报中心综合对比分析可知，该项目的成果在国内外相关文献中尚未发现相同报道。

五、第三方评价、应用推广情况

1. 第三方评价

该成果经湖北技术交易所组织专家评价，专家组一致认为，该技术成果整体达到国际先进水平。

2. 应用推广情况

本项目研究成果在应用推广发明具有以下特点：

（1）项目成果可不受材料地域性能的限制配制高性能混凝土，特别适于在缺乏混凝土强度数据和设计经验情况下的高性能混凝土配合比设计。

（2）混凝土温控技术实施简便，多级控温手段可任意叠加使用，效果显著，大大降低混凝土抗硫酸侵蚀风险。

（3）基于新拌混凝土黏度的泵送评价手段结合了施工的泵送设备性能和实际施工条件，实用性很强，推广方便。

本项目成果已成功应用与阿尔及利亚嘉玛清真寺项目，工程应用表明，配制C50/60混凝土泵送施

工性能良好，硬化过程混凝土中心温度低，硬化后混凝土强度高，耐久性能优良，取得了显著的经济、社会和环境效益，刷新了当地混凝土应用强度和泵送高度两大纪录，有利于树立“中国建造”品牌，增强中国在非洲的影响力，发挥非洲在“一带一路”建设先行“试水区”的作用。

六、经济效益

项目创造直接效益1200万元，并在技术推广、品牌宣传等方面创造间接效益约2000万元，累计创效3200万元，经济效益和社会效益显著。项目基于高性能混凝土性能测试及制备方法申请专利3项（中国发明专利2项），依托欧标与国标的比对分析结果发表论文4篇（中文核心及以上2篇）。

七、社会效益

该项目刷新了当地混凝土应用强度和泵送高度两大纪录，树立了“中国建筑”品牌，发挥了非洲在“一带一路”建设先行“试水区”的作用。本项目得到各国领导莅临指导并受到一致好评及认可，新华网、人民网以及阿尔及利亚当地媒体多次报道“非洲最高建筑中国公司建”，彰显“中国建造”硬实力，提升了品牌影响力。

基于BIM技术的装配式建筑设计技术及示范工程应用

完成单位：中国建筑东北设计研究院有限公司、建研科技股份有限公司、沈阳建筑大学
完 成 人：陈　勇、刘庆东、张信龙、夏绪勇、张玉琢、鲍玲玲、陈　鹏

一、立项背景

当前，我国正处在生态文明建设以及新型城镇化战略布局的关键时期，大力发展建筑工业化，对于推进建设领域节能减排，加快建筑业产业升级，具有十分重要的意义和作用。装配式建筑规划自2015年以来密集出台，并取得突破性进展；2015年11月14日，住建部出台《建筑产业现代化发展纲要》，计划到2020年装配式建筑占新建建筑的比例20%以上，到2025年装配式建筑占新建筑的比例50%以上；2016年2月22日，国务院出台《关于大力发展装配式建筑的指导意见》，要求要因地制宜地发展装配式混凝土结构、钢结构和现代木结构等装配式建筑，力争用10年左右的时间，使装配式建筑占新建建筑面积的比例达到30%；2016年3月5日，政府工作报告提出要大力发展钢结构和装配式建筑，提高建筑工程标准和质量；2016年7月5日，住房和城乡建设部出台《住房城乡建设部2016年科学技术项目计划装配式建筑科技示范项目名单》并公布了2016年科学技术项目建设装配式建筑科技示范项目名单；2016年9月14日，国务院召开国务院常务会议，提出要大力发展装配式建筑推动产业结构调整升级；2016年9月27日，国务院出台《国务院办公厅关于大力发展装配式建筑的指导意见》，对大力发展装配式建筑和钢结构重点区域、未来装配式建筑占比新建筑目标、重点发展城市进行了明确。装配式建筑是集成了标准化设计、工业化生产、机械化安装、信息化管理、一体化装修、智能化应用的现代化建造方式，BIM技术是装配式建筑体系中的关键技术和最佳平台，结合BIM平台将有效解决装配式建筑体系产业化发展的诸多关键问题，给装配式建筑的全产业链生产方式带来全面提升。

二、详细科学技术内容

1. 总体思路及技术方案

现阶段对于装配式建筑设计主要还是按照传统设计的模式进行，各专业根据建筑专业提的施工图条件，进行各专业的设计，设计过程中需要建筑专业统一组织协调，各专业将条件提给建筑专业，由建筑专业落实到图面上提给需要的专业。整个设计过程烦琐、工作量大、专业之间沟通协调靠人力进行，无法做到时时更新。装配式设计部分是在项目整体施工图设计结束之后开始的，由装配式设计人员按照已有的施工图进行拆分，如果有不满足装配式拆分要求的还要与施工图设计人员沟通协调修改问题，整体设计过程复杂混乱、重复工作量较大、图纸修改量巨大。除了整体采用人工设计以外，市场上还有部分装配式建筑的专项拆分设计软件，总体流程也是在项目施工图完成后，进行装配式建筑的拆分设计，无法做到专业之间的协同配合，装配式拆分设计部分与整体设计还是割裂，机电专业的洞口要依赖于机电设计人员提出条件，拆分设计人员进行落实，人为操作过多，容易出现错误和疏漏，造成预制构件无法使用，影响整体工期和工程质量。此类设计方法只是单一的完成装配式建筑的拆分设计，专业协同基本无从谈起。

本项目基于自主BIM平台的预制装配式混凝土结构建筑智能拆分技术研究与开发，研发了装配式建筑分析设计软件及预制构件和部品数据库软件、参数化标准预制构件与部品库系统，可以完全实现装配式混凝土建筑的全专业、全流程的协同设计，并为设计人员提供了参数化的预制构件和部品数据库，

减少设计人员的工作强度。同时，自主开发的多个接口软件如 REVIT 模型与 X 文件转换工具软件、中建东北院数据处理软件、模型转换软件等可以实现与 REVIT 模型文件的转换、接力设计软件进行设计分析计算、与 abaqus 模型转换实现预制构件和部品的有限元精确深化分析。即实现了装配式混凝土建筑的协同化、一体化设计同时又兼具了与多个设计分析软件之间的数据转换，集协同设计与高端分析于一体，这种工作模式是国际及国内上所没有的，应该说具有非常强的创新性，填补了该领域的空白。必将为我国的装配式混凝土建筑协同设计工作带来巨大的转变，对于促进装配式建筑大发展及建筑业转型升级具有重要意义。

2. 研究内容

1）装配式建筑分析设计软件研究与开发

研究装配式建筑预制部分因为连接导致的刚度退化、结构内力重分布的计算模式，建立相应的整体结构计算模型，开发装配式结构整体分析软件，解决装配式结构受力分析问题。研究预制部位连接的计算方法与分析设计，解决装配式建筑预制构件连接设计问题。研究预制装配式构件在脱模、运输、吊装过程中短暂荷载作用下的受力分析计算模式，研究吊点位置优化等问题，开发装配式构件计算工具，验算短暂荷载作用下预制构件的安全性。

2）基于 BIM 的装配式建筑标准构件拼装和智能拆分技术研究与开发

研究基于 BIM 的装配式建筑标准构件可视化、参数化的拼装方法；开发基于 BIM 平台的装配式建筑设计软件，通过参数化设计、标准化模块自由组合，实现搭积木式装配建筑设计应用，开创新的装配式标准化设计模式。研究装配建筑基于构件拼装式的构件选型原则以及匹配算法；研发基于标准构件库的装配式建筑构件智能拆分设计程序，为装配式建筑大量的拆分工作提供技术支持。

3）基于 BIM 的装配式建筑多专业协同设计模式研究与开发

通过研究预制构件部品的信息集成、共享与反馈机制、专业间碰撞检查和协同机制等关键问题，研发基于 BIM 的装配式建筑多专业协同设计软件，解决装配式建筑预制构件中各专业信息集成与协调问题。

4）基于 BIM 的装配式建筑自动成图技术研究与开发

提出装配式建筑出图方案，开发基于 BIM 平台的预制装配式构件详图自动化出图软件，以解决实际作业中装配式结构详图工作量大、设计效率低等问题。研究三维消隐图纸生成技术、图纸与模型的更新和关联机制，开发三维模型到图纸的动态关联视图，保证模型与图纸的一致性，提高构件详图的精度。

5）开放的参数化标准预制构件与部品库的研究与开发

研究符合我国预制装配式建筑产业化发展的预制构件数据分类编码体系；研发基于云服务的多维参数化预制构件数据库管理系统；研究与常用 BIM 资源的集成与转换机制。

3. 主要关键技术

1）基于自主 BIM 平台建立了装配式建筑设计软件系统架构

依据数据库设计原则和装配式建筑构件的标准，采用分布式数据库技术，建立开放的参数化标准预制构件与部品库。利用 BIM 数据平台及预制构件部品的信息集成技术，研究与开发基于 BIM 的装配式建筑全专业、全流程的协同设计模式。研究装配式建筑标准构件可视化、参数化的拼装方法，结合 BIM-VR 一体化技术，开发基于 BIM 的装配式建筑标准构件拼装和智能拆分软件系统。研发基于 BIM 的装配式建筑自动成图模块，实现预制装配式构件详图自动化生成。研究满足现有结构分析软件构架范围内的装配式建筑结构设计方法，开发装配式建筑分析设计软件。

2）解决装配式建筑参数化标准预制构件与部品库管理问题

对预制装配式建筑的各类预制构件进行研究分析，形成构件数据库的分类、选型及参数化管理机制，以统一预制构件的分类编码问题。进一步地，研发基于云的多维参数化预制构件数据库及其管理机制，解决预制构件数据存储、转换、更新等问题。

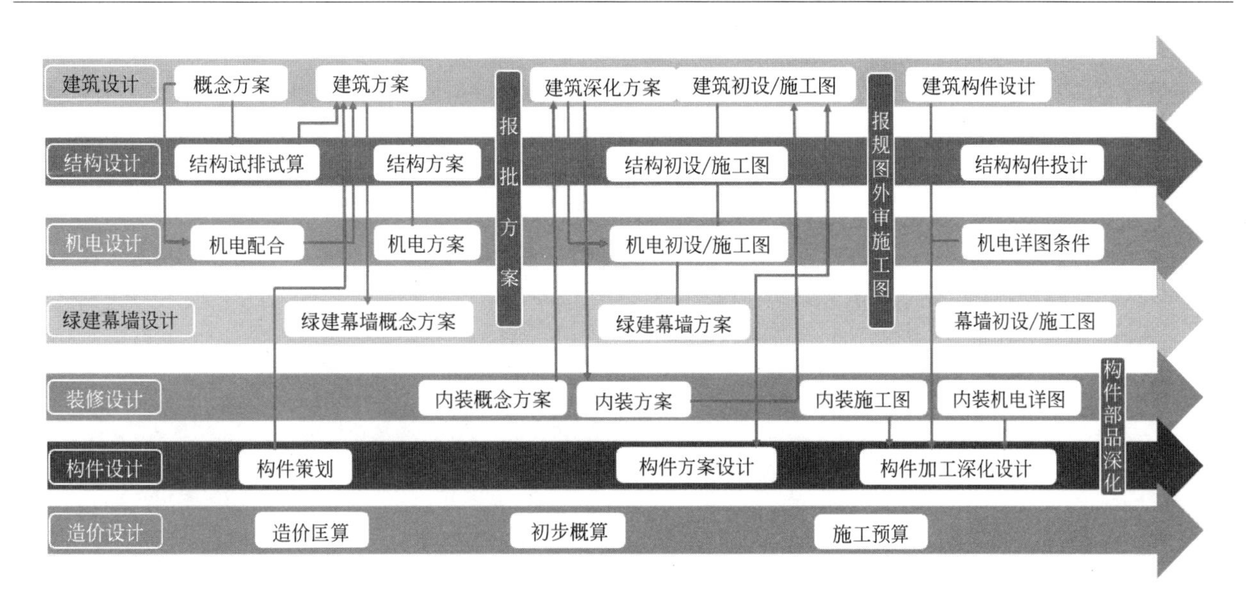

图1 多专业协同设计流程

图2 多专业一体化协同设计

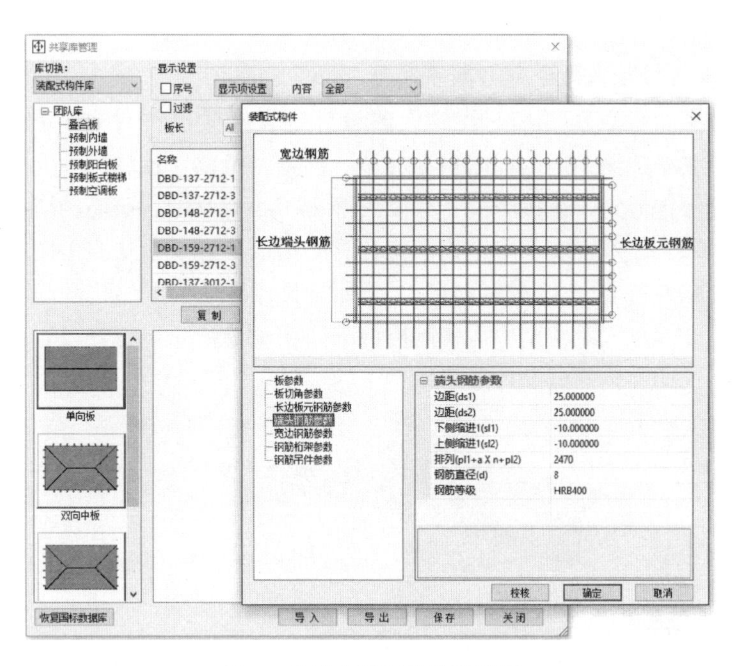

图3 参数化预制构件库模型

3）解决装配式建筑构件智能拼装与拆分问题

预制装配式建筑是采用搭积木的方式进行建造，各构件如何分配体量、如何组装成型，是预制装配式建筑必须解决的关键问题，而且现阶段暂未出现成熟的拼装与拆分技术。因此，需围绕预制装配式构件，开展面向制造的设计模式。本课题将基于 BIM 技术研究预制构件的智能拼装与拆分技术，以有效解决设计阶段与加工制造、施工安装等阶段的贯通问题，提高设计效率及加工安装质量。

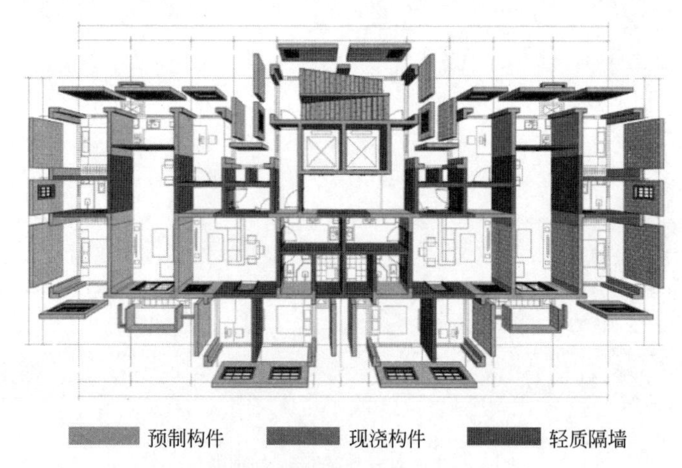

图 4　可视化智能拼装与拆分模型

图 5　预制构件拼装与拆分

4）预制构件自动拆分以及参数化三维钢筋修改

基于项目的研发成果，可以实现按照设计人的设计理念对预制构件进行自动拆分，可以完成梁、板、柱、墙、阳台板、空调板凳预制构件的自动拆分；拆分时可以对预制构件人为指定拆分参数，例如叠合板的宽度、钢筋的弯钩形式、拼接类型、混凝土等级、底板厚度、钢筋的搭接形式长度、板缝宽度等。基于项目的研发成果，还可以实现将结构模型计算的配筋信息（平法施工图的配筋结果）导入到装配式建筑模型中，通过软件自动倒入配筋信息后，预制构件中就含有了结构配筋信息。为满足预制构件标准化设计的问题，还可以在三维模型中对预制构件的平法配筋信息进行修改，预制构件的配筋也随之修改完成，极大地提高了预制构件的设计效率。

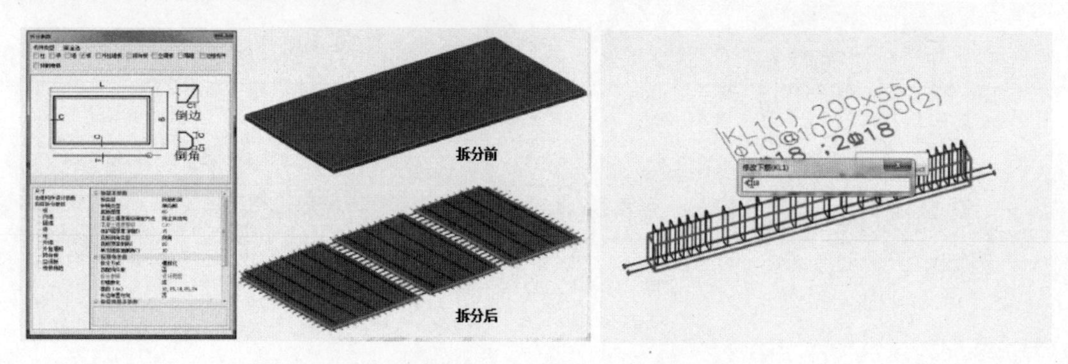

图 6　预制构件自动拆分及三维钢筋修改

5）自主开发了的多个接口

自主开发的多个接口软件如 REVIT 模型与 X 文件转换工具软件、中建东北院数据处理软件、模型转换软件等可以实现与 REVIT 模型文件的转换、接力设计软件进行设计分析计算、与 abaqus 模型转换实现预制构件和部品的有限元精确深化分析。即实现了装配式混凝土建筑的协同化、一体化设计同时又兼具了与多个设计分析软件之间的数据转换，集协同设计与高端分析于一体。

三、发现、发明及创新点

创新点 1：解决了装配式建筑传统建筑设计方法不适应装配式建筑模数化、标准化所导致装配式建筑设计效率低下、设计与生产施工脱节、造价高的问题。

创新点 2：本项目开发了基于 BIM 的装配式建筑标准构件拼装和构件智能拆分设计方法，构建搭积木式的装配式建筑设计创新模式，提高设计效率。

创新点 3：自主开发的多个接口软件实现了装配式混凝土建筑的协同化、一体化设计同时解决了与多个设计分析软件之间的数据转换问题。

四、与当前国内外同类研究、同类技术的综合比较

在国内公开文献中，进行了国内外查新与检索，涉及以下特点，结论均未见相同文献报道，具有新颖性。

（1）目前，国内外公开的基于 BIM 技术的装配式建筑协同设计技术为本课题组成员优先公开发表的成果。解决了依靠国外 BIM 平台开展装配式建筑设计的问题，在国内首次提出自主 BIM 平台的概念。

（2）基于自主 BIM 平台建立了符合我国设计人员工作特点的装配式建筑协同设计模式，解决了装配式建筑参数化标准预制构件与部品库管理问题，解决了装配式建筑构件智能拼装与拆分问题，实现了预制构件自动拆分以及参数化三维钢筋修改，整体技术成果处于国内领先水平。

（3）开发了多个软件接口，实现了装配式混凝土建筑的协同化、一体化设计同时又兼具了与多个设计分析软件之间的数据转换，集协同设计与高端分析于一体。相关技术特点在国内外所查文献中未有相同报道为国内首例。

五、第三方评价、应用推广情况

1. 设计效率评价

应用北京交通大学的“基于 BIM 的装配式建筑产业化全过程效率评价体系”进行评估，分析得出采用该设计方法设计效率提升度为 30%，具体结论如下：

（1）利用装配式设计软件完成了示范项目的楼板、楼梯的预制构件指定、构件自动拆分、预制率的自动统计计算以及预制构件材料表的自动生成。与传统设计方法相比设计效率显著提高。

（2）利用装配式设计软件进行了建筑、结构、设备专业的协同设计，可以实现预制构件钢筋的碰撞检查与调整，预留洞口的协同设置与管线的预留预埋，预制构件三维钢筋的精细化修改，操作简单。

（3）利用软件完成了示范项目预制构件的平面布置图、构件详图的设计出图，工作效率显著提升。

（4）十三五国家重点研发计划课题示范工程“亚泰城二期”和“亚泰城三期”通过项目研究成果“基于 BIM 的装配式建筑产业化全过程效率评价体系”进行评估，设计效率提升度为 30%。

2. 示范工程专家验收意见

2019 年 6 月由中国建筑科学研究院有限公司组织专家在杭州召开了十三五国家重点研发计划示范工程验收会，专家组仔细审阅了相关资料，检查了示范工程的实施情况，听取了示范工程单位的汇报，经质询和讨论，形成如下验收意见：

（1）各项示范工程验收资料完成，内容翔实，符合验收要求；

（2）课题完成自主 BIM 平台的预制装配式建筑设计示范项目，示范总面积达到 100 千万平方米，各项指标均达到任务书要求；

（3）示范工程充分应用了课题的研究成果，提高设计效率 30%以上，提高了设计的精细化程度，降低项目成本，缩短项目周期，产生明显的经济效益和社会效益；

（4）研究成果可以成为全国预制装配式建筑设计、应用的重要技术工具，从装配式建筑设计源头推动建筑产业现代化进程。

六、经济效益

BIM 技术是中国建筑行业信息化建设的一个新阶段，是引导我国建筑业信息化改革的重要手段，它为广大建筑业的从业人员提供了一个全新的、可视化的、精细化的生产方式。装配式建筑是建造方式的一种改革，更是建筑业落实党中央、国务院提出的推动供给侧结构性改革的一个重要举措。但是传统的设计手段和设计方法与新兴的装配式建筑已经出现了越来越多的矛盾，这是极其不是相适应的，会影响装配式建筑的推广和发展。应用软件进行装配式建筑设计，可以全专业参与协同设计将大大提升建筑设计效率和产品质量。通过本课题示范工程的应用，实现应用 BIM 技术引领装配式建筑设计，可实现建筑、结构、设备全专业协同设计，节省设计成本与费用、减轻设计人员的工作强度提高设计工作的效率、提高装配式建筑项目的管理水平等方面都发挥出了积极的作用。

七、社会效益

现阶段普遍应用的传统 BIM 应用软件为国外软件，操作习惯和应用的模式完全不符合中国设计人员的工作习惯和工作特点，最为重要的是该软件缺少装配式建筑设计方面的模块，对装配式建筑设计的操作性非常烦琐，不便于中国的设计人员实施装配式建筑设计的工作。本课题通过示范工程亚泰城二期工程全专业应用自主 BIM 平台进行设计，通过对比分析后发现应用自主 BIM 平台的装配式软件进行装配式建筑设计可极大的提高全流程的模型传递效率，符合中国设计人员的工作习惯，操作简单、方便，是建筑工程在质量、速度、绿色环保等方面上的一次飞跃。可以有效地推动装配式建筑信息化的技术发展与进步，带动城市区域经济发展。

燥热地区重载柔性基层沥青路面关键技术与工程应用研究

完成单位：中建三局集团有限公司、中国建筑国际工程公司
完 成 人：娄宇赛、李千椿、任剑波、丁兆洁、刘　剑、李　涛、樊宇亮

一、立项背景

近年来，随着国际化技术合作交流的深入开展，海外工程项目在中国企业中的比例节节攀升，要求采用美国规范等国际化标准体系进行国际工程建设也日益常态化。由于国际主流柔性基层沥青路面与中国普遍使用的半刚性基层沥青路面，其经济交通环境情况、路面设计理念、参数与指标体系、病害处治等截然不同。因此，结合所在国的经济交通环境情况，探寻基于美国标准的经济耐久性柔性基层沥青路面修筑关键技术成为中国企业当前急需解决的重要问题。

由于当前国际工程项目市场多处于基础建设薄弱、技术相对落后的欠发达国家，在交通荷载水平、路面结构模型、设计指标及材料参数等方面近乎空白。其次，对于国际主流柔性基层沥青路面而言，我国柔性基层沥青路面领域还处于相对落后的状态，受交通经济及技术水平的限制，柔性基层沥青路面修筑技术研究成果用于一些试验路和实体工程修筑，但并未推广应用，相关技术经验不足。因此，本项目拟立足于美国规范，以中美标准规范、设计理念差异性入手，依托国家对外援建项目巴基斯坦卡拉奇至拉合尔高速公路项目，开展基于美国标准的柔性基层沥青路面设计技术对策研究。

二、详细科学技术内容

1. 技术路线

本项目拟深入地调研分析国内外相关研究成果，采用现场调查与分析、理论分析，室内试验研究和现场实体工程铺筑研究相结合的方法，制定本项目的技术路线如下：

1）调研分析

分析国内外针对柔性基层沥青路面设计标准的差异，收集国内外耐久性柔性基层沥青路面项目的相关研究成果，调查本项目依托工程巴基斯坦 PKM 高速公路的背景资料，包括交通量、自然气候等条件，为项目的开展提供可靠的基础。

2）基于美国标准的柔性基层沥青路面设计技术对策研究

对比中美路面设计标准差异，研究交通载重（包括轮载量级和轴载应用量级）预估技术对策；考虑交通条件和气候环境，分析其对柔性基层沥青路面性能的影响，提出提升路面材料耐久性的技术对策；此外，研究提高柔性基层沥青路面技术经济性的技术对策。

3）适应耐久性和经济性沥青路面的路基材料特性控制标准与处治技术研究

从路面耐久性、经济性角度进行路基路面一体化设计研究，提出不同交通水平下的基于路面厚度控制的耐久性柔性基层沥青路面路基材料特性控制标准与处治技术。

4）不同交通等级的耐久性柔性基层沥青路面的结构类型及结构层厚度研究

选取典型的柔性基层沥青路面结构，计算分析不同交通等级下路面结构应力应变分布规律，同时，结合美国标准提出的耐久性沥青路面设计标准，基于柔性基层沥青路面沥青混合料疲劳极限应变水平，提出适应美国标准的耐久性柔性基层沥青路面的结构层厚度。

5）不同交通等级的耐久性柔性基层沥青路面的材料组成设计研究

根据不同交通等级下路面结构应力应变分布规律研究结果，对耐久性柔性层的材料设计进行试验研究，提出适宜的配合比设计方法。研究外部条件（温度、紫外线、荷载等耦合作用）对柔性基层沥青路面老化性能影响规律，为延长柔性基层沥青路面的使用寿命提供理论依据。

6）依托工程巴基斯坦 PKM 高速公路路面优化设计研究

根据不同交通等级的耐久性柔性基层沥青路面的结构类型、结构层厚度及材料组成设计，结合依托工程实际情况，对其进行经济耐久性路面优化设计，提出巴基斯坦 PKM 高速公路耐久性柔性基层沥青路面的结构类型、结构层厚度与材料组成。

7）耐久性柔性基层沥青路面施工及质量控制技术研究

研究耐久性柔性基层沥青混合料的拌和工艺、耐久性柔性基层沥青混合料的摊铺与压实工艺等耐久性柔性基层沥青混合料的应用关键施工技术，为铺筑使用性能优良的耐久性柔性基层沥青路面试验段及课题成果推广应用提供技术支持。

8）耐久性柔性基层沥青路面实体工程铺筑及经济效益研究

根据依托工程路面优化设计研究结果，铺筑耐久性柔性基层沥青路面实体工程，并定期观察路面状况和检测路面性能，同时，对路面结构进行全寿命周期经济效益分析，寻找巴基斯坦 PKM 高速公路柔性基层沥青路面可能取得的经济效益，为耐久性柔性基层沥青路面的推广应用提供技术和理论支撑。

2. 研究方法

1）收集资料、对比分析

2）实地调查，已有经验与客观环境相结合

3）试验段验证，理论与实践相结合

4）归纳总结

3. 关键技术

1）基于美国规范的柔性基层沥青路面设计、施工技术对策研究

分析研究美标 AASHTO 规范，结合巴基斯坦高温、重载的实际交通状况，对巴基斯坦当地气候、环境及交通量状况进行调查，分析当地道路病害类型及原因。

图 1　当地道路路面病害调查

提出了解决重载交通对路面破坏问题的技术对策：

(1) 通过设计称重车道，进行限载控制；

(2) 通过增加冲击碾施工环节，增强路基的整体强度；

(3) 通过提高底基层、基层材料的 CBR，提高路面结构层承载能力；

(4) 通过增大集料内摩擦角，提高承载能力；

(5) 通过对沥青上基层和磨耗层进行 SBS 沥青改性，增加骨料之间的黏聚力，提高承载能力。

提出了解决沥青路面车辙问题的技术对策：

(1) 通过沥青上基层和磨耗层使用 60/70 沥青进行 SBS 改性，对沥青下基层对沥青用量进行了有效控制，将油石比控制在 3.3%～3.5%；

(2) 通过选用坚硬、表面粗糙、有棱角、颗粒接近立方体的集料，采用整形机对集料进行二次加

工。采用骨架密实偏粗型级配，严格控制集料的针片状和扁平状含量，软石含量；

（3）通过矿粉采用碱性石料用球磨机加工。选择集料时进行粘附性试验和浸水马歇尔试验；

（4）通过采用中国车辙试验仪在 70℃和 80℃环境下检测抗车辙能力；

（5）通过严格控制施工温度和碾压工艺，确保压实度达到 98%以上的要求。

图 2　抗车辙试验

提出了解决沥青路面疲劳问题的技术对策：

（1）基质沥青选择含蜡量低、延度大，温度敏感性低的沥青，用于沥青下基层，对基质沥青进行改性，用于沥青上基层和磨耗层；

（2）粗集料采用棱角性好、表面粗糙的碎石。细集料采用棱角性好，洁净的材料，矿粉采用碱性集料石灰岩生产，不使用回收粉；

（3）通过适当增加矿粉和沥青的用量，增加混合料抗疲劳性能检测；

（4）通过严格控制摊铺碾压温度、压实工艺。

图 3　沥青混合料抗疲劳试验

2）基于美国规范的耐久性柔性基层沥青路面关键技术研究

分析对比中、美路面设计规范在设计理念、设计方法上的差异，进行适应耐久性和经济性沥青路面的路基材料特性控制标准与处治技术研究，进行不同交通等级的耐久性柔性基层沥青路面的结构类型及结构层厚度研究，运用 AASHTO 路面设计计算方法，确定沥青路面结构类型、结构层厚度，由于当地对路面结构层的质量检测手段和技术水平有限，根据中国设计规范，计算主线路面结构层验收弯沉值作为现场质量控制标准，采用贝克曼梁进行弯沉检测。进行了不同等级的耐久性柔性基层沥青路面的材料组成设计研究，确定 SBS 改性沥青技术指标和改性沥青混合料马歇尔试验技术标准，制定适应满足巴基斯坦 PKM 项目的动稳定度指标（80℃条件下，动稳定度不小于 3200 次/mm）。进行了巴基斯坦 PKM 项目高速公路路面优化设计研究，基于交通量研究报告，综合考虑地质条件、大气温度、水文地质等因素，进行沥青路面结构、材料设计参数的优化，尽量方便施工，降低造价。

3）基于美国规范设计的耐久性柔性基层沥青路面工程应用研究

进行了耐久性柔性基层沥青路面施工及质量控制技术研究，沥青下基层采用 60～70 号道路石油沥青，沥青磨耗层及沥青上基层采用 60～70 号道路石油沥青 SBS 改性沥青；选取当地石灰岩和辉绿岩作为沥青混合料集料；透层渗透深度要求大于 10mm，粘层采用 SBS 改性乳化沥青。进行了沥青混合料配合比设计，根据试验结果和检测情况调整优化配合比，从而最终确定标准配合比。进行了耐久性柔性基层沥青路面实体工程铺筑研究，制定了同时满足压实要求和防止沥青混合料生产施工过程的老化的工艺温度控制标准和同时保证压实度和沥青路面抗车辙、抗疲劳、抗老化性能及水稳定性的沥青摊铺碾压工艺标准。

三、发现、发明及创新点

通过柔性基层沥青路面抗车辙对策的研究和应用，创造性地提出了沥青混合料高温环境下抗车辙技术标准：沥青下基层车辙≥1500次/mm（70℃），沥青上基层车辙≥3200次/mm（80℃），沥青磨耗层车辙≥3200次/mm（80℃），突破了国标、欧标和美标，提高了沥青路面高温抗车辙能力，延长了路面的使用寿命。

本项目合同要求路面磨耗层国际平整度指数 *IRI*≤1.2m/km，对比国际上其他国家高速公路路面平整度指数（*IRI*）的要求（中国标准 *IRI*≤2.0，西班牙标准 *IRI*≤2.0，瑞典 *IRI*≤1.4 等），此项指标要求大大高于国际水平，为本项目施工技术最大难点之一。通过对路面结构的摊铺和碾压工艺研究以及平整度控制措施研究，对施工工艺进行了改进和创新，沥青路面摊铺碾压过程采用5m直尺加强平整度检测控制，成品采用激光平整度仪进行检测和监控。此工艺使全线95%路面平整度≤1.0m/km，全线100%路面平整度≤1.2m/km，此工艺达到了国际领先水平，道路行车舒适性大大提高。

图4　路面平整度检测

通过柔性基层沥青路面重载交通对策的研究和应用，制定了级配碎石底基层、基层的压实度控制指标和碾压工艺，级配碎石底基层填料要求压实度≥98%，级配碎石基层填料压实度≥100%，此标准高于中国标准和国际普遍标准，提高了路面的强度和刚度，增强了路面的承载能力，减少后期的变形，降低了由于重载引起车辙的可能性。

四、与当前国内外同类研究、同类技术的综合比较

对比中美路面设计标准差异，研究交通载重预估技术对策；考虑交通条件和气候环境，分析其对柔性基层沥青路面性能的影响，提出提升路面材料耐久性的技术对策；此外，研究提高柔性基层沥青路面技术经济性的技术对策。

从路面耐久性、经济性角度进行路基路面一体化设计研究，提出不同交通水平下的基于路面厚度控制的耐久性柔性基层沥青路面路基材料特性控制标准与处治技术。

选取典型的柔性基层沥青路面结构，计算分析不同交通等级下路面结构应力应变分布规律，同时，结合美国标准提出的耐久性沥青路面设计标准，基于柔性基层沥青路面沥青混合料疲劳极限应变水平，提出适应美国标准的耐久性柔性基层沥青路面的结构层厚度。

根据不同交通等级下路面结构应力应变分布规律研究结果，对耐久性柔性层的材料设计进行试验研究，提出适宜的配合比设计方法。研究外部条件对柔性基层沥青路面老化性能影响规律，为延长柔性基层沥青路面的使用寿命提供理论依据。

根据不同交通等级的耐久性柔性基层沥青路面的结构类型、结构层厚度及材料组成设计，结合依托工程实际情况，对其进行经济耐久性路面优化设计，提出巴基斯坦PKM高速公路耐久性柔性基层沥青路面的结构类型、结构层厚度与材料组成。

研究耐久性柔性基层沥青混合料的拌和工艺、耐久性柔性基层沥青混合料的摊铺与压实工艺等关键

施工技术，为铺筑试验段及课题成果推广应用提供技术支持，同时，研究耐久性柔性基层沥青路面的施工质量控制技术，并编制巴基斯坦 PKM 高速公路路面优化设计、施工及质量控制技术指南。

根据依托工程路面优化设计研究结果，铺筑柔性基层沥青路面实体工程，并定期观察路面状况和检测路面性能，同时，对路面结构进行全寿命周期经济效益分析，寻找巴基斯坦 PKM 高速公路柔性基层沥青路面可能取得的经济效益，为耐久性柔性基层沥青路面的推广应用提供技术和理论支撑。

五、第三方评价及应用推广情况

1. 科技查新

2019 年 5 月 28 日，湖北省科技信息研究院对研究成果《基于美国规范的耐久性柔性基层沥青路面关键技术与工程应用研究》进行了国内外查新，经分析，委托单位提出的柔性基层沥青路面相关性能研究，国内外未见测试条件、指标及基层设计相同的文献报道。

2. 主要成果

目前，共完成课题总结报告 7 份，发表科技论文 6 篇。获得局级工法 1 项，《燥热地区改性沥青路面施工工法》GF/30351—2018。

3. 经济效益

第一，就地取材的原则，K380-K390 段利用就近料源 *CBR*＞20，通过提高路床顶材料 *CBR* 值，优化碎石基层厚度，由 34cm 调整为 30cm。

第二，沥青基层、磨耗层优化沥青配比，与投标文件比较，减少沥青用量 43624t。

第三，一分部、二分部磨耗层料源的选用，距离料源萨哥达较远约 700km（辉绿岩），较近料源奎达约 300km（石灰岩）。通过相关试验的论证，最终选用了奎达料源地，节约运距 400km。

第四，沥青上基层、磨耗层采用 SBS 改性沥青，提高了沥青路面的耐久性，延长了使用寿命，虽然采用改性技术使材料成本增加了 2100 万美元，但却因此节省了三年质保期内高达 1.18 亿美元的返修养护费用。

4. 社会效益

通过课题的研究和应用，培训了当地工程技术人员对 SBS 改性加工工艺及施工工艺的技能。

通过课题的研究和应用，提高了工程的质量品质，受到业主及业主代表的肯定。

强冲刷复杂卵石地质条件下新型桥梁快速建造技术

完成单位： 中国建筑第七工程局有限公司
完 成 人： 毋存粮、吴靖江、郭永富、范小虎、景玉婷、胡连超、赵崇飞

一、立项背景

随着我国预应力技术的发展和桥梁施工技术的不断进步，梁桥也得到了长足发展，如刚构-连续梁组合体系，连续刚构钢管混凝土拱组合体系，连续梁与T构协作组合体系等组合桥梁也应运而生。复杂卵石地质条件下，采用连续梁与T构协作形成组合桥梁替代长联连续梁桥可有效改善桥梁的整体抗震性能，然而复杂地质造成围堰施工效率低，大型悬臂T构梁高大、底板曲率大给支架体系设计、混凝土的浇筑工艺及底板线形的控制带来巨大挑战，连续梁与T构协作体系的体系转换及全桥线形控制无施工借鉴。

针对以上重难点，结合我单位承建的洛阳至吉利快速通道黄河特大桥，从黄河卵石地质条件下基础及下部结构施工，强冲刷条件下异形T构支架现浇，连续梁桥新型悬浇设备研发及组合桥梁施工控制等三个方面进行技术攻关，形成了一套高效、绿色的施工技术。

二、详细科学技术内容

1. 针对黄河卵石地质条件下承台围堰、桩基施工技术

1）连续排桩加壁板的组合式围堰结构及施工关键技术

图1

连续排桩＋壁板组合式围堰由间隔设置的多个内排桩和每两个相邻内排桩之间设置的外排桩构成，外排桩与其两边的内排桩相切且置于内排桩外侧，内排桩低于外排桩；内排桩顶端设置竖向钢筋混凝土现浇壁板，钢筋混凝土现浇壁板沿基坑内排桩顶部进行连续闭合布置；围堰内设有围堰内支撑系统。围堰排桩与桥梁桩基础同时施工，很大程度上减少工期，减少投入；围堰排桩入土深度容易控制，可以达到很好埋置深度；内、外排桩半梅花相切布置，桩体混凝土与围堰周边土体可形成胶结体，闭水性能好；围堰顶端钢筋混凝土现浇壁板，将内、外排桩连成整体，围堰安全、稳定性好。

针对传统支护桩间隙封堵效果差，安装拆卸复杂等问题，发明了一种支护桩间隙临时封堵结构，该结构包括植入背向土体一侧的支护桩内的螺栓、封堵模板、横向挡板，每个支护桩沿竖向有多个间隔置入于其内的螺栓，同一高度的螺栓上固定有一个横向挡板，封堵模板的贴合板尖端插入支护桩间隙，螺栓的自由端穿过横向挡板通过螺母固定横向挡板，横向挡板紧贴平板背离土体的一侧将螺母施加在其上的力传递给封堵模板构成对封堵模板施加力阻挡土体的结构。

2）研制一种新型钢围堰，提出钢套箱围堰逆作业施工关键技术

锁扣拼接组合式钢围堰包括两个侧板、数个与侧板呈直角拼接的外横接板以及将外横接板两两相连

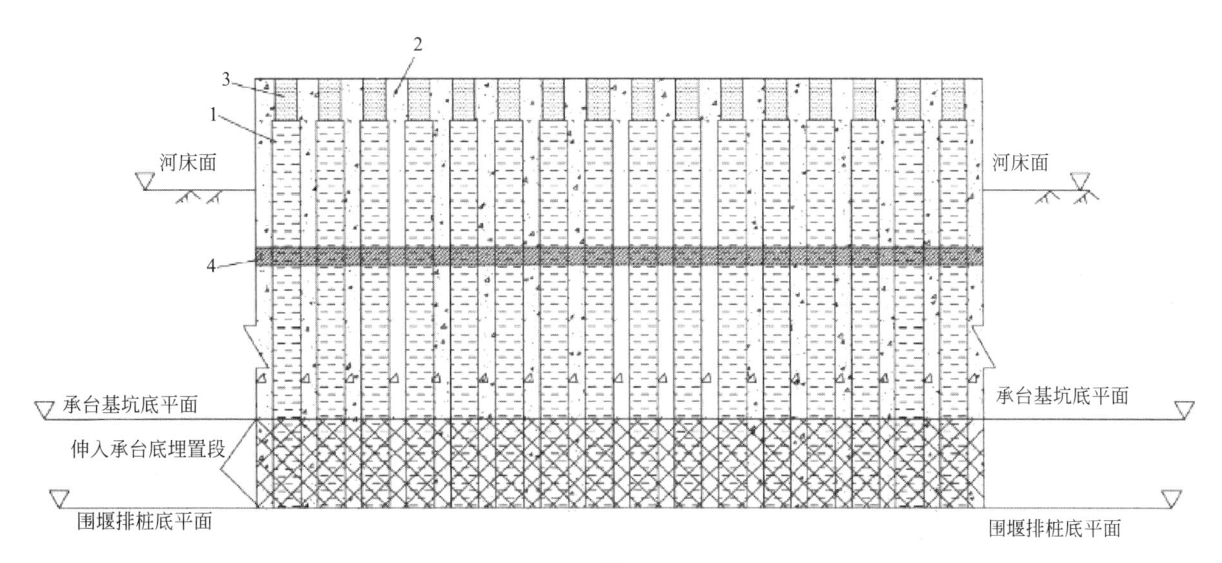

图 2

的中横接板，钢围堰由上述各构件拼接为呈矩形的密封腔体，钢围堰的顶部和底部设置有开口，侧板、外横接板、中横接板均采用插装实现两两锁扣式可拆卸拼接，各构件由槽钢和钢板制成，结构简单实用，成本低。

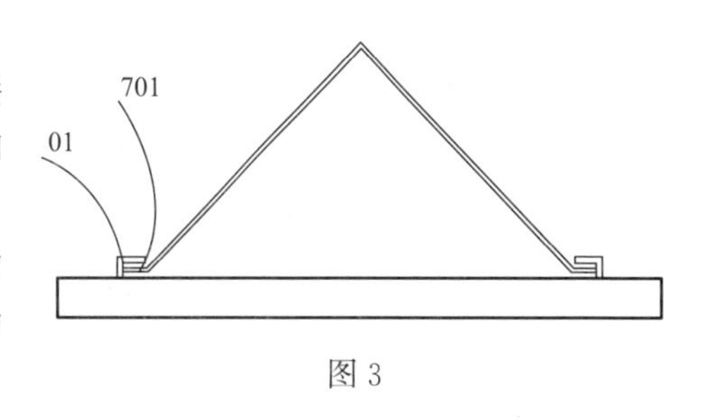

图 3

钢套箱围堰施工充分利用黄河枯水期水流小，河水浅的空窗期，采用“先堰后桩”和“先开挖基坑后下放围堰”的“逆作业”施工工艺。首先，在河道内开挖围堰基坑；然后，在围堰基坑内下放安装钢套箱围堰，在平台横联钢管上设置限位装置，保证围堰下放时定位准确；起吊和下沉利用千斤顶和钢绞线来实现；下沉至工作平台处开始拼接中层，重复以上工序，并拼接上层。围堰下放完毕后进行水下混凝土封底，最后搭设平台施工桩基，桩基施工完成后，即可在围堰内施工下部结构工程。

图 4

3）研发一种大直径钢筋笼的免焊接连接方法与连接结构，显著提高了施工效率

该结构包括上层主钢筋、下层主钢筋、套筒和限位钢板；限位钢板为半圆形的钢板，内周均匀分布与主钢筋直径相适配的若干个半圆形限位凹槽；套筒内设单向螺纹；上层主钢筋和下层主钢筋的连接端设有旋向一致的螺纹，上层主钢筋和下层主钢筋通过套筒相互连接。采取免焊接连接方式，操作方便，钢筋上下对位精准，连接可靠，施工周期缩短，45m 长的大直径钢筋笼完成连接和安放到位仅需要 2h，保证了桩基质量，降低了塌孔风险。

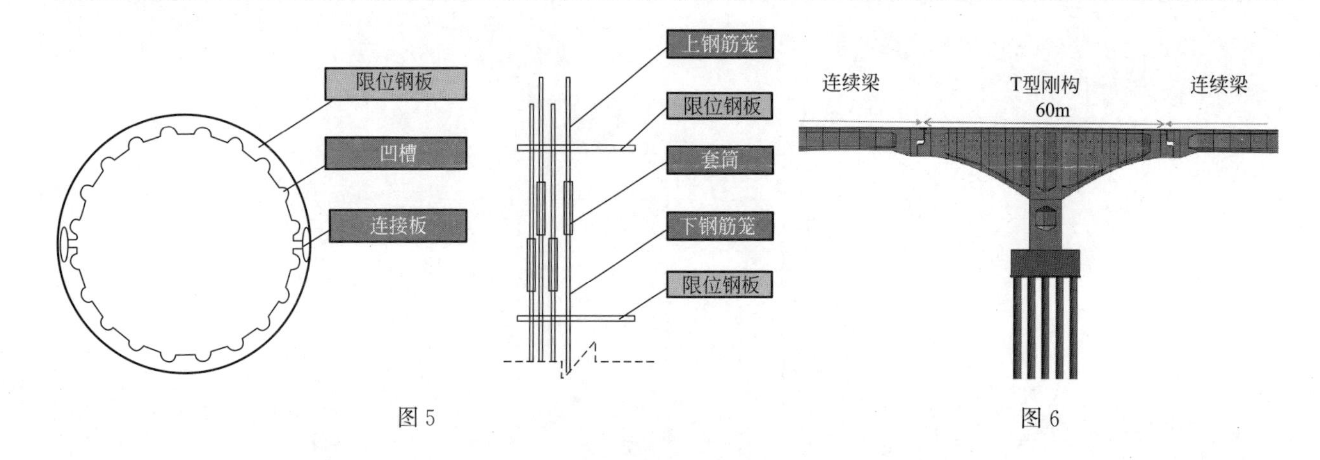

图 5　　　　　　　　　　　　　　　　图 6

2. 大冲刷条件下高腹板陡底板现浇 T 构施工技术

1）针对大型悬臂 T 构施工，研发了阶梯式复合型支撑体系及其配套工装

悬臂 T 构中墩处梁高一般为 5m～9.5m，梁高与跨度之比，梁端截面一般为 1/15～1/18，中墩处截面一般为 1/8～1/10，超过此参数的高腹板、陡底板 T 构未有成熟的施工技术。T 构的底板线形的控制是该组合桥梁的控制重点，大江大河中水文地质情况极为复杂，汛期水流冲刷严重，支撑体系的设计尤其重要。

“钢管桩基础＋钢管柱＋贝雷梁＋型钢分配梁＋盘扣式钢管支架”的阶梯式复合型支撑体系（立面图如下）的采用保证了大荷载强冲刷条件下支撑体系的稳定性，控制了不均匀沉降，T 构和直线段下采用不等高钢管支架，形成了阶梯状，尽量减小上部满堂盘扣支架的高度，提高了整个支撑体系的侧向稳定性并节省了材料。上部箱梁大曲率底板线形的调节通过上部盘扣满堂支架实现，较传统直接通过贝雷梁调节的难度大大降低，可操作性强，质量有保证。

将设计图纸中梁高控制断面加密一倍，在搭设支架顶托时就开始严格控制标高，通过 0.6m 间距盘扣支架和 1.2m 短方木组合调节，工字钢（横向）与方木（纵向分配梁）间空隙采用 12mm 螺纹钢与 20mm 螺纹钢点焊处理。

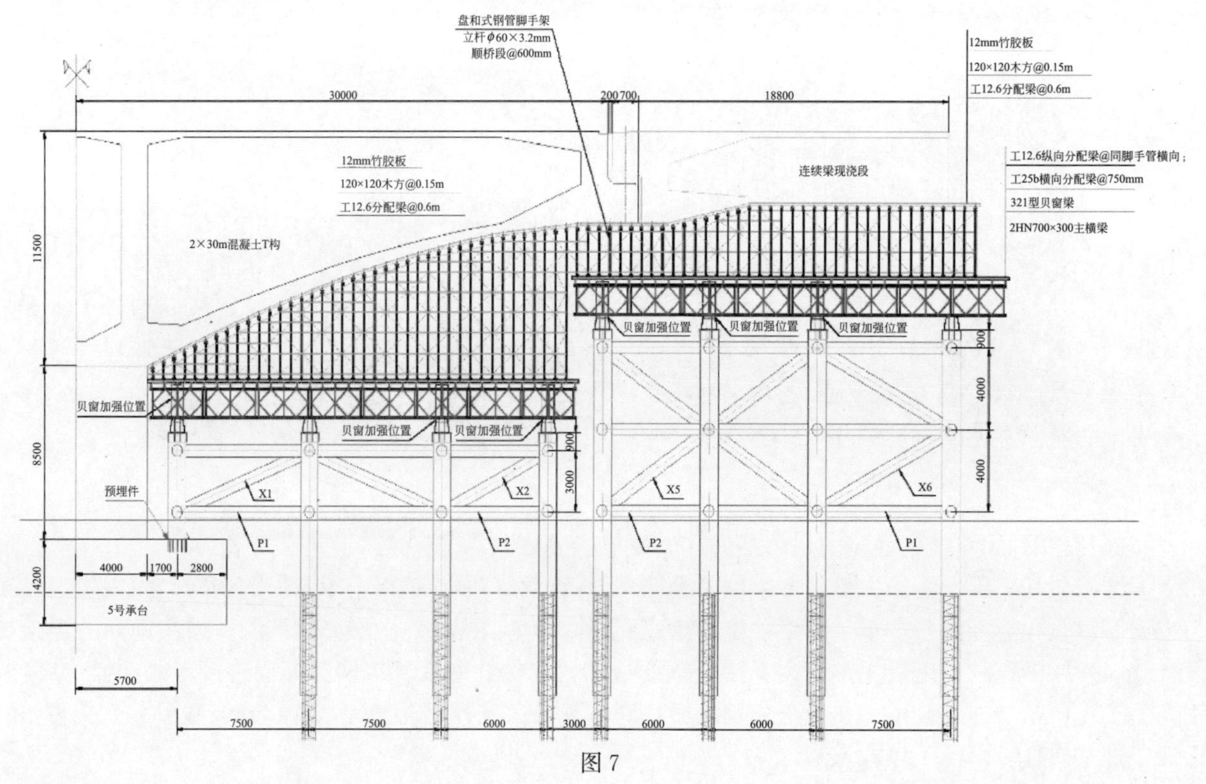

图 7

2）针对传统砂箱临时支座笨重不便操作、成本高和容易出现事故等问题，研制了一种精轧直螺纹可调节载荷临时支座

该临时支座包括设置在墩顶上的呈正向放置锥形台状的下承载板，下承载板上方有呈倒置锥形台状的上承载板，上承载板和下承载板的横截面呈矩形，上承载板和下承载板之间有分别置于承载板两侧的斜面上的支撑板，支撑板与上承载板和下承载板相接触的面与承载板两侧的斜面相配合，两支撑板经穿设其中的螺栓和螺栓上旋拧的螺帽与上、下承载板构成紧密配合。该临时支座使用时劳动强度低，很大程度确保施工作业安全，完全避免钢沙箱卸载的不均匀性，周转利用率可达100%，降低施工成本。

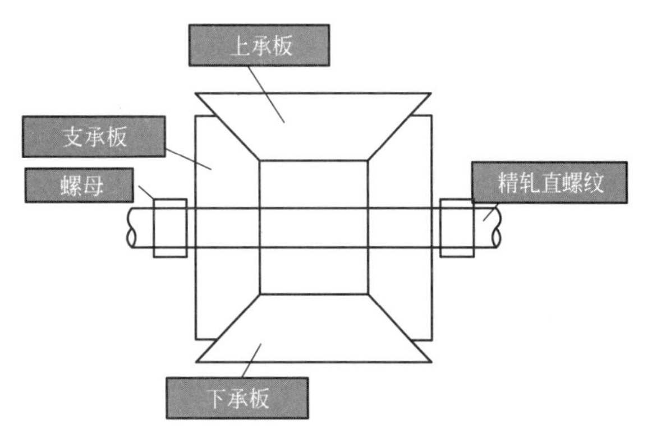

图8　精轧直螺纹可调节载荷临时支座

钢管顶部开设有与槽钢截面相匹配的凹槽，槽钢衔接在相对应的凹槽内，避免了常规的三角板两边绑焊或钢筋包焊，保证了工字钢不发生位移，便于拆除，能够重复利用。

3. 发明组合式模板支撑系统，开展了混凝土配合比试验研究，研发了陡底板高腹板T构施工工法

腹板采用木模板，腹板外侧模采用先安装竖向主龙骨再钉模板，内侧模采用分片式加工后快速吊装拼接的工艺，提前搭设顶板内支撑，模板通过内撑外拉与内支撑形成整体模板体系，保证了整个腹板模板体系的强度和稳定性，解决了使用木模板一次浇筑超高腹板的难题，加快了施工进度，节省了工程成本，保证了T构线形及实体质量。浇筑混凝土前先在中横梁钢筋处预埋导管和腹板开窗，采用导管结合腹板开窗下料，混凝土浇筑从根部向端部逐层推进，腹板中下部通过腹板窗口进行混凝土振捣，腹板上部通过腹板顶振捣。通过混凝土施工配合比的调整，控制混凝土的坍落度和流动性，底板采用腹板翻浆、无顶模自然堆积成型工艺。

图9　T构底板

图10　T构腹板

图11　组合支撑系统

图12　无顶模自然堆积

经现场监测混凝土浇筑完毕后支架体系最大变形量为13mm，与理论值一致。T构两侧悬臂变形量一致，表明浇筑顺序合理，未出现不平衡荷载。

4. 针对连续梁桥悬浇施工及连续梁与T构组合桥梁施工控制技术

1）研制了下导式无主桁三角挂篮，在挂篮模块化、轻型化、便捷化等方面取得重大技术突破。

该挂篮（图13）由主受力机构（主受力三角架、斜吊杆、下纵梁）、行走机构（行走三脚架、斜吊杆、下导梁）、底篮机构（底模板、下横梁、下纵梁）和侧模机构四部分组成。采用模块化、轻量化、工具化设计，工厂化生产，挂篮与最大悬浇块体质量之比仅为0.15，通过调整主受力机构数量满足不同宽度桥梁施工需求。

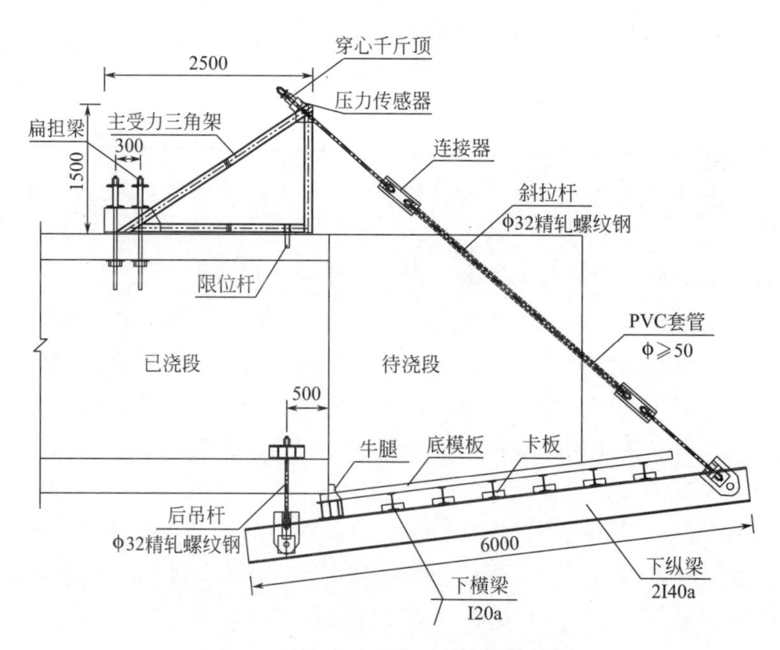

图13　下导式无主桁三角挂篮侧面图

主受力三角架，代替传统挂篮的三角主桁或者菱形主桁，单榀重量轻，安拆方便，材料性能得到充分利用。传统挂篮行走一般由主桁架悬吊整个系统整体前进，速度慢，安全风险大，本挂篮行走突破了传统挂篮的行走方式，行走机构采用下导式，不需要传统挂篮的行走轨道，4个机构均可独立行走。在混凝土块体浇筑完毕后预应力张拉前，行走机构即可先行前进，与传统挂篮相比，减掉了传统挂篮铺设轨道的时间并为底篮机构的行走提供了足够的支撑，施工效率高，安全性强。

图14

针对受操作空间小，预留筋等影响，悬浇节段预应力张拉设备吊挂不方便等问题，研制了适用于挂篮的吊挂装置和便携式钢筋预弯机，提高了施工效率。

2）对墩柱的养护装置进行了创新，研发了一套养护控制装置

该养护控制装置由储水容器、进水管道及开关、通气管道及控制开关、出水开关及养护喷水管等四部分组成；储水容器置于桥梁墩柱的顶面，养护喷水管环绕在桥梁墩柱顶面的四周，养护喷水管沿长度均布复数个喷水孔。储水容器为气密容器，储水容器的下部设有与养护喷水管连接的出水开关，储水容器的上部设有与压力水源连通的进水管道和与大气相通的控制管道，进水开关和通气开关均设在墩柱根部，整个控制装置的调节在墩柱下即可操作。根据桥梁墩柱的养护水量设计储水容器的容量和注水流量，能够保证正常气温下养护 7 天的滴淌量的水量和水位。

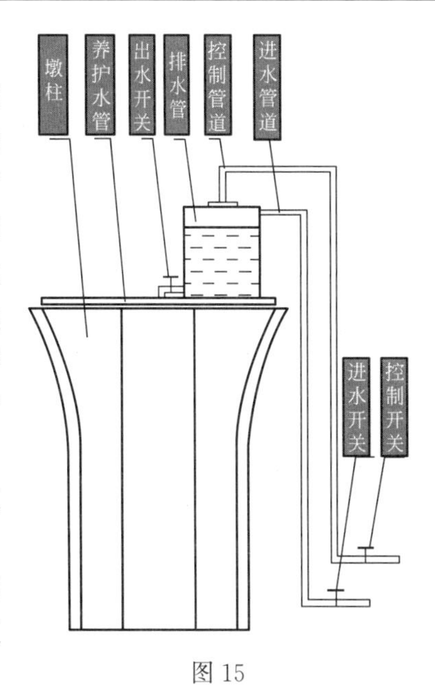

图 15

3）揭示了连续梁与 T 构的协同机理，提出了连续梁与 T 构通过可调高球形支座连接

全桥连续梁全部合拢完毕，直线段支架拆除后连续梁落于 T 构牛腿处，落梁后张拉 T 构第二批次预应力，张拉完毕后拆除 T 构支撑体系，达到连续梁与 T 构的协同作用。

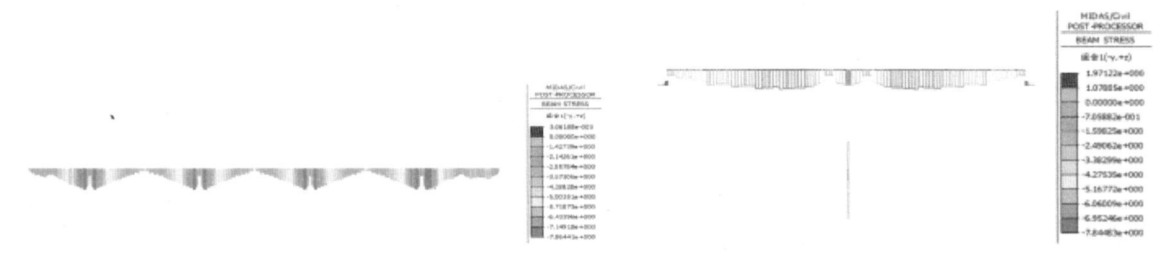

图 16　边跨合拢预应力张拉阶段生梁上缘应力图　　图 17　落梁并拉张 T 构第二批钢束阶段主梁上缘应力图

通过结构分析及施工过程仿真分析，确定牛腿处沉降对组合桥梁线形极为敏感，为保证全桥线形满足设计目标状态以及后期运营的可靠性，提出在 T 构牛腿处设可调高球形支座，连续梁与 T 构通过该支座连接。

图 18

悬浇节采用相对高差法放样，误差在一节段容许的偏差范围内进行立模调整，避免累计误差，保证施工偏差的调整对主梁线形的影响在一定的梁段范围内较为均匀地分摊。从合拢后整桥的线形数据分析，实测线形与理论计算结果基本吻合，主梁无折线形突变，线形平顺光滑，误差均在可控范围内；各合拢段误差均在 10mm 以内，较《公路钢筋混凝土及预应力混凝土桥涵设计规范》JTG D62 要求的 20mm 提高了 1 倍。

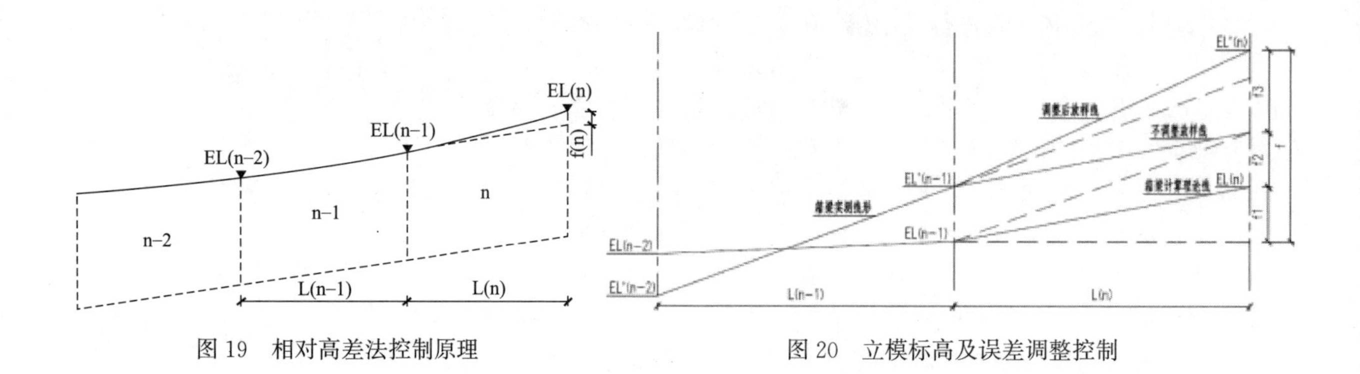

图 19　相对高差法控制原理　　　　图 20　立模标高及误差调整控制

图 21

三、发现、发明及创新点

(1) 针对黄河卵石地质条件下卵石层厚度大，密度大，承台围堰采用传统工艺成本大，效率低等难题，发明了连续排桩＋壁板的组合式围堰结构及施工方法，创新了围堰形式；研制了一种新型钢围堰，首次提出了钢套箱围堰逆作业施工工艺，实现了钢套箱围堰的快速下放；针对桩基钢筋笼施工缓慢的问题，发明了一种大直径钢筋笼的免焊接连接方法与连接结构，提高了施工效率和安装质量。

(2) 针对大型现浇 T 构施工，研发了阶梯式复合型支撑体系及其配套工装，实现了安全、高效施工，保证了大曲率底板线形和大冲刷条件下支架的不均匀沉降控制；发明了组合式模板支撑系统，开展了混凝土配合比试验研究，研发了陡底板高腹板 T 构施工工法，实现了腹板一次浇筑高度达到 11m 和 44％坡度底板混凝土无顶模自然堆积成型。

(3) 针对连续梁桥悬浇施工，研发了新型挂篮系统及工装，实现了挂篮的标准化、轻型化、便捷化，提高了施工效率。发明了墩柱养护控制装置，保证了墩柱的养护质量。揭示了连续梁与 T 构的协同机理，提出了连续梁与 T 构通过可调高球形支座连接，便于施工和使用过程中内力和线形的调整，操作简单，精度高；开展了施工控制，保证了桥梁线形和结构内力满足设计目标状态。

四、与当前国内外同类研究、同类技术的综合比较

黄河卵石地基钢套箱围堰传统的“排水除土、吸泥吹砂”工艺，下放困难，效率低下，钢套箱围堰逆作业施工工法节省了排水设备和水下开挖机械的投入，并加快了施工进度。

钢筋笼通长设计需吊装逐段安装，传统工艺钢筋对位不准确且耗时大，立焊焊接工效较低等问题，采用免焊接连接方式，操作方便，钢筋上下对位精准，连接可靠，施工周期缩短。

对我国传统挂篮存在的标准化差、安拆复杂、行走安全性差等问题，下导式无主桁三角挂篮，在挂篮模块化、轻型化、便捷化等方面取得重大技术突破。

悬臂T构中墩处梁高一般为5m～9.5m，梁高与跨度之比，梁端截面一般为1/15～1/18，中墩处截面一般为1/8～1/10，超过此参数的高腹板、陡底板T构未有成熟的施工技术。本项目研发了阶梯式复合型支撑体系及其配套工装，实现了安全、高效施工，保证了大曲率底板线形和大冲刷条件下支架的不均匀沉降控制；发明了组合式模板支撑系统，开展了混凝土配合比试验研究，研发了陡底板高腹板T构施工工法，实现了腹板一次浇筑高度达到11m和44%坡度底板混凝土无顶模自然堆积成型。

五、第三方评价、应用推广情况

1. 科技查新

2018年3月，《黄河卵石地质条件下连续梁与T构组合桥梁施工关键技术》经上海智产科技服务中心科技查新，认为本项目涉及的关键技术，在国内外所列检索范围内，除本项目委托单位申报的专利外，未见相同文献报道，具有新颖性。报告编号201831C1100000048。

2. 科技评价

河南省科学技术信息研究院组织专家于2018年4月2日对“黄河卵石地质条件下连续梁与T构组合桥梁施工关键技术”项目进行了成果评价。报告编号2018HA010024。本项目研究成果在卵石地质条件下的桥梁施工方面达到国际先进水平。

3. 应用推广情况

该项目研究成果推广范围覆盖河南、甘肃、山西、湖北、江苏、浙江、福建等省，成功应用在兰州元通黄河大桥、洛阳市国道310至吉利黄河特大桥新建工程、山西省五台至盂县高速公路、鄂州市凤凰大桥项目、台州湾大桥及接线工程、福州市104国道连江至晋安段改线工程等40余项工程中，取得了良好实施效果，获鲁班奖工程3项，多项省优工程，多项全国建筑业绿色示范工程，得到了建设单位、监理单位的一致好评。随着基础设施工程的兴建，该项技术将具有广阔的应用前景。

六、经济效益

采用本项目关键技术所节省的人工费、材料费、机械使用费、管理费等方面进行测算，近三年累计新增销售额103196万元，新增利润5246万元，新增税收423万元。

七、社会效益

该项目符合国家政策导向，体现了绿色发展的理念，既节约了资源又保护了环境。通过研究取得了丰硕的成果，为砂卵石地质条件下桥梁建造提供了技术支撑，并培养了一批行业技术人才，推动了行业科技进步，促进了我国连续梁与T构组合桥梁的发展。

无缝对接既有线暨富水卵石层地铁车站安全施工关键技术研究

完成单位：中建五局土木工程有限公司、中国建筑第五工程局有限公司、中南大学、国防科技大学军事基础教育学院

完 成 人：罗桂军、罗光财、刘维正、郭　庶、陈　俊、汪庆桃、黄文杰

一、立项背景

地铁车站作为城市轨道交通路网中的重要建筑物，在南方城区大规模修建过程中会遇到繁华城区新增线路与既有运营线路交叉换乘，地铁车站沿江敷设，地质条件为富水砂卵地层等两类典型问题。长沙地铁4号线罐子岭站、月亮岛西站、湘江新城站位于城市繁华区，其中罐子岭站为超大异型车站，车站北端有花岗石层，南端为砂卵富水层；月亮岛西站和湘江新城站与湘江的垂直距离约为800m，砂卵石层厚度大，基底圆砾层不见底，具有结构松散，孔隙比大，透水性强、自稳性差等特点，明挖车站地连墙无法穿透。

目前国内外对繁华地段无缝对接既有线车站与沿江富水卵石层地铁车站的施工安全控制技术研究尚不系统，未有成功的经验可以借鉴。如何解决地铁新线建设施工与既有线正常运营无缝搭接的技术难题，保证既有线路正常运营的情况下新建车站的安全施工，以及如何保障富水卵石地层复合连续墙成槽施工质量和提升止水、降水和防水的综合效果值得深入研究。

二、详细科学技术内容

1. 总体思路与技术方案

针对大规模地铁车站修建过程中面临的新增线路与既有运营线路交叉对接以及强富水砂卵石地层下施工安全控制技术难题，依托长沙地铁3号线长沙火车站站与地铁4号线罐子岭站、月亮岛西站、湘江新城站等实际工程，采用工程调研、理论分析、数值模拟、室内试验、现场测试等方法，开展复杂敏感条件下地铁车站施工风险评价与微扰动控制体系、深基坑群支护结构稳定性与开挖扰动效应、新建地铁车站无缝对接既有线微扰动立体施工控制技术、富水砂卵地层复合连续墙成槽施工和注浆止水、动态降水和主动防水等综合施工技术、基于BIM的地铁车站施工自动化监测与协同管理平台的系列关键技术研究。

2. 项目研究关键技术

1）地铁车站施工风险评估及微扰动控制体系研究

（1）新建地铁车站无缝对接既有线施工风险评估

长沙火车站站为新建地铁3号线和既有地铁2号线多层换乘站，周边实景环境如图1所示。车站主体结构采用明挖法＋局部盖挖顺作法施工，已建地铁2号线设计时已考虑与3号线的对接换乘，与3号线交叉的三层站厅已施工完成，2号线接口部分侧墙及围护结构在基坑开挖的同时进行拆除，以实现立交车站的无缝对接。

采用专家评议与层次分析（AHP）相结合的方法得出了9个风险类、51个风险源的风险等级和风险大小，并提出了降低风险等级、严格控制风险的对策。结果表明，既有2号线风险在整个工程中是风险最大的，在施工过程中应该严加控制。三级层次分析评价模型如图2所示。

（2）富水砂卵地层地铁车站施工风险评估

由人—机—环境统中各因素对施工风险状况的影响，建立地铁施工风险的评价指标体系。

图 1 长沙火车站工程位置与周边环境

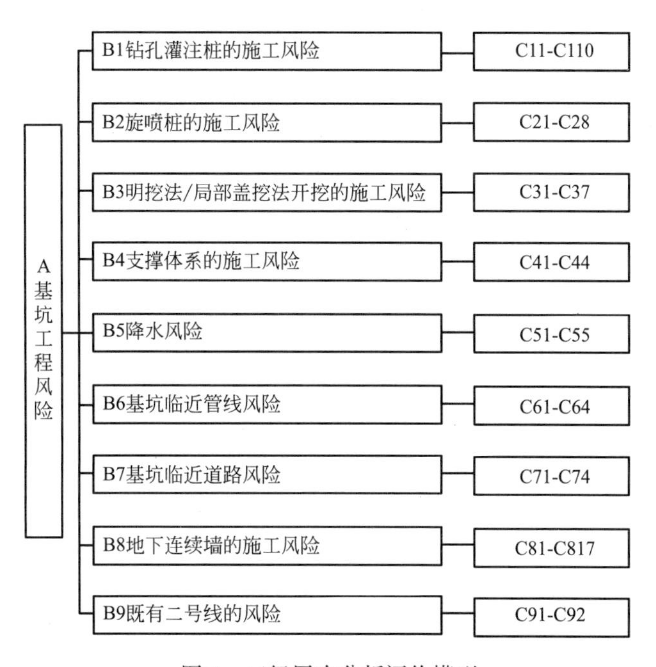

图 2 三级层次分析评价模型

评价流程（图 3），采用层次分析法，对 3 个车站施工各风险因素识别结果逐层分析。结果表明：主要风险集中在地下水的影响，其中地下水控制不当很可能造成地连墙坍塌或者基坑失稳。

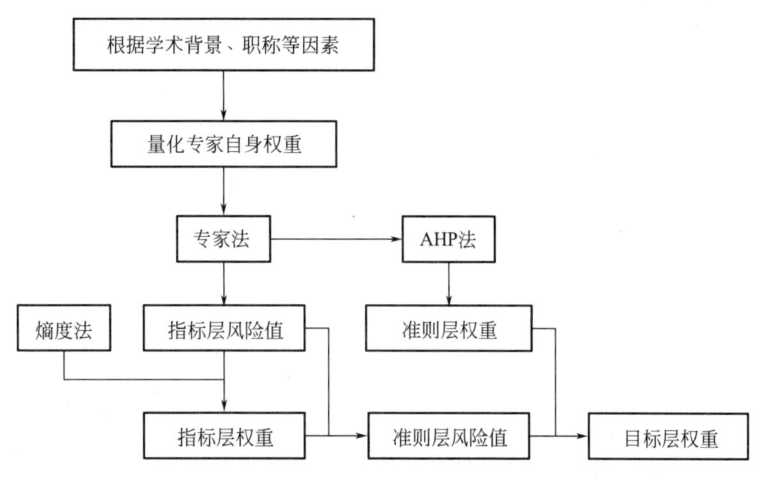

图 3 地下工程风险系统评价流程图

(3) 新建地铁无缝对接既有线微扰动控制体系及评价指标

依据依托工程的特点，施工微扰动主要是指新建地铁车站基坑开挖引起的周围地表沉降、建筑物变形、既有2号线结构变形等等。通过广泛的理论分析并参照相关标准，在产生轨道高差为4mm的前提下，计算的最大沉降为42mm。当扰动值控制为正常指标的30%～70%可以认为施工为微扰动，本项目拟取最大沉降控制值为20.0mm作为施工控制标准，即既有线微扰动控制标准如表1所示。对于基坑沉降、地下水位监测等指标，其微扰动控制标准如表1所示。

环境微扰动指标主要为施工产生的噪声、扬尘等对周围环境的影响。其控制指标如下。

① 噪声控制：满足规范要求；

② 扬尘控制：基础施工期间目测扬尘高度不大于1.5m，结构、安装期间不大于0.5m。

新建地铁车站无缝对接既有线微扰动施工评价指标及其标准 **表1**

施工微扰动		环境微扰动			管理微扰动
既有线内部		噪声控制			综合应用数字监控、移动通信设备、自动化监测，建立BIM与现场监测数据融合系统
监测项目	控制值(mm)	监测项目	昼间	夜间	
左右轨道横向高差	4	桩基施工	<85dB	禁止施工	
轨道纵向高差	4	土石方施工	<75dB	<55dB	
结构竖向位移	20	结构施工	<70dB	<55dB	
结构水平位移	20	装修施工	<65dB	<55dB	
既有线外部		扬尘控制			
车站沉降监测	隆起6mm、下沉6mm	基础施工期间目测扬尘高度不大于1.5m，结构、安装期间不大于0.5m			
围护结构变形	20mm				
基坑沉降	30mm				

2) 地铁车站地下连墙施工与基坑群开挖技术研究

(1) 非均质富水砂卵地层复合连续墙施工关键技术

① 基于连续墙槽壁可能发生失稳的情况与影响因素，提出局部与整体失稳模型并进行了理论推导。

建立了泥浆重度 γ_s 与滑动体深度 H、砂卵层埋深 ac、砂卵层摩擦角 φ、槽段宽度 L、泥浆液面高度 H_s、地下水埋深 H_w 和地面堆载 q 的关系。

$$\gamma_s=\frac{2(H-H_t)Lq\cot(45^\circ+\varphi/2)(1-\sin\varphi)+2H_wL\gamma(H-H_t)\cot(45^\circ+\varphi/2)(1-\sin\varphi)}{(H-H_s)^2L\cos\varphi}$$
$$+\frac{L(H+H_t-H_w)(H-H_t)\cot(45^\circ+\varphi/2)(\gamma'-\gamma_w)(1-\sin\varphi)}{(H-H_s)2L\cos\varphi}+\frac{(H-H_w)^2}{(H-H_s)^2}\gamma_w$$
$$-\frac{4c(H-H_t)\cot45(45^\circ+\varphi/2)[L+(H+H_t)\cos(45^\circ+\varphi/2)]+2H_tcL\cos\varphi}{(H-H_s)^2L}$$
$$+\frac{[K_a(\gamma_aH+2q)H-4cH\sqrt{K_a}](1-\sin\varphi)}{(H-H_s)^2}$$

根据设计和地质勘察报告确定槽段长度、泥浆液面、地下水位和地面堆载后，即可算出富水砂卵层最小泥浆重度 γ_s

$$\gamma_s=\frac{H-H_w}{H-H_s}\gamma_w+\frac{3\pi K_a(\gamma_aH+q)}{8(H-H_s)}-\frac{\gamma_a\tan\varphi\left(\frac{4}{3}+\frac{\pi}{2}K_a\right)}{2(H-H_s)}-\frac{c\pi\sqrt{K_a}}{H-H_s}$$

② 运用数值计算方法（软件MIDAS-GTS NX）建立连续墙施工模型，对非均质富水砂卵地层影响连续墙槽壁稳定性从槽内泥浆液面高度和成槽长度两个方面进行数值分析。结果表明：

(a) 水平位移量随着连续墙槽段开挖长度的增加而增加，最大位移量发生在−20处砂卵地层。综合考虑连续墙槽段开挖长度取 6m；

（b）随着泥浆液面的降低，泥浆槽壁产生较大位移的范围扩大，且位移量增大，液面高度取－1m左右。

（c）槽壁水平位移量随着连续墙槽段开挖长度的增加而增加；

（d）槽壁水平位移主要发生在砂卵地层，表明砂卵层是连续墙开挖过程中最危险的部分，容易失稳，导致超灌、侵限。

③ 复杂地质条件下连续墙成槽稳定技术研究

针对连续墙在富水条件下易塌孔，花岗石地层条件成槽时间慢、易偏孔、垂直度、成渣厚度不达标等问题，通过对成槽总体方案、成槽时机械设备配置、特殊地质处理、泥浆比重选择、孔位布置及冲钻方式进行优化设计。

对圆锤与方锤进行改良（图 4 和图 5），加大破岩能力。圆锤尽可能减少底部截面积，用钛锰合金制作圆锤垫块，方锤增加一个刷壁器。并基于改良的刷壁器研制了可降低富水砂卵层扰动程度的一体成槽锤，形成了一套适用于复合地层的多孔引槽的地下连续墙成槽施工工法。

图 4　改良后圆锤

图 5　改良后方锤

（2）新建地铁车站基坑群开挖对周边环境影响规律

对新建地铁车站基坑群开挖及对建（构）筑物影响的数值模拟方法进行了研究，数值模拟结果与监测结果的一致性验证了数值模型及材料模型与参数的正确性，在此基础上结合理论研究与现场监测，开展了基坑群开挖及对周围建（构）筑物的影响研究。并从基坑开挖时序、单步开挖深度、围护（支护）结构等方面对基坑开挖方案进行了优化。研究结果表明，单步开挖控制在 2～3m，两侧基坑对称开挖有利于控制 2 号线结构的变形，更有利于确保基坑施工过程中 2 号线的安全运营。

3）新建地铁无缝对接既有线微扰动立体施工关键技术研究

（1）临近既有线车站群坑开挖技术

对基坑开挖及对周围建（构）筑物的影响进行了数值模拟研究，确定了最优的基坑开挖方案，即以既有线车站两侧同时开挖进行，两边高差不大于 3m 控制，结果表明，施工扰动控制在相关规范之内，确保了既有线的运营安全。

（2）临近既有线车站围护结构微扰动连接封闭技术

对临近既有线车站围护结构微扰动连接封闭技术展开了研究，对零距离桩基采取人工开挖再准确定位，长护筒保护既有线围护桩后进行旋挖施工，后对接口阴阳角以及沿既有线两端各延长 15m 进行高压止水，以封闭地下渗水对车站主体结构的影响，保证了新建车站和既有车站接口的质量。

（3）既有线零距离处大孔径静态爆破施工技术

进行了大孔径静态爆破机理和施工技术研究，采用理论、试验与数值模拟相结合的方法研究了大孔径静态爆破的能量输出、作用模式及破碎机理，把大孔径静态爆破中破碎剂的反应过程分为三个阶段：

溶解阶段、胶化阶段、凝固阶段，研究了每个阶段破碎剂的反应特性，结合试验研究得到了不同孔径时的应力应变时程曲线、压力时程曲线以及温度时程曲线；建立了破碎剂在大孔径条件下的载荷输出模型和基于温度-压力耦合作用的材料断裂模型；设计了大孔径岩石静态爆破的堵孔装置，实现了静态爆破在大孔径岩石炮孔中的应用，得出了一整套大孔径静态爆破的施工工艺流程。

（4）既有车站大体积钢筋混凝土结构微扰动拆除技术

在保证既有车站正常运营的情况下，首先切割体后方施作一堵隔离墙，通过采用绳锯＋盘踞组合切割，葫芦吊＋叉车＋汽车吊组合吊装的方法，成功实施了既有车站大体积的钢筋混凝土结构微扰动拆除。

（5）新老车站不均匀沉降控制技术

通过在临近既有线底板两侧施做加强层，沿新老车站接口侧墙和基底布置环线增加双液浆高压注浆，间距 1.5m，深度 2m，以防止既有线车站外侧贯通水系处因泥质粉砂岩遇水软化后，泥土带出造成既有车站不均匀沉降及泥土流失，在距既有线底板边 7m 位置按 1：1 的比例放坡开挖，开挖深度为 2m，施做 C20 钢筋混凝土加强层。既有线两侧相邻施工段均采用高一强度等级（C40）的微膨胀混凝土。

（6）新老混凝土微扰动搭接及综合防水技术

通过在旧混凝土表面切槽预埋止水钢板、止水条，植筋，涂刷水泥基、预埋后注浆管等措施，新老混凝土接口部位的质量及防水达到了预期的目标。

4）富水砂卵层地铁车站主动防水技术研究

（1）富水砂卵地层动态降水技术

结合长沙地铁四号线月亮岛西车站，建立了描述井群抽水引起地下水位面下降并趋于稳定的渗流数值模型，考虑地下水渗流过程中存在止水帷幕对渗流路径的影响，得到了考虑实际工程中止水帷幕影响的基坑降水量修正系数。

（2）富水砂卵地层基底注浆止水施工

为确保基坑开挖过程中坑内地下水位至少能保持在开挖面下 0.5～1m，在富水砂卵层中采用袖阀管注浆加固形成一道透水性小的隔水层，把普通硅酸盐水泥浆液、CS 双浆液，通过配套的注浆机具压入所需加固的地层中，经过胶凝硬化后填充和堵塞地层中的孔隙，减小注浆区地层渗水系数并能固结软弱松散岩体使地层自稳能力得到提高。

根据工程地质情况与防水等级需求，长沙地铁 4 号线月亮岛站底板和侧墙部位选用 0.5 mm 厚 HDPE 防水卷材＋1.5mm 厚喷涂速凝橡胶沥青防水涂料，涂卷复合的防水系统保证了防水的高效性和长久性；顶板部位直接施工 2.0mm 厚喷涂速凝橡胶沥青防水涂料，确保了顶板部位防水的可靠性。

（3）富水砂卵地层混凝土抗渗技术研究

① 地铁车站结构混凝土温度应力场分析

建立计算模型中充分考虑混凝土浇筑时的温度边界条件，由水化热引起的浇筑混凝土的内外部温差等因素的影响，整个车站横截面尺寸为 20.7m×13.23m，根据工程实际浇筑过程，采用纵向 18m 为一个区段进行分析，其中立柱采用地下二层的立柱进行数值分析；水化热分析过程严格按照实际工程中模板混凝土浇筑的过程。

② 混凝土配合比设计及抗渗性能试验

首先采用低水化热的胶凝材料体系，降低水化热。掺入大掺量矿物掺合料，掺合料比例约占 45%（计入水泥中的混合材）；

其次，控制单方用水量，降低收缩。用水量控制在 160kg/m^3 以内，同时也可兼顾耐久性要求；

利用优选原材料经反复试验，配制出抗渗性好、体积稳定性高和抗裂性能优良的混凝土。

③ 地铁车站混凝土结构抗裂防渗技术措施

结合温度应力场分析，重点从温度控制角度出发现场实践采取相应措施，对比分析开裂情况。

开发了适用于狭窄施工空间的自行式工具化单侧支模模架体系和侧墙防错台装置，减小混凝土结构施工缝数量，降低了渗漏水风险，保证了抗渗防水的高效性和长久性。

5）基于 BIM 技术的地铁车站施工管控及安全自动化监测技术研究

（1）BIM 技术在地铁车站施工过程中优化应用

（2）基于 RFID 与 BIM 集成的地铁基坑监测系统

3. 总体实施效果

在长沙市轨道交通三号线长沙火车站施工过程中应用到了项目自主研发的《无缝对接既有线暨富水卵石层地铁车站安全施工关键技术》中的新建地铁无缝对接既有线微扰动立体施工关键技术，有效保障了新建长沙地铁三号线无缝对接既有二号线的安全施工，降低了对周边建筑物及车流人流影响，同时保证了既有地铁二号线的正常运营，使施工扰动降到了最小。

在长沙轨道交通四号线罐子岭站、湘江新城、月亮岛西站施工过程中应用到了项目自主研发的地铁车站深基坑（群）地连墙成槽稳定与开挖扰动控制技术，最大限度降低了水对本工程施工的影响，有效保障了项目的安全施工，特别值得肯定的是，2017 年长沙大暴雨，湘江水位急剧上升，3 个车站施工质量经受住了检验，没有发现有渗漏现象。自 2019 年 5 月 26 日开通运营以来，情况良好，用户满意。

三、发现、发明及创新点

项目针对无缝对接既有线暨富水卵石层地铁车站施工的特点，以长沙轨道交通 3 号线长沙火车站站与 4 号线罐子岭站、月亮岛西站、湘江新城站为依托，形成了无缝对接既有线暨富水卵石层地铁车站安全施工关键技术，有效解决了无缝对接既有线暨富水卵石层地铁车站施工难题，创新成果如下：

（1）针对繁华地段新建地铁车站的施工难点，提出了无缝对接既有线施工风险评价方法，完善了繁华地段新建地铁车站无缝对接既有线施工微扰动控制指标及立体施工成套控制技术体系。

（2）建立了富水砂卵层地下连续墙成槽局部稳定性分析理论，形成了适用于上软下硬地层的多孔引槽地下连续墙成槽施工工法；通过基坑群开挖不同工序产生的扰动影响效应分析，获得了最利于既有运营线的群坑开挖方式。

（3）提升并完善了富水砂卵层地铁车站基坑动态降水、基底分段式袖阀管连续注浆止水、车站主体结构抗渗防裂与主动防水技术体系。

（4）研发了基于 BIM 技术的无缝对接既有线与富水卵石层地铁车站施工风险管控技术与安全监测系统。

四、与当前国内外同类研究、同类技术的综合比较

本项目研发的工程应用新技术与当前国内外同类研究和技术的主要参数、特点等综合比较见下表。

比较项目		国内外同类技术	本项目技术
创新点 1	无缝对接既有线微扰动施工评价指标体系	风险评估过程不完善、信息化程度不高；未见微扰动施工评价指标体系	构建了无缝对接既有线施工、环境、管理等微扰动全面评价指标体系，并给出了评价指标的取值范围
	大孔径静态爆破微扰动施工控制技术	未解决好大于 50mm 炮孔中破碎剂的高压冲孔问题	破解了大于 50mm 炮孔中破碎剂的高压冲孔问题，实现了既有线零距离处岩土体大孔径静态爆破微扰动施工
	新建车站对接既有线微扰动立体施工技术	未形成系统的微扰动施工控制技术	实现了新建地铁车站基坑群安全有序开挖、既有线大体积钢筋混凝土结构安全拆除、新老车站不均沉降控制、新老混凝土无缝搭接及综合防水
创新点 2	富水砂卵层基坑动态降水与快速止水施工安全控制技术	止水、降水形式简单，对周边环境有较大负面影响，存在安全风险	考虑了地下水赋存和砂卵层渗流的特征；采用动态降水方法减小了对周边环境的影响；分段式连续注浆实现了快速封底止水，降低了施工风险
	富水卵石地层地连墙成槽稳定与施工控制技术	常规的纯钻法、钻凿法和凿铣法易造成砂卵层成槽塌孔、倾斜	揭示了槽壁局部失稳机制，实现了护壁泥浆参数的定量化设计与控制；对成槽设备配置、孔位布置及冲钻顺序等进行优化设计，研制了可降低富水砂卵层扰动程度的一体成槽锤

续表

比较项目		国内外同类技术	本项目技术
创新点2	大型地铁车站主动防水与抗渗阻裂技术	采用掺入外加剂以及分块分层浇筑、加冰拌合、水管冷却、表面温控等措施，耐久性不足	综合外包防水系统同时满足正反粘的特性，施工方便、整体无缝、超强耐候；大体积混凝土针对性的施工和养护工艺实现了抗渗防裂的长效性
创新点3	基于RFID与BIM的地铁车站施工风险协同管控平台	施工安全风险未能实现全过程协同管理	构建了基于数据库、BIM与互联网技术的地铁车站施工监测管理平台，实现了施工风险精细化协同管理与可视化控制
	地铁车站近接施工自动化监测与智能预警技术	采用人工监测，风险预警滞后	建立了自动化监测与多参数预警指标体系，实现了施工风险实时识别与动态预警

五、第三方评价、应用推广情况

1. 机构评价意见

2019年4月29日，中国建筑集团有限公司在长沙组织召开了由中建五局土木工程有限公司、中南大学、国防科技大学联合完成的“无缝对接既有线暨富水卵石层地铁车站安全施工关键技术”项目科技成果评价会，评价委员一致认为，该成果总体达到国际先进水平。

2. 应用推广情况

项目整体技术在长沙地铁3号线和4号线工程建设中得到全面应用，关键技术在长沙地铁5号线、南宁地铁2号线、徐州地铁1号线多项工程中得到推广应用，切实解决了强富水地质、繁华地段新建地铁车站无缝对接既有线等高风险条件下地铁车站施工技术难题，取得了显著的社会、经济和环境效益。

六、经济效益

《无缝对接既有线暨富水卵石层地铁车站安全施工关键技术》主要是在长沙市轨道交通3号线火车站站、4号线罐子岭站、月亮岛西站、湘江新城站研发形成的自主知识产权的技术，项目秉承“边研究、边总结、边应用”原则在完成单用应用累计产生利润3115万元。同时，在南宁地铁2号线、徐州地铁1号线、长沙地铁5号线进行了应用，应用产生经济效益1875万元。共计产生经济效益为4990万元。

七、社会效益

本项目紧密结合国家大力推进公共交通设施建设需求，研究成果有力地保障了高敏感性环境下新建地铁车站无缝对接既有线及非均质富水砂卵层下地铁车站的施工安全，对类似工程有重要的理论指导意义和实用价值。在成果应用过程中节约了水资源，缩短了施工工期，降低了能源消耗，保护了施工区域及周边自然资源和生态环境，将工程施工对市民地铁出行生活的干扰降到了最低。研究形成了一批具有自主知识产权的技术成果，并成功应用于全国多个城市的地铁工程建设中，得到了业界的高度认可。本项目是“产学研”结合项目，在研究过程中培养了一批学术及施工专业技术人才。

大型城市旧城区盾构法地下综合管廊施工关键技术研究与应用

完成单位：中国建筑第八工程局有限公司、中建八局轨道交通建设有限公司
完 成 人：周光毅、唐立宪、金长俊、田 宇、张学良、高 琳、杜云鹏

一、立项背景

1. 工程概况

近年来，国内各大城市的老城区，管廊设施缺失带来的问题已严重暴露，而老城区复杂的施工条件成为管廊建设的最大难点。本课题依托于沈阳管廊工程，项目全长约 12.6km，采用明挖+盾构的施工方法，管廊结构为内直径 $D=5.4$m 的盾构隧道。本工程是国内唯一一条在老城区修建的盾构管廊；全线横跨沈阳三大区，竖井多，占地协调涉难度大；沿线需穿越建、构筑物 100 多处，工程周边环境复杂，风险源多。工程线路及井位平面图见图 1。

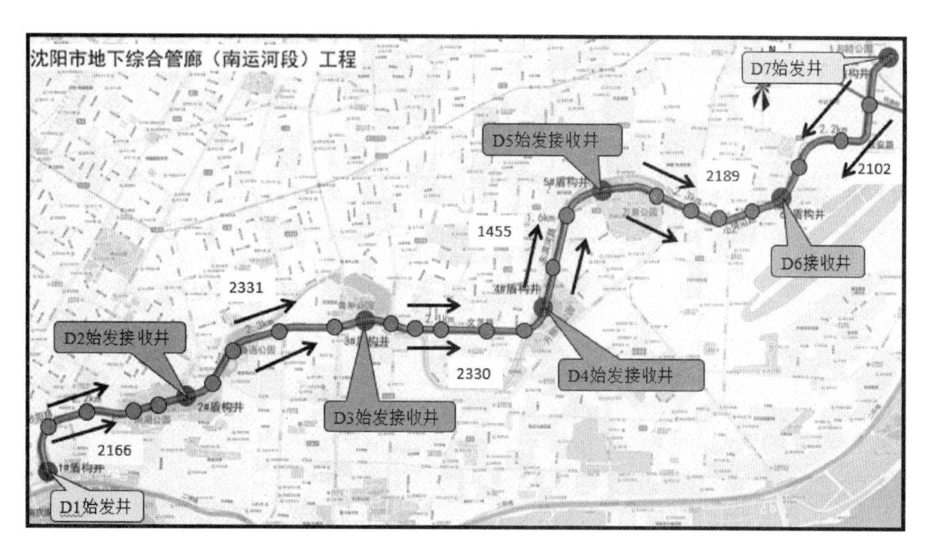

图 1 管廊线路及井位平面示意图

2. 工程特点难点

沈阳市地下综合管廊（南运河段）工程作为国内首条穿越老城区修建的盾构管廊，无论从其自身特点还是建造难度上都具有其显著特点。无相关资料可借鉴，施工难度大，工程具有以下特点和难点：

1）作为国内首条穿越旧城区的盾构管廊，无经验可循

本工程作为全国内首批管廊试点工程，无既有经验可以参考借鉴。根据旧城区特点，选择盾构法施工，也是对旧城区管廊建设施工方法的一次重要探索。

2）工程周边环境复杂，占地协调难度大

全线横跨繁华城区，竖井多，占地协调涉及产权单位多、单个井位最多需改移管线 15 条，协调难度大。

3）线路节点井多，盾构面临频繁过站施工

本工程工艺井较多，12.6km 线路上存在 29 座节点井，平均 400m 一个，频繁的过站施工影响盾构

施工的连续性和施工效率。

4）工程盾构区间面临极限半径下的掘进施工，无经验参考

本工程存在半径仅 250m 的圆曲线段，与盾构机极限转弯半径相同，这种极限半径下的掘进施工前所未有。

5）工程所在老城区风险源多

工程穿越旧城区，沿线需上跨既有地铁线路，穿越地源热泵区域，下穿在建公路隧道、下穿铁路专用线。并且临近市政桥梁，侧穿、下穿建筑物、高压电塔、人防工程、通信塔等，存在较多安全隐患，对施工技术要求很高。

二、详细科学技术内容

关键技术

1）半盖挖“先盾后井”施工技术

（1）半盖挖“先盾后井”施工工序调整技术：

研发出“先盾后井”半盖挖施工技术，解决了竖井施工期间道路正常通行难题。该技术打破传统施工工序，先进行盾构区间施工，再进行节点井施工。

（2）撑—锚组合支撑体系设计及施工技术：

研发了撑—锚组合支撑体系支撑体系，该体系采用上下两道水平混凝土支撑与围护桩刚性连接，利用混凝土支撑刚度大的优点，使整个基坑形成稳定的框架结构形式，大大提高了围护结构的整体稳定性，同时解决了吊脚桩的风险，中间采用一道钢支撑，利用钢支撑安拆方便的优点，使整个体系在施工实施方面更加便捷。在盾构掘进区域因隧道已形成，无法进行内支撑的区域，采用钢支撑＋锚索的形式。撑—锚组合支撑体系见图 2。

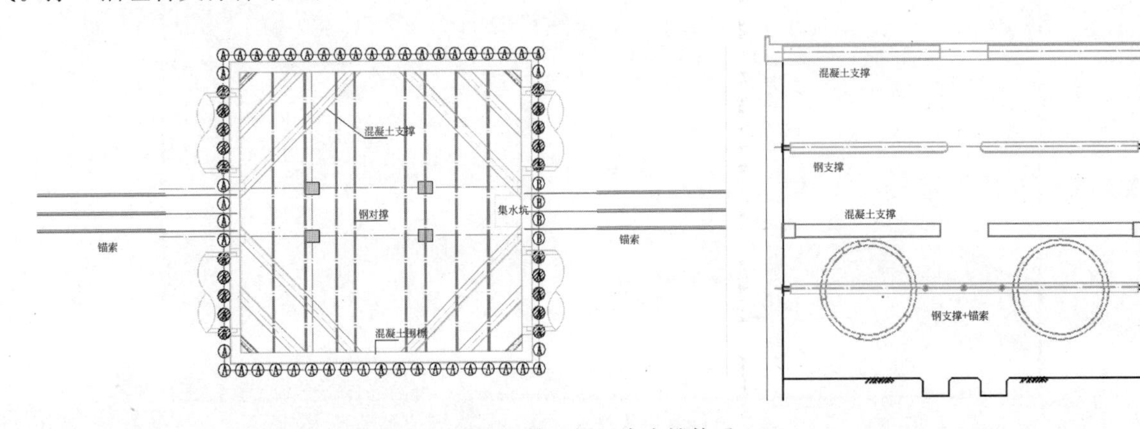

图 2　撑—锚组合支撑体系

（3）盾构隧道土力平衡全环管片拆除施工技术：

技术主要是利用将盾构隧道上部土体通过对管片打开的孔洞回灌至隧道内，使隧道内外土体压力平衡，达到大型机械有充足安全的工作面可以在管片上部自由行走的目的，从而对管片及周围土体进行分层边挖边拆。土力平衡全环管片拆除施工技术示意图见图 3。

2）地下综合管廊盾构连续高效过节点井施工技术

（1）盾构机连续高效过站施工技术创新：

研发出可调节曲率的全环管片过节点井施工工艺，避免了盾构机过节点井频繁始发、接收带来的风险，保证了盾构施工的安全性和连续性，大幅提高了施工效率；

（2）模块化弧形过站钢导台设计及应用：

盾构过节点井导台采用 400×400H 型钢加工，导台铺设轨道并固定。采用模块化设计，法兰连接，方便安拆，既能满足过站，后期又能两套一拼成为始发、接收架。通过弧形导台可使盾构机在二次始发

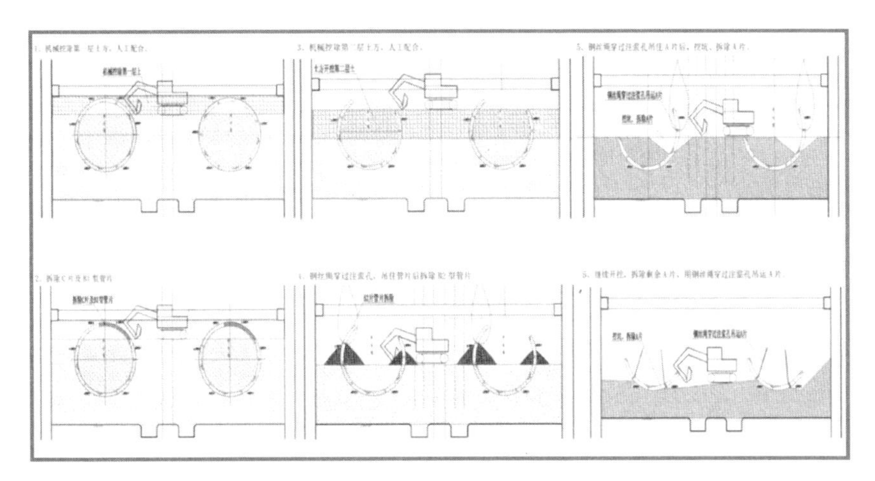

图 3　土力平衡全环管片拆除施工技术示意图

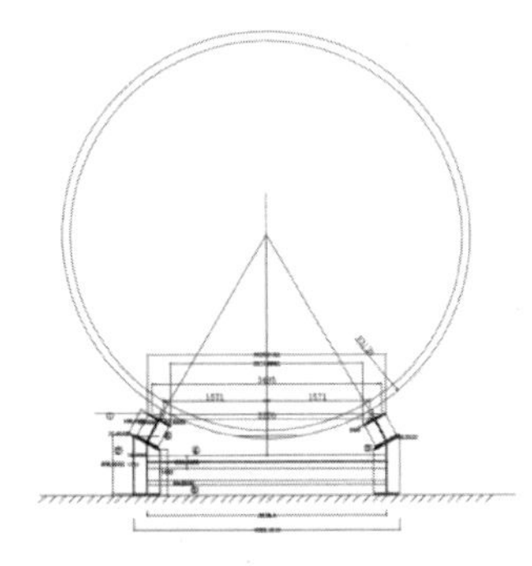

图 4　盾构过点井钢导台结构图

前将姿态调整趋近轴线，减小二次始发时盾构机与轴线的夹角。避免二次始发后姿态偏差过大，产生不良影响。盾构过点井钢导台结构图见图 4。

（3）过站管片安拆施工技术：

管片安装：过节点井时，通过拼装全环管片为盾构机提供反力。在混凝土管片中拼装一环预制型钢管片。采用两片 20mm 厚 Q235B 钢板与 31 根 H175 型钢焊接而成，采用弯螺栓与隧道混凝土管片连接，见图 5。

管片拆除：采用盾构空推过站后，需将节点井处空推段管片拆除，首先切割钢管片，为负环管片卸力，然后拆除混凝土管片。提高施工速度，减小负环管片因卸力拆除时产生的磕碰，提高周转利用率。盾构过点井钢管片拆除示意图见图 6。

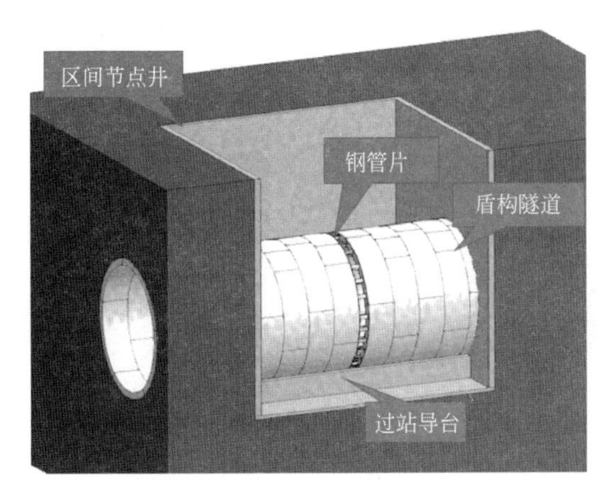

图 5　盾构过点井管片拼装示意图

图 6　盾构过点井钢管片拆除示意图

3）综合管廊隧道极限小半径曲线段盾构法施工技术

（1）盾构数据调整：减小内外推力不同引起的刀盘正前方土体切削量不同，将中盾和尾盾采用铰接连接，有效调整姿态，增加刀盘前方土压力，实际推进压力控制在 0.8～1.0bar。同时将外侧推力调整为总推力的 80%～90%，内侧推力调整为总推力的 10%～20%，实际掘进速度调整为 40～50mm/min。

（2）强化渣土改良：根据现场配比试验结合实施操作，通过渣土改良技术，保证盾构机出土良好，有效解决超挖、欠挖问题。

（3）小半径曲线阶段管片选型：提前根据管片与隧道关系进行管片排版，过程中根据盾构机姿态进行管片微调，最终确保构成隧道与理论周线吻合。

(4) 施工中精细修正：根据圆心角公式进行修正，每推进1环管片，盾构机必须偏移角度。

(5) 使用仿形刀的应急措施：转弯时为防止超挖不完全，通过设置仿形刀，可以在圆周任意区域位置进行超挖，以有利于曲线行走。以此作为过程偏差的应急纠正措施。

(6) 成型隧道管片质量控制：控制小半径曲线成型隧道管片拼装质量采取加大同步注浆量、二次双液注浆及三次管片螺栓复紧的检查相结合，保障管片成型质量。

4) 旧城区综合管廊盾构穿越特殊障碍综合技术

(1) 特殊膨润土浆液防沉降施工技术：

利用盾体预留的径向注浆孔在盾体与其外侧的土体之间的间隙同步进行注浆，充填盾构掘进引起的盾体与土体之间的间隙，并根据地面实时沉降监测情况，及时调整注浆压力和注入量。

(2) 控制盾构机姿态，避免穿越过程频繁纠偏：

盾构推进过程中做好推力、推进速度、出土量等推进参数的控制，控制好隧道轴线，尽量减少蛇形和超挖。在进入穿越影响区之前应根据变形控制指标，对盾构施工参数进行试验，以便顺利通过重要建筑物；施工时进行实时监控，加强监控量测，提高检测的数量及频率，根据反馈信息，随时调整施工参数。

(3) 盾构隧道过密集锚索区施工技术：

总体思路为“矿山法开挖＋割除锚索＋隧道回填＋盾构掘进”的复合施工方法，即首先采用矿山法施工锚索清除，隧道初支，然后利用预留地面下料孔回填隧道，盾构掘进通过暗挖隧道，最后利用盾构同步注浆、二次注浆填充管片背后间隙。

三、发现、发明及创新点

(1) 研发出“先盾后井”施工技术，解决了旧城区核心地段交通导行难度大、管线拆改周期长等难题，实现了旧城区节点井地上地下同步施工；

(2) 研发出型钢导台上拼装全环管片过节点井的施工方法，创新采用单环拼装型钢管片，解决了频繁穿过节点井及管片卸荷、拆除效率低的难题；

(3) 系统研发了砂卵砾地层条件下250m小半径盾构掘进及纠偏综合技术，实现了小半径盾构的顺利掘进；

(4) 研发了盾构隧道空间分舱结构施工技术，实现了盾构隧道内二衬弧形结构快速施工；

(5) 创新采用了管廊智慧化管控平台，解决了复杂条件下长距离城市管廊实时数据收集、处理的难题，实现了管廊施工的智慧管控；

(6) 通过对旧城区重大危险源的分析与评判，创新采用了多种地层处理、自动化监测、施工参数优化及复杂地下障碍处理等技术，解决了上跨既有地铁线路、下穿隧道等盾构施工难题。

四、与当前国内外同类研究、同类技术的综合比较

1. 半盖挖“先盾后井”施工技术

针对节点井制约盾构施工问题，打破传统施工，采用地下管廊半盖挖“先盾后井”施工技术，竖井采用撑～锚组合支撑体系，管片采用土力平衡法进行拆除技术。未见相同报道，具有新颖性。

2. 地下综合管廊盾构连续高效过节点井施工技术

针对节点井多、节点井净空小的特点，打破传统施工，采用模块化弧形过站钢导台技术和混凝土管片＋钢管片负环安拆技术，实现高效过站，相关技术未见相同报道，具有新颖性。

3. 综合管廊隧道极限小半径曲线段盾构法施工技术

综合管廊隧道极限小半径曲线段盾构法施工，曲线半径为250m，与盾构机极限转弯半径相同，未见相同报道，具有新颖性。

4. 旧城区综合管廊盾构穿越特殊障碍综合技术

短距离节点井分体始发，上跨、下穿建筑物时，盾体注入特殊膨润土浆液防沉降施工，富水砂层盾

构端头综合加固，盾构机通过密集锚索区等技术有效解决了老城区盾构法地下综合管廊施工难点，相关技术未见相同报道，具有新颖性。

五、第三方评价、应用推广情况

2019年4月29日，由中国建筑集团有限公司组织的科技成果评价会对《大型城市旧城区地下综合管廊施工关键技术研究与应用》进行了成果鉴定，专家一致认为，成果总体达到国际先进水平。

本项目成果已在沈阳市地下综合管廊（南运河段）工程、南宁市轨道交通5号线等项目推广应用，保证了工程质量，提高了工效，经济与社会效益显著，具有广阔的推广应用前景。

六、经济效益

本工程多项科技创新手段的推行，不仅可以保证工程的优质、高效、安全等目标的实现，而且会带来极为乐观的经济效益；竖井施工中的半盖挖法“先盾后井”施工技术的成功实施、各项专利的发明等等，都在缩短工期、节约资源等方面，给项目带来直接的经济效益。

通过技术攻关，项目实施中确保工程施工质量和工期的同时，可节约工期6个月，降低成本1438.54万元。

七、社会效益

本课题的研究将为以后类似工程施工提供宝贵的技术经验借鉴，同时为今后大型城市旧城区修建地下综合管廊施工技术的发展起到抛砖引玉的作用，“先盾构后竖井”技术在2018年度全国城市综合管廊创新技术交流与发布高峰论坛上获得的中国市政协会颁发的“创新技术”大奖，提高了企业在管廊建设领域的影响力，也提高了公司在类似基础设施领域综合实力和竞争力。

160km 赤水河谷旅游公路绿色生态建造关键技术研究与应用

完成单位：中建四局第三建筑工程有限公司、中国建筑第四工程局有限公司、重庆大学、新疆维吾尔自治区交通规划勘察设计研究院

完 成 人：令狐延、钟 佳、李广金、华建民、蒋 俊、龚志刚、孙云龙

一、立项背景

赤水河谷旅游公路起于贵州省仁怀市茅台镇，止于赤水市，总长度约为160km，属国内至今为止最长的旅游公路。主要建设为山地自行车道、国道改造、沿途基础及服务设施。是一条集旅游、运动、交通并重的特色公路，也是一条景观路、产业路、致富路、文化路、智慧路。

为建设出一条“醉美”、“红色”、生态良好、有旅游价值、方便健身运动的特色公路，同时在施工期间要保护好赤水河水体及河道、珍稀植物、各种动物。利用好当地红色文化、国酒文化、盐运文化。这对设计和施工技术都提出了极大挑战。

图1 赤水河谷旅游公路实体照

二、详细科学技术内容

本研究以赤水河谷旅游公路项目为载体，分析旅游公路建设对生态环境的影响，从设计、施工、生态环保技术及新型环保材料应用四个方面出发进行了系列研究。形成了160km赤水河谷旅游公路绿色生态建造关键技术研究与应用。主要研究内容及关键技术如下：

1. 赤水河谷生态旅游公路设计技术

开创性地基于旅游公路概念实现了五大组成结构设计，包括主体工程、慢行系统、服务设施、信息与解说系统、景观文化等五大组成部分。

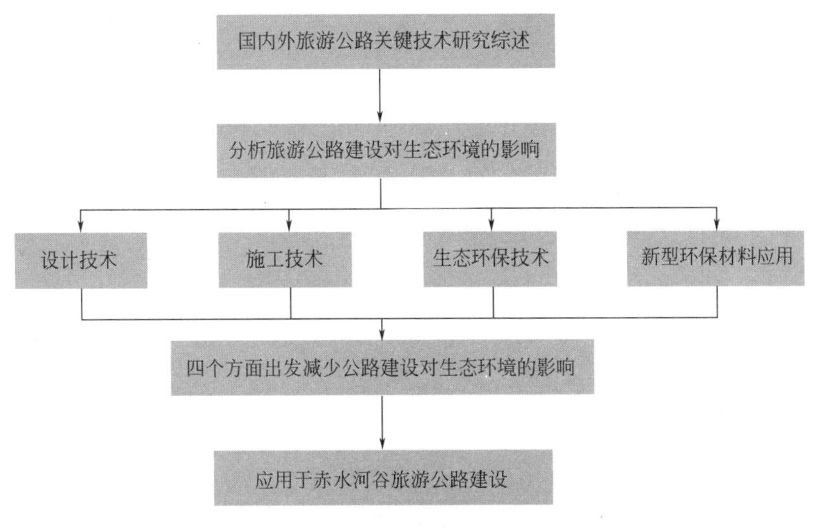

图 2 研究技术方案

1）综合优化的生态旅游公路主体设计技术

合理利用土地资源，地形狭长处设计隧道，减少开挖，达到因地制宜的效果；线路适当调整，绕开文物范围，对保护历史文物具有重要意义。

图 3 施工中的习酒隧道

图 4 沿线遗址、文物造像

2）巧妙、细致的生态旅游公路景观设计技术

平、纵、横线形组合设计，景观文化营造将整条路段串联成整体，满足人们视觉和心理上连续舒适性，并通过修建旅客休憩亭、驿站等，达到美化公路环境的效果。

图 5 旅游公路沿线绿化工程

图6　生态文化驿站效果图

图7　道路平、纵、横综合设计的实景效果

LED节能灯带布置，使旅游公路即使在夜间也能使旅客置身于河谷的美好风光当中。

图8　多彩的LED灯带夜景

2. 赤水河谷生态旅游公路施工技术

1）改进的高频破碎锤施工技术

岩体破碎采用高频破碎锤，有限地避免了爆破施工对沿线酒厂酒窖的影响。也避免边坡陡峭导致石方滚落至赤水河，对赤水河生态产生的破坏。

2）膨胀剂预裂岩石技术

使用膨胀剂预裂岩石技术不产生有害气体、冲击波对环境的影响，不会因爆破飞石滚落至赤水河阻塞河道。

图9　高频破碎器施工示意图

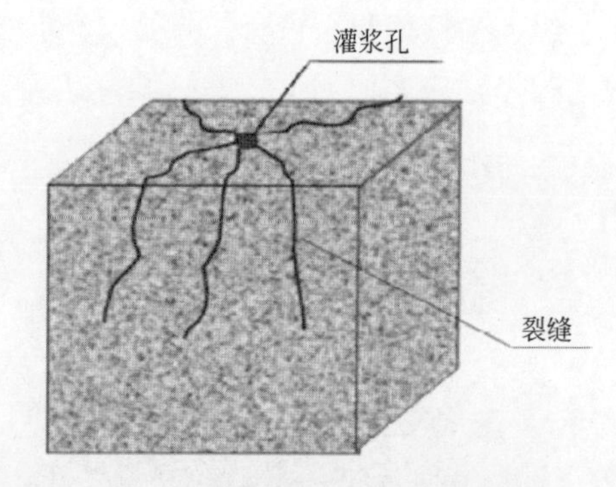

图10　膨胀破碎剂预裂示意图

3）基于控制爆破的河岸陡坡峭壁精细化施工技术

K16＋760～K16＋980地段，土石方开挖量2.6万立方米，左临赤水河，地势陡峭险要，不能影响航道和右侧上方民房安全，故采取控制爆破技术进行精细施工，见图11。

图 11　控制爆破区域典型断面图

4）沿河公路半幅悬挑施工技术

原有路面宽度不满足主、慢线并线后的路面宽度，设悬挑路面宽度 3m，见图 12。大大减少了对原有山体稳定应力的扰动，减少了土石方开挖造成山体植被的破坏，减少了落石及水土流失对河谷生态造成的破坏，对植被破坏较少，减少了对耕地的占用。节约了投资，原有生态也得到最大程度的保护。

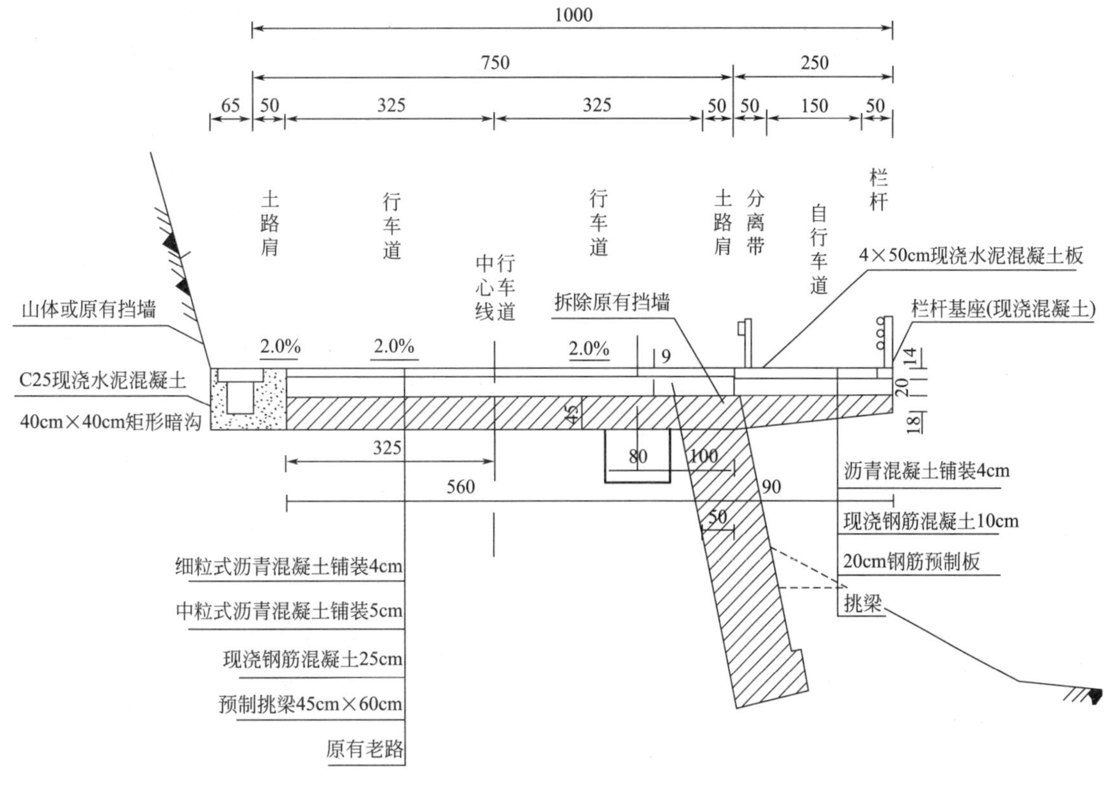

图 12　半幅悬挑路面横断面图

3. 赤水河谷旅游公路生态环境保护技术

本研究以 160km 赤水河谷旅游公路为研究对象，采用人文、生态、资源三位一体的立体保护模式，创新实施了既有生态、施工期间生态及施工后生态全过程的水资源保护、文物保护、古树保护等多项技术。

1）赤水河谷沿线既有生态保护技术

现场施工尽量不改变水流方向、不压缩过水断面，不得堵塞、阻隔水流。S303 省道 K33＋500 段发现文物，路线往赤水河一侧偏移重新修筑路基，成功避开了文物保护区。沿线存活着 20 多棵逾百年古树，经现场查勘将路线往内侧调整改线，同时不影响线型美观，避开黄桷树。

图 13　摩崖石刻雕像与青铜器遗迹

图 14　古树保护

2）沿河围挡的生态环保技术

临河路基施工段落，在施工范围外侧搭设 5 万多延米围挡，防止土石滚落到赤水河造成污染。

图 15　竹制围栏

3）沿线生态护坡技术

由于施工过程不可避免留下的许多裸露边坡，采取纤维毯、撒播植草、穴播＋普通喷播等生态恢复技术处理，起到了边坡稳定、保持水土、绿化美化的作用。

4）生态植草边沟施工技术

采用立体多层排水组合方式，在沟底部采用混凝土进行硬化处理。有效解决因土沟渗水对路基稳定性造成的不利影响。在混凝土表面回填种植土，并种植草皮，有效的恢复了生态。

图 16　生态植草边沟

5）施工废弃物处理的生态技术

充分利用沿线挖方的前提下，采取集中取土、集中弃土，将取弃土场地选择在荒地或山间沟谷中或利用已有取弃土场，少占耕地。泥浆扶壁桩施工，采用泥浆池集中处理、外运，避免污染生态环境。

图 17　弃土场

图 18　专用泥浆池

4. 彩色沥青混凝土应用于生态旅游公路慢行系统技术

1）优化设计最适宜的彩色沥青混凝土配合比

采用石灰岩代替玄武岩作为彩色沥青混凝土集料，通过 Marshall 试验来确定最佳沥青用量，并验证彩色结合料混合料的各项路用性能指标，均满足技术规范或设计文件要求。

2）自主研发旅游彩色公路专用滚筒式沥青生产装置

现场原本配备的聚合物合成无色沥青生产设备原厂设备型号 10t，不能满足现场工期要求，且生产成本偏高，针对上述弊端，首创滚筒式沥青生产装置，见图 19、图 20。滚筒式搅拌器在变频电机的带动下高速转动，使沥青原料充分搅拌均匀；同时，沥青原材料计量采用感应电子计量器具智能投料，保证原料配比精确性，从而提高沥青混合料性能和产能（表 1）。

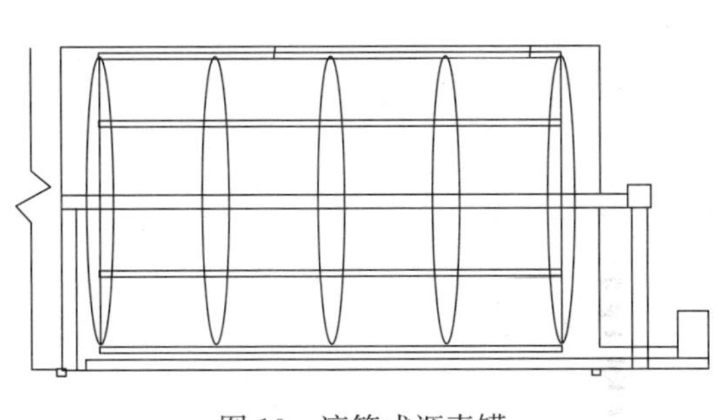

图 19　滚筒式沥青罐

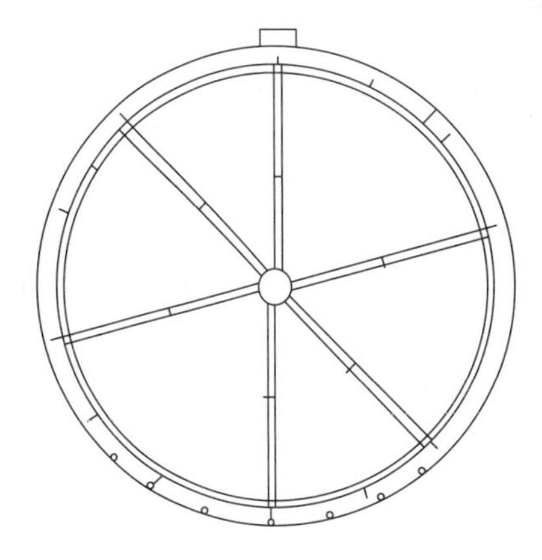

图 20　滚筒式搅拌器

滚筒沥青装置与原装置性能对比表　　**表 1**

序号	名称	原装置	滚筒沥青装置	备注
1	0 号柴油	300～360L	450～540L	耗时 5h，单价 6.55 元/L
		1965～2358 元	2947.5～3537 元	
2	用电	350～420 度	400～480 度	耗时 5h，单价 1.025 元/L
		358.75～430.5 元	410～492 元	

续表

序号	名称	原装置	滚筒沥青装置	备注
3	平均综合成本(元/t)	(2161.5+394.63)/10=255.61	(3242.25+451)/25=147.73	每生产1t聚合物合成无色沥青成本
4	节约成本(元)	(255.61−147.73)×1497=161496.36		聚合物总量:28254.8×0.053=1497t

三、发现、发明及创新点

(1) 国内首次采用景观设计布景随路线勘察先期介入的模式，展开公路工程、交通工程、景观工程、植物绿化、环境保护以及园林建筑等多专业、多学科联合设计。以景引路、为景串线，先入为主，创造了绿色生态旅游公路设计新模式；

(2) 赤水河谷生态旅游公路集成了滨河桥梁倒挂悬挑现浇、临河面岩石预裂、河岸陡坡峭壁精准施工和沿河公路半幅悬挑等多项施工技术，实现了旅游公路的绿色施工；

(3) 采用人文、生态、资源三位一体的立体保护模式，创新实施了既有生态、施工期间生态及施工后生态全过程的水资源保护、文物保护、古树保护等多项技术；

(4) 优化设计最适宜的彩色沥青混凝土配合比，自主研发旅游彩色公路专用滚筒式沥青生产装置，其原料搅拌和投料过程实现了智能化精确控制，提高了生产的稳定性和效率，降低了成本。

四、与当前国内外同类研究、同类技术的综合比较

本项目属于绿色建造技术。针对160km旅游公路毗邻赤水河，途经多处国家风景名胜区、历史遗迹、名木古树，对生态环境保护要求极其严格的特点，从设计、施工技术创新与应用出发，实现了绿色建造和生态保护。项目主要研究内容如下：

1. 研发应用了沿线景观主导的旅游公路生态设计方法

通过合理选线，适当架桥掘隧等方式，保护了沿线生态环境、国酒茅台水源及历史文物资源；景观设计以国酒文化、红色文化和丹霞地貌为重点，把沿线一个个“珍珠”般的景区串联起来，打造“无处不醉、无处不红”的致富小康路。

2. 研发应用了临近河流公路施工的土石方综合控制技术

为最大限度减少对赤水河河道影响，项目集成了临河面岩石预裂、河岸陡坡峭壁精准施工、滨河桥梁倒挂悬挑、沿河公路半幅悬挑等多项土石方综合控制技术。使工期缩短了4个月，每月节电6.64万度、节水3440t，减少了20%的施工土石方量，桥隧比达19.06%，高出普通沿江道路桥隧比10%～15%以上，实现了绿色建造。

3. 创新实施了基于立体保护模式的全过程生态保护技术

采用人文、生态、资源三位一体的立体保护模式，创新实施了既有生态、施工期生态及施工后生态的文物保护、古树保护、水资源保护等多项技术。全线清理砾土35万m^3，外运泥浆3000多吨，搭设防护带5万米，移栽刺桐树226棵，并对沿线20多棵百年黄桷树及25棵珍稀树种进行“绕道”保护。

4. 研发应用了功能性和经济性最优的彩色沥青混凝土技术

对彩色沥青进行优化，自主研发旅游公路专用滚筒沥青生产装置，其原料搅拌和投料实现了智能化精确控制，综合成本节约107.88元/t，提高了生产效率，降低了成本。

综上所述，该项目成果得到成功应用，形成发明专利3项，实用新型专利9项，省部级工法2项，论文12篇，形成了旅游公路施工生态环境保护技术指南，为今后类似的旅游公路建设提供了借鉴，创造经济效益64601.63万元，带动了当地旅游业的发展，创造了32.5亿元的社会效益。经济、社会和环境效益显著。

五、第三方评价、应用推广情况

1. 第三方评价

（1）本项目施工获得了业主、监理单位的一致认可，满意度调查均为非常满意，施工方案和现场组织作业均获得一致好评，实现了人与自然的和谐相处，并达到和谐统一、节约资源、保护环境的效果。

（2）随着 160km 赤水河谷旅游公路的全线贯通，成为全国第一条真正的河谷旅游公路、第一处服务完善的快慢综合交通旅游廊道、第一个设施齐全的旅游公路系统，同时也是全国最长的河谷旅游公路，在第十一届贵州旅发大会上成为众目关注的“明星”。

（3）项目技术鉴定委员会认为，该技术整体达到国际先进水平。

2. 相关媒体报道

（1）2016 年 4 月 23 日上午，由国家体育总局自行车击剑运动管理中心、贵州省体育局、遵义市人民政府主办的 2016 中国・遵义赤水河谷国际公路自行车邀请赛在仁怀市茅台镇震撼开赛。

（2）2018 年 7 月 20 日，由中国建筑集团有限公司举办的“‘建’证 40 年——中国建筑奇迹之旅”大型主题传播行动来到第 11 站——赤水河谷旅游公路，让参与者们共同感受了一次“醉美”生态之旅。

六、经济效益

单位：万元人民币

项目总投资额	450000		经济效益总额	64601.63
年份(年)	新增销售额	新增利税	新增税收	
2015	136165.41	14843.29	4239.32	
2016	142101.17	14199.84	387.229	
2017	43918.90	2875.66	579.78	
2018	25578.55	1947.69	343.43	
累计	347764.03	33866.48	5549.76	

有关说明及各栏目的计算依据：

序号	名称	经济效益说明	经济效益
1	桥梁设计优化	将单跨 20m 的钢筋混凝土箱梁（平均造价为 58622.8 元/m）改为框架梁，框架梁均为单跨 7/8m 的钢筋混凝土实心板（15cm 厚，平均造价为 26005 元/m）。框架梁设计对于 4.5m 宽的自行车道来说能满足安全使用要求，节约施工成本	1 全线框架梁设计总约长为 11025.67m； 2. 产生经济效益约 35963.30 万元
2	悬挑倒挂贝雷梁组合支架现浇箱梁施工技术	以悬挑倒挂贝雷梁组合支架现浇箱梁施工技术代替满堂式钢管支架施工，不仅减少了用钢量，还能防止支架因汛期洪水冲刷出现失稳	1. 全线采用悬吊贝雷梁承重支撑体系施工的桥梁共计 1726m； 2. 每延米节约成本约 1874 元； 3. 累计节约成本 323.40 万元
3	沿河公路半幅悬挑施工技术	采用半幅悬挑施工技术代替原设计的预应力简支箱梁既能满足慢性系统结构安全，又大大节约造价成本，避免造成生态环境破坏，降低安全隐患	1. 预应力简支箱梁平均单价为每延米 35322.71 元； 2. 悬挑梁单价为每延米 3825.74 元； 3. 全线半幅悬挑梁共 3995m； 4. 产生经济效益约 12583.35 万元
4	石灰岩代替玄武岩作为彩色沥青混凝土集料	通过玄武岩与石灰岩的性能试验对比，发现石灰岩各项性能指标均满足规范对粗集料和细集料的要求，因此采用石灰岩作为彩色沥青混凝土集料既方便又能满足性能要求	1. 玄武岩单价约 1500 元/t，石灰岩单价 450 元/t； 2. 采用玄武岩作为集料大约需要玄武岩 136173.33t，需要石灰岩 83279.54 t； 3. 采用石灰岩作为集料大约需要石灰岩 209121.47t，产生经济效益 14763.12 万元

续表

序号	名称	经济效益说明	经济效益
5	节水节电	通过自拌混凝土配合比优化，控制水灰比，现场就地取水或修建集水池进行结构养护，达到节约用水。现场采用LED灯、太阳能灯照明等节约用电	1.生产用水定额消耗量为4066249t，实际消耗量为3456312t，节约费用约213.48万元； 2.生产用电定额消耗量为26201494度，实际消耗量24105375度，节约费用约150.92万元；共产生经济效益364.40万元
6	节约工期	合同工期为540日历天，开工日期为2015年3月1日，完工日期为2016年4月30日，节约工期约4个月	本工程分为8个标段，项目驻地均采取租用民房办公，节约管理人员工资544万元、项目驻地租赁费38.4万元、项目部用水4.4万元、用电17.26万元，经济效益604.06万元
经济效益合计			64601.63万元

七、社会效益

合理选线，沿线景观设计以国酒文化、红色旅游、丹霞地貌、人文文化为重点，将赤水河谷旅游公路打造为“无处不醉、无处不红”的致富小康路。

截至2018年7月，随着赤水河谷旅游公路的建成，仅土城镇接待游客320多万人次，收入32.5亿元，占土城镇GDP40%以上，脱贫1720户，共计7131人，社会效益显著。

图21 赤水河谷旅游公路实体照

既有隧道洞室原位改扩建四季越野滑雪场关键施工技术

完成单位： 中国建筑第八工程局有限公司、中国建筑土木建设有限公司
完 成 人： 亓立刚、孙加齐、石　南、朱传琦、宋　波、崔爱珍、阮鹏飞

一、立项背景

伴随着北京申办第24届冬季奥林匹克运动会成功的喜讯，国家开始重点关注和开展冰雪运动。由于国内唯有冬季才具备越野滑雪训练条件，并没有专业的室内越野滑雪场满足运动员的四季训练需求，我国运动员只能去芬兰、瑞典等北欧国家进行越野滑雪训练。

吉林北山四季越野滑雪场工程是为备战2022年冬奥会而筹建的国家专业运动员越野滑雪训练基地，该工程是将人防工程改扩建成四季滑雪隧道，既有人民防空洞为1965年修建。原有人防空洞宽度在4～8m，高约5m（局部为大跨度洞室），洞内地面标高约198～212m，高差约13m，洞顶埋深约35m。洞内温度4～8℃，洞壁分为四类：喷射混凝土、混凝土衬砌、毛石衬砌、裸露岩石。项目具有以下几个特点：

1. 滑雪隧道体量大，既有结构复杂

原有人防洞室条件复杂，需要借助三维激光扫描与BIM相结合的正逆向建模技术，解决既有复杂结构隧道的改扩建施工控制难题。

2. 洞室跨度大，混凝土施工难

处罚圈位置洞室跨度及顶部轮廓变化非常大，原状无二衬，二衬混凝土浇筑最厚达5m，架体支撑和浇筑施工难度大。

3. 拆改原洞室确保爆破开挖及扩挖难度大

在原洞室防护中有多种围岩状态，需要根据新旧洞室相对位置关系及不同的围岩状态进行爆破开挖，同时人防段的扩挖处理也是创新技术研究方向。

4. 隧道线径曲折，小曲线半径隧道爆破开挖和二衬施工难度大

工程最小转弯半径仅为6m，小曲线半径隧道对于爆破开挖和支护衬砌都提出了极高的要求，施工风险高、难度大。

5. 滑雪隧道温度控制要求高，节能保温技术复杂

滑雪区需确保温度常年为－6℃，管线区需确保温度＋2℃，需要研发适用于隧道滑雪场的冷暖分区控制技术，保证隧道滑雪场使用功能。

二、详细科学技术内容

1. 既有隧道改扩建的三维激光扫描与BIM相结合的正逆向建模技术

（1）根据多站点云数据共同构建原始隧道整体点云，并逆向建立三角网格，形成跟隧道实体完全相同的现场环境，辅助优化设计方案。

（2）结合现场实际情况确定扫描分布点位，利用三维激光扫描仪对洞室进行扫描，得到扫描数据。

（3）通过点云与模型3D对比分析，确定超挖欠挖位置，并提供相对偏移数据，将信息反馈给施工现场进行修整后重新扫描复核，拟合操作见图1。

（4）二次衬砌完成后，通过对比分析和截面点偏差分析，可管控二衬结构的偏差，指导工厂精确生

产及现场精准安装，避免对后续安装和装饰产生影响，复核报告见图 2。

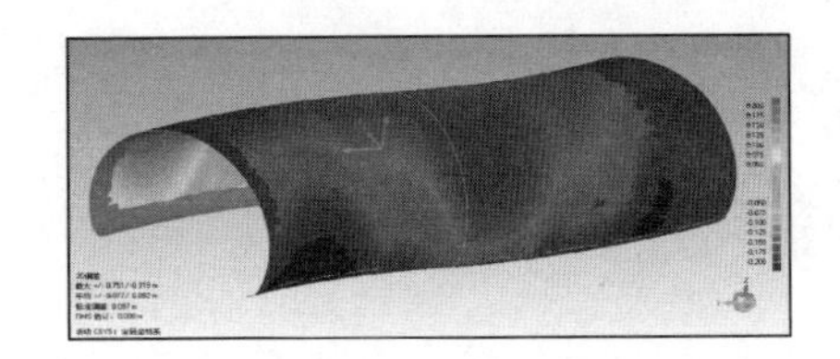

图 1　点云模拟与 revit 模型拟合

图 2　模型复核报告

2. 大跨度（32m）超厚（5m）隧道二衬结构施工技术

（1）装配式型钢支架配合盘扣架体解决 5m 超厚混凝土浇筑难题。处罚圈二衬上下两层钢筋间距达 800mm，过大的间距与混凝土厚度会导致常用的钢筋马凳发生变形而失去功能。因此发明一种可提前预制的新型型钢支架结构，刚度和整体稳定性好，避免因二衬上部钢筋自重和人员踩踏发生沉降和移动。支架结构见图 3，立柱立面图及底部钢筋连接立面图见图 4。

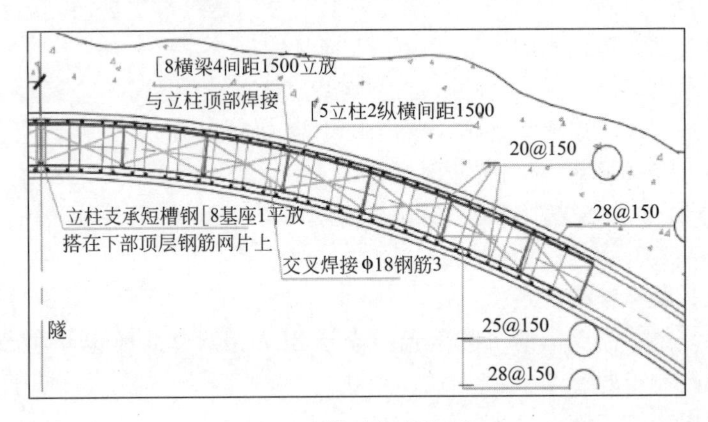

图 3　型钢支架结构图

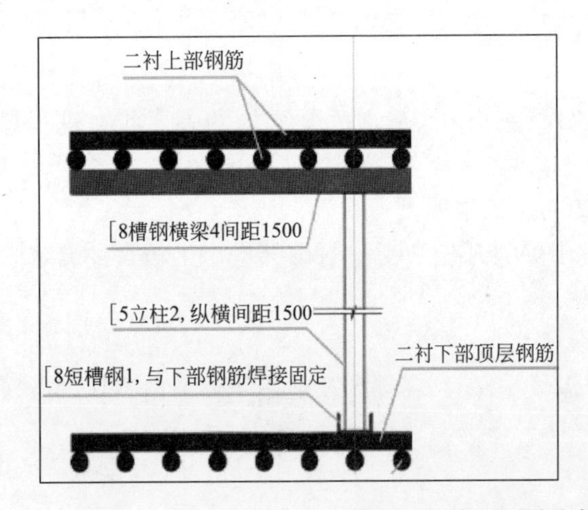

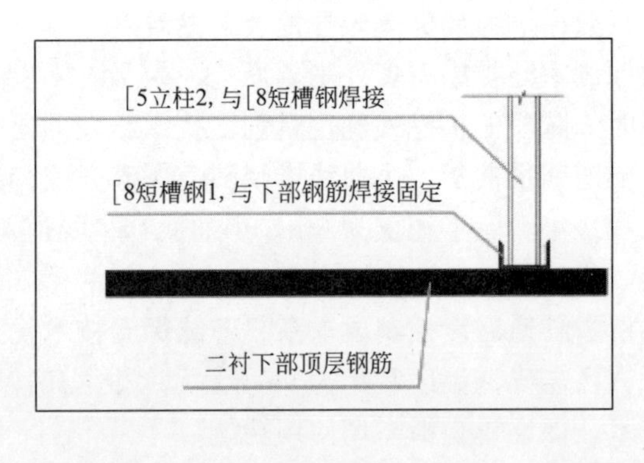

图 4　立柱立面图及底部钢筋连接立面图

目前，盘扣式脚手架多用于房建领域，隧道工程未有使用前例。创新的使用盘扣式脚手架代替 609 钢管支撑处罚圈二衬施工，架体搭设见图 5。

（2）采用三步施工法解决 32m 大跨度二衬结构施工问题，将 11m 净高的大跨度超厚二衬结构由整体浇筑改为整体，按环向分三步施工。第一步和第二步采用单侧支模，第三步采用满堂盘扣架，二衬浇筑时按照 9m 为一板进行浇筑。

通过对三步流水的工序优化、采用新型支撑架体、利用空腔先支设架体和模板后进行钢筋绑扎的方

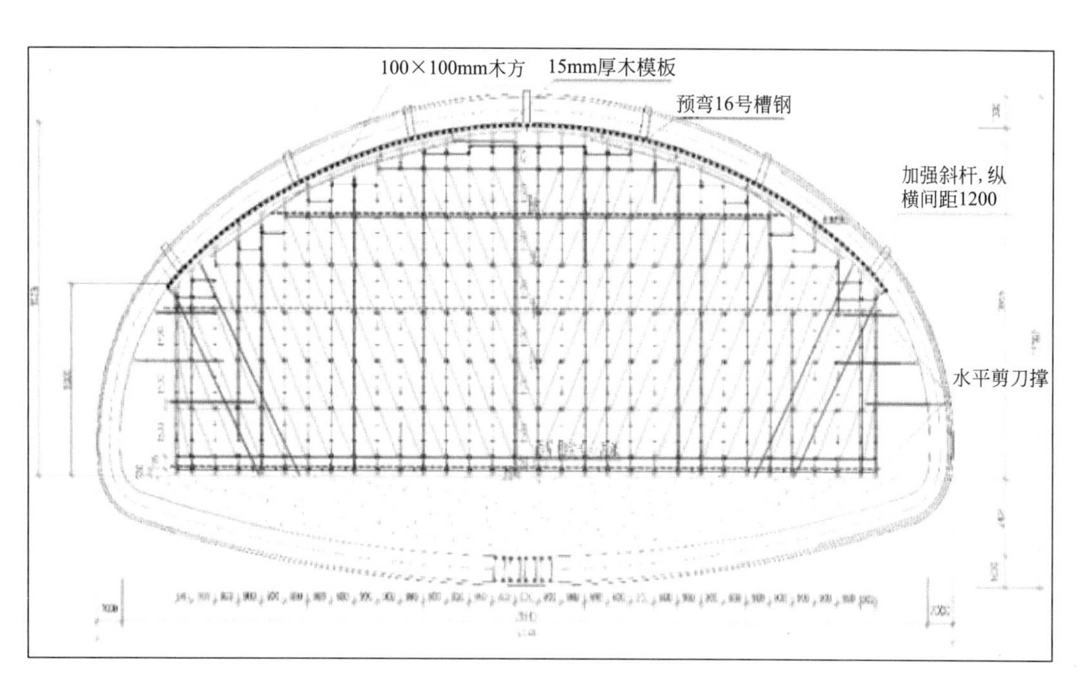

图 5　盘扣架支撑体系剖面图

式，安全可靠、施工方便，顺利解决了大跨度施工难题。

3. 既有隧道原位改扩建开挖爆破技术

(1) 根据不同的情况进行爆破布置。新建洞室包含旧洞室时，先破除原混凝土结构和浆砌石结构，采用微段爆破时利用原有洞体作为临空面和补偿空间；新建洞室不包含旧洞室时，在爆破前方一倍跨径范围内进行旧洞回填或加固，针对原有人防洞室的衬砌设计单独的炮孔布设方式和药量的使用。炮孔布置见图 6，爆破参数（示例）见表 1。

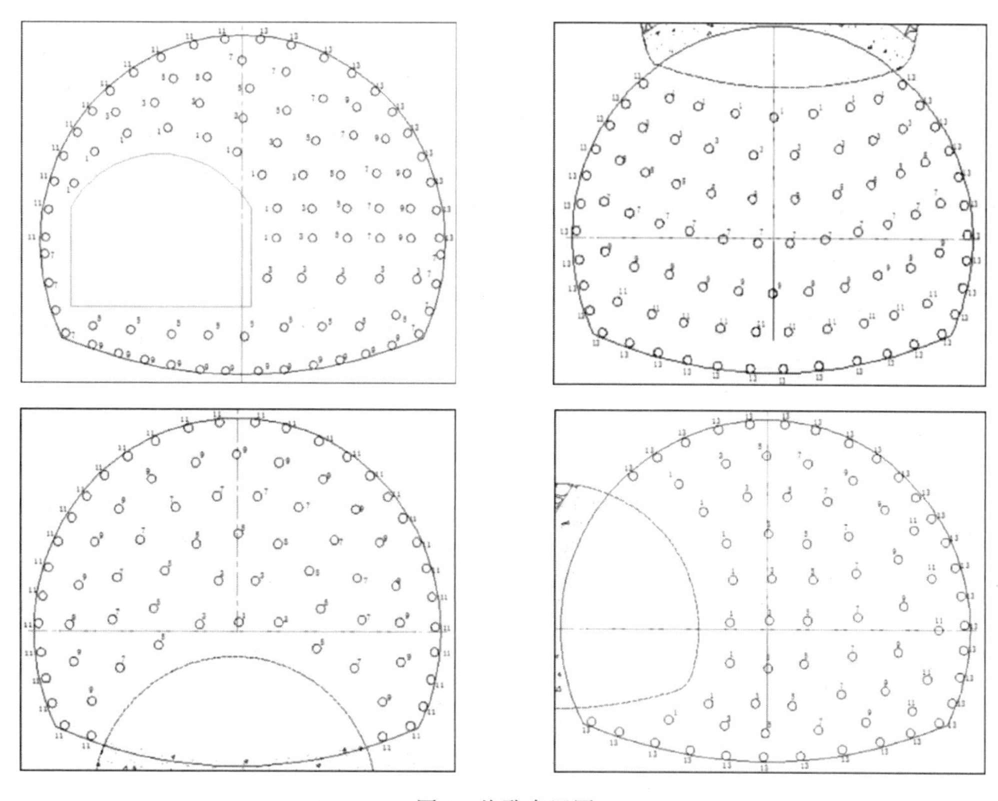

图 6　炮孔布置图

爆破参数表 **表1**

部位	炮眼名称	雷管段别	炮眼个数	炮眼直径(mm)	眼深(m)	炸药直径单卷长(mm)	单卷药量(kg)	单孔药卷数	单段共计装药量(kg)
上台阶	一圈眼	1	9	40	3	32/200	0.15	11	14.85
	二圈眼	3	8	40	3	32/200	0.15	11	13.2
	三圈眼	5	8	40	3	32/200	0.15	11	13.2
	四圈眼	7	7	40	3	32/200	0.15	10	10.5
	五圈眼	9	5	40	3	32/200	0.15	10	7.5
	周边眼	11/13	33	40	3	32/200	0.15	5	24.75
下台阶	水平孔	3	5	40	3	32/200	0.15	11	8.25
	水平孔	5	9	40	3	32/200	0.15	11	14.85
	周边孔	7/9	20	40	3	32/200	0.15	5	15
合计			104						122.1

(2) 变径开挖采用先进后退弱爆破的方式进行，利用钻孔角度爆破至人防扩挖段轮廓后实际上扩挖段还有一部分未完成开挖，此时反向进行爆破，也就是所说的先进后退的方式，炮眼钻进的方向和角度示意图见图7，钻杆第二次钻孔示意图见图8。

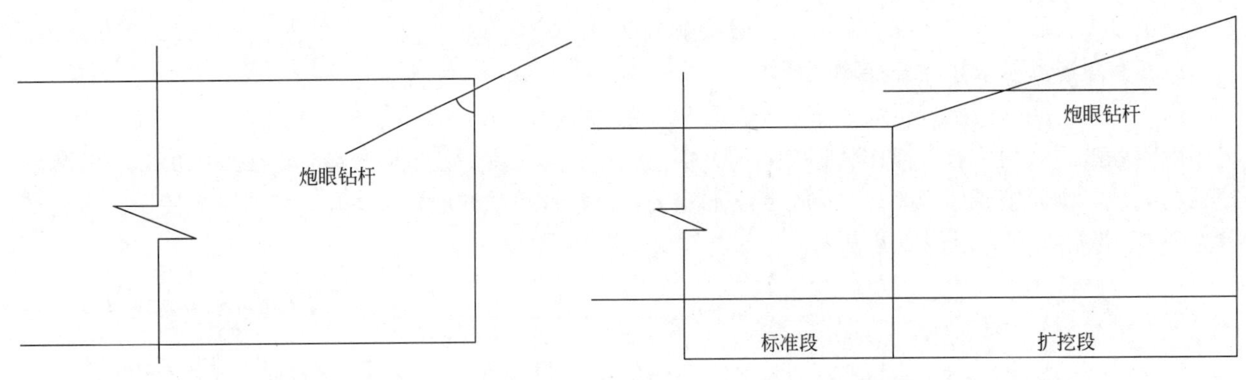

图7　炮眼钻进的方向和角度示意图　　图8　钻杆第二次钻孔示意图

该项施工技术效果显著，仅仅用四个月的时间完成了1000余米的爆破任务，解决了不同状态下的爆破施工及人防扩挖的难题。

4. 超小曲率半径精准爆破开挖和组合台车二衬结构施工技术

(1) 精准爆破开挖技术。超小转弯半径爆破，需要用小剂量的炸药反复爆破，爆破精度要求高，岩体开挖采用浅孔钻爆法，非电毫秒延期导爆管雷管起爆网路起爆。

(2) 多曲线小半径条件下的测量控制技术。隧道最小转弯半径6m，线路交点达42个。为解决线路变化极其复杂的难题，通过在掌子面设定的两个基准控制点安置激光水平仪，标记隧道控制线形成施工控制网，掌子面及激光水平仪示意图见图9。

(3) 组合式台车解决复杂超小转弯半径二衬结构连续施工难题。由于转弯半径过小，常用9m台车无法正常应用于本隧道。通过定制9m组合式台车（3m台车和6m台车进行组合，形成9m可分解组合式台车），利用台车的组合分解对小半径的区段分别对待。

(4) 根据隧道全线形转弯半径从0m到直线段范围确定施工架体，分区间制定模架体系。

1) 转弯半径为0m～20m范围内采用组合架体支撑。

2) 转弯半径为20m～50m范围内采用3m二衬台车。

3) 转弯半径为50m～70m范围内采用6m二衬台车。使用时考虑到6m台车在转弯时需要较大空

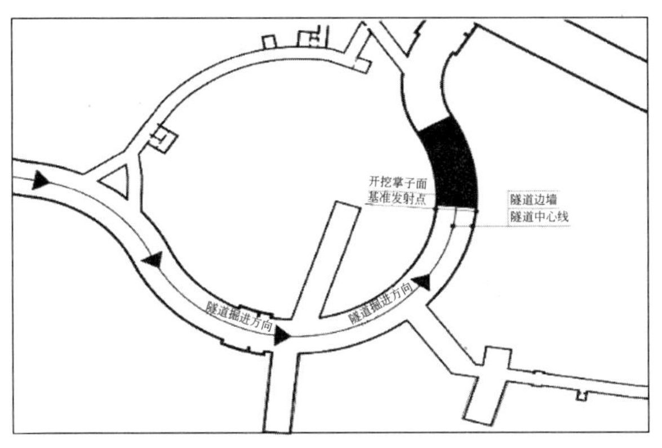

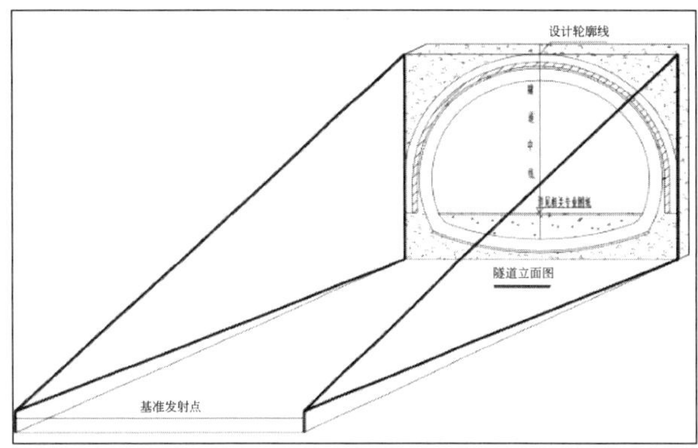

图 9　掌子面及激光水平仪示意图

间，3m 台车施工完毕后 6m 台车无法向前通行，故需要 6m 台车在前 3m 台车在后。两台车可连续作业，也可分开一段距离使用。

4）转弯半径大于 70m 并达到直线的范围内采用 3m+6m 组合式台车，组合后可作为一个 9m 台车整体前进或后退，同时在遇到小转弯半径时可再次拆分，使用灵活方便，大大提高了适用性，台车结构见图 10。

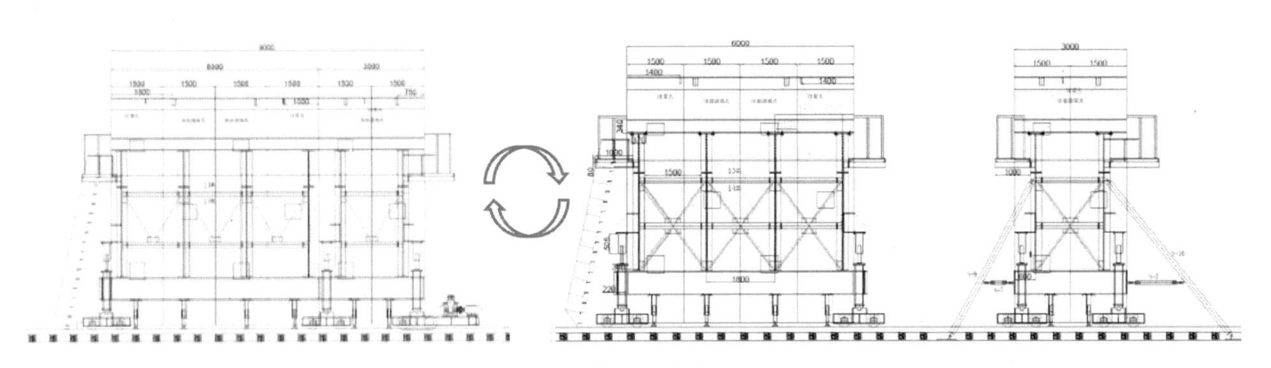

图 10　台车组合分解图

本项技术适用于各种转弯半径隧道结构施工，建立了模架体系，能够解决各类转弯半径的隧道二衬结构施工架体问题。

5. 基于人防改建隧道的四季越野滑雪场复合保温墙体施工技术

（1）发明一种新型墙体解决冷暖分区难题。创新发明复合保温墙体构造（主龙骨+压型钢板+聚氨酯+无机砂浆+玻璃丝绵+埃特板面板）。采用现场喷涂聚氨酯确保密闭性，同时为在聚氨酯表面做无机砂浆保证消防要求，形成复合保温材料；采用后置埋件方式进行钢结构立柱加固，在纵向及环向曲面时根据实测弯曲加工，形成钢结构主龙骨方格网作为复合保温墙体承力结构，并与隧道上设置的后置埋件焊接固定，形成稳定结构。复合保温墙体细部节点见图 11。

（2）定制连接件解决冷桥问题。市场上现有连接件，多以方钢管为主，但是方钢管存在空腔，并且穿刺保温接触面较大，增大了冷桥不利于复合墙体的保温效果。因此设计制作一种适用于本工程的定制连接件，减少冷桥面积，通过可调节螺栓与面板龙骨固定，安装灵活，可前后调节，便于施工，定制连接件详见图 12。

复合保温墙体传热系数检测达到 0.213W/（m^2·K），成功解决了保温隔热问题。

三、发现、发明及创新点

（1）研发了既有隧道改扩建的三维激光扫描与 BIM 相结合的正逆向建模技术，利用三维激光扫描解决改造过程中变化多样的三维双曲造型，通过扫描原始人防洞室进行逆向建模，辅助隧道改造新

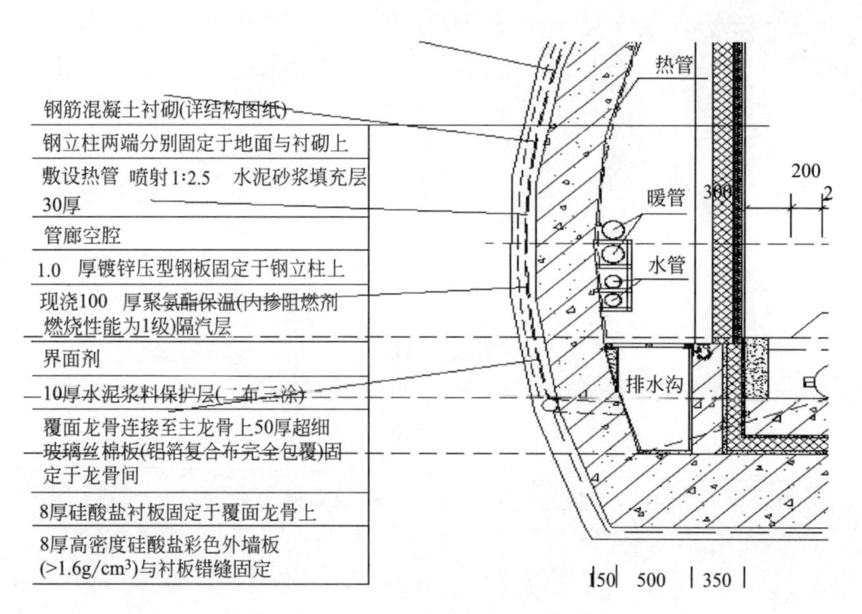

图 11 复合保温墙体构造图

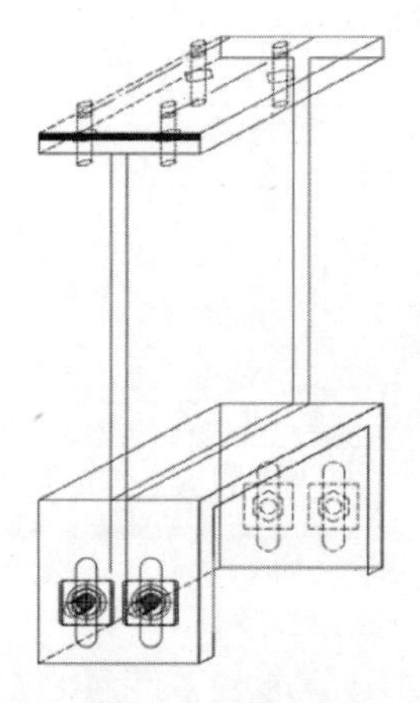

图 12 定制件轴测图

方法。

（2）研发了大跨度洞室二衬施工技术，将二衬整体在环向上分为多步施工，同时在架体选择上摒弃了隧道大洞室二衬施工均采用的 609 大钢管等笨重架体，采用预制型钢支架配合房建领域新型盘扣架体，创新了施工方法。

（3）研发了既有隧道原位改扩建开挖爆破技术，根据原有洞室和新建洞室的空间位置关系设计爆破参数，利用原有洞体作为临空面和补偿空间进行微段爆破，采用先进后退弱爆破解决变径位置的开挖问题，技术先进有效。

（4）研发了超小曲率半径精准爆破开挖和组合台车二衬结构施工技术，利用 3D 扫描结合 BIM 模拟技术实现精准爆破；根据隧道转弯半径建立模架体系，通过多种架体组合解决隧道二衬施工各类转弯半径导致的难点。

（5）研发了冷暖分区隧道保温节能技术，研发出适用于隧道滑雪场的复合保温墙体，解决内外温差及气密性等问题，采用定制连接件最大限度地减少冷桥现象。

四、与当前国内外同类研究、同类技术的综合比较

1. 既有隧道改扩建的三维激光扫描与 BIM 相结合的正逆向建模技术

本工程因其特殊性在世界属第一例，原洞室内无自然光源，无完整图纸资料，路线和截面无固定规则，无法用文字或图形数据表达洞室地貌情况，是隧道改造的一次创新。

2. 大跨度（32m）超厚（5m）隧道二衬结构施工方法

大跨度隧道二衬施工过程大跨度洞室本身就很少见，且又有近 5m 厚的混凝土结构，施工难度极大。经过查新可知，本工程的特点及技术难点在国内外相关文献中均未有类似工程可比，国内人防大体量改造洞室属于国内首例。

3. 既有隧道原位改扩建开挖爆破技术

本工程属于国内第一座人防改建工程，需考虑旧洞室的影响，同时隧道爆破施工过程中要对人防口部进行扩挖施工，工程的特点及技术难点在国内外相关文献中均未有类似工程可比。

4. 超小曲率半径精准爆破开挖和组合台车二衬结构施工技术

目前国内隧道转弯半径最小的隧道为 35m，而本工程最小转弯半径仅为 6m，转弯半径小于 35m 的

共 22 处之多，施工条件突破了国内记录。经过查新可知，本工程的特点及技术难点在国内外相关文献中均未有类似工程难度可比。

5. 基于人防改建隧道的四季越野滑雪场复合保温墙体施工技术

室内越野滑雪场世界上仅有三座，且三座均采用混凝土作为内冷外热的保温墙体，外部不考虑冻融循环。而吉林北山四季越野滑雪场工程建设在隧道内，需要保证山体围岩稳定，该工程的复合保温墙体属于世界首创，技术水平高，具有先进性。

五、第三方评价、应用推广情况

1. 成果评价情况

2019 年 4 月 23 日，经中国建筑集团有限公司组织“既有隧道洞室原位改扩建四季越野滑雪场关键施工技术”的科技成果专家评价，成果总体达到国际先进水平，其中既有隧道超小半径精准爆破开挖技术达到国际领先水平。

2. 成果查新情况

对研究成果关键技术进行科技查新，查新检索国内相关数据库及 Dialog 数据库系统，报告结果为：国内外均未见与该查新点技术相关文献报道。

3. 工程应用情况

本项目成果在吉林北山四季越野滑雪场项目、敦白铁路项目、瑞九铁路项目等工程得到成功应用，在施工过程中质量、安全、工期及经济等各方面得到合理受控并取得了良好效益。在安全上，通过加强严管严控，严格按照技术应用要求进行施工管控，未发生任何以外事故；经济上通过对既有隧道洞室原位改扩建四季越野滑雪场关键施工技术的应用，施工过程中提高了施工效率，降低了施工难度，取得了显著的经济效益和社会效益。

六、经济社会效益

本项目成果已在吉林北山四季越野滑雪场项目等工程成功应用，近两年共计产生直接经济效益 1794 万元。

吉林北山四季越野滑雪场工程是为备战 2022 年冬季奥运会而筹建的越野滑雪训练基地，是由习总书记亲批、国家体育总局联合吉林省和吉林市共同建设的政治工程，工程建成后将成为世界第四座、亚洲第一座四季越野滑雪场地，同时也是世界第一座真正意义上的滑雪隧道，为国家体育健儿提供越野滑雪运动训练场地，助力冬奥。

载体工程深受吉林市政府和国家体育总局关注，项目情况和工程进展需定期提交到国家体育总局汇报至中央办公厅，政治意义重大，社会影响大，将填补我国在该领域的空白，对于后续的市场营销、技术积累起到至关重要的作用，极大地宣传了中国建筑的知名度。

四川省预应力高强混凝土管桩基础关键技术研究与应用

完成单位：中国建筑西南勘察设计研究院有限公司
完 成 人：康景文、郑立宁、陈　云、胡　熠、杜　超、钟　静、纪智超

一、立项背景

管桩自2000年起才在四川省个别工程中开始应用。从工程实践中可知，管桩具有经济效益高、承载力高，能有效解决一些其他地基基础形式不能解决的问题等优势；同时，由于高层建筑兴起，传统的桩基已经不能满足工程设计的要求，迫切需要一种承载能力高、穿透力好、施工方便的桩。因此，在我省推广管桩是一项很有意义的工作。但各地多年来管桩大量的静载试验结果表明，绝大多数管桩的静载试验所得出的单桩承载力要大于现行承载力规范经验公式计算所得的承载力，尤其对于一些中、短长度的端承桩要大很多。如果一直延续按照规范经验公式来确定单桩承载力，必然会造成单桩承载力偏低，结果是工程造价浪费，管桩的经济性无法体现。因此，通过相应的测试试验获取管桩承载力设计参数的研究，不仅为设计、施工提供依据，填补我省这方面的空白，也会为四川建筑业带来显著的经济效益和社会效益。

二、详细科学技术内容

1. 总体思路

本研究综合考虑四川特有的卵石土可挤密性、风化软岩易破碎性、裂隙性黏土结构扩张性，以及桩端附近沉桩过程中不同密实状态的卵石层地基、风化泥岩层和裂隙性黏土的挤压效应对四川地区的管桩承载力影响，并在收集四川地区大量的管桩竖向承载力试验资料的基础上，专门选择试验场地，进行管桩静载试验、高应变试验和桩侧应力应变测试。分析得出管桩的极限承载力值及桩侧摩阻力值和桩端阻力值，推算出管桩在四川典型地基上桩端极限端阻力的修正系数，指导今后相关技术的应用并推动其发展。

2. 技术方案

按照规范经验公式来确定的单桩承载力偏低，则管桩经济性无法体现，而国内外研究均无合适的针对四川地区工程地质特征的设计计算和参数取值方法，故在研究针对四川地区的管桩承载力的设计计算方法和相关设计参数取值过程中，应当考虑：桩端附近不同密实程度卵石层地基的挤压密实作用、风化泥岩层的挤压密实作用以及裂隙性黏土地基的压缩密实作用，充分考虑桩径、桩长、桩端持力层土体类型、土体状态等不同因素对单桩承载性能的影响。

具体的技术路线为：首先对四川地区多个项目中的管桩静载及高应变试验资料进行收集分析，研究不同桩径、桩长、持力层厚度、桩身贯入度条件下的最大承载力及对应的桩身沉降值，了解管桩实际工程中的桩身侧阻力及端阻力发挥情况。然后对比分析管桩侧阻力、端阻力现场实测结果与相关工程规范建议值的差异，并分析其差异原因及主要影响因素。最后基于对比结果和影响因素分析情况得出四川典型场地中管桩极限桩端阻力及侧阻力的修正系数。

3. 关键技术

1）管桩基础的理论研究

通过对管桩的工作机理进行研究，明确了单桩荷载的传递机理，分析得到了影响荷载传递的因素，

并结合管桩单桩桩侧阻力、单桩桩端阻力、水平荷载下单桩的受力性状，得到管桩单桩承载力提高因素的理论依据。

2）四川管桩典型适用场地工程特征研究

针对四川省各地普遍存在的卵石土、泥质软岩、裂隙性黏土（成都黏土、中等膨胀性土的统称），通过既有资料、室内外试验及试验资料的系统整理和总结分析，获得三种典型场地的基本工程特性，得出成都地区卵石土、风化泥岩、裂隙性黏土的工程地质特征总结和建议。

3）四川地区卵石土管桩基础设计方法研究

针对四川地区卵石土，通过静载试验和高应变试验，研究分析规范经验公式计算的管桩单桩竖向极限承载能力与试验实测值的差异及其主要影响因素，提出四川地区卵石土地基中管桩设计方法，提出设计经验公式中桩端摩阻力修正系数，为四川地区卵石土管桩竖向承载力设计提供依据。

4）四川地区泥质软岩管桩竖向承载性能研究

针对四川地区泥质软岩，通过静载试验、高应变试验等系列试验，研究分析规范经验公式计算的管桩单桩竖向极限承载能力与试验实测值的差异及其主要影响因素，提出四川地区泥质软岩管桩设计方法，确定设计经验公式中泥质软岩的力学性能参数，为四川地区泥质软岩管桩竖向承载力设计提供依据。

5）四川地区裂隙性黏土对管桩承载性能影响的研究

针对四川地区裂隙性黏土，通过静载试验以及工程验证，研究四川地区裂隙性黏土对单桩侧阻力分布变化特性的影响，提出裂隙性黏土中管桩沉桩时桩身压缩变形和管桩水平承载力计算的改善方法，为四川地区裂隙性黏土管桩的设计和施工提供参考，拟为地方标准修订提供了依据。

4. 实施效果

（1）编制出《先张法预应力高强混凝土管桩技术规程》DB51/5070、《混合配筋预应力混凝土管桩》川13G167-TJ图集等地方标准。通过专项研究成果和多年工程应用的成功经验总结，基于多项自主创新的自由技术，在国内较早编制适用于四川地质条件和施工水平的技术标准，填补了省内建筑行业的技术空白，完善了国内行业的技术内容，为行业技术标准《预应力混凝土管桩技术规程》的编制提供了大量的技术支持资料依据。

（2）通过预应力高强混凝土管桩在成都香格里拉大酒店、川棉厂住宅项目、龙泉玺城住宅小区等工程项目中的成功运用，验证了本课题研究的四川地区管桩设计方法的可行性与可靠性。管桩可打入密实的卵石层、风化岩层和裂隙性黏土层等，弥补了预制钢筋混凝土方桩等承载力低、沉桩难等工程问题，提高了桩基的施工质量，满足四川地区高层、超高层建筑对基础承载力和施工质量的要求，从技术层面上解决了四川地区修建高层、超高层建筑地基基础的工程难题，为四川地区管桩技术在超高层建筑中的运用提供了借鉴，推动了我省工程技术的升级。

（3）获得发明专利1项，实用新型专利8项，发表学术论文9篇。尤其在管桩的推广应用中取得了突破性的成果，发明专利“一种隔栅式预应力高强混凝土管桩支护结构”和“预应力高强混凝土管桩暗肋锚杆型支护结构”及“对拉式预应力高强混凝土管桩基坑支护结构”拓展了管桩的应用空间；“一种变截面管桩接桩器”和“一种先张法预应力楔形混凝土管桩”采用不同桩径的连接形成一种上大下小新桩型，在挤密土体的同时，进一步提高同径管桩的承载力；“全长灌芯预应力高强混凝土管桩复合地基”通过同根桩采用与CFG桩组合的方式形成复合地基，提高天然地基的强度和抗变形性能，进一步提高复合地基的承载力。

三、发现、发明及创新点

（1）国内首次对四川地区卵石土场地预应力高强混凝土管桩承载力进行专项试验研究，提出了预应力高强混凝土管桩的竖向承载力设计方法及其单桩承载力极限端阻力修正系数，为规程制定提供了编制依据，填补了四川地区管桩承载力研究的空白，达到了国际领先水平。

（2）国内首次对四川地区泥质软岩场地预应力高强混凝土管桩承载力以及浸水软化效应进行专项试验研究，提出了泥质软岩单桩竖向承载力计算应考虑区分不同泥岩软化系数和单轴抗压强度关系的设计理念以及泥质软岩单桩竖向承载能力设计参数及考虑遇水软化效的修正控制方法；采用该方法进行了广泛的工程应用，经过实践和“5.12”汶川地震、“4.20”芦山地震的考验，验证了其可靠性，达到了国际领先水平。

（3）国内首次对裂隙性黏土场地预应力高强混凝土管桩单桩竖向承载力和水平承载力进行专项试验研究，提出了桩侧阻力分布变化呈现典型的摩擦桩特性、坚硬或硬塑裂隙性黏土可直接作为桩端持力层的结论以及水平荷载作用的土层影响长度建议值，为四川裂隙性黏土中预应力高强混凝土管桩基础、高抗震设防烈度地区管桩基础以及基坑支护等应用的设计、施工提供了参考依据，达到了国际先进水平。

四、与当前国内外同类研究、同类技术的综合比较

根据科技查新报告可知，国内外有预应力高强混凝土管桩的设计计算方法等文献的报道，但对强穿透、耐击打预应力高强混凝土管桩承载能力的设计计算方法很少，尤其对于考虑桩端附近不同密实程度卵石层地基或强风化泥岩层的挤压密实作用以及软土地基的压缩密实作用的未见有研究报道。本研究首次对四川地区卵石土场地预应力高强混凝土管桩承载力进行专项试验研究、首次对四川地区泥质软岩场地预应力高强混凝土管桩承载力以及浸水软化效应进行专项试验研究、首次对裂隙性黏土场地预应力高强混凝土管桩单桩竖向承载力和水平承载力进行专项试验研究。此研究填补了四川地区管桩承载力研究的空白，对四川预应力高强混凝土管桩基础、高抗震设防烈度地区管桩基础以及基坑支护等应用的设计、施工提供了参考依据，达到了国际先进水平。

五、第三方评价、应用推广情况

1. 第三方评价

2016 年 5 月 11 日，受四川省科学技术厅委托，四川省住房和城乡建设厅在成都组织有关专家组成鉴定委员会，对中国建筑西南勘察设计研究院有限公司完成的“四川省预应力高强混凝土管桩基础关键技术研究与应用”进行了成果鉴定，鉴定委员会一致认为：“本课题研究成果总体达到国际先进水平，其中卵石土场地和泥质软岩场地中预应力高强混凝土管桩工作性能研究成果达到国际领先水平。”

2. 推广应用情况

采用本课题研究成果的成都龙湖世纪城一期项目、成都国金中心等多项工程获得省部级优秀工程奖，起到了技术示范的作用。

应用预应力高强混凝土管桩的部分典型工程统计表

序号	项目名称	项目规模	甲方
1	万科魅力之城 B7 组团	建筑面积 110000m^2	成都万科置业有限公司
2	合能·四季康城	建筑面积 420000m^2	成都永进合能房地产有限公司
3	雅居乐花园一期	建筑面积 430570m^2	四川雅居乐房地产开发有限公司
4	九峰国际汽配城 1-6 号楼	占地面积 300000m^2	成都九峰汽车汽配商城经营管理有限公司
5	理工大学片区地块二项目建筑物	建筑面积 237183m^2	霏红榭城建集团有限公司
6	宏誉攀成钢片区综合项目一号地	建筑面积 264405m^2	成都市宏誉房地产开发有限公司
7	四川科技职业技术学院新校区建设项目设计	建筑面积 700000m^2	四川科技职业技术学院
8	东景家园限价商品住房项目	建筑面积 110898m^2	宜昌天纵房地产开发有限公司
9	纺专北苑校区学生公寓	一期面积 85000m^2	成都纺织高等专科学校
10	成都市二环路川棉厂项目	建筑面积 398046m^2	龙悦房地产开发成都有限公司
11	宜宾拉菲项目	建筑面积 800000m^2	四川宜宾成中房地产开发集团有限公司

续表

序号	项目名称	项目规模	甲方
12	文泰尚城	建筑面积 103009m^2	成都信德实业有限公司
13	内江天立(国际)学校	占地面积 173300m^2	神州天立教育集团
14	四川恒邦峨眉。青庐	建筑面积 104000m^2	峨眉山嘉恒置业发展有限公司
15	南宁大商汇国际住区二期	建筑面积 84635m^2	新希望集团-南宁大商汇实业有限公司
16	希望花园(昆明大商汇 A1-1 地块)	建筑面积 556608m^2	新希望集团-昆明大商汇实业有限公司
17	塔子山一号	建筑面积 303637m^2	成都新希望置业有限公司
18	卓锦城 R5b 地块住宅项目	建筑面积 257000m^2	成都盛吉立房地产开发有限公司
19	凌阳成芯科技大厦	建筑面积 55373m^2	凌阳成芯科技有限公司
20	鹭岛青城山	建筑面积 19740m^2	都江堰滕王阁房地产开发有限公司
21	宜宾市南溪区溪丽雅时代项目	建筑面积 280000m^2	宜宾市南溪区丽雅置业有限公司
23	兴隆湖环湖景观带项目一期	总面积 274500m^2	成都天府新区投资集团有限公司
24	成都香格里拉大酒店	建筑面积 156755m^2	成都香格里拉大酒店成都有限公司

六、经济效益

经对比，通过采用管桩，相对于人工挖孔灌注桩可节约混凝土用量约 68～71%；管桩相对于人工挖孔灌注桩可节约造价约 49%～54%。

七、社会效益

1）管桩成功取代了预制钢筋混凝土方桩、部分取代了人工挖孔灌注桩等，淘汰了落后产能，推动了建筑基础工程技术的升级。同时，管桩用相对更省的材料用量实现了更高的承载力，减少了资源浪费，降低了投资成本。

2）本课题研究成果成功地解决了我省在卵石土、风化软岩、裂隙性黏土场地上建造高层和超高层建筑的技术瓶颈，提供了较为经济的基础建造技术，促进了我省高层建筑的蓬勃发展。

3）本课题研究形成的多项专利和论文等自主知识产权技术、编制的《先张法预应力高强混凝土管桩技术规程》DB51/5070 和《混合配筋预应力混凝土管桩》川 13G167-TJ 地方标准填补了四川地区管桩设计技术与标准空白；并为国家相关标准编制提供了技术参考，促进了我国建筑基础建造技术的提高。

4）管桩在我省的多年工程应用中未曾出现因其造成的工程安全问题，均满足工程正常使用要求；并经受住了 2008 年“5.12”汶川大地震、2013 年“4.20”芦山地震的考验，为人民生命财产提供了安全保障。

5）管桩相对于人工挖孔灌注桩、预制钢筋混凝土方桩等传统基础建造技术能充分实现“四节一环保”，符合我国绿色建筑发展需求，能有效推动我国建筑行业的绿色发展。

6）近年来，各地高楼大厦的建设如雨后春笋，管桩在高层建筑中得到大量应用，倍受业主方的青睐。同时，由于其技术先进、生产工业化程度高、质量稳定、施工周期短和资源消耗少等技术、经济优势，还在铁路、公路与桥梁、码头、水利、市政及大型设备等工程基础中得到广泛应用。

空铁联建超大航站楼建造关键技术

完成单位： 中建三局基础设施建设投资有限公司、中建三局集团有限公司、中建钢构有限公司、森特士兴集团股份有限公司

完 成 人： 戴小松、朱海军、刘军安、李　鹏、王　聪、叶亦盛、乐　俊

一、立项背景

在打造武汉天河机场与城铁、地铁轨道交通联合共建成为综合交通枢纽的过程中，为满足建筑功能和节约空间的要求，采用地上、地下立体交通空间的同步建设的思路进行。如何高效、安全地完成航站楼与城际铁路、地铁线路的联建，便成为整个航站楼地下施工阶段的关键点。天河机场 T3 航站楼钢结构屋盖面积大，造型非常复杂，悬挑段长，为满足建筑要求，还设置了两段长达 120m 的大跨度桁架。机场下部支承结构中，广泛采用变截面钢管柱，柱内设置多种功能性管道。常规的钢结构施工方法无法满足 T3 航站楼钢结构的施工要求。航站楼主楼部分长度约为 772m，为满足建筑功能及立面效果要求，沿主楼长度方向仅设置两道变形缝。钢结构屋盖单元最大长度达 274m，相应下部混凝土结构单元最大长度达 234m，按照常规的分区分块、设置后浇带的施工方法无法满足整体工期要求。伴随着机场航站楼等大跨度公共建筑兴建，使具有轻质高强、外形美观等优点的金属屋面在这些大跨度公共建筑中得到了广泛应用。T3 航站楼金属屋面面积约 23.7 万平方米，且双曲面面积达 7 万多平方米，属国内业界少有。为了在较短的时间内完成金属屋面的安装，达到防掀翻、防渗漏的性能，同时更好的实现建筑师的双曲的“凤凰”栩栩如生的建筑造型，为解决施工难题，确保工程的顺利实施，亟须对空铁联建超大航站楼建造技术进行攻关，推动机场航站楼建设发展。

二、详细科学技术内容

1. 超大面积金属屋面抗风及防水排水技术

因大型金属屋面跨度大、自重轻、柔性大以及自振频率低等特点，使得其对风荷载比较敏感，容易发生风揭事故，此外，大型金属屋面的渗漏问题是行业内的一大难题，由于细部设计、施工的缺陷，在细部节点、天沟、排水系统等部位易出现渗漏水。

针对该问题，课题组研究开发了一套超大面积金属屋面抗风及防水排水施工技术，采用风洞试验在结构模型上布置测点，通过风洞试验得出各个风向下的风压分布。对风荷载影响较大的区域通过檩条加密以及采用一种创新的抗风夹具的方式增强抗风能力。

(*a*) 风洞试验模型

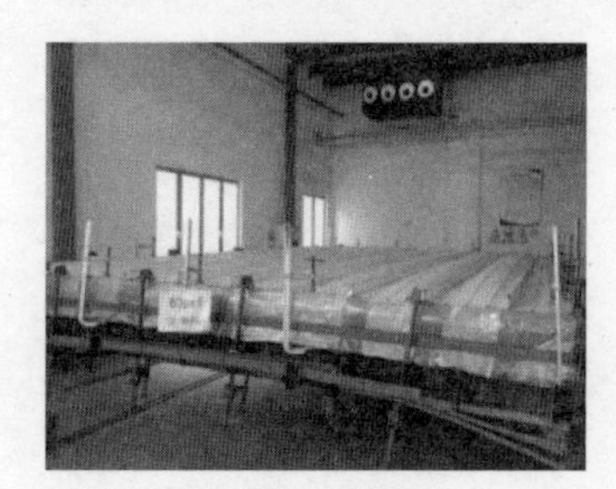

(*b*) 抗风揭试验

图 1　风洞试验确定加密加固区（一）

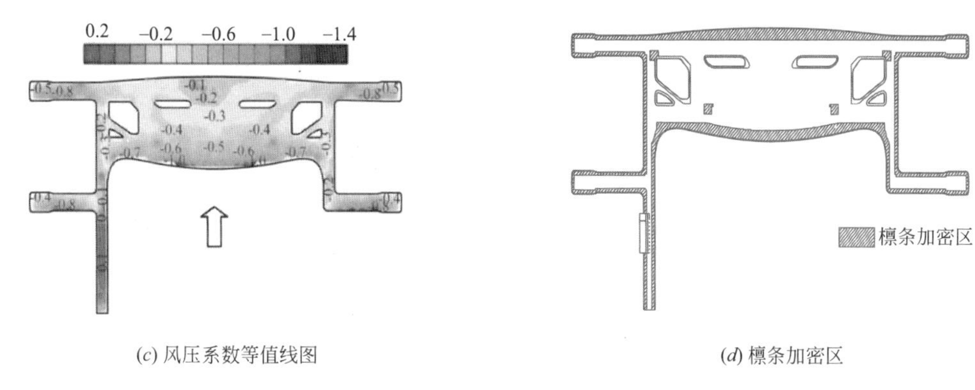

(c) 风压系数等值线图　　(d) 檩条加密区

图 1　风洞试验确定加密加固区（二）

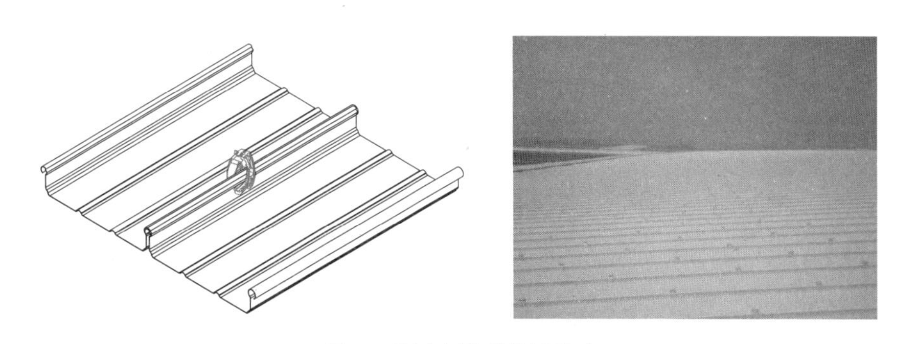

图 2　抗风夹增强抗风能力

经过局部的深化设计确定排水天沟的平面布置，对天沟进行排水能力校核。采用局部微调标高的方式，在保证原有双曲屋面造型不变的同时，提高该区域的排水能力。直立锁边金属板板下侧特增设一道 0.8mm 镀铝锌压型钢板，置于高分子聚乙烯防水透气膜上方，起到多重防水效果，使屋面成为一个可呼吸式的构造体系。室内水蒸气可穿越屋面系统散发至室外，避免室内出现冷凝水、结露等现象。同时，通过反毛细凹槽，檐口滴水片，天沟伸缩缝等节点深化。增强了防水能力，保障防排水性能。

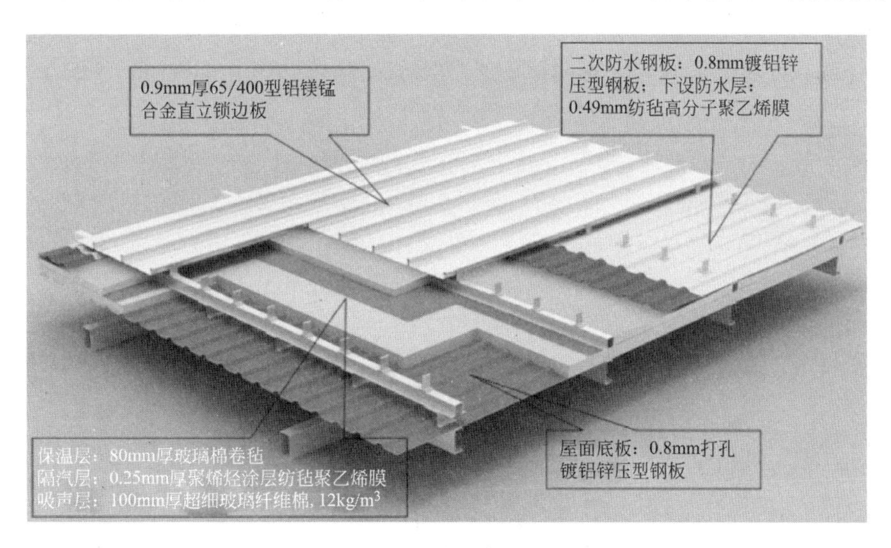

图 3　多重防水透气金属屋面

在金属屋面的伸缩缝的处理上，采用一种创新金属屋面板伸缩缝结构，当屋面发生沉降时，屋面体两端两者之间产生了相对位移，盖板将以支架与盖板的连接件为中心发生旋转，支架会沿着带有长孔的导轨滑动，具有水平方向以及竖直方向多个方向伸缩的作用。天窗节点采用断桥隔热铝型材的方式，固定天窗系统选用隐框的天窗型材，充分、有效地利用了能源，通过热工计算验证性能。对开启天窗进行

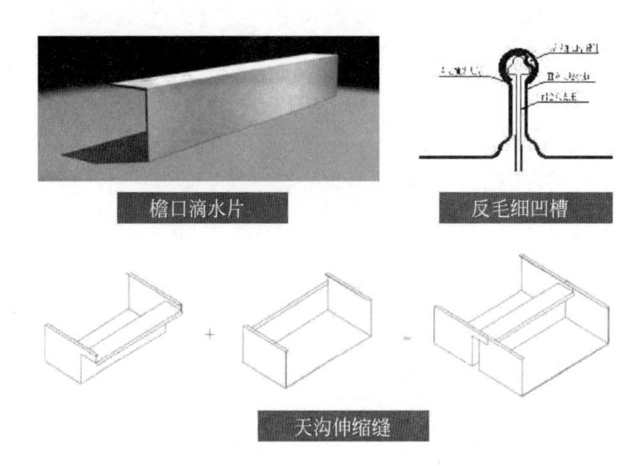

图 4　防水节点深化

防排水节点深化，保证天窗的密闭性。

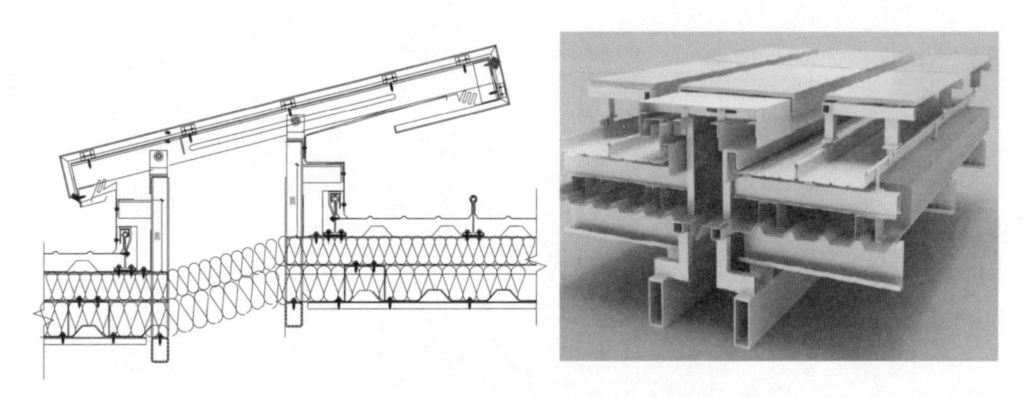

图 5　多个方向伸缩的金属屋面板伸缩缝结构

2. 内置虹吸雨水管集成于钢管混凝土柱的“逆序法”建造技术

变截面倾斜钢管柱造型独特，体现一种结构美学。航站楼屋盖由 394 根圆锥形变截面钢柱支承，其中边柱随建筑立面外倾 12°。为了节约空间和增加建筑的使用寿命，主楼区域屋面虹吸雨水管埋设于钢管柱内。虹吸雨水管在钢管柱中安装，不仅解决了节点设计的难题，也避免了雨水立管外敷导致整体立面效果变差的问题。提出一种鱼腹式倾斜混凝土钢管柱内虹吸水管的施工方法，先通过钢筋和预应力波纹管的穿孔位置确定虹吸水管可布设的位置，再逆向定位钢柱内环板上开孔的位置，通过 BIM 可视化技术确定雨水管的位置，在后续设计中可将冲突部位做出相应调整。有效解决了三者的相互碰撞，实现了虹吸水管的快速安装。

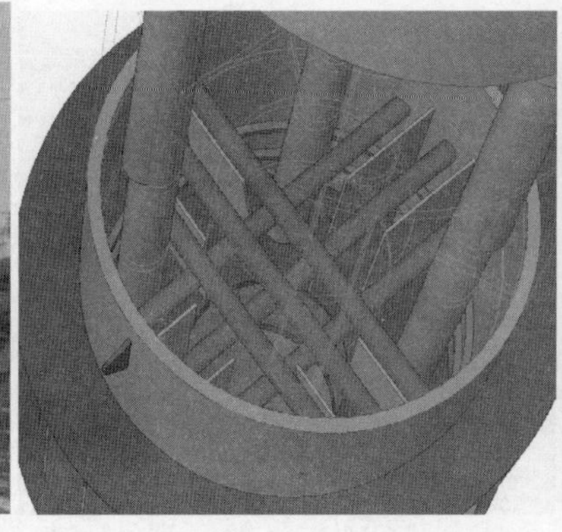
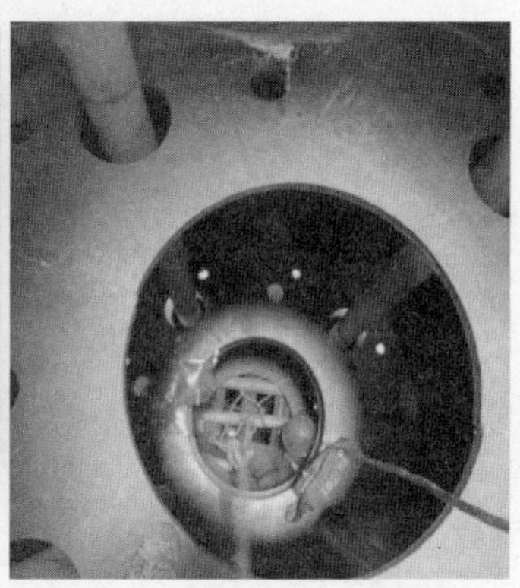

图 6　多个钢管柱内虹吸水管快速安装施工技术

3. 集成超大面积钢屋盖建造技术

当屋盖跨越楼层错层提升，错层位置没有钢柱的情况，需增加临时提升点，设置门式临时提升架，并对提升架进行模拟分析。采用一种可调节式支撑结构及一种可调式钢结构支撑结构进行钢结构单元体的拼装，其中一种可调节式支撑结构通过结构自身支撑杆的位置，可实现快捷方便的钢结构单元安装，同时对场地要求较低；一种可调式钢结构支撑结构通过设置多个等间距分布在管托及立杆外圆周壁上的水平方向的侧向圆孔与水平定位螺栓配合，使用方便、简单易操作，且可根据实际需要调整高度。

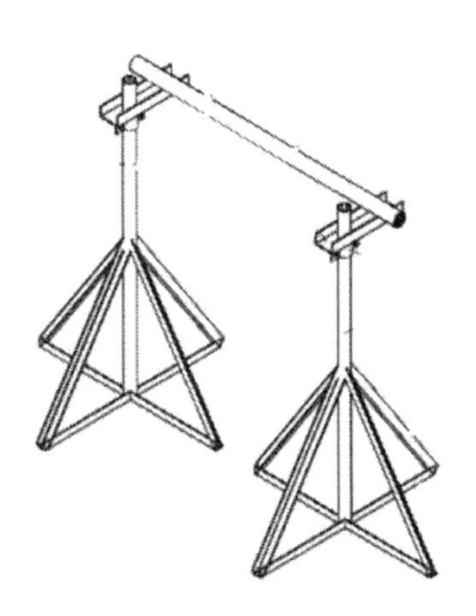

图 7　一种可调节式支撑结构

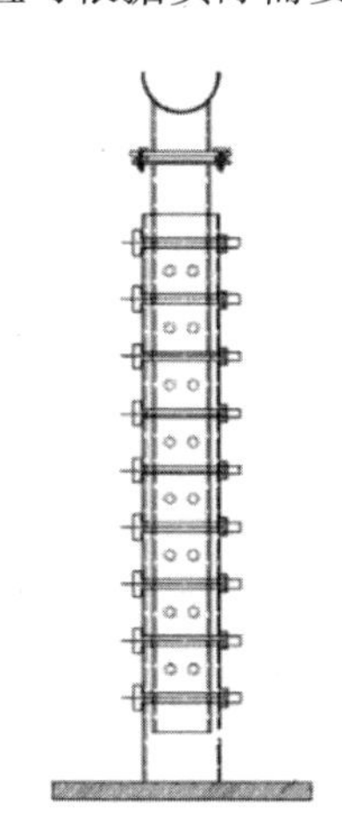

图 8　一种可调式钢结构支撑结构

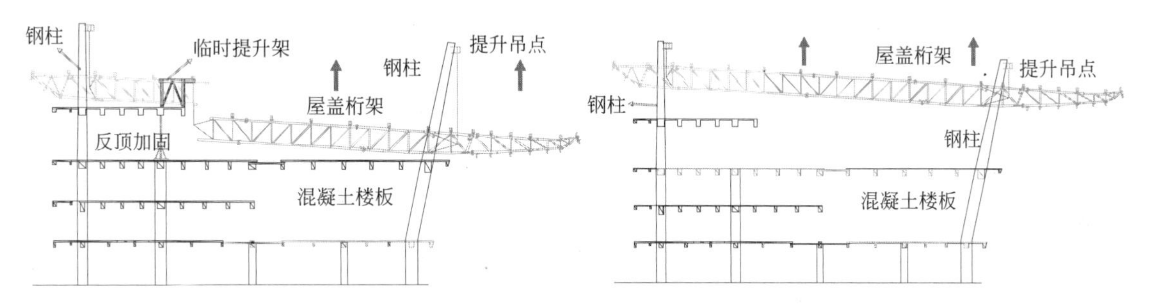

图 9　错层提升施工步骤

工程采用屋盖错层提升施工方法，解决了屋盖结构高差较大、跨越楼层等问题。该方法将屋盖分多次在不同标高上进行提升、拼接，最终形成整体，再提升至设计标高。错层提升技术的应用，减少了高空作业，提高了桁架安装效率，解决了大面积屋盖施工技术难点，保证了屋盖整体的精度，同时也大大解决了屋盖桁架拼装措施胎架高度，节省了措施胎架投入，同时加快了施工进度。

4. 空港与多条轨道交通同步立体交叉的建造技术

在打造武汉天河机场成为零换乘交通枢纽的过程中，为满足建筑功能和节约空间的要求，采用地上、地下同步建设的思路进行。目前，空铁联建的常规方法是采用转换梁技术，借助转换结构进行荷载转换。天河机场地下共有五条城铁、地铁隧道下穿，共建基坑跨度达 80m，采用转换梁的形式无法实现。于是采用了另一种方式：在城、地铁隧道结构的间隙，通过接桩柱将航站楼荷载传到工程桩。并依此提出一种空铁联建区轨道交通隧道与航站楼接桩柱施工结构，并通过有限元计算软件模拟计算了轨道交通荷载对接桩柱的影响分析。

计算表明，在轨道交通动荷载作用下接桩柱及工程桩的应变均小于混凝土的极限应变，轨道交通动荷不会影响接桩柱及工程桩的正常使用。通过对空铁共建区基坑施工时序进行模拟，提出了一种针对大跨度空铁联建区同步施工新方法，采用接桩柱的结构形式将上部荷载传递给工程桩，避免了城铁隧道主体结构与航站楼工程桩的施工交叉，实现了空铁联建区同步施工，节省工期 3 个月。

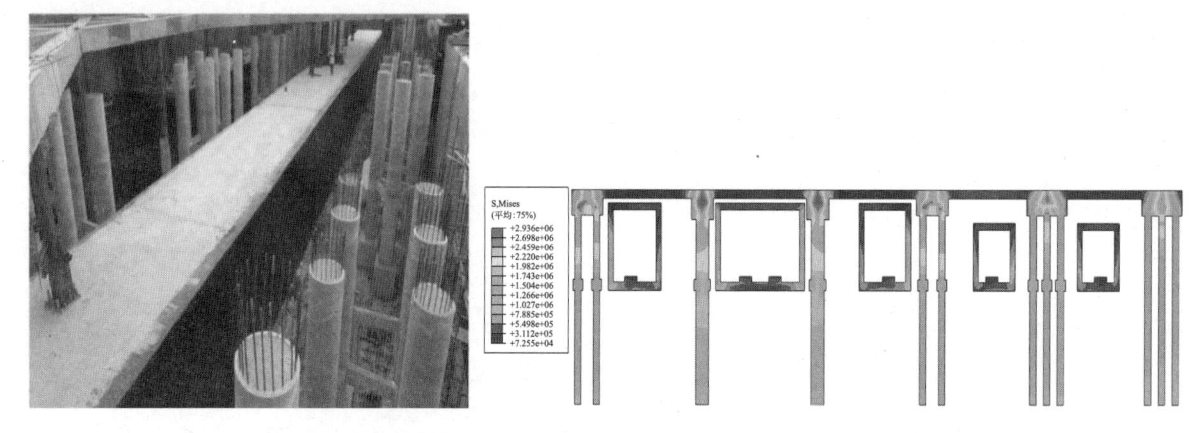

图 10　空铁联建区轨道交通隧道与航站楼接桩柱施工结构

5. 超大结构单元不设缝施工技术

采用抗放结合的施工方法，在不增加胶凝材料用量的基础上，通过优化配合比，尽量提高混凝土的抗拉强度，以混凝土本身的抗拉强度抵抗后期的收缩应力。有效避免了裂缝的产生。同时在地下室顶板及外墙部分结构单元内设置诱导缝，可有效释放温度作用下的结构内力，有利于减小构件截面尺寸及钢筋用量。

通过跳仓间隔释放混凝土前期大部分温度变形与干缩变形引起的约束应力；相邻各仓之间的浇筑时间间隔不小于 7d。根据混凝土配合比，计算最不利单元（234m）施工的混凝土收缩应力，施工分区根据规范均控制在 50m 以内。有效地控制有害裂缝的产生，缩短了混凝土浇筑的间歇时间，节约施工工期。

三、发现、发明及创新点

（1）超大面积金属屋面抗风及防水排水创新技术。针对超大金属屋面易发生风揭、渗漏水的行业难题，研发了一种新型防水透气金属屋面，起到多重防水效果。通过风洞试验，对不利位置采用檩条加密，并发明了一种压铸金属抗风夹具，增强了抗风性能。发明了一种金属屋面板伸缩缝结构，实现其水平以及竖直方向多方向伸缩的作用。

（2）内置虹吸雨水管集成钢管柱建造技术。通过采用“逆序法”对圆锥形变截面钢柱进行深化设计，提出了一种鱼腹式倾斜混凝土钢管柱内虹吸水管的施工方法，实现了虹吸水管快速安装。

（3）超大面积钢屋盖集成建造技术。针对不同特点的钢屋盖，采用错层提升、原位拼装整体提升、跨外分片吊装、钢桁架滑移、等比例分级卸载等施工方法，解决屋盖结构高差大、39m 大悬挑等施工技术难题。

（4）空铁联建技术。针对大跨度空铁联建区下穿隧道与航站楼同步施工，通过有限元计算软件对轨道交通的静、动荷载对接桩柱的影响进行分析，确定了空铁联建施工方案，并对方案进行了模拟分析，确定最合理时序方案，实现空铁联建区同步施工。

（5）超大结构单元不设缝施工技术。采用抗放结合的施工方法和优化混凝土配合比的方法有效地解决了结构超长单元不设缝的技术难题。

四、与当前国内外同类研究、同类技术的综合比较

（1）发明了超大面积金属屋面抗风及防水排水创新技术，起到多重防水效果；采用檩条加密、抗风夹具，增强了抗风效应；发明了一种可多方向伸缩的金属屋面板伸缩缝结构，优化了天窗节点，解决了超大型金属屋面渗漏水的难题。

（2）研发了内置虹吸雨水管集成于钢管混凝土柱的“逆序法”建造技术，对圆锥形变截面钢管混凝

土柱进行深化设计，提出了鱼腹式倾斜钢管混凝土柱内虹吸水管的施工方法。

（3）集成了超大面积钢屋盖建造技术，针对不同特点的钢屋盖，采用错层提升、原位拼装整体提升、跨外分片吊装、钢桁架滑移、等比例分级卸载等施工方法，解决屋盖结构高差大、跨越多个楼层、39m 大悬挑等施工技术难题，提高了工效。

（4）采用了一种新的空港与多条轨道交通同步立体交叉的建造技术，通过桩柱连接的结构形式，经过有限元计算软件荷载分析和对同步施工方案的模拟分析，实现了多专业、多工种的空铁联建同步。

（5）丰富了超大结构单元不设缝施工技术，采用有效措施和优化混凝土配合比，解决了 234m 结构超长单元不设缝的难题。

五、第三方评价、应用推广情况

1. 第三方评价

1）成果评价

湖北省技术交易所 2018 年 5 月 5 日组织的成果评价委员会专家一致认为：研究成果总体达到国际先进水平。

2）省科技示范和全国绿色示范工程验收意见

作为 2015 年度湖北省建筑业新技术应用示范工程，于 2017 年 9 月 29 日组织的验收专家组专家一致认为：该工程应用新技术的整体水平达到国内先进水平，其中部分技术达到国内领先水平，同意通过验收。作为第五批全国建筑业绿色施工示范工程，于 2017 年 7 月中国建筑业协会组织的验收专家组专家一致认为，工程通过验收合格，达到优良水平。

2. 应用推广情况

研究成果已在武汉天河机场、贵阳龙洞堡机场、昆明长水机场等工程中得到了应用，获得经济效益 7475 万元，本项目成果在各工程实践中的应用情况表明："空铁联建超大航站楼建造关键技术"在工程应用中具有良好的适应性和显著的效果，能在成本、工期控制、质量、安全保障等方面提供有益的指导，对于促进民用航空机场建设发展，具有极高的借鉴意义和广阔的推广应用前景。

六、经济效益

天河机场 T3 航站楼：空港与轨道交通同步立体交叉的建造技术节约 813 万元（长水机场 150 万元）。超大面积金属屋面抗风及防排水创新技术节约 1027 万元。超大结构单元不设缝施工技术节约 1545 万元（长水机场 350 万元、龙洞堡机场 488 万元）。内置虹吸雨水管集成钢管柱建造技术节约 220 万元（龙洞堡机场 50 万元）。超大面积钢屋盖集成建造技术节约 2463 万元（长水机场 141 万元、龙洞堡机场 210）。

天河机场 T3 航站楼累计节约 6068 万元。长水机场 S1 卫星厅累计节约 641 万元。龙洞堡机场 T3 航站楼累计节约 748 万元。

七、社会效益

武汉天河机场三期工程属湖北省、武汉市重点工程，是复兴大武汉建设的标志性建筑，是打造中部航空枢纽的门户机场，集航空、大巴、城铁、地铁、公交、出租车及自驾等 7 种交通方式无缝对接。工程于 2017 年 6 月 1 日正式通航，实现工程完美履约，为武汉建设国家中心城市、打造国家门户枢纽机场奠定坚实基础。项目在建设工程中，各项工作在国内各大新闻媒体得到报道，对工程建设过程中采取的各项创新技术给予高度评价。项目部先后获得全国 AAA 级安全文明标准化工地、全国"工人先锋号"等多项荣誉。研究成果已获得授权实用新型专利 4 项，发明专利实质审查 4 项；公开发表论文 8 篇，获得省部级工法 2 项，科研成果经评价整体达到国际先进水平。研究成果已在贵阳龙洞堡机场、昆明长水机场卫星厅等示范项目中得到了应用。

天津嘉里中心超大综合体建造关键技术

完成单位： 中建一局集团建设发展有限公司、中国建筑一局（集团）有限公司
完 成 人： 周予启、黄　勇、廖钢林、刘卫未、王　晶、翟海涛、任常保

一、立项背景

2005 年，国务院先后批复北京市、天津市城市总体规划，将天津市定位为“北方经济中心”。为响应“把天津建成北方经济中心”的要求，规划天津南站 CBD，以体现天津新时期的地位。天津南站 CBD 总建设规模达到 300 万平方米，采用国际流行的豪布斯卡（Hopsca）开发模式。天津嘉里中心作为区域内率先启动的地标式建筑，集精装住宅“天津雅颂居”、“天津嘉里商城”、五星级“香格里拉”酒店为一体，定位于打造国际化舒适宜居的高端综合体。商场和地铁 9 号线连接，和住宅无缝衔接，构成整个综合体在不同的物业类型里面达到共鸣的氛围。

施工场地属于典型的软土地基，浅层土体以黏性土为主，土质软弱，具有高含水量、高灵敏性、高压缩性、低密度、低渗透性等特性。周边环境复杂，环绕多条市政道路，路下管线密集，其中北侧六纬路下有地铁 9 号线大王庄站，南侧为海河及跨河保定桥。

项目于 2007 年 9 月启动。由于基坑面积超大，达 7.3 万平方米（长宽方向均超过 250m），大面深度 18m，局部电梯井深坑达 25m。若采用常规的钢筋混凝土内支撑体系，不仅工程造价高，支撑拆除将产生大量的混凝土废渣；而且由于基坑每一条边的超长，混凝土的收缩徐变和温度变形均较大，不利于基坑安全和周边环境保护。因此采用何种支护体系，兼顾安全和经济因素，值得研究。

项目地下室面积达 20 多万平方米，存在多条后浇带和施工缝；紧邻海河，地下水补给丰富，如何保证地下室防水体系的有效运转，提高建筑品质，难度很大。

项目建筑面积达 55 万平方米，采用了框架结构、框支剪力墙、劲性结构、钢结构等多种结构体系，部分区域采用了大跨度重型桁架，如何在复杂的环境下合理安排施工，解决各种高难度施工技术问题，是本工程的难点。

本工程机电系统复杂，体量巨大，如何在该领域采用节能环保新型机电技术，如冰蓄冷低温送风变风量空调系统、泳池热泵恒温系统等，对于发展绿色建筑，响应国家节能减排要求意义重大。

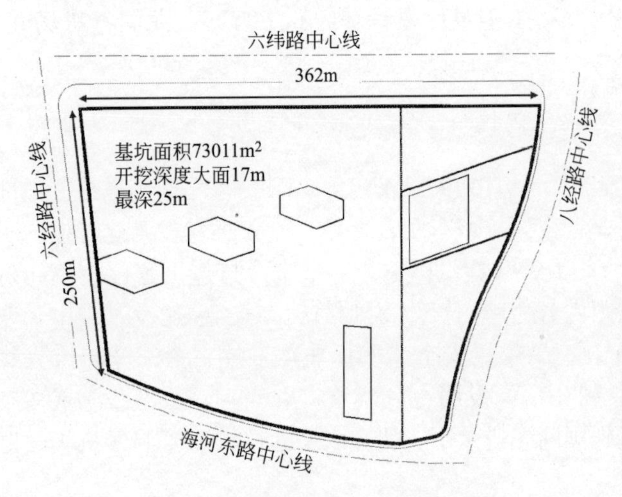

图 1　天津嘉里中心基坑示意图

二、详细科学技术内容

1. 创新采用“盆式开挖、中心区结构支撑”综合支护技术，解决了常规混凝土内支撑支护方式存在的不经济、温度变形大和混凝土收缩变形明显等问题，拓展了软土地区特大超深基坑工程的支护设计实践

天津嘉里中心 I 期工程位于天津市河东区六纬路、六经路、海河东路、八纬路围成的地块内，由 3 栋公寓、1 栋酒店和整体地下车库组成。基坑面积 73011m^2，基坑各侧边长均超过 250m，开挖深度大面约 18m，局部深坑达 25m，属于超大深基坑工程，场区平面布置如图 1 所示。基坑东北

侧与地铁线路的距离不足 30m，南侧靠近重要交通枢纽保定桥，对基坑的施工提出了更高的要求。

场区内地下水位埋深较浅，约在自然地面以下 2m，土质为典型天津地区软土，以粉质黏土、淤泥质土、粉砂为主。

通过对天津地区周边工程基坑支护调研可知，天津地区基坑支护较多采用钢筋混凝土内支撑形式，尤其以圆环支撑结合边桁架以及角撑的整体支撑居多。

本工程由于平面尺度非常大，每边都超过了 250m，且一/二期之间临时隔断造成基坑平面形状极其不规则。若采用整体支撑形式，无论是采用钢支撑或者混凝土支撑，因温度变形引起的附加应力和变形都不容忽视，整体支撑体系面临因自变形过大而无法对周边围护体提供可靠支顶造成基坑整体不稳定的危险状态。且其施工周期较长、材料耗费较多。

故采用中心岛法施工技术，只在基坑周边设置短撑，短撑长度约为 22m。

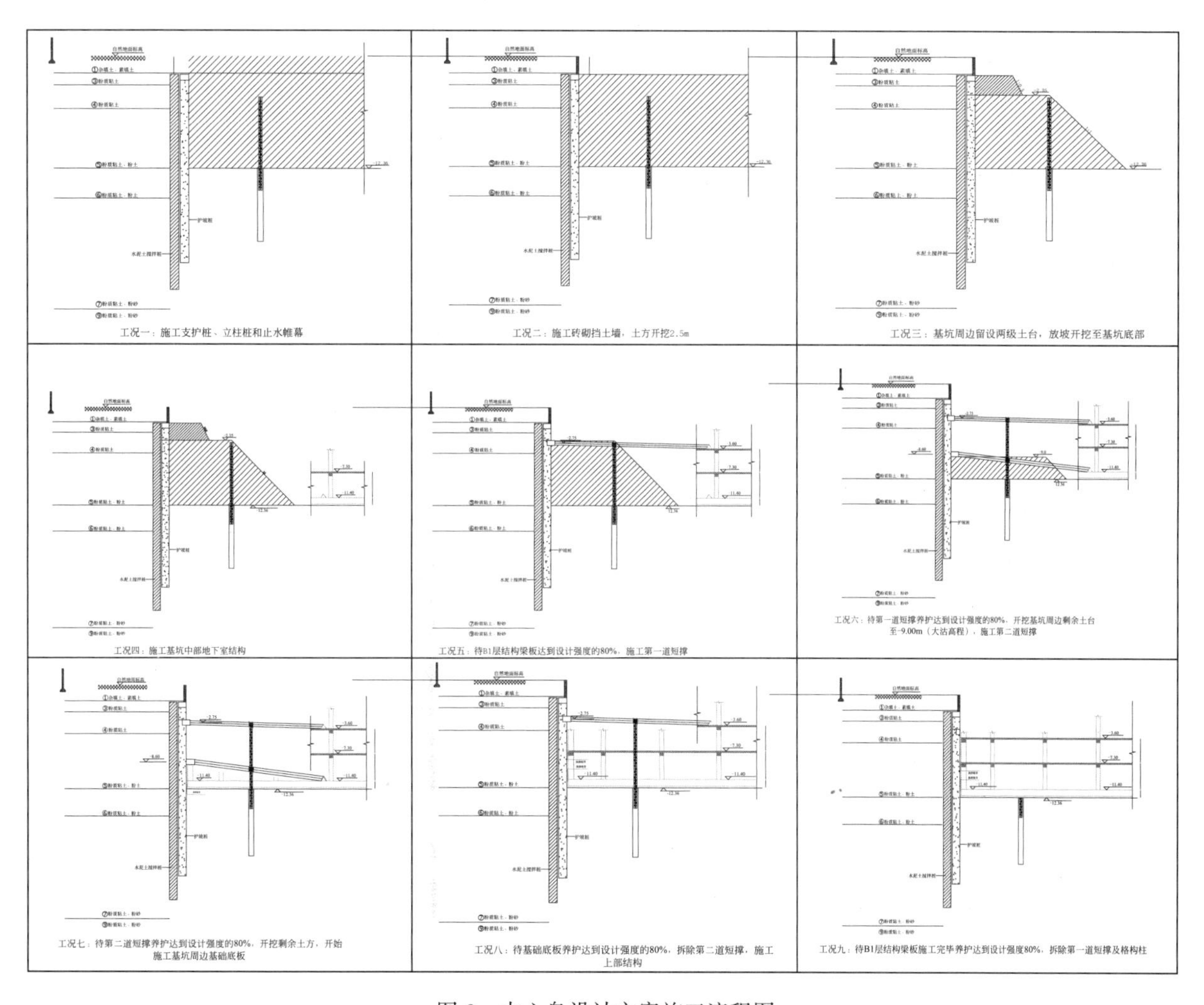

图 2　中心岛设计方案施工流程图

为了尽量减少基坑支护安全隐患，特进一步对反压土台进行计算分析，分 A、B、C 三种形式如下：

A——为现场 C1 区采用形式；B——为改善一级土台坡度并适当加大底宽形式；

C——为将目前的二级土台加强为三级土台，底宽基本上述同 B 形式。

2. 创新性地将水泥土重力式挡墙和护坡桩相结合，形成了复合型重力式挡墙，解决了软土地区超深基坑直壁开挖的问题，拓展了软土深基坑支护形式

天津嘉里中心工程基坑“中心岛”法支护阶段，处于基坑西侧 R1 公寓楼与基坑边线距离不足 20m，不能进行中心岛的短撑施工，同时结构设计单位及业主要求该位置底板整体浇筑为了不影响公寓区域施工，考虑在公寓区域范围基坑外部采用三轴水泥土搅拌桩对基坑外土体进行加固，形成重力式挡

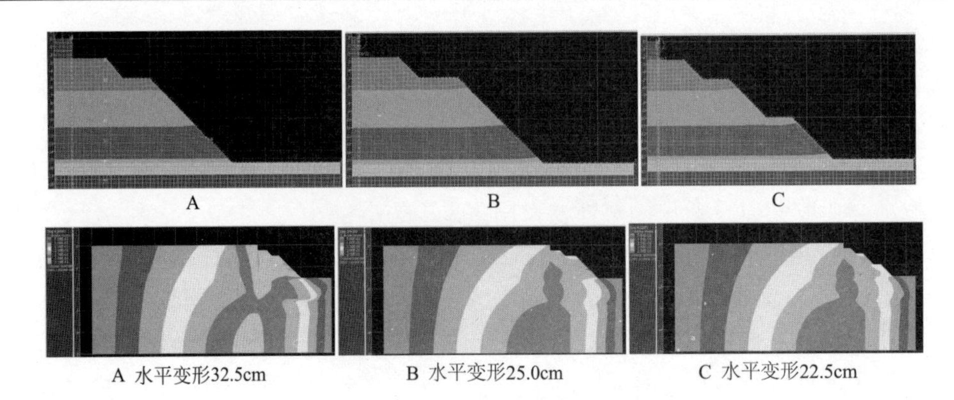

图 3　反压土台计算分析图

土结构，与支护排桩共同承担基坑外部土压力，基坑内部不再留设护坡土台。

在坑外施做通高水泥土墙、坑内仅槽底加固，水泥土与前期护坡桩间设旋喷注浆增加其整体性，使不同支护体共同作用。经调研，该重力式挡墙为当时国内房建领域最深的重力式挡墙。

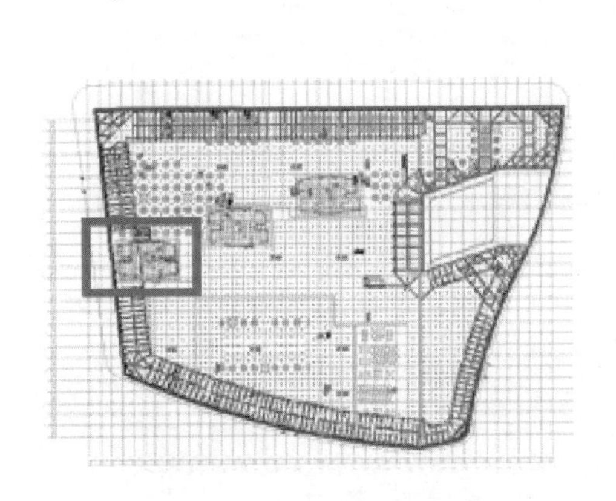

图 4　公寓楼 R1 平面位置示意

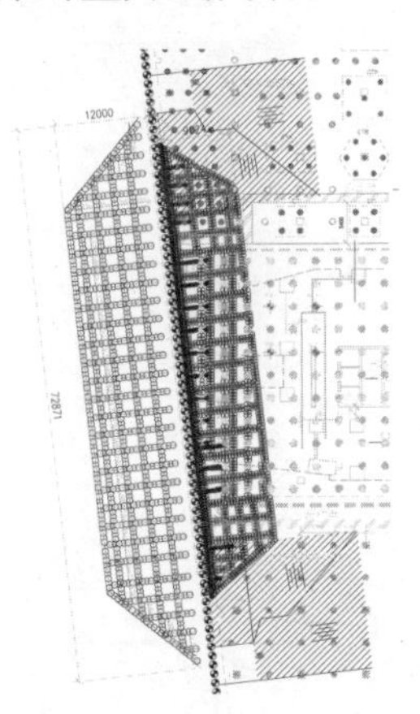

图 5　重力式挡墙支护结构平面图

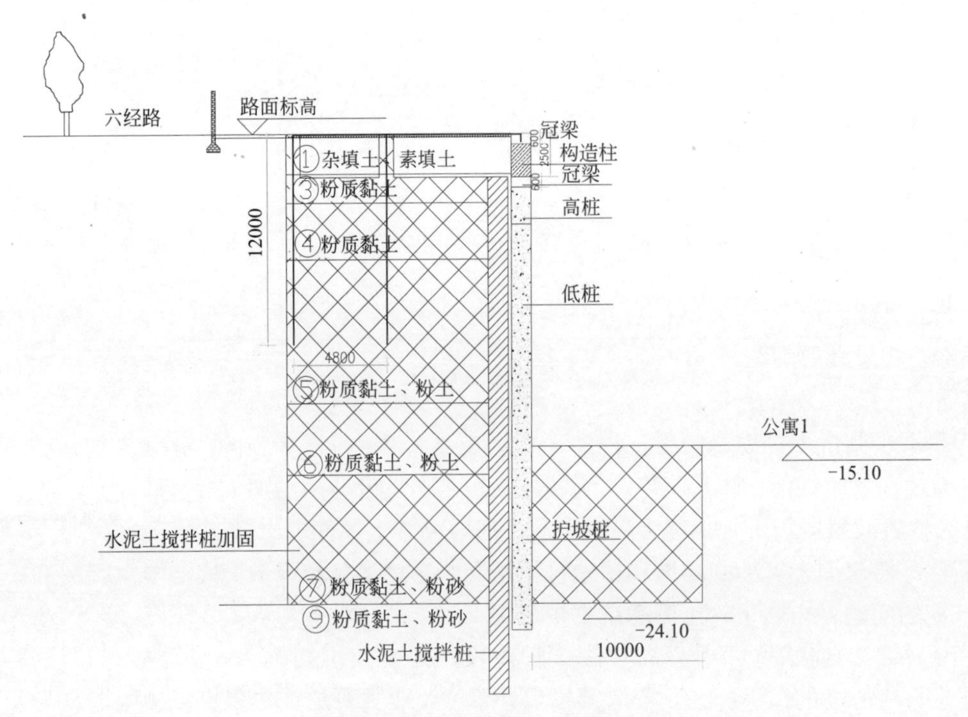

图 6　重力式挡墙加固剖面图

用 FLAC3D 进行了建模，得到如下模型。

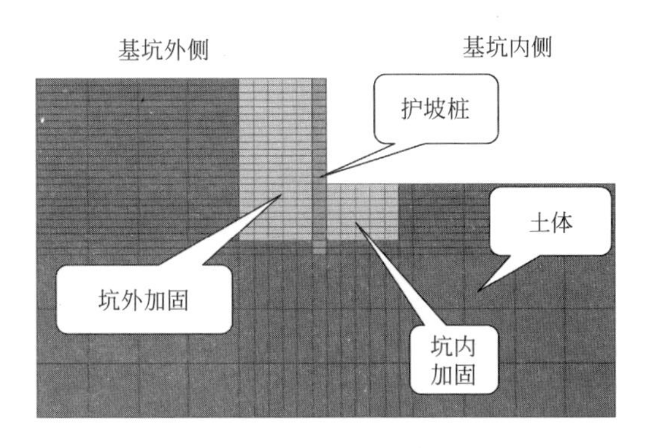

图 7　重力式挡墙模型

数值模拟计算结果如下：

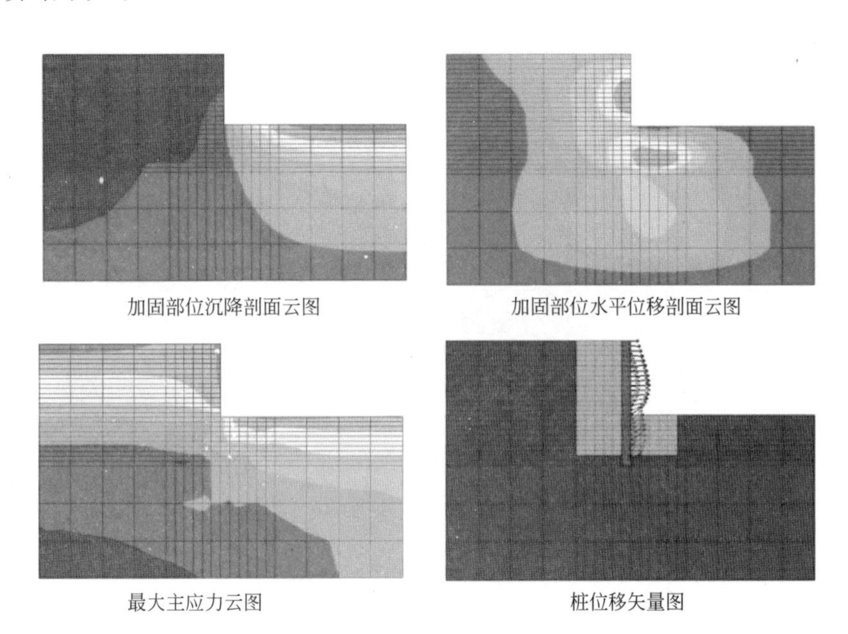

图 8　数值模拟计算的结果

复合重力式挡墙技术的应用进一步缩短了 R1 公寓楼的施工工期 4 个月。对于 R1 公寓楼重力式挡墙支护区域，基坑变形随着基坑开挖线性发展，基坑底板完成后变形速率大幅度减小，实测基坑变形不足 5cm。

3. 创新形成了超大地下室的先进高效综合防排水体系，通过混凝土自防水和设置疏水层，成功解决了超大地下室防裂防漏的问题

绝大多数项目地下工程的防水技术采用整体外防水或内防水形式，整体外防水是以砼结构主体防水为依托，在迎水面采用全外包柔性防水层相结合，形成一个整体全封闭防水体系。内防水也是以混凝土结构主体防水为依托，在背水面采用一层水泥基渗透结晶加一层聚合物防水涂料做防水层，同时需要在聚合物防水涂料上设置保护层，再继续施工上部二次结构面，这样施工难度较大，在保护层施工过程中很有可能对聚合物防水涂料造成破坏。无论采用何种方式，后期交付使用后由于地下室面积大，很难找到渗漏点；找到渗漏点后需剔凿二次地面，切割钢筋，并对防水层及剔凿二次板区域进行重新施工，工序繁杂，产生不必要的维修成本。

为解决上述难题，我们与国内知名高校、试验室、设计单位等合作攻关，在试验室采取正交试验法优选混凝土配合比，掺入高性能防水剂以增强混凝土自身抗渗性能；通过综合分析研究天津地区以往各深基坑工程采取的防排水体系，采用新型防排水体系以加强深基坑地下室防排水效果。通过实践，总结形成“超大地下室的先进高效综合防排水技术”。

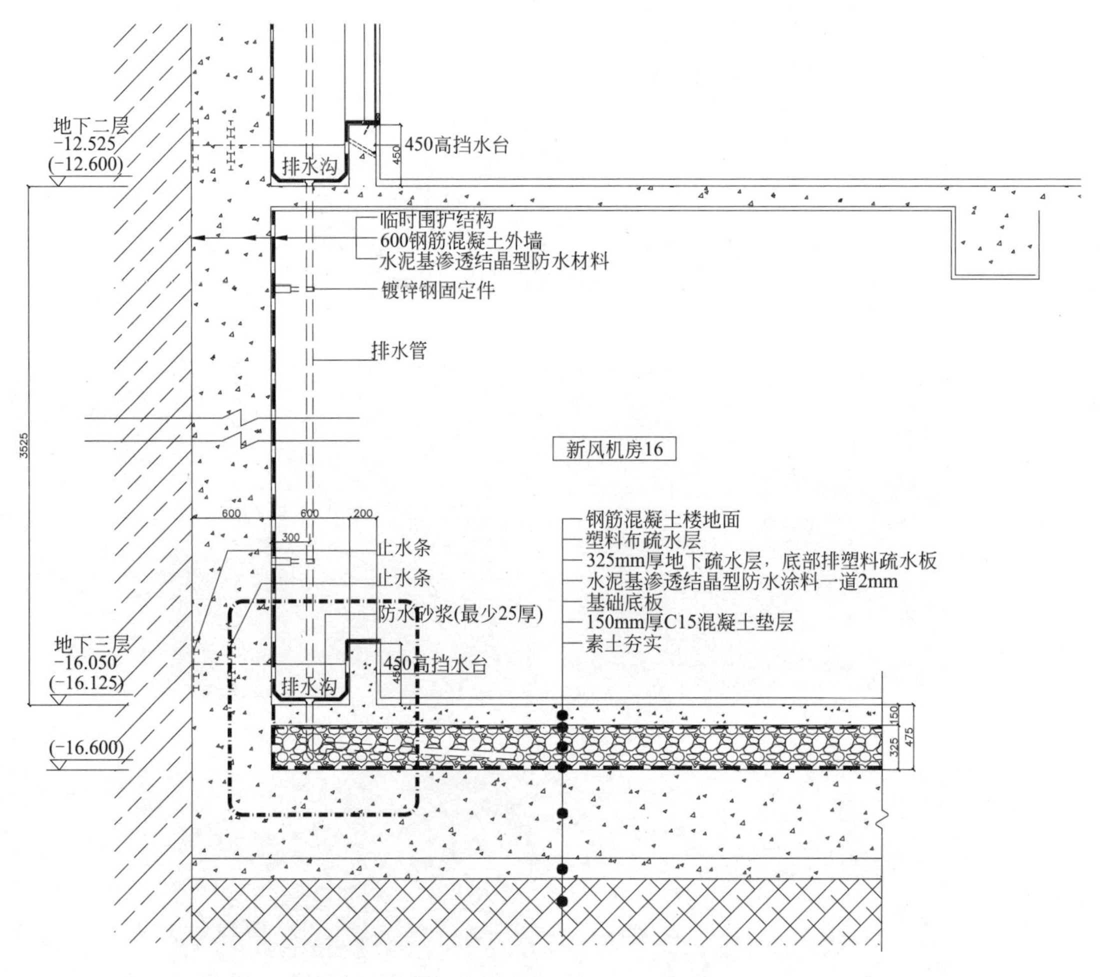

图 9　地下室防排水体系示意图

底板疏水层为 275mm 级配碎石构成，在充分考虑混凝土的渗漏性按规范要求级配，在夯实完毕后，需要浇筑 50mm 厚垫层及 150mm 厚钢筋混凝土二次楼板，楼板上需设地漏连接至疏水层，将楼板明水排至疏水层；二次楼板上为 50～75mm 耐磨地坪面层，由轴线向地漏方向找坡。

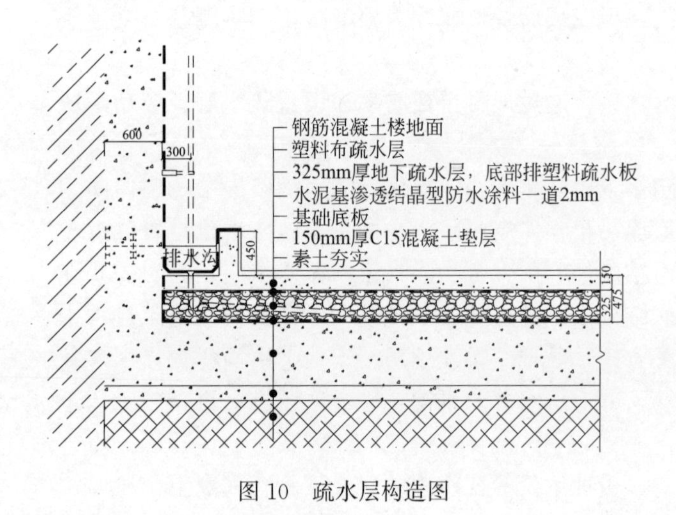

图 10　疏水层构造图

图 11　地漏及管道预埋

4. 研制了超高层框架结构竖向钢筋两层连接构造的施工方法和“独立钢支撑＋钢木组合梁”工具化水平模架早拆体系，大幅度节约了劳动力和资源的投入，实现了安全、高效施工

结构进入到标准层之后，利用外围外爬架，按照事先设计确定的钢筋绑扎脚手架的搭设高度及尺寸搭设架体。竖向钢筋绑扎，将竖向钢筋总数量的一半接长一个层高，将另外一半接长两个层高。竖向结构箍筋绑扎完毕后，合模板浇筑竖向结构混凝土。外爬架爬升，用于钢筋绑扎的脚手架随同外爬架一同爬升一个层高。进行水平结构的施工。竖向钢筋绑扎时，将两根可活动的钢管支撑在楼板面上，即完成钢筋绑扎脚手架的搭设。继续将一半的钢筋数量按照两层一连接。两层一连接的施工工艺，实现了减少套筒的使用量，在每一个层高上只有一半的竖向钢筋有钢筋接头。且避免了规范中规定的 50%钢筋接头要保持一定间距的限制，钢筋接头位置调整更灵活。

图 12　钢筋绑扎脚手架示意图及现场照片

本工程 37 根框架柱共有竖向钢筋约 1800 根，直径从 32mm 变为 28mm，最终减少为 25mm。使用一柱两层连接后，标准层减少竖向钢筋接头 900 个，钢筋下料、套丝、搬运、现场连接用工减少 4～6 人。经统计，三栋公寓楼共计节省将近 230 万元。经济效益显著。

通过对各种模板支撑体系的对比分析，本工程超高层建筑采用了独立钢支撑工具化水平模板支撑体系。它不仅明显地降低了施工成本、提高了施工效率，同时也符合国家当前极力倡导的低碳经济和绿色施工的要求。

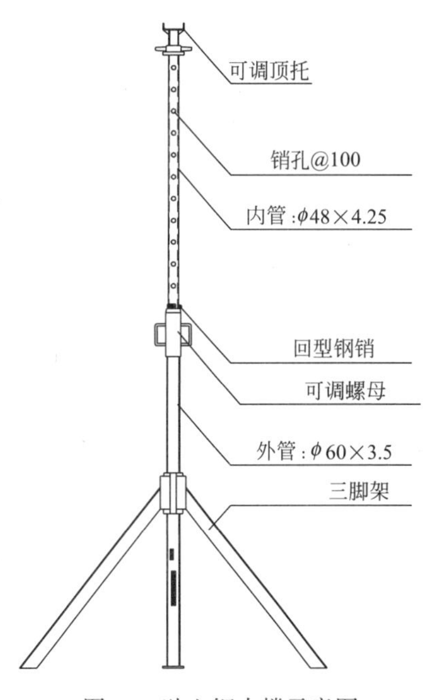

图 13　独立钢支撑示意图

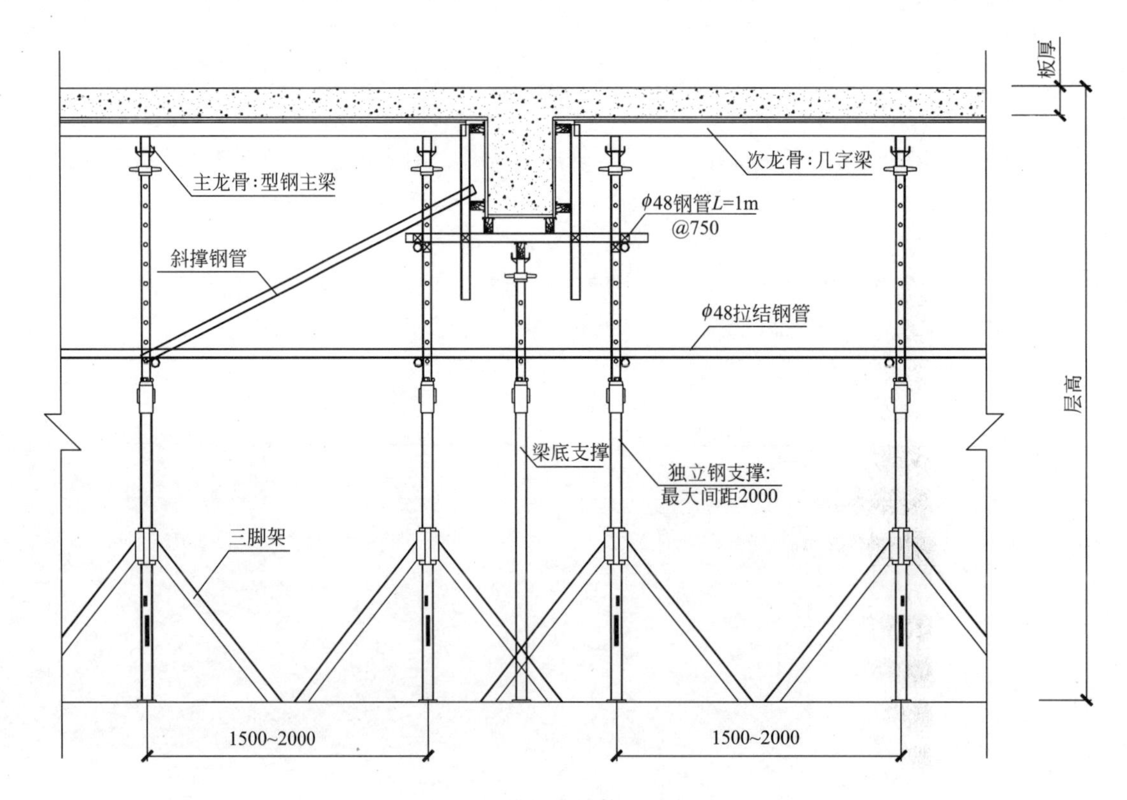

图 14 模板支撑体系示意图

5. 研发了一种“种植屋面的防水保温排气系统”施工方法，在满足使用功能的前提下，简化了施工并且提升了建筑品质

随着绿色建筑的不断发展和我国居民生活品质的不断提升，越来越多的建筑在屋面采用种植屋面的方式，种植屋面是在屋面完成保温、防水之后，还要在防水保温层上覆一定厚度的土用于园林种植，以达到改善城市环境面貌、改善城市热岛效应、提高建筑保温效果、降低能耗、削弱城市噪声、缓解大气浮尘，净化空气的目的。以往的做法是在屋面上设置排气管，用于保温层中水气的排放，防止防水层下面保温层及找平层中未及时排放出来的水气在阳光的照射下体积膨胀，造成防水层起鼓破坏，影响使用功能。但是排气管的设置会严重影响屋面装饰效果。为此我们优化了排气系统，提供了一套包含可周转使用的排气管装置在内的屋面防水保温排气系统，保温层中的水气可以通过排气管装置排放。后期施工种植屋面的时候可以将此排气管拆除，修补防水卷材，进行园林种植屋面施工，从而完成整个屋面的施工。

三、发现、发明及创新点

1. 创新点 1

拓展了软土地区超大规模深基坑工程的支护设计思路，发展和完善了中心岛支护方案在软土地区应用的设计理论。形成北京市工法 2 项：“预应力旋喷锚桩施工工法”、“超大软土深基坑盆式开挖、中心区结构支撑施工工法”，发表科技论文 3 篇。

2. 创新点 2

创新性地将水泥土重力式挡墙和护坡桩相结合，形成了复合型的重力式挡墙，并成功应用于本工程 18m 深左右的深基坑，拓展了超深基坑直壁开挖的发展方向。

3. 创新点 3

形成了截水与减压相结合，基于控制周边环境变形的综合降水施工技术。

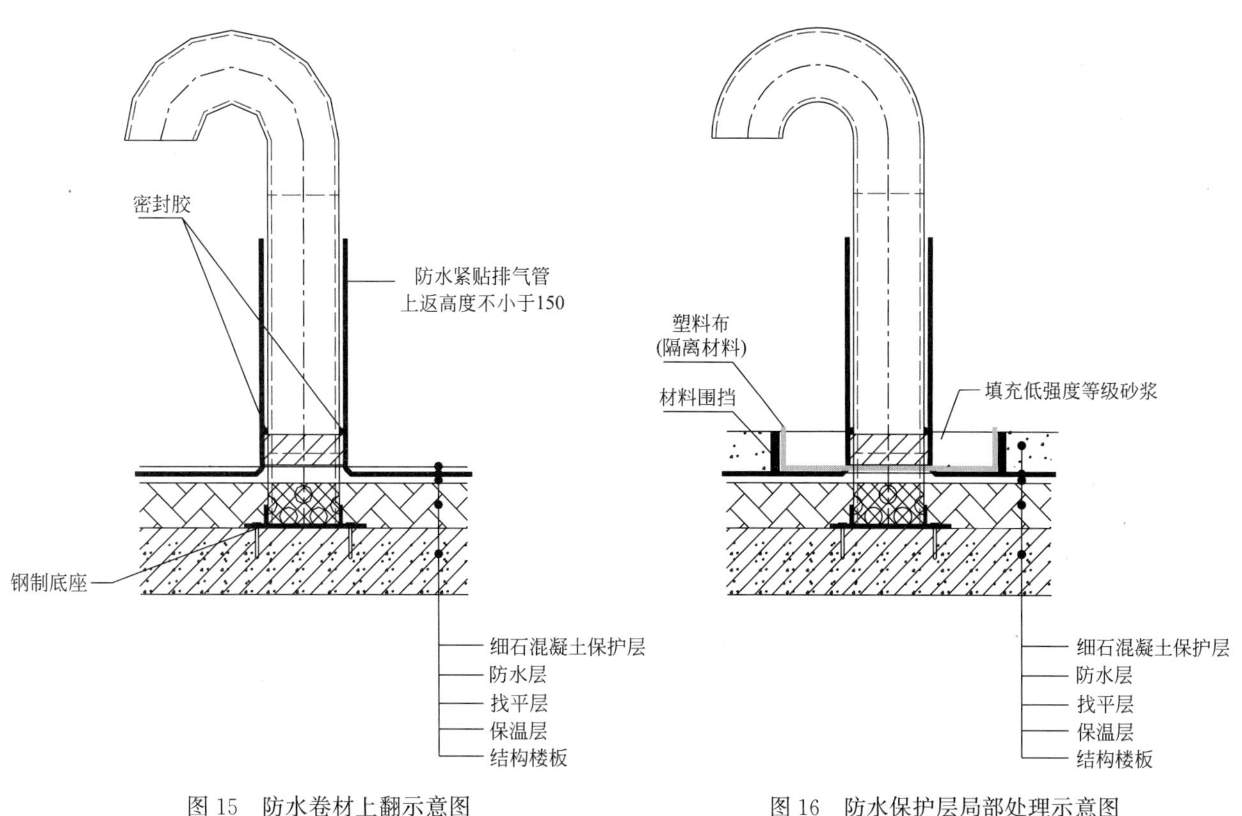

图 15　防水卷材上翻示意图　　　　图 16　防水保护层局部处理示意图

4. 创新点 4

形成了成套包含防水、复杂结构/钢结构施工、节能环保等的综合施工技术，为类似工程施工提供了借鉴。形成国家级工法 1 项，省部级工法 5 项，获得计算机软件著作权 1 项，发明专利 2 项，实用新型专利 4 项；发表论文 4 篇。

四、与当前国内外同类研究、同类技术的综合比较

(1) 天津地区基坑支护较多采用钢筋混凝土内支撑形式，本项目将中心岛支护方式引入到超大规模软土地区深基坑工程中，拓展了软土地区超大规模深基坑工程的支护设计思路，发展和完善了中心岛支护方案在软土地区应用的设计理论。总结形成了《超大软土深基坑盆式开挖、中心区结构支撑施工工法》、《预应力旋喷锚杆施工工法》两项省部级工法。

(2) 首次将水泥土重力式挡墙和护坡桩相结合，形成了复合型的重力式挡墙，成功应用于本工程 18m 深左右的深基坑，此重力式挡墙为房建领域最深的重力式挡墙，拓展了超深基坑直壁开挖的发展方向。

(3) 结合基坑周边环境及场地土质，采用了截水和减压降水的方式，形成了基于控制周边环境的综合降水施工技术，为类似工程降水施工提供了借鉴。

(4) 形成了成套包含防水、复杂结构/钢结构、节能环保等施工的综合技术，取得了国家发明专利 2 项和实用新型专利 5 项，形成了 6 项省部级工法，为类似工程施工提供了借鉴。

(5) 积极践行冰蓄冷低温送风变风量空调系统和泳池热泵恒温除湿技术等绿色机电施工技术，其中冰蓄冷低温送风变风量空调系统中的低温送风技术，加大了送风温差，空调总送风量、循环水量减少 20%～50%，风管及水管规格、动力设备容量和空调箱数量减少 30%～50%，机房面积节省 30%～40%，系统运行电力大大节约；泳池热泵恒温除湿技术中泳池热泵通过室内泳池空气除湿，将泳池表面蒸发损失的能量返回到空气和水中，达到了除湿、减少腐蚀及降低能耗三个目的，可节约 30%～50% 的能耗。机电施工新技术的应用，节省能源的同时更安全、环保。

(6) 通过本工程的实践，完善和细化了大型综合体总承包管理技术，从总承包管理流程的确定，超高层钢结构综合管理技术、进度控制、技术管理与协调到施工现场管理，全方位确保工程的顺利实施。对于大型综合体项目总承包管理技术有了进一步补充和完善，可为国内类似工程的管理提供很好的借鉴。

五、第三方评价、应用推广情况

2016年1月，由天津市科学技术评价中心组织专家对“天津嘉里中心施工关键技术”进行了科技成果鉴定，专家一致给出了“国际先进”的鉴定结论。

本成果已成熟应用于天津和平中心（210m）、天津中粮六纬路项目、天津万通项目、天津天河城项目、国贸三期B阶段项目（280m）、北京三星总部基地等国内典型超高层及综合体，通过系统的研究和实践检验，总结出了一系列的施工工艺流程和管理措施，实施后的效果也赢得各方肯定，为提升我国超大综合体建筑结构领域整体施工管理技术水平做出了重要贡献，并取得了良好的经济效益。

六、经济效益

天津嘉里中心工程的顺利施工和相关技术的总结鉴定完成，进一步巩固了我们在国内的超大综合体施工领域总承包地位，近三年陆续承建了天津和平中心（210m）、天津中粮六纬路项目、天津万通项目、天津天河城项目、国贸三期B阶段项目、北京三星总部基地等国内典型超高层及综合体建筑。在上述项目中，部分应用上述创新成果，取得了较好的经济效益和预期效果，新增利润按照新承揽工程的合同的5%计算，共新增利润5450万元。

七、社会效益

天津嘉里中心由著名的香格里拉五星级大酒店、三栋精装的雅颂居商品住宅和五层的一站式购物中心三部分组成。雅颂居三栋住宅沿海河一字排开，其对面就是现在发达的解放北路金融中心和津湾广场，可俯瞰整个城市的繁华，感受城市的脉搏。

针对天津嘉里中心工程超大深基坑、超大体量、复杂的结构体系的挑战，项目专门成立了专项技术准备小组，并会同产、学、研等设计和施工方面的专家研究攻克工程建造中遇到的多项重要技术难题，历时10年，最终圆满完成了工程建设。

伴随着整体一期工程的竣工，超五星级香格里拉酒店、一站式购物中心的开业及雅颂居高档公寓小业主的入住，天津嘉里中心已吸引了各界名流精英驻留。整体工程的建成提升了天津市海河东岸CBD商圈的国际化程度，对繁荣天津经济发挥着重大作用。凭借高端的品质和重要的区域影响力成为“天津城市新地标”，成为众多商旅人士进出天津的名景，取得了良好的社会效益。

高震区超大空间清真寺祈祷大厅设计与施工关键技术

完成单位：中国建筑股份有限公司阿尔及利亚公司、中建三局第三建设工程有限责任公司
完成人员：王良学、葛志雄、魏　嘉、李宽平、金铭功、苏海勇、詹以强

一、立项背景

清真寺是伊斯兰文化的载体，具有独特的建筑形式，它所体现的建筑文化则是伊斯兰宗教文化的细胞，是伊斯兰文化的一个缩影，作为一种有形载体，对穆斯林物质文化和精神文化的传播起着重要的作用。该成果通过对清真寺最主要的建筑“祈祷大厅”的研究，探索高震区超大空间宗教建筑的设计、施工的要点，发掘清真寺所蕴含的宗教传统文化精髓，进一步加深对伊斯兰文明的理解。

阿尔及利亚大清真寺项目位于地中海南岸，欧亚板块和非洲板块的结合带，为地震多发区域，依据本项目的安评报告，清真寺项目处于地震高强度的区域，其强度值介于7和8度间，场地岩石地震加速度为0.65g，重现期1000年，50年超越概率为4.877%，与我国7度（0.30g）接近。

该项目祈祷大厅作为项目最主要的建筑，人员最为密集的祷告场所，建筑在空间上要求高大开阔，满足3.6万人同时礼拜的需求。功能上需要满足人流密集场所的照明、通风、音响和消防的要求。装饰上满足伊斯兰宗教建筑的装饰效果，营造宗教感召力。

面对如此复杂的特大型国际工程，如何通过设计和施工，将伊斯兰文化、高大空间、人流密集场功能需求等各项元素进行组合，满足设计师的原始设计意图和阿尔及利亚人民的期望，是创新面临的最大挑战，是体现中国建筑走向国际市场的能力表现。

图1　阿尔及利亚大清真寺项目全景图

二、详细科学技术内容

本成果主要研究如何综合设计与施工，解决大型宗教建筑难题，实现建筑师的设计效果，其关键技术内容为：

1. 高震区大型公建工程组合隔震体系设计技术

1）大型建筑阻尼隔震和减轻自重法综合抗震设计

祈祷大厅在建筑物基础与上层建筑之间设置 284 个抗震支座和 80 个抗震阻尼器形成的隔震体系。

上层建筑通过抗震支座托起，同时通过使用空心预制混凝土八角柱和钢结构达到减小上部结构自重的作用。地震发生时，通过抗震支座和阻尼器在水平面形成具有吸收能量的弹簧体系，吸收大量地震能量，在地震作用被大量减弱后再传递至抗震支座上部的建筑物。

祈祷大厅在采用隔震体系后，又采用了其他两种方法来有效减少建筑物的地震作用，一是大厅竖向受力构件采用中空的高强预应力离心混凝土柱；二是屋顶采用轻质的钢结构来减少建筑物质量。这样既能减轻上部结构自重，又能保证大空间建筑的侧向刚度和稳定性。

2）预制离心柱及异型空间网格钢结构柱帽抗震设计

由于祈祷大厅中央大厅部分长宽约 100m，高 44m，中间支撑柱采用 32 根直径 1.62m 的离心柱，柱体高 34m，呈纯白色，单根质量约 92t。

为实现异形柱帽的设计效果和抗震功能，整个屋面柱帽采用空间网格结构，立面分为 3 个高低层次，

由上到下依次为半球形双层穹顶、44m 屋面和 22m 屋面，其中 22～44m 围护为钢结构围廊桁架

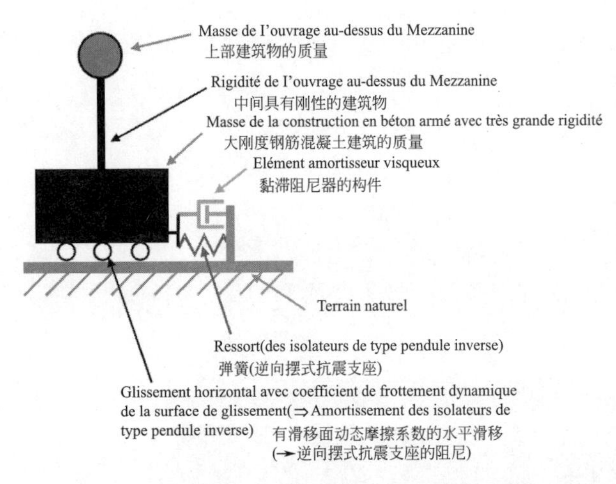

图 2 祈祷大厅隔震体系原理模型祈祷大厅结构模型

3）高震区机电系统抗震设计技术

为了满足抗震要求，将八角柱按照高度、结构类型以及检修口布置分为四类，运用 ANSYS 软件来建模分析，八角柱内部雨水立管在正常情况下和地震情况下的抗震支架布置原则。

2. 空间网格钢结构屋面穹顶施工关键技术

1）空间网格钢结构施工关键技术

祈祷大厅中央穹顶由 2 个半球形空间网格钢结构组成，其中外穹顶直径 54m，内穹顶为几何多边形通过 96 根吊杆吊在外穹顶，总质量 550t，最高点距离建筑地面 72m，最低 44m。施工采用高 68m，平面最大尺寸为 42m×42m 的胎架，完成内外穹顶钢结构吊装。

2）大直径半球形金属屋面设计与施工技术

为减轻建筑自重，祈祷大厅屋面系统采用 REVITE 金属屋面系统。其组成见图 4。

3）多功能临时设施综合利用技术

利用临时胎架作为塔吊基础，在胎架顶部设置一台塔吊，通过转运的方式解决大空间建筑垂直运输难题。

同时，利用胎架作为施工电梯附着安装施工电梯，并在胎架顶部平台搭设脚手架，解决穹顶内装施

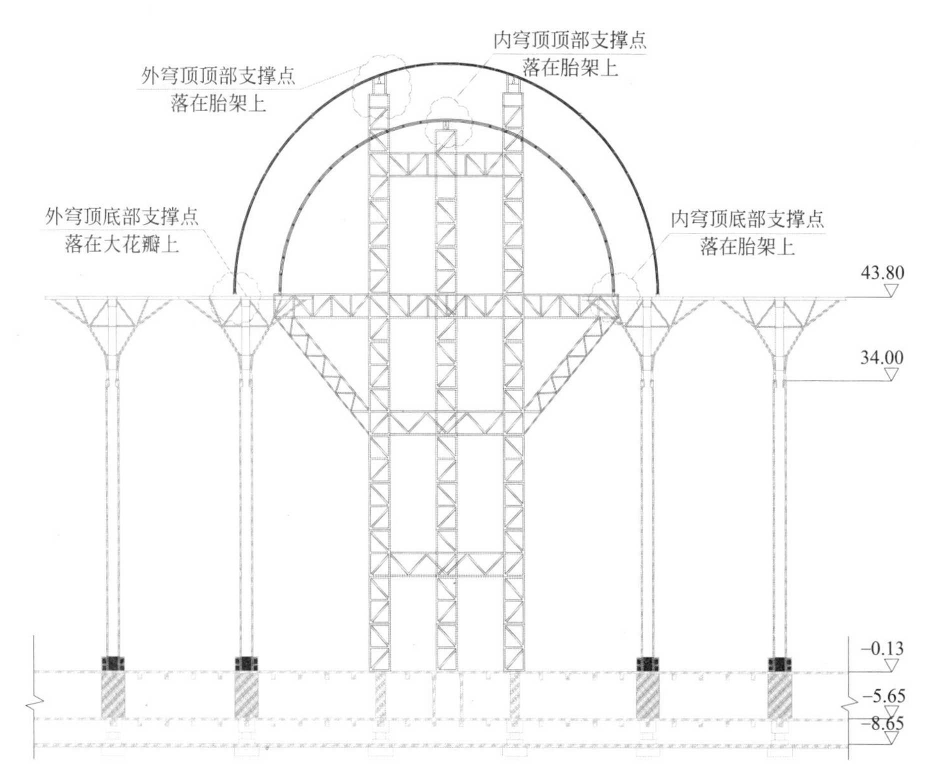

图 3　胎架立面布置图

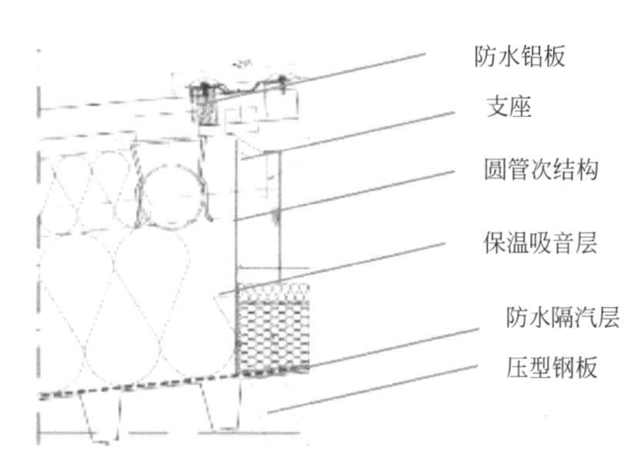

图 4　金属屋面结构层剖面图

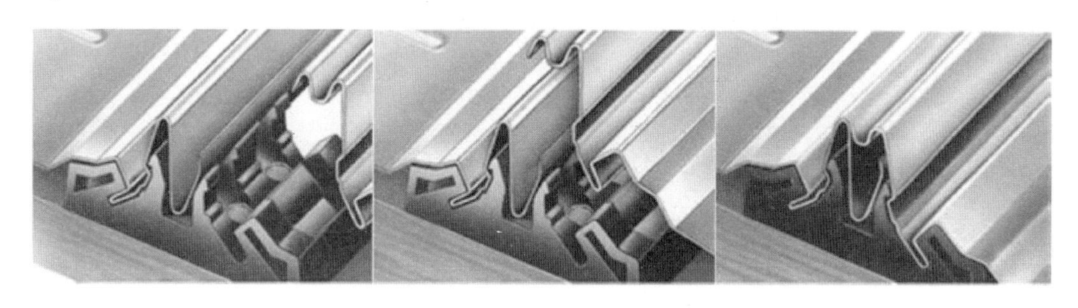

图 5　Riverclack 系统暗扣式咬合连接

工措施问题。

3. 大空间宗教建筑装饰施工技术

1）高空大跨度异型吊顶施工装置设计及施工技术

祈祷大厅中央大厅部分 100m×100m×44m 为大空间结构，大厅中间 34m 以下无须装饰，内装作

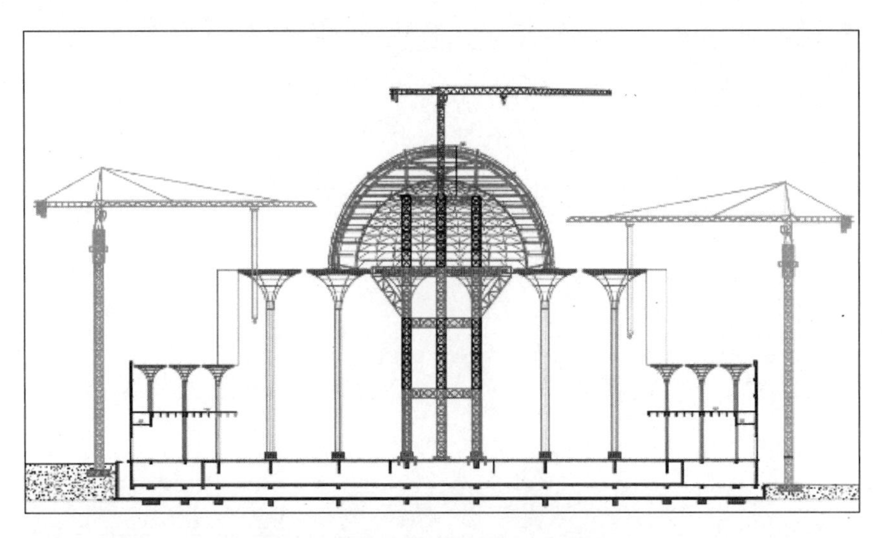

图 6　祈祷大厅垂直运输立面布置图

业面为 34～44m 倒喇叭状柱帽吊顶和大厅四周 22～44m 范围内的 3D 石膏立体墙，内装饰做法十分复杂。

图 7　祈祷大厅异形吊顶和 3D 墙范围示意

为解决大厅吊顶及墙面内装施工措施问题，采用悬吊平台作为大厅墙面和吊顶的施工措施，从平台上搭设异型脚手架进行吊顶施工，从平台上挂吊篮进行 3D 立体墙施工。同时，由于平台与地面脱离，可以同步进行地面地坪基层施工。实现内装饰墙顶地三同步施工的要求。

整个平台共计 8400m^2，为方便安拆，将平台拆分成 8 个小平台单独提升，提升完成后在高空连接形成整体。

2）超大异形 3D 立体墙施工技术

利用悬挂平台，设置吊篮，完成异形 3D 立体墙施工。

4. 大空间人流密集场所机电设计技术

1）人流密集场所空调通风系统设计

利用新鲜冷空气密度大、质量大下沉，热空气密度小、质量轻上浮的原理，借助烟囱效应实现了通

图 8　高空大跨度悬吊平台施工照片

风系统的循环。在大厅中心每根柱子底部设置风口，在大厅高度 45m 的地方，设置顶部开口，新鲜空气从底部送入，从顶部流出。

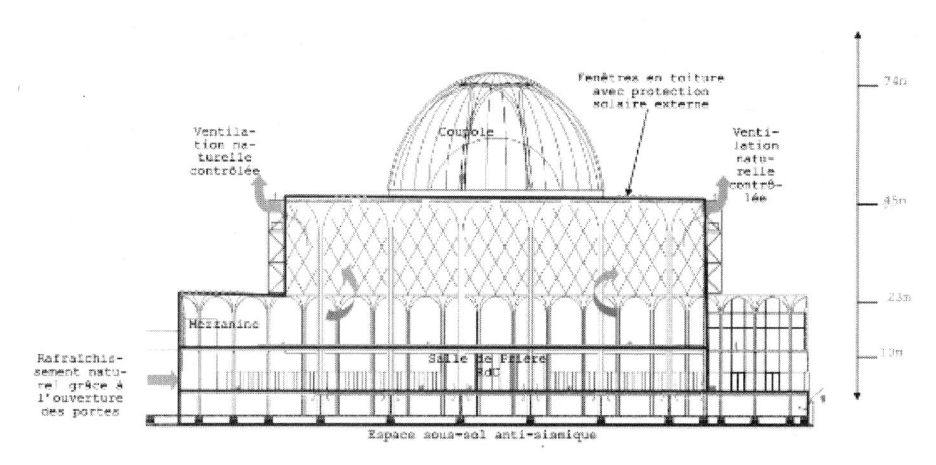

图 9　大厅通风示意图

2）大空间宗教建筑照明系统

巧妙结合大厅内外穹顶设计引用自然光，自然光通过外穹顶底部玻璃幕墙射入到内外穹顶之间的反光板，再通过反光板照射到内穹顶百叶。

同时，通过灯源的合理分布和水晶的折射效果，将灯光均匀分布到场内各处，既满足要求又不刺眼。

3）大空间祈祷大厅音响系统

采用该 Intellivox DS280 音响系统，利用数字指向性合成技术可以有效减少反射声墙。通过 DDS 算法最大程度上将空间人员所在区域 SPL 均匀覆盖，同时获得高直达混响声能比，从而保证穆斯林民众祈祷时的声学效果。

4）预放电主动引雷防雷系统

祈祷大厅采用了 PDA（主动引雷系统）。该方案结合伊斯兰宗教建筑特色，将避雷针与宗教标志结合，即满足使用功能又达到建筑装饰效果。同时该图案由于伊斯兰文化紧密相连，月牙方向向东，与麦

图10　大厅照明示意图

加大清真寺遥相呼应。既保证了防雷功能的实现，又节约了材料成本。

图11　穹顶避雷针

三、发现、发明及创新点

1. 创新点

序号	创新技术名称	创新点
1	高震区大型公建工程组合隔震体系设计技术	形成创新的抗震理念：减轻自重＋阻尼隔震抗震，大大延长地震反应时间，减小地震作用，达到了高震区大型公建项目对抗震高要求； 选用预制离心混凝土八角柱作为上部支撑结构，在保证强度、刚度和耐久性的同时减轻自重，起到抗震作用； 屋面结构设计结合建筑外观要求，实用三角排架受力形式的空间网格结构形式，最大限度减少自重，保证钢结构的柔性连接，减缓地震作用； 对机电系统采取抗震措施，确保44m高竖向雨水管道在0.65g地震作用下水平位移小于166mm，满足安全要求
2	空间网格钢结构屋面穹顶施工关键技术	设计一种钢桁架结构临时支撑胎架，用于钢结构安装。同时，将临时支撑胎架与施工工序相结合，考虑后期综合利用，创新性的在胎架上安装塔吊，解决大空间建筑垂直运输问题； 利用钢珠和钢板，发明一种简易滑移支座，用于临时工程安装过程中，释放水平位移，保障施工安全

续表

序号	创新技术名称	创新点
3	大空间宗教建筑装饰施工技术	创造性地发明一种适合于高空大跨度异型复杂吊顶施工的悬吊平台，实现了内装饰墙顶地同步施工； 在钢结构整体提升的基础上进行创新，设计一种门式构件，将液压穿心千斤顶设置在平台上，解决了支撑点上部空间不足的难题，同时，该装置能让平台升上去后降下来
4	大空间人流密集场所机电设计技术	利用新鲜冷空气密度大、质量大下沉，热空气密度小、质量轻上浮的原理，借助烟囱效应实现了通风系统的循环； 通过光的反射、折射效果巧妙利用自然光； 利用数字指向性合成技术减少声音反射； 结合伊斯兰文化，应用预放电主动引雷防雷系统实现有效防雷

2. 实施效果

通过该技术的研究，顺利完成了阿尔及利亚大清真寺项目祈祷大厅的建造。取得了良好的经济效益和社会效益。同时，获得授权发明专利 2 项，受理发明专利 1 项，授权实用新型专利 4 项，获得总公司施工工法 3 项，发表论文 7 篇。

四、与当前国内外同类研究、同类技术的综合比较

在高大空间建筑设计方面，国内外有非常多的成功经验。但结合伊斯兰宗教文化，如此多的高新技术应用，在同等建筑上尚属首次。特别是在抗震技术应用、高大空间装饰施工方面，与国内外同类建筑相比，先进性突出。

五、第三方评价、应用推广情况

1. 第三方评价

2019 年 5 月 28 日，经湖北省建筑业协会在武汉组织召开的成果评价会评价，该成果总体达到国际先进水平。

2. 应用推广情况

该成果相关技术已形成省部级工法 3 项，发表论文 7 篇，推广情况良好。

六、经济效益

1）抗震技术

通过采用隔震支座与阻尼器用于大清真寺项目祈祷大厅地下二层，大大减少了地上结构所受到的地震荷载，因此相比于传统的结构设计方法，地上结构的截面尺寸、配筋率等均大大降低，最大限度地减少了施工成本，降低了工程造价，创造了非常好的经济效益。

2）空间网格钢结构屋面穹顶施工关键技术

通过利用临时胎架作为塔吊基础，与传统方法使用大型履带吊作为垂直运输，不但提高了工效还节省了大量措施费投入，经测算：节省措施费投入 1006.2 万元，节省工期 4 个月。

3）大空间宗教建筑装饰施工技术

利用悬挂平台方案解决大空间建筑装饰措施难题。节省措施费投入 1411.4 万元，节省工期 5 个月。

4）预放电主动引雷防雷系统应用技术

与原设计方案相比，减少避雷针近 700 根，直接节约成本 50 万元。

5）雨水/中水收集技术

通过该技术的应用，年节水量达到 2912t。

七、社会效益

阿尔及利亚大清真寺项目，作为 2011 年中建海外最大的公建工程，有着“中建海外第一工程”之

称。在以伊斯兰教为国教的伊斯兰国家，阿尔及利亚大清真寺不仅是阿国人民的宗教信仰圣地，更是民族精神和力量的象征，也是中国和阿尔及利亚两国友谊的代表作。其建成后将成为“世界第三大清真寺”，在伊斯兰世界有着极其崇高的宗教地位。

通过本成果的研究保障了世界世界第三大清真寺的顺利实施，确保了祈祷大厅的顺利实施。其宏伟的建筑规模、高科技含量的建筑设计及施工过程得到了当地社会的充分认可。

天津周大福金融中心复杂多变钢结构关键施工技术研究及应用

完成单位： 中国建筑第八工程局有限公司、中国建筑股份有限公司技术中心
完 成 人： 邓明胜、冯国军、韩 佩、康少杰、林 冰、董继勇、樊警雷

一、立项背景

天津周大福金融中心工程，总建筑面积 39 万 m^2，建筑高度为 530m。钢结构总用钢量约 60000t，最大板厚 100mm。分节后，钢构件约 32000 件且 50％以上均为非标构件，需要约 24000 吊次。外框柱空间位置不断变化，在角柱、边柱、斜柱和带状桁架、帽桁架之间形成复杂的空间交汇体系，外形渐升渐细，形成类似立面弧形内凹的“花瓶”。各类结构的转变形成了不同的复杂结构和节点，复杂程度业内罕见。加之所处环境特殊，造型独特，工程施工有如下特点和难点。

1. 异形复杂组合节点设计、制作和安装难度大

结构设计“多变”，导致各类构件频繁多次转换，形成复杂异形空间曲面转换节点、单层扭曲 90°双椭圆弯扭汇交节点、CFT＋SRC 复杂组合节点、多肢体异截面超大铸钢件节点等复杂结构节点，此类节点通体三维曲面变化，角度不定；内部结构纵横交错，零件众多、焊缝密集。

深化设计必须清晰的表达每一个零件的尺寸及定位；制作加工既要制定合理的组装顺序减少变形，又要保证各封闭空间内每一个零件焊接操作不受限制；现场安装须实现构件三维坐标的精确定位、减少焊接变形等保证施工精度。

2. 无加劲肋超大钢板剪力墙现场安装和焊接难度大

由于所有钢板剪力墙施工均在整体顶升平台桁架下方，无法通过塔吊直接吊装就位，且空间狭小，交叉作业多，安全隐患大。同时，本工程应用的钢板剪力墙超大、超薄、无加劲肋，安装过程焊缝集中、数量多、长度长，坡口形式为 45°单面 V 形且不对称布置，导致现场安装施工精度难以控制，焊接过程变形控制难度大。

3. 530m 高空多拱编织提篮式塔冠施工难度大

本塔冠结构高达 530m，由 8 道环梁和 8 道高低不等的双曲倒 V 形拱结构通过拱脚首尾相连，彼此交叉形成整体空间曲面造型。现场作业全过程 500m 以上高空临边作业、操作面相对高度落差 38.5m，在高空、频繁海风荷载的作用下，保证施工过程中结构稳定及安全难度大，同时受日照和温度等变化，结构的空间位置始终处于动态变化中，施工精度控制和测量难度大。

4. 塔吊垂直运输效率低

本工程由于核心筒截面收缩导致塔吊布置空间受限，在核心筒 23 层结构施工完成后必须拆除一台塔吊，垂直运输资源不足。其次，3 台塔吊需同步爬升 25 次，每次爬升前彼此间相互安拆支撑体系周期达 12d。塔吊爬升和安拆期间无法进行主体结构施工工作，严重降低使用效率，影响施工进度，工期保证难度大。

5. 变跨度单层网壳钢天幕安装难度大

变跨度单层网壳结构杆件约 5000 件，每个杆件长度不一、空间坐标不同，且杆件之间的相对空间位置关系复杂，精确控制拼装杆件空间位置难度大；杆件截面小，吊装及焊接过程防变形控制难度大；施工区域下方为贯通一到五层的空间，施工作业面高度大，安装作业困难。

为确保工程质量安全、提高施工效率、保证工期，公司在 2014 年开始建立研发团队，协同攻关技

术难点，并进行了专项研发课题立项《千米级超高层钢结构施工关键技术研究》，对项目中的施工难点开展研究，为今后复杂多变超高层建筑提供技术指导和借鉴。

二、详细科学技术内容

1. 异形构件和复杂节点制作安装技术

1）弯扭汇交组合钢管构件加工技术

采用 AutoCAD＋SolidWorks＋Tekla 的多平台信息化协同精细建模技术（图 1），实现复杂构件快速建模出图指导加工，并以三维激光扫描技术同步检测加工精度（图 2）。

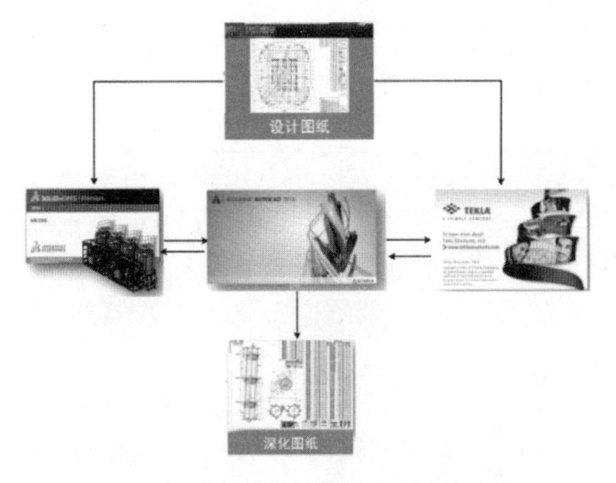

图 1　多软件协同信息化深化流程

图 2　三维激光扫描检查加工精度

通过在同济大学及清华大学进行了模型试验（图 3），研究了节点破坏机理及变形特征等，确认了节点构造及深化设计的科学合理性，保证了施工质量。

图 3　同济大学 2000t 多功能试验机及试件安装图

2）CFT＋SRC 复杂组合钢管构件安装技术

塔楼外框角框柱由异形钢管混凝土柱（CFT）转换为异形型钢混凝土柱（SRC），构件造型独特，结构复杂，焊接制作安装极其困难，为保证结构整体受力和精度，采用基于 BIM 的模拟安装技术、虚拟建造技术、可调节胎架进行构件的组焊工作，以便最终确定组合柱最优分节方案、保证各焊缝可焊并防止焊接变形（图 4）。

3）自动跟踪测量技术

通过自动测量机器人实时跟踪锁定多个棱镜的三维坐标，结合构件 BIM 模型，以动态模型的形式

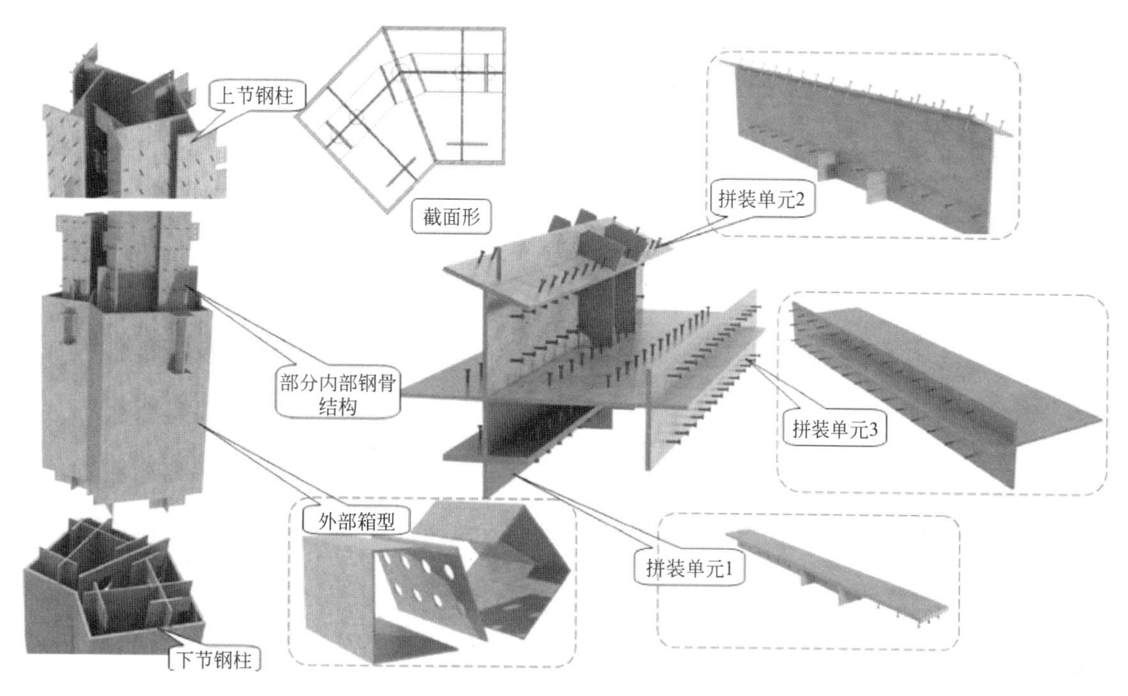

图4 CFT+SRC复杂组合钢管柱制作单元划分

呈现出整个构件在调整过程中的动作及位置偏差信息，使测量矫正更高效。

2. 无加劲肋超大钢板剪力墙施工技术

1）窄小空间滑移吊装技术

发明了超高层核心筒钢板剪力墙滑移安装装置及方法，设计钢板墙顶装配式滑移轨道、墙底轴承、捯链等装置，塔吊将拟安装钢板墙由相邻洞口吊入轨道后，由布置在顶升平台承载构件下方的捯链进行接钩，通过导链的牵引滑移至安装位置，确保钢板墙的安装。顶升平台洞口预留平面图和滑移过程示意见图5、图6。

图5 顶升平台洞口预留平面图

图6 滑移过程示意图

2）无加劲肋钢板剪力墙焊接变形控制技术

为有效的控制无加劲肋钢板剪力墙的焊接变形，发明了无加劲肋钢板剪力墙焊接变形控制方法，通过有限元模拟分析（图7），确定合理的焊接工艺和顺序（图8～图10），根据钢板墙的结构形式设置不同的装配式约束支撑，达到控制焊接变形的目的。

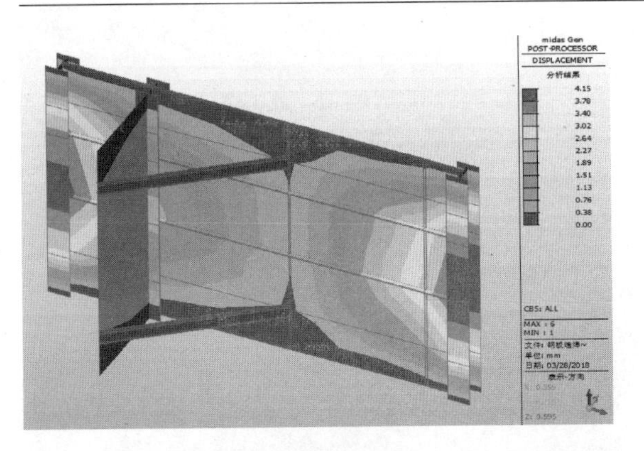

图 7 钢板剪力墙防变形技术有限元模拟受力验算图

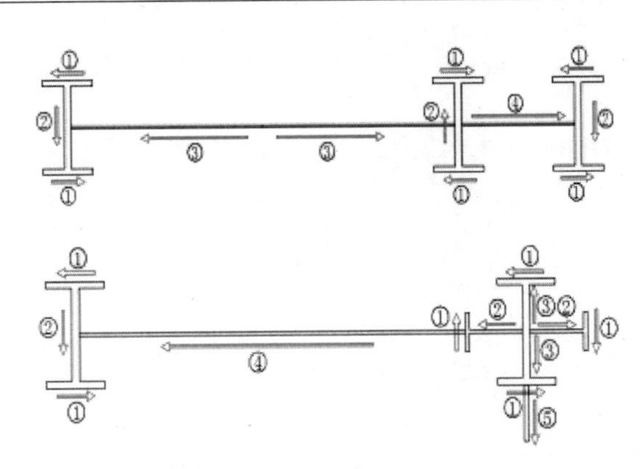

图 8 H 形柱连墙（上）、十字柱连墙（下）焊接顺序

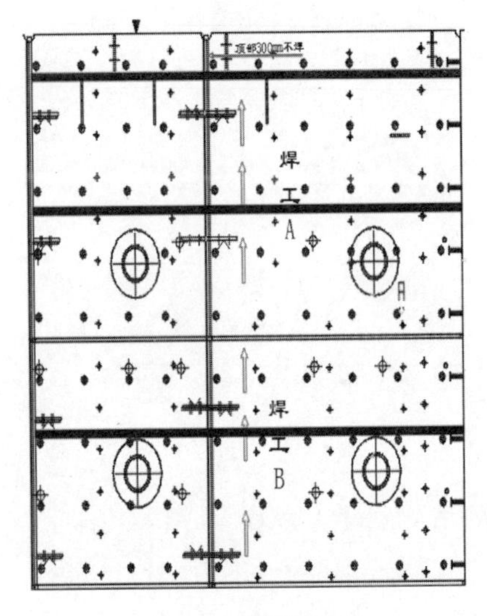

图 9 立缝焊接工艺

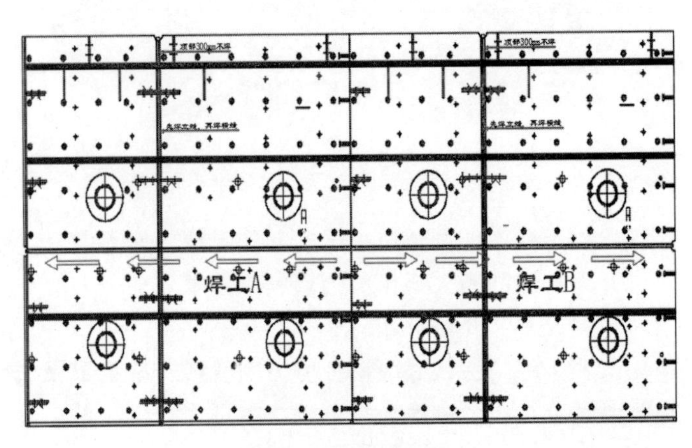

图 10 横缝焊接工艺

3. 530m 高空多拱编织提篮式塔冠施工技术

1）塔冠-支撑一体化同步施工技术

利用 BIM 技术进行模拟分析，将塔冠钢结构合理分段，并对主体结构和临时支撑进行验算模拟，并创新使用型钢临时支撑与结构一体化同步施工技术（图 11），及时形成稳定框架，施工过程中对临时支撑及主体结构进行验算模拟，确认其满足施工需求与规范要求，过程中采用三维激光扫描和自动跟踪测量系统相结合的方法进行精度控制。

图 11 塔冠-支撑一体化同步施工效果图

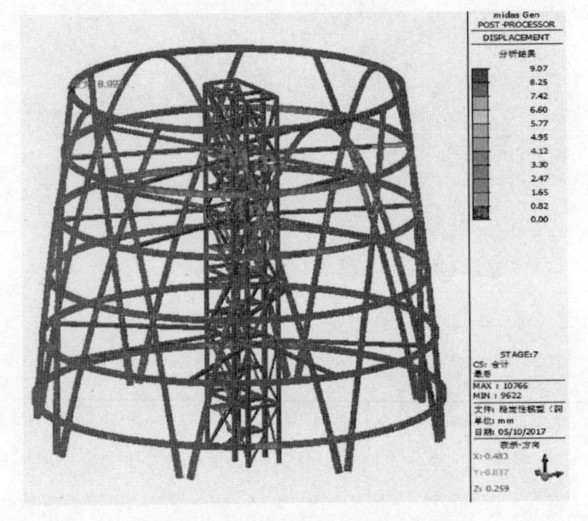

图 12 验算模拟过程示意图

2）立体安全防护体系同步施工技术

利用临时支撑和结构，采用装配式标准化定型环形通道、内外连接通道、竖向通道和装配软连接自收缩挑网形成施工立体通道（图 13～图 16），避免了高空坠物及人员坠落。

图 13 内圈钢楼梯实物图、外圈爬梯实物图

图 14 环形通道实物图

图 15 内外连接通道

图 16 全面软连接外挑网实物图

3）中空构件安装精度控制技术

利用 BIM 软件深化放样生成标准化实体模型；再利用三维激光扫描后逆向建模，进行虚拟预拼装，拟合对比分析，出厂前发现加工偏差并予以矫正（图 17）。构件吊装就位后，使用自动跟踪测量系统全程跟踪安装过程，并使用三维激光扫描复核整体安装精度。

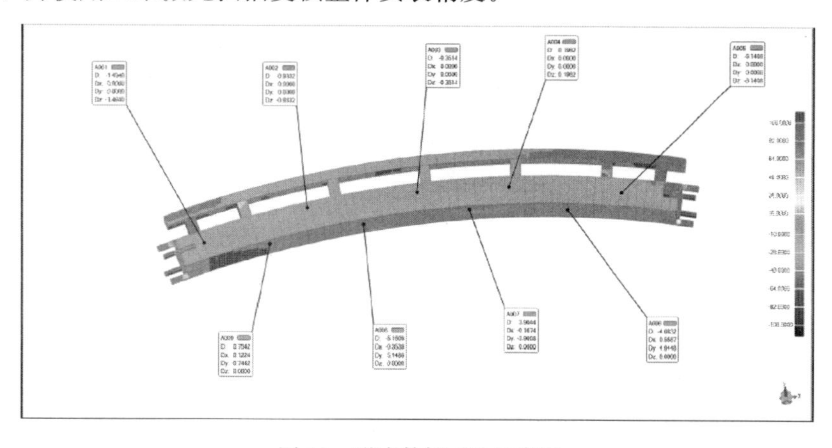

图 17 形成数据对比示意图

4. 附着式塔吊提升系统施工技术

发明一种塔吊＋承载结构＋卷扬机附着式提升机构装置，该装置通过在标准节吊装方向增加 H 型钢、在型钢上面增加导向轮、以卷扬机作为动力装置、通过倍率转换适应不同吊重，高效、快速地完成塔吊支撑梁的拆除和安装，以及塔吊下方外框钢构件的吊装。形成超高层塔吊附属机构提升支撑体系施工工法，减少了塔吊爬升时间，并保证塔吊自身使用效率。提升系统实际应用见图 18。

图 18 提升系统实际应用图

5. 变跨度单层网壳钢天幕施工技术

1）天幕安装定位信息提取技术

根据结构图纸使用 BIM 软件建立钢天幕的 1∶1 实体信息模型，提取结构各控制点的空间坐标，作为对照标准，用以精确指导后续安装定位工作。

2）交叉网格单元地面拼装支架技术

为解决“地面分块拼装、精确定位吊装”，发明了一种可精准调节钢构件高度和角度的网壳单元拼装支架（图 19），在低成本和短工期内实现交叉网格安装。

利用自动跟踪测量系统对节点三维坐标进行实时观测，保证网格单元构件的地面精确拼装。

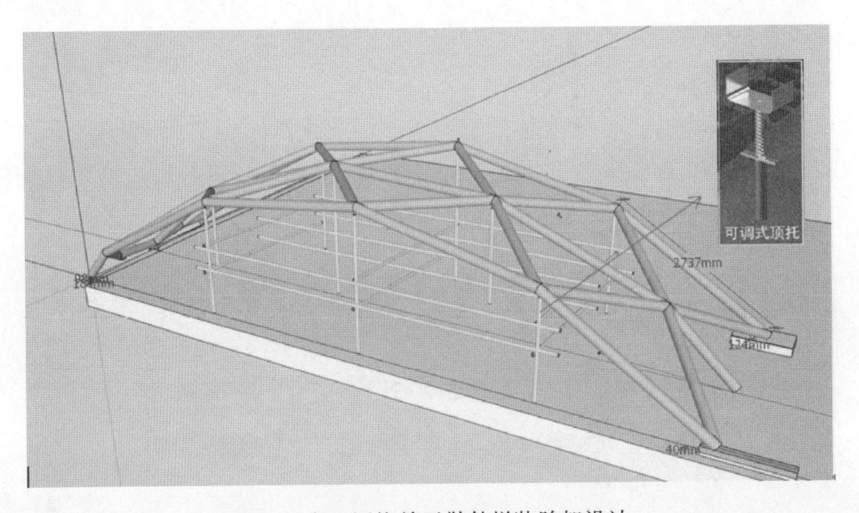

图 19 交叉网格单元散件拼装胎架设计

3）交叉网格单元胎架组对技术

设计了交叉网格单元拼装的支撑胎架（图 20、图 21），将拼装好的网格单元分片连接成整体，并将其姿态调整至正式安装工况一致，保证整体吊装时的稳定性。

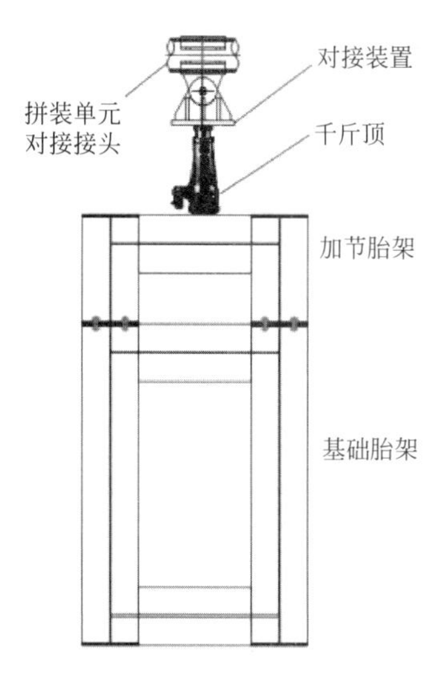

图 20　交叉网格单元拼装支撑胎架

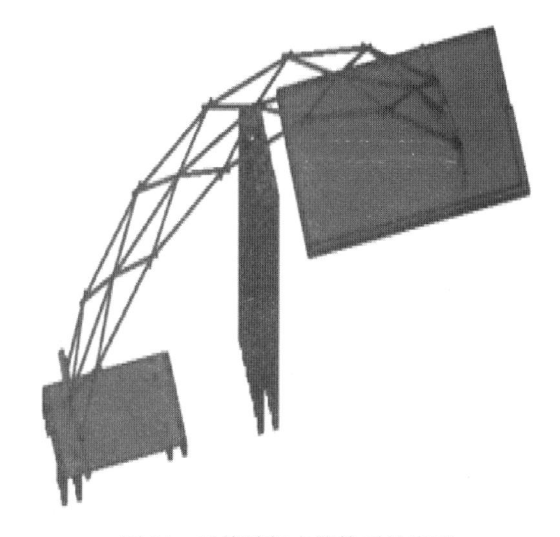

图 21　对接胎架支撑体系效果图

4）交叉网格单元整体吊装技术

通过软件模拟分析吊装工况，确保构件变形与应力被控制在规范允许范围之内。施工顺序按照从两侧向中间的顺序同步进行，先焊主体单元，再焊单元间的连接件，避免安装误差累积集中，从而影响合拢精度，交叉网格整体安装顺序见图 22。

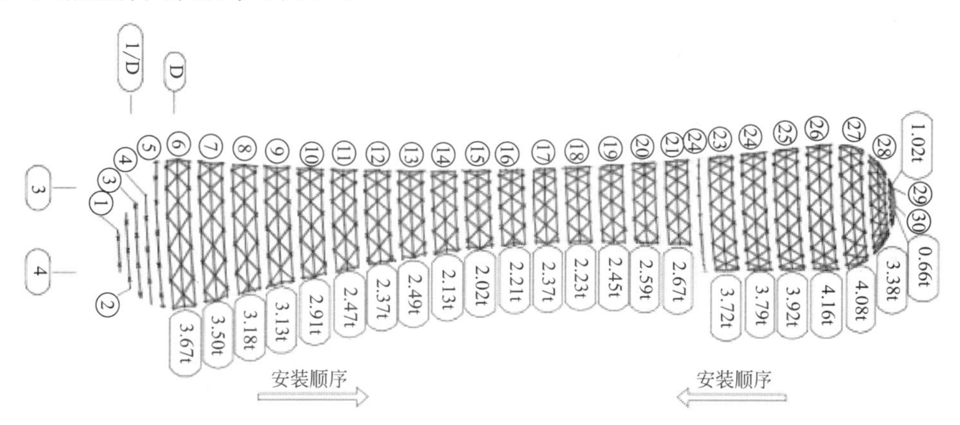

图 22　交叉网格整体安装顺序

发明了自适应操作平台作为焊接的作业面与人员通道（图 23），所有胎架与支撑皆为工具式支撑结构，安拆方便且可重复使用，满足绿色施工要求。

图 23　操作平台通道

5）基于BIM的天幕整体安装精度复核技术

采用BIM结合三维激光扫描技术的智能安装精度复核技术，通过将三维激光扫描后建立的点云模型与天幕设计模型进行拟合比对分析，确保天幕每一个控制点的精准定位。

三、发现、发明及创新点

1. 通过理论计算分析与试验验证，基于BIM、三维激光扫描及虚拟建造等信息化技术，解决了异形构件和复杂节点的制作安装难题

2. 研发了无加劲肋超大钢板剪力墙变形控制技术，发明了超高层核心筒钢板墙滑移安装装置与方法，形成了窄小空间超大钢板墙滑移吊装施工工法，解决了无加劲肋超大钢板剪力墙施工难题

3. 发明了塔吊支撑体系安拆倒运的附属提升机构，实现塔吊支撑体系的自安拆，提高了工效

4. 研发了临时支撑与结构同步施工技术，发明了装配式标准化通道及自收缩挑网的立体防护体系，解决了高空（530m）多拱塔冠施工的技术难题

四、与当前国内外同类研究、同类技术的综合比较

经天津市科技信息研究所查新和检索，结论如下：本项目研发的无加劲肋超大钢板剪力墙施工技术、支撑与结构一体化同步施工技术、“塔吊十承载结构＋卷扬机”的附着式提升机构、自动跟踪测量技术、变跨度单层网壳钢天幕施工技术的国内外查新结论均为未见相同技术报道，具有新颖性。

五、第三方评价、应用推广情况

1. 科技鉴定、验收评价

2018年3月30日，经中国建筑集团有限公司组织的专家组评审，成果总体达到国际先进水平。

2. 工程应用情况

本项目研究成果形成的各项关键技术直接应用于依托工程，相关技术亦在其他工程中得到推广应用，具体情况如下：

（1）天津周大福金融中心复杂多变超高层施工关键技术体系直接应用于天津周大福项目钢结构施工的全过程，解决了异形组合弯扭构件制作、安装精确定位难，顶升平台下超大无加劲肋钢板墙吊装难度大、焊接变形控制难，群塔交叉作业塔吊利用率低、垂直运输资源不足，超高中空塔冠安装定位难、安全隐患大，变跨度单层网壳精度要求高等难题，保证了施工安全和质量，缩短了工期。钢结构工程获得了“中国钢结构金奖杰出工程大奖”，综合效益显著。

（2）重庆来福士项目实施过程中，成功应用了自动跟踪测量技术和三维激光扫描技术，实现了该项目异形组合构件的智能验收和快速高精度校正，提高的施工质量，加快了施工速度。

（3）昆明恒隆广场和青岛海天中心项目实施过程中，成功应用了超大钢板剪力墙施工技术，利用滑移吊装技术和焊接防变形控制技术，解决了在顶升平台下方钢板墙吊装困难、焊接变形不易控制的关键问题，保证了项目进度和质量。

六、经济效益

2016～2018年，公司在承建的“重庆来福士项目、昆明恒隆广场项目和青岛海天中心项目”等项目中采用天津周大福金融中心复杂多变钢结构关键施工技术，近三年合计新增1810万元，取得了良好的经济效益和社会效益。

七、社会效益

本成果形成的多项关键技术，解决了超高层钢结构工程的施工难题，同时其施效果受到了业主、

设计、监理等单位的高度认可与好评。天津周大福金融中心项目接待来自俄罗斯、马来西亚、印尼、埃塞俄比亚等世界多个国家的3700余人的观察。在保证工程质量、安全的前提下，提高了工效，进一步提高了我国超高层钢结构领域的技术水平，促进了行业的科技进步，为同类建筑提供了一定的借鉴价值。